JN275046

Engineering Practice of Highway Embankment on Soft Ground

高速道路の軟弱地盤技術
観測的設計施工法

「土の会」技術伝承出版編集委員会 [編著]

鹿島出版会

巻頭言

「土の会」について

　日本道路公団では，創立後間もなく着工した名神高速道路の建設に際して，京都・山科に高速道路試験所を設立した。この試験所が中央の研究所としてではなく，建設現場の近くに設置されたのは，現場に生じた問題を現場や室内の実証試験を加えて自ら処理する試験所として，調査から設計・施工まで一貫した技術の中核となることを目標としたからである。

　この試験所の第一土質試験室は一般の土工を，第二土質試験室は軟弱地盤関係の土工を担当した。私は昭和34（1959）年に試験所へ配属された当初しばらくの間，調査役としてこれら土質関係の試験室も併せて担当した。

　このような関係で，ずっと後の平成4（1992）年6月に試験所がJH試験研究所に変わった際に，土質関係を統合した「土工試験研究室」の所員とOB達が主体になって結成した「土の会」の初代会長を，私がお引き受けするという仕儀になってしまった。しかし私は東名高速道路が全線開通する前年の昭和43（1968）年に公団を辞し，昭和46（1971）年4月から東海大学工学部に勤務していたので，この会長はほとんど何もしない名誉職になってしまい，これについては今でも慚愧の気持ちが抜けないでいる。

　ところが第二代会長を引き受けていただいた持永龍一郎氏および第三代会長をお願いした世良至氏の御両名は，自らが計画するかあるいは会員の提案を入れるなどして会の運営を活性化し，ホームページによる情報交換，技術Q&Aによる技術交流，「土の会」規約の制定など，今日に至る「土の会」の基礎を築かれた。中でもその当時に立ち上げられた「土の技術伝承システム検討会」（現在は「土の技術伝承会」に発展）は，多忙な公務の中で絶えず委員会活動などを続けて，それまで蓄積した成果をとりまとめ「高速道路・土の技術のあゆみ」（試験研究所彙報第3号）を平成12年末に刊行している。

　なお新しく設けた「土の会」技術伝承出版編集委員会では，土の会の重要なメンバーであった故中出尚夫氏を中心として続けていた研究活動を継承して，その成果を今回「高速道路の軟弱地盤技術－観測的設計施工法－」にとりまとめ，鹿島出版会から刊行する運びになった。

　「土の会」としてはまことにめでたく喜ばしい限りであり，伝承された技術がこれからの道路建設・管理に大いに役立つことを祈っている。また栗原則夫委員長をはじめ出版編集委員会委員の方には，長期にわたる御苦労に対して心から謝意を申し上げたい。

　　　　　　　　　　　　　　　　　　　　　　　　　　　初代会長　稲田　倍穂

巻頭言

経験を集約して新しい技術を創設する

　戦後日本の道路レベルの低さは借款を申し込んだ世界銀行に指摘されたとおりである。
　このような低レベルの時代に，いきなり名神において欧米並みの最高レベルの高速道路を建設しようとした。その道路技術のあまりの貧困さに，世銀から派遣されるコンサルタントの指導を受けることとなり，軟弱地盤技術については，圧密理論による沈下量の計算法をはじめとして土質力学という科学を導入し，品質の管理に努めた。
　日本道路公団の軟弱地盤技術について特筆すべきは，現地において実物大の試験盛土を実施し，さらに比較のために必ず無処理区間を設けたということである。実物大の規模の試験盛土というのは，名神ではじめて実施されたが，後世にこの手法は極めて有益な資料を提供することになった。
　名神の尼崎と乙訓を皮切りに全国各地でさまざまな試験盛土を実施したが，観測された時間沈下曲線の傾向を見ると，サンドドレーンによる処理区間も，無処理のままの区間もほとんど同じ沈下曲線を描いていた。最新の科学による圧密論の推定をまったく無視するこの観測結果について対応に苦慮したが，本線工事で採用したのは，無処理のまま盛土するという工法である。すなわち理論値よりも観測された実測値を直視し，サンドドレーンは沈下促進の効果はないという現実直視の工法を採用したのである。この無処理工法はその後の軟弱地盤処理法の主流となり，これによる経済効果は計り知れない莫大なものがあった。
　しかし沈下量と地盤処理工との関係は複雑である。50 cm 以下の沈下量を示す地盤において 15% の地区で，また 100 cm 以下の地盤で 18% の地区で地盤処理が行われている。逆に沈下量が 300 cm 以上という本格的な軟弱地盤において無処理のまま盛土したという例も多数見られる。統一した設計システムを取った技術体系においてもこのようなばらつきが見られるということは，建設現場における土質力学という科学の限界を示すものであるといえる。
　我々は経験を積んで基準を改定しながら軟弱地盤処理をしてきたが，結果はいろいろである。経験のまったくない時代にはやむをえないが，経験を積んだ現在においては，今直面している課題が沈下量 40 cm の地盤か，500 cm の地盤か，問題の重点をよく認識して対処すべきである。すなわち，対応している課題の全体像を認識して対処するということが重要である。
　自然は複雑である。連続性を原則として試験室の結果から，複雑な自然の挙動を推測することは不可能である。しかし，自然はまた原因なくして結果はないことは確かであり，原因と結果について何らかの法則が存在することも確かである。そのために必要な結論は，"いろいろな経験を集めて新しい技術を作り上げる"ということである。
　しかし経験により法則が確立されるとはいうものの，この法則を守るという体制に固執

すると，法則自体の融通が利かなくなってくる。改良というアプローチがなくなってくると，本体は衰退してくるのが常である。経験を集めて，技術の結果をもう一度直視し，成熟した技術を，新しい萌芽になるようにつくり直していくことが重要な課題である。

第二代会長　持永　龍一郎

巻頭言

発刊にあたって

「高速道路の軟弱地盤技術－観測的設計施工法－」の出版にあたり，大変なご尽力とご努力を費やされた，「土の会」の「技術伝承出版編集委員会（委員長　栗原則夫，委員　竹嶋正勝，石井恒久，佐藤修治）」の諸氏に心から敬意と感謝の言葉を申し上げる。

本書は，名神高速道路建設の時代から現在に至る約半世紀の時代の間に日本道路公団において，「軟弱地盤の設計・施工・管理」に関して熟練技術者たちが積み重ねてきた技術を，論理的かつ体系的にレビューし，次代を担う若手技術者に伝承することを目的に編纂されたものである。

本書は，編纂した時点で整理されていた資料の関係で，「設計・施工」の考え方がどうであったのかという事を中心に編纂されている。高速道路を供用してから，つまり「維持管理段階の資料」に基づいて「設計・施工」の考え方を検証する作業は，必ずしも十分なされたとはいえない段階である。

それは，供用後20〜30年経た現在でもまだ盛土の沈下が継続している地区がたくさんあるからである。LCC（ライフサイクルコスト）という観点からは，まだ結果は出ていないのである。30年，50年，100年と時間が経過して完全に沈下が収束した時点になってはじめて，「当初の設計・施工」の考え方の妥当性が検証されることになる。

その時こそ本書の存在価値が再び発揮され，軟弱地盤技術の集大成が可能となるであろう。そういう意味で，若手技術者のみなさんは，本書の副題に「観測的設計施工法」とある意味をよくご高配され，まだ続いている沈下（超長期の沈下）の観測・対策・解析を十分納得のいくまで研究され，本当の意味での結論を導き出してほしい。

本書が，次代を担う若手技術者の道しるべとなることを切に願ってやまない。

第三代会長　世良　至

まえがき

　平成 17（2005）年 9 月，日本道路公団は，その 49 年余の歴史を閉じた。
　道路公団が半世紀に及ぶ高速道路の建設・維持管理を通じてつくり上げてきた道路技術は，さまざまな分野に大きな足跡を残している。一般に道路技術という場合，道路の計画，設計，施工，維持管理という過程についての諸々の"術（art）"の体系を意味する。
　土工技術は道路技術の 1 つの分野であるが，日本道路公団 30 年史は，その基本思想のルーツについて次のように述べている。

　　「名神高速道路の土工技術は，大型の施工機械を駆使して，土質工学の理論を実際に応用した画期的なものであった。名神高速道路の施工にあたっては，はじめて経験するさまざまな問題を試験盛土などにより解消してきたが，土工技術発展の経緯からみれば，いわば名神高速道路全体が試験盛土といえた。この中で試行錯誤を繰り返しながら，公団の土工技術の基本思想が形づくられてきた。」（日本道路公団 30 年史，p.384）

　土工技術に含まれる"軟弱地盤技術"は，道路が軟弱地盤と呼ばれる，文字通り"軟弱な"地盤の上に盛土形式でつくられる場合に起こる特有の問題に対処する技術をいう。その特有の問題とは，盛土の荷重で軟弱地盤が破壊したり，変形したりする現象である。
　したがって"軟弱地盤技術"とは，そうした現象に対する対策工法および盛土工法を調査，設計，施工，維持管理する技術のことである。

　さて，道路公団がこれまで遭遇した軟弱地盤の特徴は，何といっても軟弱層の主体が河成層であることであろう。この河成層は，大小河川の影響を受けて形成されており，地層として不均質かつ有機質であり，連続性もよくない上，道路盛土荷重が帯状であることもあって，非常に複雑な挙動を示す。さらに，この河成層の下部に厚い粘土層が存在するときは，中間砂層の介在の有無という条件も絡んで，その挙動はより複雑さを増す。道路公団が遭遇した軟弱地盤は，このようないわゆる"山側"の軟弱地盤の典型例である。
　一方，軟弱地盤でも旧運輸省などの港湾工事で対象となった，いわゆる"海側"の軟弱地盤は，比較的均質な粘土質の海成層からなる海底地盤という点で，"山側"の軟弱地盤とは対照的である。しかもその工事は広大な範囲の埋立て工事が多く，その盛土荷重は面的なものと見なすことができ，道路のような帯状荷重とは対照的である。したがって一般に，地盤の挙動も山側の場合ほど複雑ではない。
　このような背景の下に，盛土荷重による軟弱地盤の挙動の相違点をめぐって山側と海側では古くから活発な論争が交わされてきた。ただし相違点とはいっても，それはあくまでも相対的なものであり，軟弱地盤の挙動が複雑であることに違いはない。
　このような事情もあって，道路公団の軟弱地盤技術は，複雑な自然地盤を対象とする経

験技術的色彩が強いものとして発展してきた．その特徴は，設計においてすべての仕様を確定してから施工へ移ることができず，施工しながら設計を確定していくことが避けられないという点にある．道路公団の軟弱地盤技術は，動態観測の重視を基本にした実証主義的立場に立ち，設計と施工を重複したフィードバック過程として捉え，最終的には情報化施工という形に発展した．

そういう点では，山側にしても海側にしても軟弱地盤技術は，基本的には，「施工しながら設計する」ことに適した技術であり，コンクリートや鉄や舗装を対象とする技術のような「設計してから施工する」技術とは対照的である．

しかるに道路公団の設計要領や日本道路協会の「道路土工－軟弱地盤対策工指針－」などを見ると，土質力学理論に基づく慣用的な計算式（圧密計算式，円弧すべり計算式など）を使ったルーチンワークのような設計法が示されており，それに従って設計したにもかかわらず，とんでもない設計をしてしまうようなことが起こる．意外に思う人が多いかも知れないが，山側の軟弱地盤では，ルーチンワークとしての土質力学理論に基づく慣用的な計算式が有効に機能する局面は，実際には極めて少ないのである．こうした傾向は，山側の軟弱地盤で特に顕著であるというだけで，基本的には海側の軟弱地盤においても避けられない．

しかしこのことは，軟弱地盤技術の方法が非論理的なものであるということを意味していない．それどころか例えば，道路公団の軟弱地盤技術は，名神・東名高速道路以来蓄積してきた豊富なバックデータをもとに，経験的ではあるが論理的かつ実用的な方法をほぼ確立しており，その具体的な内容は，道路公団において軟弱地盤技術の経験を積んだ熟練技術者たちによって暗黙知の形で共有されてきた．

それは，さまざまな現場状況の下でのさまざまな挑戦によって，あるときは成功例となり，あるときは失敗例となった原因を分析し，そこから引き出された「このような状況の場合は，こうすればうまくいく」あるいは「このような状況では，失敗する」などといったさまざまな経験的知識である．そしてそれらに基づいて，熟練技術者たちは，さまざまな局面において「このような状況では，この辺が妥当な線であろう」といった技術的判断をしてきたのである．こうした技術的判断は一種の仮説の推論といえるが，このような推論の仕方は，帰納ではなく，もちろん演繹でもなく，アブダクションと呼ばれるものである．

アブダクションとは，いくつかの限られた観察データのもとで「最も良い説明」を与えてくれる仮説を発見することである．つまり，仮説の「真偽」を問うのではなく，観察データの下でどの仮説が「より良い説明」を与えてくれるのかを相互比較することといってよい．

道路公団においては，そのような多くの暗黙知を含む軟弱地盤技術を設計要領や施工管理要領などに形式知として記述する努力が続けられ，一般にも公開されている．ところが経験の少ない公団技術者や一般のコンサルタントの技術者たちが，それらの要領に示された方法に基づいて実際に設計を進めようとしても，なかなかうまくいかない．それはなぜなのか．

その理由は，第一に，それらの要領に示された方法は，数多くの現場で実証済みの経験

則に基づいてつくられてはいるものの，汎用性を考慮して標準化が施されており，そこには表現し得ないノウハウ，つまり熟練技術者の暗黙知が要領へ十分反映できていないことにある．

第二に，それ以上に根本的な理由がある．それは，要領に示された方法は，土質力学理論の演習問題を解く過程に従って体系化されているが，実は，熟練技術者たちが共有してきた方法は，このような土質力学の実際への適用過程とは全く違うものであるということである．別の言い方をすれば，要領に示された方法に従うのでは，実用的な設計・施工を行うのは非常に難しいのである．

そこで本書では，道路公団の要領に示されている方法を離れて，公団の熟練技術者たちが共有してきた方法を歴史的にできるだけ忠実にレビューし，それらをできる限り論理的な体系として示すことを試みた．

つまり公団の熟練技術者が，実際に計画・調査・設計・施工・維持管理の一連の過程をマネジメントするにあたって，どのような思考過程をたどっているのかをできるだけ詳細に記述し，その発展経緯と到達点を明らかにする．それによって，道路公団の軟弱地盤技術がどういうものかを具体的かつ体系的に示したいと考えている．

なお，ここで取り上げる道路公団の軟弱地盤技術は，軟弱地盤上に道路盛土を建設し維持管理する一連の過程を総合的にマネジメントする技術である．調査・設計・施工の各分野の専門会社が担当する個別技術の全体をマネジメントする技術，というものをイメージしていただければよい．したがってそれら個別技術については，マネジメントに必要な範囲でしか立ち入らない．

ところで近年，技術者の現場経験不足が技術の低下を招いていることは，いろいろな技術分野で共通して問題視されていることであるが，このことは先輩から後輩への技術伝承を困難にしている．本来，OJT（On the Job Training）で伝承されてきた現場技術を現場経験のない技術者に伝承することは，大変根気のいる難しい仕事である．

われわれは，技術というものは，経験として先輩から後輩へ受け継がれ，要領基準に積み重ねられて，時代とともに充実し，より役に立つものへ発展していくものと考えてきた．そうした考え方はもはや通用しないのであろうか．

道路公団から3つの高速道路会社への分割，技術者の置かれている環境の変化，さらには技術者の世代交代などさまざまな要因が重なって，高速道路会社における技術伝承問題はさらに深刻化しているように見受けられる．われわれは，自分たちが先輩諸氏から受け継ぎ，自分たちなりに育ててきた技術を高速道路会社の若い世代にも伝える義務があると考えている．

しかしわれわれは，すでに道路公団を離れて久しく，しかも道路公団は高速道路会社という別の組織に変わっているため，昔のような公団の先輩と後輩というような関係を通じた技術伝承を行う環境にはない．

そこで考えたのが，本書のような書物の形でわれわれの蓄積してきた技術を書き残すことである．幸い道路公団試験所のOB有志でつくった「土の会」という組織が長年，若手技術者への技術伝承活動を行っている．本書は，その技術伝承活動の一環としてまとめた

ものである．

　最後に本書の編集出版の経緯について述べておきたい．「土の会」では，さまざまな形の技術伝承活動を行ってきたが，その1つとして中出尚夫氏を中心とした「軟弱地盤における盛土の調査・設計・施工のノウハウの体系化」の研究会活動があった．しかし平成19 (2007) 年2月同氏の逝去により，その活動は中断となってしまった．「土の会」では，せっかくの活動成果が中途段階で放置されたままになっているのはもったいないとの声があり，その活動を発展させて「道路公団における軟弱地盤技術の総まとめ」のような本を出版することが決まり，出版編集委員会が組織された．

　本書の編集にあたっては，「土の会」の会員諸氏がこれまでにさまざまな形で執筆した内容を編集委員会のメンバーが取りまとめた草稿を「土の会」のホームページ上に掲載し，それに対して会員諸氏から寄せられた意見を受けて加筆修正するという手法をとった．

　そのようなわけで本書は，土の会の会員諸氏の叡智の集積であるが，その取りまとめ方に関するすべての責任は出版編集委員会にあることを明記しておきたい．

　平成 23 (2011) 年 12 月

「土の会」技術伝承出版編集委員会
委員長　栗原　則夫
委　員　竹嶋　正勝
委　員　石井　恒久
委　員　佐藤　修治

目　次

巻頭言　「土の会」について i
　　　　経験を集約して新しい技術を創設する ii
　　　　発刊にあたって iv
まえがき v

第1章　高速道路の軟弱地盤技術の変遷　　　1

1.1　高速道路の土工技術のあけぼの 1

1.2　軟弱地盤技術の変遷の時代区分 2
　　1.2.1　軟弱地盤技術の変遷を見る視点 2
　　　　(1)　高速道路の軟弱地盤技術とは 2
　　　　(2)　基本的な視点 3
　　　　(3)　高速道路が遭遇した軟弱地盤 4
　　1.2.2　軟弱地盤技術の変遷と設計要領 6
　　　　(1)　設計要領の役割 6
　　　　(2)　設計要領の比較 7
　　1.2.3　設計要領による時代区分 12
　　　　(1)　名神・東名時代 12
　　　　(2)　新規五道時代 14
　　　　(3)　横断道時代 14

1.3　名神・東名時代 14
　　1.3.1　名神高速道路の技術 14
　　　　(1)　試験盛土方式の導入 14
　　　　(2)　動態観測の定着化と計算だけに依拠する設計からの脱却 15
　　　　(3)　残留沈下対策の考え方の始まり 17
　　1.3.2　東名高速道路の技術 18
　　　　(1)　サンドドレーン効果の検証 18
　　　　(2)　安定確保が難しい地盤－袋井村松地区－ 19
　　　　(3)　安定確保が難しい地盤－焼津高崎地区－ 21
　　　　(4)　連続カルバートボックスによる軟弱地盤対策 21
　　　　(5)　橋台と盛土の段差対策 22
　　　　(6)　軟弱地盤の地形解析 23

	1.3.3 名神・東名時代の教訓 23

1.4 新規五道時代 24
1.4.1 ローコスト化の努力 24
1.4.2 より軟弱で多様な地盤への挑戦 25
(1) 安定確保が難しい地盤－鋭敏な海成粘土地盤－ 25
(2) 安定確保が難しい地盤－厚い泥炭地盤－ 26
(3) 安定確保が難しい地盤－傾斜した基盤をもつ地盤－ 27
1.4.3 残留沈下対策の取り組み 30
(1) 残留沈下と補修の実態 30
(2) 残留沈下を見込んだ設計 31
(3) 踏掛版による段差対策 32
(4) 下部粘土層の沈下対策 33
1.4.4 大規模軟弱地盤への挑戦 35
(1) 安定対策と沈下対策の分離 36
(2) 常識的な安定対策工の採用 36
(3) 情報化施工の実施 37
(4) 長期沈下を想定した沈下対策の採用 37
1.4.5 新規五道時代の教訓 38

1.5 横断道時代 39
1.5.1 新技術・新工法への挑戦 39
(1) 超鋭敏な海成粘土地盤対策 39
(2) 敷砂工（サンドマット）と地下排水工 40
(3) 敷金網工法および高強度ジオシンセティック工法 41
(4) 深層混合処理工法 42
(5) 真空圧密工法 43
1.5.2 残留沈下の実態の更なる解明 44
(1) 残留沈下の2つの傾向 44
(2) 典型的な残留沈下の実態 46

1.6 維持管理段階における高速道路の障害 48
1.6.1 本体盛土の障害 48
(1) 路面の不同沈下 48
(2) のり面の急勾配化と幅員不足 49
1.6.2 ボックス部の障害 50
(1) 継目部の損傷・漏水 50
(2) ボックス内部の滞水 51
(3) 内空断面・道路幅員の不足 51
1.6.3 橋梁部の障害 52
(1) アプローチクッション式橋台への影響 52
(2) 橋梁構造への影響 53

            (3) 橋梁付属物（沓・ジョイント・落橋防止装置）の損傷 53
        1.6.4 道路付帯施設の障害 54
            (1) 建物の不同沈下 54
            (2) 通信管路の破断 55
        1.6.5 周辺地盤の障害 55
    1.7 まとめ 55

第 2 章　軟弱地盤技術とは何か　　59

    2.1 土木技術 59
        2.1.1 技術 59
            (1) 技術と科学 59
            (2) 技術の要件 60
        2.1.2 土木技術の過程 60
            (1) 土木技術とクライアント 60
            (2) 建築技術者の仕事の流れ 62
            (3) 設計の本質 64
            (4) 土木技術者の仕事の流れ 65
    2.2 土工技術 65
        2.2.1 土工技術の過程の特徴 65
        2.2.2 土工技術と土質工学 68
    2.3 軟弱地盤技術 69
        2.3.1 軟弱地盤技術の原理 69
        2.3.2 軟弱地盤技術の過程 72
            (1) 高速道路の場合 72
            (2) 設計要領に示されている軟弱地盤技術の過程と問題点 72
            (3) これからの軟弱地盤技術 77

第 3 章　軟弱地盤対策工の設計・施工の流れ　　79

    3.1 軟弱地盤対策工の設計・施工の基本的な考え方 79
            (1) 基本的な考え方 79
            (2) 盛土の区分 80
            (3) 設計のアウトプット 81
    3.2 設計・施工の全体の流れ 81
            (1) 予備調査と道路予備設計（全体計画の作成） 82
            (2) 概略地盤調査・解析と道路概略設計
                （設計・施工の基本事項の設定/比較設計案の作成） 83
            (3) 詳細地盤調査・解析と設計協議用図面作成・幅杭設計

　　　　　　　（設計案の絞込み）/道路詳細設計（設計の確定） 85
　　　　　（4）動態観測と施工 86
　3.3　設計・施工のポイント 86

第4章　軟弱地盤対策工レベルの判定　　89

　4.1　総合的軟弱地盤像の把握 89
　4.2　土木地質学的知識 91
　　　4.2.1　軟弱地盤の地形と成因 91
　　　　　（1）海に面した沖積平野の低地・湿地 92
　　　　　（2）内陸の沖積平野の低地・湿地 96
　　　　　（3）内陸の谷（沢）部の低地・湿地 96
　　　4.2.2　軟弱地盤の地層構成 97
　　　4.2.3　軟弱地盤の地層についての特記事項 100
　　　　　（1）泥炭層 100
　　　　　（2）山側の地盤と海側の地盤 101
　　　4.2.4　地盤調査 101
　　　　　（1）地盤調査における地形・地質調査の重要性 102
　　　　　（2）調査方法 103
　4.3　土質力学的知識 105
　　　4.3.1　解析理論 105
　　　4.3.2　土質試験 107
　　　4.3.3　土質力学的性質 108
　　　　　（1）土質力学的性質の地域性 108
　　　　　（2）山側と海側の軟弱地盤の土性の違い 112
　4.4　経験的方法 112
　　　4.4.1　地盤タイプと安定傾向 112
　　　4.4.2　地盤タイプと沈下傾向 114
　　　　　（1）沈下の区分 114
　　　　　（2）短期沈下傾向 114
　　　　　（3）長期沈下傾向 116
　　　　　（4）沈下対策上留意すべき事項 119
　4.5　軟弱地盤対策工レベルの判定 119
　　　4.5.1　軟弱地盤対策工レベルの判定の必要性 119
　　　4.5.2　安定対策工レベルの判定 120
　　　　　（1）軟弱地盤レベル 120
　　　　　（2）軟弱地盤の地盤タイプと地盤レベルおよび安定対策工レベル 121
　　　　　（3）安定対策工レベルの判定 123

4.5.3 沈下対策工レベルの判定 124
　　　(1) 通常の沈下対策工を検討するケース 124
　　　(2) 特別な沈下対策工の検討が必要なケース 126

第 5 章 安定対策工の設計と施工　129

5.1 設計一般の基本 129
5.2 安定対策工の設計 130
　5.2.1 安定対策工の設計の手順 130
　5.2.2 安定対策工の考え方 131
　　　(1) 緩速載荷工法 131
　　　(2) 表層排水工法 131
　　　(3) 押え盛土工法 132
　　　(4) 敷網工法 132
　　　(5) バーチカルドレーン工法 132
　　　(6) 特殊工法 132
　5.2.3 安定検討の方法 133
　　　(1) 限界盛土高の検討 133
　　　(2) 円弧すべり面法による安定検討の手順 134
　　　(3) 円弧すべり面法の適用にあたっての問題点 134
5.3 施工 136
　5.3.1 観測的施工 136
　5.3.2 観測的施工の流れ 136
　5.3.3 動態観測の計器 137
　5.3.4 安定管理 139
　　　(1) 安定管理の考え方 139
　　　(2) 盛土速度の制御 140
　　　(3) 動態観測の考え方 141

第 6 章 沈下対策工の設計と施工および維持管理　143

6.1 沈下対策工の設計・施工の基本的考え方 143
　6.1.1 設計・施工の原則 143
　6.1.2 設計・施工の手順 143
　6.1.3 沈下対策工の考え方 144
　6.1.4 沈下管理 145
6.2 具体的な沈下対策工 147
　6.2.1 沈下土量 147
　6.2.2 路面の縦断線形 147

| (1)　対策目標年次の取り方 147
| (2)　路床完成時の縦断線形 148
| (3)　舗装完成時の縦断線形 148
| (4)　維持管理時の補修縦断線形 149
| 6.2.3　盛土の横断形状 150
| (1)　対策目標年次の取り方 150
| (2)　上げ越し形状 150
| 6.2.4　カルバートボックス部の沈下対策 151
| (1)　プレロード 151
| (2)　カルバートボックスの用途と対策目標年次 151
| (3)　沈下対策 152
| (4)　維持管理段階の対策 152
| 6.2.5　橋台取付部の沈下対策 152
| (1)　プレロード 152
| (2)　沈下対策 153
| (3)　維持管理段階の対策 154
| 6.2.6　道路付帯施設の沈下対策 155
| (1)　建設段階の対策 155
| (2)　維持管理段階の対策 156
| 6.2.7　周辺地盤の沈下対策 156
| (1)　建設段階の対策 156
| (2)　維持管理段階の対策 156

第7章　軟弱地盤技術の経験則　　159

7.1　経験則とは 159
7.1.1　経験則と経験知 159
7.1.2　経験則の構造 160
7.2　地盤調査の経験則 161
7.3　設計の経験則 169
7.4　施工の経験則 175
7.5　動態観測の経験則 180
7.6　維持管理の経験則 184

第8章　安定と沈下の予測と実際　　189

8.1　安定と沈下の理論予測 189
8.1.1　円弧すべり面法 189
       (1)　円弧すべり面法 189
       (2)　安全率の考え方の変遷 190

		(3) 計算法についての検討 192

- 8.1.2 圧密理論 194
  - (1) 沈下時間曲線 194
  - (2) 沈下量 196
- 8.1.3 構成モデルを用いた数値解析 198

8.2 破壊予測法 203
- 8.2.1 破壊予測の原理 203
- 8.2.2 破壊予測法 205
  - (1) 富永・橋本法（ρ–δ 法） 206
  - (2) 栗原・高橋法（$\Delta\delta/\Delta t$ 法） 207
  - (3) 松尾・川村法（ρ–δ/ρ 法） 208
  - (4) 柴田・関口法（$\Delta q/\Delta\delta$–q 法） 209
  - (5) 各予測法の限界値の関係 210
- 8.2.3 破壊予測を実施する場合の留意点 211
  - (1) 破壊予測法の適用上の留意点 211
  - (2) 不安定状態での地表面伸縮計の併用 213
- 8.2.4 まとめ 215

8.3 沈下予測法 215
- 8.3.1 沈下予測法 215
- 8.3.2 検討の方法 216
  - (1) 検討に用いたデータ 216
  - (2) 精度の評価方法 216
  - (3) 予測にあたっての留意点 217
- 8.3.3 各予測法の精度の比較 217
  - (1) 解析結果の全体的な傾向 217
  - (2) 観測期間に対する精度 218
  - (3) 検討時点に対する精度 219
  - (4) 地盤タイプと予測精度 220
- 8.3.4 双曲線法の精度と適用性 221
- 8.3.5 まとめ 221

8.4 サンドドレーンの沈下促進効果 222
- 8.4.1 海山論争 222
- 8.4.2 検討事例 224
  - (1) 岩見沢試験盛土 224
  - (2) 江別試験盛土（その 1） 226
  - (3) 神田試験盛土 227
- 8.4.3 沈下についての検討 229
  - (1) 沈下量について 229
  - (2) 沈下速度について 230

8.4.4 沈下量と間隙水圧の関係についての検討 230
8.4.5 側方変形についての検討 232
8.4.6 海側のデータとの比較 233
8.4.7 長期沈下データによる検討 234
8.4.8 まとめ 239

第9章 今後の課題と展望　243

9.1 今後の課題 243
9.2 長期沈下と補修の実態に基づく沈下対策工の課題 244
9.3 観測的設計施工法の課題 245
9.4 新たな設計の枠組み 246

あとがき 249

第1章　高速道路の軟弱地盤技術の変遷[1)]

1.1　高速道路の土工技術のあけぼの[2)]

　日本道路公団が創立された昭和 31 (1956) 年当時の日本の土工技術の状況を見てみると，土質工学会が設立されたのが昭和 29 (1954) 年であり，日本地質調査業協会は昭和 31 (1956) 年に誕生したところであった。

　道路土工については，昭和 31 (1956) 年 10 月に日本道路協会から「道路土工指針」が発刊されたばかりであった。この指針はもともと道路建設の中核を占める土工技術を革新するため，この頃までに急速に発展してきた土質工学と建設機械に関する知識を土台に取り入れてまとめられたものであった。この指針は，高速道路の建設にあたって重要なバイブル的役割を果たすことになったが，大部分が海外からの借り物という感じの拭えないものであった。

　このような状況の中で名神高速道路の建設が始まったが，まず必要となったのが大量の土工量を取り扱うにあたっての地盤および土の調査の指針であった。昭和 32 (1957) 年に「名神高速道路土質および基礎地質調査要領（案）」が作成され，続いて盛土と切土の標準断面を定めて土工定規が，さらに切土，盛土，土の締固め，排水，軟弱地盤対策など細かい設計・施工指針（案）が作成されていった。

　昭和 32 (1957) 年 9 月には名神高速道路試験所が設立された。試験所が建設の現場に近い京都・山科で発足したのは，設計のための調査や施工管理の試験を工事事務所の試験室に協力して行うだけでなく，現場に生じる設計・施工上の問題も，現場や室内の実証試験を加えて自ら迅速に処理する試験所，すなわち調査から施工まで一貫した技術の中核となる試験所が目標とされたからである。

　昭和 33 (1958) 年 10 月には名神高速道路の起工式が行われ，山科工区 4.3 km のパイロット土工工事が開始された。翌昭和 34 (1959) 年 1 月には，試験所が山科および逢坂山工区を試験工区として直轄することになり，大規模な試験施工を行いながら，作業の方法と進め方，施工管理の具体的な段取りなど工区全体に及ぶ問題について積極的に関わっていった。

　また軟弱地盤上の土工については，昭和 34 (1959) 年から 36 年まで尼崎，乙訓，大垣など各地で大規模な試験盛土工事が行われ，試験所も現地の工事事務所と協力して施工管理，動態観測などにあたった。

　昭和 36 (1961) 年に「名神高速道路設計要領」が欧米の要領を参考にして制定されたが，昭和 39 (1964) 年に名神での実績を踏まえて「高速自動車国道設計要領」として改訂された。

表1.1 昭和45年版設計要領制定までの経緯

年代	S31	32	33	34	35	36	37	38	39	40	41	42	43	44	45
技術的事項等	道路公団設立 ワトキンス調査団 道路土工指針(道路土工の嚆矢)	新卒採用	試験所設立	ドルシュ・ソンデレガー両氏来日 名神起工式	試験所山科・逢坂山工区直轄	名神高速道路土木工事共通仕様書 第一次世銀借款	名神高速道路設計要領		名神栗東・尼崎供用 高速自動車国道土木工事共通仕様書	高速自動車国道設計要領(名神データ)	名神全線開通		道路土工指針改定(名神・東名データ)	「技術情報」創刊 東名全線開通	設計要領(名神・東名データ)

　昭和40 (1965) 年には，名神高速道路が全線開通する．
　一方，名神高速道路建設当初のバイブルとなった「道路土工指針」は，作成されてから10年経ち，名神が完成し，東名も大詰めに近づいていた昭和42 (1967) 年4月に大改訂された．この改訂には，名神および東名における土工の実績が大々的に取り入れられた．
　なお道路土工指針は，その後，昭和52 (1977) 年1月に改訂されたが，この昭和52年版からは分冊化され，軟弱地盤関係分は「軟弱地盤対策工指針」として独立した．
　昭和44 (1969) 年に東名高速道路が全線開通し，翌昭和45 (1970) 年に「設計要領第一集」が制定された．この昭和45 (1970) 年版設計要領は，名神・東名高速道路の実績に基づいた日本初の本格的な高速道路の土工の設計基準となった．
　道路公団設立から昭和45 (1970) 年版設計要領制定までの経緯を表1.1に示す．道路公団は，創立からわずか10数年で自前の土工技術体系をつくり上げたのである．

1.2　軟弱地盤技術の変遷の時代区分

1.2.1　軟弱地盤技術の変遷を見る視点

(1)　高速道路の軟弱地盤技術とは

　本書で取り上げる高速道路の軟弱地盤技術とは，日本道路公団の土工技術のうち，軟弱地盤における高速道路盛土の設計・施工技術のことである．
　高速道路の盛土は，図1.1に示すように台形断面の帯状盛土であり，そのような盛土形式で高速道路を軟弱地盤上に建設・保全するときに必要とされる設計・施工技術が「高速道路の軟弱地盤技術」である．
　この高速道路の軟弱地盤技術の特徴として，3つのことを挙げておこう．
　第一は，一般道路より盛土高が高いことである．高速道路は，他のあらゆる施設と立体交差する構造が義務づけられており，他の施設の上空を通過するか，地下を通過する．実際，軟弱地盤上の高速道路盛土は，通常平均高さが約7mのいわゆる高盛土となっている．

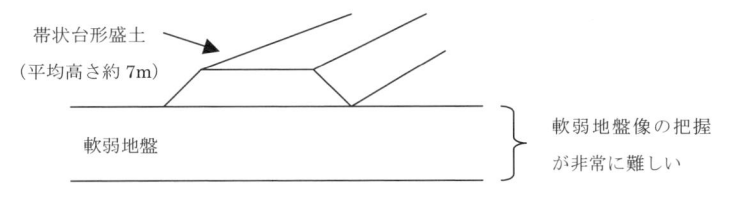

図 1.1　軟弱地盤上の高速道路盛土

したがって第二に，軟弱地盤自体の「軟らかさ」とあいまって，高盛土の安定をどのように確保し，大きな沈下・変形にどのように対処するかが設計・施工の主要な課題となる。具体的には，安定の課題は，軟弱地盤の破壊を起こさずに盛土を所定の高さまで立ち上げることができるかどうかであり，沈下・変形の課題は，施工時には沈下土量の算定や周辺地盤・隣接施設等への影響対策をどうするか，供用後には残留沈下による不同沈下対策をどうするかである。

さらに第三は，軟弱地盤は，地質学的には第四紀という新しい地質年代に生成された地盤が主体であり，特に道路の通過する内陸部では不均質かつ複雑な構造をもっており，その性状を把握するのが非常に難しい。そのため土木地質学・土質力学といった学問的知識はもちろん，実際の設計・施工の経験的知識に基づく総合的な軟弱地盤像の把握が必要とされる。

(2)　基本的な視点

道路公団の軟弱地盤技術は，その半世紀に及ぶ歴史の中でさまざまな実績を積み重ねながら発展してきた。本章では，「その技術がどのように発展してきたのか」を概観するが，ただ時間軸に沿って事例を記述していくのでは，単なる歴史的事実の羅列になってしまいかねない。

そこで何らかの視点を定め，その視点から見て画期となったものを多くの実績の中から取り上げて記述していくことにしたい。

しかるに高速道路の軟弱地盤技術とは，軟弱地盤における高速道路盛土の設計・施工技術のことであるから，その発展を見るには，設計・施工という視点から見て画期的であった事例や事実を系統立てて記述するのがよいと考えられる。

設計・施工という視点から見たとき，一貫して課題となってきたのは，次の2点であろう。

① 安定対策技術，すなわち盛土を安定的に立ち上げるための設計・施工技術の確立。
② 沈下対策技術，すなわち沈下，特に残留沈下（供用後も長期的に継続する沈下）に対処するための設計・施工および維持管理技術の確立。

そこで本章では，主にこの2点に関して画期となったと考えられる事例や事実を取り上げて，後続の章で述べる軟弱地盤における高速道路盛土の設計・施工技術の話へ結び付いていくように記述することにしたい。

なお本章で取り上げなかった事例や事実の中にも，技術的に大変興味深いものや貴重な経験などが多くあるが，上述した趣旨から割愛せざるを得なかったことをあらかじめお断りしておきたい。

(3) 高速道路が遭遇した軟弱地盤

これまで高速道路が遭遇した軟弱地盤は，全国で約 50 地区ある。図 1.2 はその分布図であり，表 1.2 は代表的な軟弱地盤地区およびその施工年代である。

軟弱地盤における高速道路盛土の概要を数値的にイメージさせる図として，図 1.3 および図 1.4 を示す。2 つの図は，全国各地での 729 点の沈下追跡調査からまとめたものである[3]。

図 1.3 は，盛土高の分布である。盛土高は，多くは 5 m から 9 m までであり，平均は 7 m 程度である。10 m 以上の盛土高を示すのは，大河川を渡る橋梁の橋台付近である。また盛土高が 4 m 以下の箇所は，軟弱地盤対策として採用された低盛土箇所である。

また図 1.4 は，沈下量の大きい順に並べたランクサイズ曲線である。図から沈下量の平均値は 144 cm，中央値は 127 cm，標準偏差は 98 cm であることがわかる。全体が正規

図 1.2 高速道路が遭遇した代表的な軟弱地盤の分布

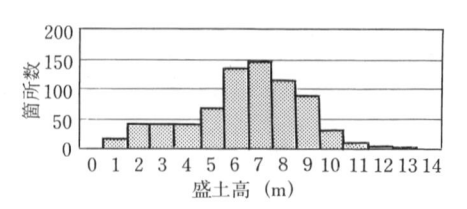

図 1.3 盛土高の分布

表 1.2 軟弱地盤における高速道路盛土の施工年代

年代 道路名	昭和 33-63 / 平成 1-20
名神高速道路	尼崎TF（33-36）／乙訓TF（36-38）／尼崎、乙訓、大垣（38-41）
東名高速道路	大垣TF（37-39）／厚木TF（38-40）／厚木、焼津、愛甲、袋井（40-44）／愛甲TF（42-44）
道央自動車道	袋井TF（41-44）／岩槻、加須、館林（46-49）／岩見沢TF（49-52）／岩見沢、札幌、岩見沢（51-56）／江別TF（53-56）／白老TF（55-58）／登別（58-61）
東北自動車道	久喜TF（44-47）／白河TF（47-50）／古川（蒲蔀、若柳）（50-54）
北陸自動車道	新潟、長岡（51-55）／柏崎、上越（53-58）
東関東自動車道	佐倉（45-50）／小松東、加賀、小杉（49-53）／湖北（53-56）／幕張、宮野木（55-59）／佐原（57-60）
常磐自動車道	谷和原、谷田部（54-58）／日立（56-60）
中央自動車道	諏訪（54-57）／神田TF（56-59）
京葉道路	屋久喜、都川（48-51）
東名阪自動車道	長島（49-52）
九州自動車道	網船（51-55）／八幡（52-56）／溝陸（53-57）／武雄（59-62）
秋田自動車道	秋田大沢郷（61-H3）／横手（62-H2）／秋田（外旭川）TF（H5-H9）
山形自動車道	山形TF（62-H2）／山形（62-H3）／酒田TF（H3-H6）／酒田（TF）（H6-H9）
磐越自動車道	猪苗代八幡（H1-H4）／新潟（H3-H6）／野尻（H6-H9）
長野自動車道	長野（H2-H5）
伊勢自動車道	伊勢（H4-H7）
高知自動車道	高知（H9-H12）
館山自動車道	木更津（H10-H14）
青森自動車道	青森（H10-H14）
日本海沿岸東北自動車道	中条（H10-H15）／村上（H13-H17）
舞鶴若狭自動車道	小浜、若狭（H16-H19）
東北中央自動車道	山形（H17-H20）

△ S36年版設計要領　△ S39年版設計要領　△ S45年版設計要領　△ S58年版設計要領　△ H10年版設計要領　△ H17年版設計要領

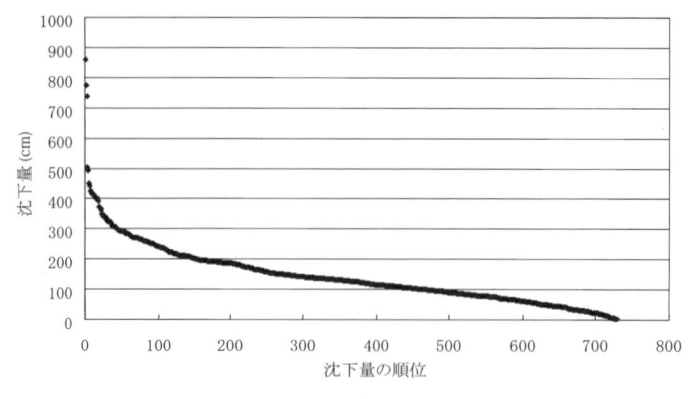

図1.4 沈下量の分布（ランクサイズ曲線）

分布するとすれば，全体の約70%を占めるのが，中央値プラスマイナス標準偏差の間，すなわち225 cmから29 cmまでの沈下量である。また沈下量150 cm以下の箇所が約60%ある。

なお700 cm以上の3点は，基盤が傾斜した軟弱地盤のデータで盛土施工中にすべり破壊を起こした箇所である。

1.2.2 軟弱地盤技術の変遷と設計要領

(1) 設計要領の役割

高速道路の土工技術は，高速道路の建設の全国展開とともに著しい変遷を遂げてきた。その変遷を振り返ってみると，名神高速道路建設当初こそ欧米の土質工学や土工技術の知識を頼りにしたところから始まったが，名神高速道路や東名高速道路の経験を踏まえて育んだ現場実証主義，すなわち理論を現場で実証し，現場データに基づいて修正を加えるという方法を通じて道路公団独自のものへと発展してきた。

その背景には，時代時代のさまざまな現場における公団技術者たちの経験と発想から生まれた無数の新しい技術があるが，それらの技術が公団技術者たちの共有財産として認知され流布する上で大きな役割を果たしたのが設計要領である。

高速道路の土工技術は，大型機械による道路土工や最新の軟弱地盤対策を含んでおり，常に日本の土工技術の最先端を走ってきた。実際，道路公団の土工技術の成果は，後日，日本道路協会の「道路土工指針」に反映されるといった経緯をたどったものが多い。道路公団の設計要領は，そうした高速道路独自の土工技術を反映しており，常に日本の道路土工技術の基準をリードしてきたといっても過言ではない。

高速道路の土工技術のうち軟弱地盤技術に関する設計要領は，日本道路公団設計要領（土工編）の中の1つの章として編纂されてきた。この設計要領（土工編）は，昭和36 (1961) 年8月に「名神高速道路設計要領」として制定されて以来，名神の建設の経験を踏まえた改訂版「高速自動車国道設計要領」（昭和39年10月）を経て，東名高速道路の建設の経験も加味した本格的な要領として昭和45 (1970) 年1月に制定された。その後，設計要領（土工編）は途中に小規模な修正や追加を挟みながら，昭和58 (1983) 年4月と平成10 (1998) 年1月の2回にわたって大規模な改訂が行われた。なお道路公団の最後の年

である平成17年7月に，平成10年版の部分的な改訂が行われている[*1]．

　こうした設計要領の改訂時期は，道路公団における土工技術の変遷の節目にあたっており，その節目ごとに，それまでに得られた知見や経験をとりまとめて既知の技術として認定し，次の時代の指針とするために設計要領は改訂されてきたのである．

　こうして設計要領は，常に土工技術の進歩の成果をタイムリーに取り入れ，高速道路の土工技術の牽引力となるだけでなく，日本の道路土工技術の指針として，さらには土質工学の発展の大きな推進力の1つとして非常に大きな役割を果たしてきた．

　しかし皮肉な言い方をすれば，そもそも設計要領というものは，その性格上，その時点までに経験された技術について評価の定まった内容しか取り入れられない．そういう意味では最前線での仕事は，設計要領に従っているだけでは新しくぶつかった問題の解決は図れないし，技術の進歩もない．高速道路技術がまだ日本になかった時代に高速道路の建設に従事せざるを得なかった公団技術者は，設計要領をつくりながら仕事を進めてきた結果，その技術の最先端はいつも現行の設計要領に先行してきたのである．

　ところが技術が成熟し，要領・基準化という形で技術の体系化が進むと，それが公団技術者のガイドラインとして効率的な役割を果たすようになる一方で，「わざわざ苦労してそれを乗り越える新たな挑戦をしなくても，要領・基準に従って設計すれば，無難な結果が得られる」という安易な道を選ぶ公団技術者が増えてきて，結果的に公団技術者の自由な発想や技術の進歩を阻害する存在となるという矛盾したことが起こってきた．逆説的な言い方であるが，要領・基準は，一定の技術レベルを保証する一方で，それ以上の技術進歩を阻害しかねない存在にもなり得るといえよう．

　そうした矛盾を回避して技術革新を継続していくのに，道路公団では試験所や本社技術部での研究開発や建設局での技術開発のほか，個々の現場での試験施工を活用することが伝統的に行われてきた．すなわち，要領・基準に従った仕事を進めつつ，その中で新たな挑戦の手がかりを試験施工という形で求める方法である．その背景には，高速道路の技術基準を自分たちの力で一からつくってきたという経緯と自負から，基準は絶えずつくっていくもの，変わり得るものと考え実践してきた公団技術者の伝統の継承がある．それは，道路公団の技術の精神として設計要領の前文に，次のように表現されている．

　　　「この要領は，日本道路公団が施工する道路ならびにこれに関連する工事の設計に
　　　適用する．なお，この要領は，設計のために必要な諸基準ならびに設計上の考え方を
　　　述べたものであり，共通的かつ一般的なものであるから，具体的設計にあたっては，
　　　本来の意図するところを的確に把握し，現地の状況等を斟酌のうえ，合理的な設計と
　　　なるよう努めなければならない．」

　この前文は，いくたびかの改訂においても変わることなく設計要領の冒頭に掲げられ，道路公団の設計の考え方を貫く精神として公団技術者に受け継がれてきた．

(2)　設計要領の比較

　道路公団の土工技術に関する設計要領は，昭和36 (1961) 年，39 (1964) 年，45 (1970)

[*1] 平成17年版設計要領は，そのままの内容で東・中・西日本高速道路会社の平成18年版設計要領となっている．

年，58 (1983) 年および平成 10 (1998) 年，17 (2005) 年の合計 6 回にわたって制定あるいは改訂されているが，後述するように軟弱地盤技術の変遷という点から見ると，昭和 45 年版，昭和 58 年版および平成 10 年版という 3 つのバージョンの設計要領が画期的なものと考えられる。そこでこれら 3 つの設計要領の内容を比較検討してみよう。

　図 1.5 は，目次の対比である。昭和 58 年版と平成 10 年版の網掛け部分は，それ以前の

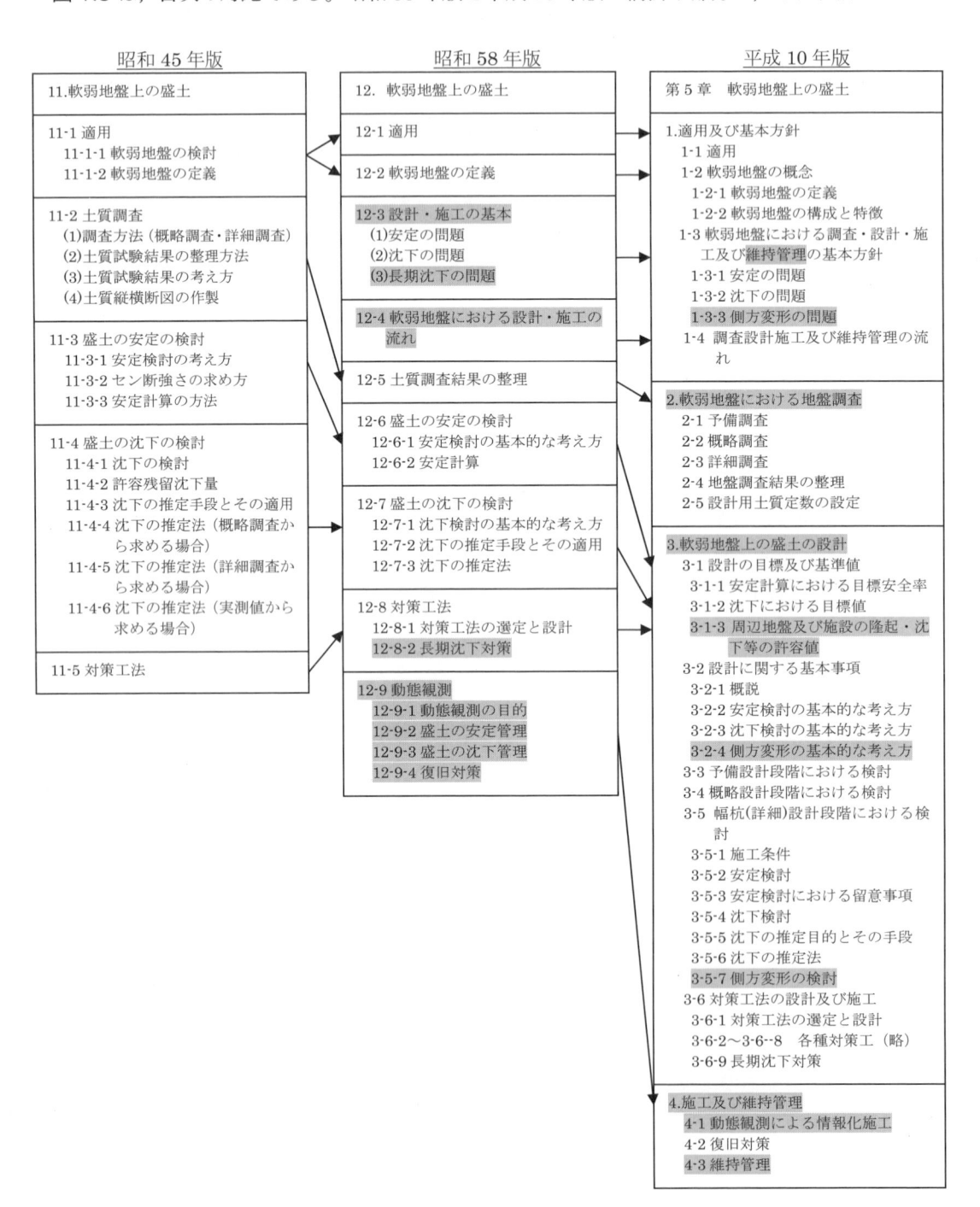

昭和 45 年版	昭和 58 年版	平成 10 年版
11. 軟弱地盤上の盛土	12. 軟弱地盤上の盛土	第 5 章　軟弱地盤上の盛土
11-1 適用 　11-1-1 軟弱地盤の検討 　11-1-2 軟弱地盤の定義	12-1 適用 12-2 軟弱地盤の定義	1. 適用及び基本方針 　1-1 適用 　1-2 軟弱地盤の概念 　　1-2-1 軟弱地盤の定義 　　1-2-2 軟弱地盤の構成と特徴 　1-3 軟弱地盤における調査・設計・施工及び維持管理の基本方針 　　1-3-1 安定の問題 　　1-3-2 沈下の問題 　　1-3-3 側方変形の問題 　1-4 調査設計施工及び維持管理の流れ
11-2 土質調査 　(1)調査方法（概略調査・詳細調査） 　(2)土質試験結果の整理方法 　(3)土質試験結果の考え方 　(4)土質縦横断図の作製	12-3 設計・施工の基本 　(1)安定の問題 　(2)沈下の問題 　(3)長期沈下の問題 12-4 軟弱地盤における設計・施工の流れ 12-5 土質調査結果の整理	
11-3 盛土の安定の検討 　11-3-1 安定検討の考え方 　11-3-2 セン断強さの求め方 　11-3-3 安定計算の方法	12-6 盛土の安定の検討 　12-6-1 安定検討の基本的な考え方 　12-6-2 安定計算	2. 軟弱地盤における地盤調査 　2-1 予備調査 　2-2 概略調査 　2-3 詳細調査 　2-4 地盤調査結果の整理 　2-5 設計用土質定数の設定
11-4 盛土の沈下の検討 　11-4-1 沈下の検討 　11-4-2 許容残留沈下量 　11-4-3 沈下の推定手段とその適用 　11-4-4 沈下の推定法（概略調査から求める場合） 　11-4-5 沈下の推定法（詳細調査から求める場合） 　11-4-6 沈下の推定法（実測値から求める場合）	12-7 盛土の沈下の検討 　12-7-1 沈下検討の基本的な考え方 　12-7-2 沈下の推定手段とその適用 　12-7-3 沈下の推定法	3. 軟弱地盤上の盛土の設計 　3-1 設計の目標及び基準値 　　3-1-1 安定計算における目標安全率 　　3-1-2 沈下における目標値 　　3-1-3 周辺地盤及び施設の隆起・沈下等の許容値 　3-2 設計に関する基本事項 　　3-2-1 概説 　　3-2-2 安定検討の基本的な考え方 　　3-2-3 沈下検討の基本的な考え方 　　3-2-4 側方変形の基本的な考え方 　3-3 予備設計段階における検討 　3-4 概略設計段階における検討 　3-5 幅杭(詳細)設計段階における検討 　　3-5-1 施工条件 　　3-5-2 安定検討 　　3-5-3 安定検討における留意事項 　　3-5-4 沈下検討 　　3-5-5 沈下の推定目的とその手段 　　3-5-6 沈下の推定法 　　3-5-7 側方変形の検討 　3-6 対策工法の設計及び施工 　　3-6-1 対策工法の選定と設計 　　3-6-2〜3-6-8　各種対策工（略） 　　3-6-9 長期沈下対策
11-5 対策工法	12-8 対策工法 　12-8-1 対策工法の選定と設計 　12-8-2 長期沈下対策 12-9 動態観測 　12-9-1 動態観測の目的 　12-9-2 盛土の安定管理 　12-9-3 盛土の沈下管理 　12-9-4 復旧対策	4. 施工及び維持管理 　4-1 動態観測による情報化施工 　4-2 復旧対策 　4-3 維持管理

図 1.5　設計要領の目次の対比

設計要領になかった新しい部分である。

　3つの設計要領の対比からわかることは，次のような点である。

　第一は，昭和45年版の内容が「盛土の安定および沈下の検討の仕方」に焦点を絞って記述しており，「安定・沈下計算法の解説」といった色彩が強いのに対して，昭和58年版および平成10年版の2つは「設計・施工の流れ」を表に出し，その流れの中に安定および沈下の検討を位置づけており，設計要領らしい体裁になっている点である。

　第二は，昭和58年版において，それまであった「残留沈下の許容値」を撤廃し，「残留沈下対策として，地盤処理工は原則として実施せず，残留沈下が生じても維持管理しやすい構造上の配慮をする」という大きな転換を図っている点である。

　また第三は，昭和58年版で「12-9動態観測」の項が新たに追加され，そこではじめて「軟弱地盤上の盛土の施工は，動態観測による安定および沈下管理を行うことを原則とする」こととし，さらに平成10年版では，その立場をより前進させて「情報化施工」を行うことを明記している点である。

　さらに第四は，軟弱地盤での問題点として安定と沈下の問題のほか，昭和58年版では「長期沈下の問題」，平成10年版では「側方変形の問題」をそれぞれ取り上げている点である。

　そして第五は，平成10年版で「維持管理」について明記している点である。

　また各要領で，以前のものから変わった点および新しく追加された点の概要を示したのが，表1.3である。これらの点以外は，基本的に以前の内容が引き継がれている。昭和45年版では，巻末に動態観測および安定・沈下計算について75頁も費やして記述している点が時代の要請を反映しているようで興味深い。また平成10年版で本文がほぼ倍増しているのは，豊富な設計・施工例に基づいて実用的な設計・施工のための経験的知識が数多く記載されているからである。

　なお平成17(2005)年に行われた部分改訂の内容について少し触れておきたい。この部分改訂の主な点は，次の3点である。

① 層厚が最大となる軟弱層の最大排水距離が5m以上である地盤タイプ（設計要領ではIII型地盤という）では，長期沈下が継続し，維持管理段階での対応に限界がある場合もあるので，このような地盤については，試験盛土等の結果を踏まえて，供用後5年間の沈下予測値を目安に「目標沈下速度（cm/年）を設定してもよい」としたこと。

② バーチカルドレーン工法について，「地盤条件によっては残留沈下量を軽減することを目的に用いる」としたこと。

③ 維持管理段階における容易な補修では長期沈下対策を講ずることができない場合は，「地盤改良による沈下対策を検討する必要がある」としたこと。

　このような残留沈下対策についての考え方の変化の背景には，常磐道の神田地区などで「供用後5年程度で一般的な補修レベルになる」という従来の傾向とは違って残留沈下が長期間継続するケースが出てきたことや，道路利用者からの段差に関する苦情が増えてきた（特に雪氷地域の暫定2車線区間において）ことなどがあった。

　しかしこのような従来の考え方を大きく変更する設計要領の改訂としては，設計に必要な解析手法など技術的に問題を十分詰めないまま見切り発車したきらいがあるように思わ

表1.3 設計要領の内容比較

	昭和45年版設計要領	昭和58年版設計要領	平成10年版設計要領
頁数	・本文：53頁 ・参考：75頁（動態観測9頁，安定・沈下計算例66頁）	・本文59頁	・本文100頁
安定検討	・安全率は1.25以上（施工中，施工後いずれにおいても）	・最小安全率は1.25を目標（供用開始時），ただし盛土立上り時は1.1程度を設計の目安としてよい（緩速施工と動態観測による十分な安定管理を行うことが前提） ・なおプレロードは仮設だから最小安全率は1.1を目標（盛土立上り時）	・常時の目標安全率1.1以上（盛土立上り時）（情報化施工が前提） ・地震時は，道路土工-軟弱地盤対策工指針による
沈下検討	・許容残留沈下量 注) 一般盛土部 ≦ 10 cm カルバートボックス部 ≦ 30 cm	・残留沈下の許容値は定めない ・目的に応じて沈下推定式を提示	・周辺地盤および近接施設の隆起・沈下等の許容値は，関係機関等の定める値を十分理解の上，決定
安定対策	・まずサンドドレーンおよび押え盛土 ・次にサンドコンパクションパイルなど	・緩速施工を優先し，押え盛土，サンドドレーン，その他の順に検討	・緩速施工を優先し，押え盛土，敷網またはバーチカルドレーン，その他の順に検討
沈下対策	・サーチャージ，プレロードで放置期間を長く ・カルバートボックスはプレロードで基礎杭なし	・沈下対策としての地盤改良は行わない ・橋台・カルバートボックスのプレロードは原則6カ月以上 ・残留沈下を見込んだ道路構造と維持管理対応	—
施工	—	・動態観測による安定および沈下管理が原則	・動態観測による情報化施工

注）残留沈下量とは，一般盛土部の場合は，舗装工事終了後，目標とされる時点までの沈下量の差である。ただしサーチャージを行う場合は，サーチャージ除荷後，またカルバートボックス部のプレロードの場合は，プレロード除荷後，目標とされる時点までの沈下量の差である。

れる。

　上記3点のうち，まず①は，目標とする沈下速度として補修の難易に応じて3～10 cm/年の目安を示しているが，それを超える沈下速度では維持管理段階での補修対応が過大になりすぎるという実態を反映したものであり，建設段階での努力目標を示したことは良いことである。

　一方，②，③は，従来の道路公団における考え方を大きく変更する内容となっている。その拠り所となっているのは，平成10年版設計要領以降に試験研究所において，バーチカルドレーン工法に沈下促進効果が見られたという常磐道の神田地区および道央道（札幌～岩見沢）の約20年間の沈下追跡調査結果について，事後検証的に構成モデルを使って数値解析した結果と見られる。しかし最新の構成モデルを使った数値解析を行うにしても，第8章の8.1で述べるように，現状ではまだ事前に実用設計に耐えるほどの精度で安定や沈下の予測ができるレベルにまで達しているとはいえない。しかもバーチカルドレーンの沈下促進効果については，実際にははっきり確認できないケースの方が多い。

　長期沈下対策のキーポイントは，バーチカルドレーンの沈下促進効果の評価と長期沈下の発生源である厚い下部粘土層の長期沈下現象の解明にある。従来，深い位置にある下部粘土層までバーチカルドレーンによって地盤改良したケースは，名神・大垣地区，東名・

焼津高崎地区，常磐道神田地区など数少なく，多くの場合は無処理であり，無処理でも神田地区のような問題が起きていない場合の方が多い。

したがって，設計要領として上記②，③の指針を打ち出すのであれば，こうした過去のすべての実測データをきちんと整理した上で，「具体的にどのような地盤の場合に，どのような方法で残留沈下対策としての地盤改良を設計するのか」を明示する必要がある。

しかし平成17年版設計要領では，バーチカルドレーンの設計において依然として実態とは合わないバロンの解を用いる圧密計算式が示されており，解説文で，「試験盛土を実施した上で，長期沈下対策として有効と判断される場合には沈下対策として用いることも可能である」，あるいは「試験盛土によりバーチカルドレーン工法などの地盤改良の有効性が確認された場合には，長期にわたる沈下対策として，経済性を十分検討し，適切な沈下対策工を選定する必要がある」と断ってはいるものの，このような観念的な記述では，「地盤条件によっては残留沈下量を軽減することを目的に用いる」という条文が一人歩きして，実態とは合わない計算式を用いた不合理な設計が行われてしまうことが危惧される。早急に，長期沈下対策を検討する場合の試験盛土の実施についての技術指針をつくるべきであろう。

すなわち，試験盛土において，①どの程度の期間の観測を行い，得られた観測データについてどのような分析を行うのか，②どのようにして維持管理段階の長期にわたるコスト比較をするのか，③代替工法との比較をどのように検討するのか，などを含む具体的な「試験盛土計画」作成例を示す必要がある。

このように平成17年版の部分改訂には，大きな問題点を含んでいるが，その他は平成10年版と変わらない。

本書では主に平成10年版までの内容を取り扱うが，平成17年版の上記の問題点も含めて長期沈下問題について，バーチカルドレーンの評価も併せて従来の経緯をレビューし，今後の検討課題を整理しておきたい。

コラム

若手：「設計要領」の本文に記述されていることは技術者にとっては憲法みたいなものでしょう？

ベテラン：「設計要領」とか「土工指針」は，つくった時点での知見・知識を集めて整理したものだよ。現場実験・観測データなどの新しい知見があって，根拠があればどんどん変えていいのだよ。序文に必ずそのことが書いてある。そうしないと技術が停滞して進歩しないものね。

若手：安全率の1.25とか，のり面勾配の1：2なんて変えてはいけないでしょう。

ベテラン：長い間の経験や歴史があって決められているから，頭から無視はできないね。昔の人に聞くと，最初に議論になった時，安全率は1.0でいいという意見と，日本は地震国だから1.5にしようという意見があった。足して2で割って1.25になったということだ。根拠があったら憲法は改正すればいいのさ。

若手：では1.24だからアウトで対策工が必要だというのはおかしいですね。

ベテラン：そのとおり，計算値至上主義はどうかと思うね。総合的判断になるね。「要領や指針」を変えるぐらいの意気込みで，いろんなことを実験してみたり，観測データをたくさん取ってみたりするという努力をしてほしいですね。＜Se＞

1.2.3 設計要領による時代区分

高速道路の軟弱地盤技術の変遷は，昭和45年版および昭和58年版という2つの設計要領を節目として，大きく3つの時代に区分できる。

① 名神・東名時代
文字通り名神・東名高速道路の時代であり，軟弱地盤技術の基礎がつくられた創成期である。

② 新規五道時代
東名以後，道央自動車道までの時代であり，軟弱地盤技術が集大成へ向かって全国へ展開した成長期である。昭和45年版設計要領が用いられた時代である。

③ 横断道時代
道央自動車道以後の時代であり，新技術・新工法への挑戦や長期沈下の解明などが取り組まれた軟弱地盤技術の成熟期である。昭和58年版設計要領が用いられた時代である。

以下，各時代の技術的特徴について見てみよう。

(1) 名神・東名時代

日本の高速道路の軟弱地盤技術は，名神時代にその端緒をつかみ，東名時代の多様な軟弱地盤への適用を通してその原型が出来上がったと見ることができる。名神時代と東名時代を区分して考えるのも1つの見方ではあるが，軟弱地盤技術の体系という視点から見れば，道路公団の自前のものとして全体の形がつくられたのは，東名時代を経験してからのことであり，その具体的な成果が昭和45年版設計要領である。したがってここでは，名神時代の独自性は認めつつも，技術史的には名神・東名時代と一括りにして総括することにしたい。

その根拠として図1.6に設計要領の昭和39年版と昭和45年版の目次比較を示す。昭和39年版は名神高速道路のデータに基づいて作成された「高速自動車国道設計要領」であって，名神における軟弱地盤技術を反映したものである。一方，昭和45年版はさらに東名高速道路のデータを加味して作成された設計要領であって，名神・東名の軟弱地盤技術を反映したものである。

図1.6からわかるように，昭和39年版は，設計要領というよりは，軟弱地盤上の盛土の安定および沈下検討の方法の解説書といったものとなっているのが特徴である。まだ軟弱地盤技術が，土質力学に全面的に依存した状態を抜けきらない状態を反映していると考えられる。

一方，昭和45年版は，基本的には昭和39年版の内容を受け継ぎながらも，土質調査，対策工の設計指針，動態観測など実際の調査・設計・施工に必要な記述が充実してきている。そこには明らかに，土質力学の解説書的設計要領から実務的設計要領への一定の進化を見て取ることができる。

とりわけ昭和45年版で注目すべきは，土質調査とからめて軟弱地盤の地形判断についての地質学的記述が新たに加えられたことである。具体的には，地形から軟弱地盤を判読する手法を取り入れることにより，地形と整合する土質縦横断図の作成ができるように

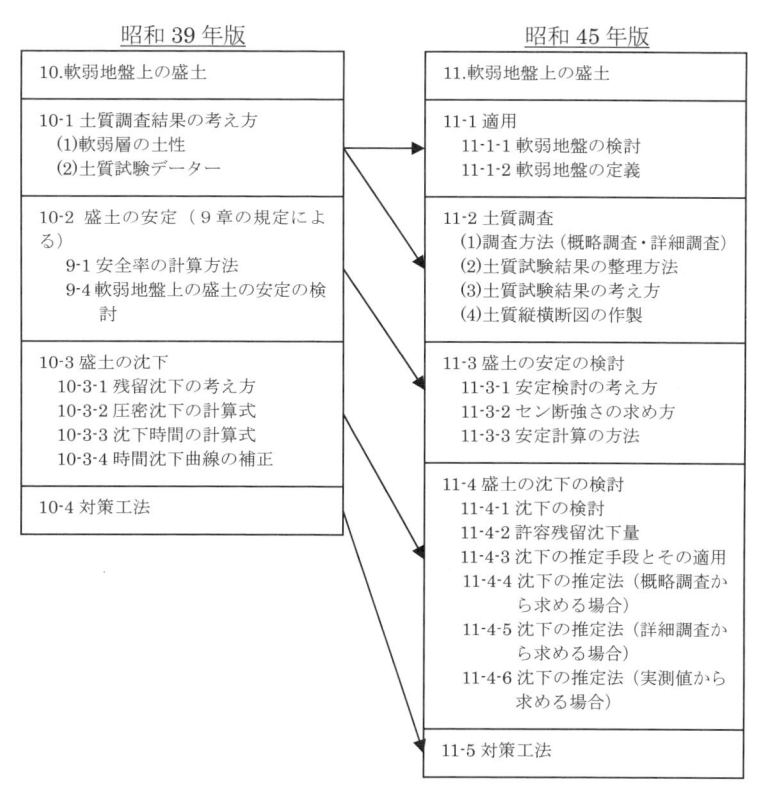

```
     昭和39年版                    昭和45年版
┌─────────────────────────┐   ┌─────────────────────────┐
│ 10.軟弱地盤上の盛土      │   │ 11.軟弱地盤上の盛土      │
│                         │   │                         │
│ 10-1 土質調査結果の考え方│   │ 11-1 適用               │
│   (1)軟弱層の土性       │──▶│   11-1-1 軟弱地盤の検討 │
│   (2)土質試験データー   │   │   11-1-2 軟弱地盤の定義 │
│                         │   │                         │
│ 10-2 盛土の安定(9章の規 │   │ 11-2 土質調査           │
│   定による)             │   │   (1)調査方法(概略調査・│
│     9-1 安全率の計算方法│──▶│      詳細調査)          │
│     9-4 軟弱地盤上の盛土│   │   (2)土質試験結果の整理 │
│        の安定の検討     │   │      方法               │
│                         │   │   (3)土質試験結果の考え方│
│                         │   │   (4)土質縦横断図の作製 │
│                         │   │                         │
│ 10-3 盛土の沈下         │   │ 11-3 盛土の安定の検討   │
│   10-3-1 残留沈下の考え方│──▶│   11-3-1 安定検討の考え方│
│   10-3-2 圧密沈下の計算式│   │   11-3-2 セン断強さの求め方│
│   10-3-3 沈下時間の計算式│   │   11-3-3 安定計算の方法 │
│   10-3-4 時間沈下曲線の補正│ │                         │
│                         │   │ 11-4 盛土の沈下の検討   │
│ 10-4 対策工法           │   │   11-4-1 沈下の検討     │
│                         │   │   11-4-2 許容残留沈下量 │
│                         │──▶│   11-4-3 沈下の推定手段とその適用│
│                         │   │   11-4-4 沈下の推定法(概略調査か│
│                         │   │         ら求める場合)   │
│                         │   │   11-4-5 沈下の推定法(詳細調査か│
│                         │   │         ら求める場合)   │
│                         │   │   11-4-6 沈下の推定法(実測値から│
│                         │   │         求める場合)     │
│                         │   │                         │
│                         │──▶│ 11-5 対策工法           │
└─────────────────────────┘   └─────────────────────────┘
```

図1.6 昭和39年版と昭和45年版の設計要領の目次の比較

なった。

なお昭和39年版ですでに，①目標安全率1.25（盛土立上り時），②舗装開始時に残留沈下量が大きい場合に仮舗装とする考え方，③サーチャージやプレロードによる沈下促進の有効性，④緩速施工のすすめ，⑤カルバート基礎に杭を用いない考え方などが示されている。

さて名神・東名高速道路での到達点を一言で表すならば，次の4点にまとめられる「経験的かつ観測的な設計施工法の原初的な形の確立」といえるであろう。

① 現象から考えたこと（動態観測主義，追跡調査など）。
② 実物大試験盛土を重視したこと（試験盛土主義）。
③ 土質力学至上主義を脱却し，経験や地質学の知識も取り入れて総合的に攻めたこと（経験や地形・地質の重視）。
④ 現実的に発想したこと（サンドドレーン工法の安定対策としての位置づけなど）。

この到達点をもとに制定された「昭和45年版設計要領」は，道路公団で初めての本格的な設計要領として，その後の高速道路の急速な全国ネットワーク化を支えた。

この設計要領は，名神および東名高速道路の豊富な経験に裏づけされた極めて実際的な要領であったが，沈下を計算だけで定量的に予測することは非常に難しく，また新しい計算方法の提案もできないまま，慣用的な計算方法を踏襲したため問題点も含んでいた。

例えば，残留沈下規定を設けたことにより，サンドドレーンは強度増加促進には効果はあるが，沈下促進には有意な効果が認められないという評価が下されながら，計算上残留

沈下を規定値以下に収める必要からサンドドレーンを設計するという矛盾を後に残すこととなった。

なおこの点については，昭和 54 (1979) 年に行われた設計要領の一部改訂で許容残留沈下規定が削除されたのに続き，「残留沈下対策としての地盤改良は行わない」設計法が昭和 58 年版設計要領で基準化された。

(2) 新規五道時代

東名完成後，高速道路の建設は全国へ展開したが，中でも東北道，中央道，北陸道，中国道および九州道のいわゆる新規五道が優先的に整備された。新規五道の建設が進むとともに，順次，京葉道，東関東道，常磐道および道央道へ建設は展開した。その一方で，供用路線での維持補修の実績も積み重ねられた。

軟弱地盤における盛土工事は，年代的に重複しながら各地で名神・東名時代よりもさらに多種多様な地盤において実施された。これらの軟弱地盤の現場では，昭和 45 年版設計要領をもとにしながらも，さまざまな新しい技術的な挑戦が行われた。

その中でも道央道（札幌〜岩見沢）の軟弱地盤は，それまで経験した軟弱地盤のうち質・量ともに最悪かつ最大のものであり，それまでの道路公団における軟弱地盤技術の経験を集約した画期的な設計・施工が実施された。

このような昭和 45 年版設計要領以降の全国での実績を踏まえて，昭和 58 年版設計要領が制定された。

(3) 横断道時代

昭和 58 年版設計要領の制定以降，秋田道，山形道，磐越道，高知道などの軟弱地盤地区において盛土工事が実施された。それらの設計・施工では，新材料・新工法・新技術の採用による工費削減が積極的に取り組まれた。

また各地の軟弱地盤における沈下追跡調査が 10 年，20 年と継続され，その間，残留沈下に伴う補修実績も増え，残留沈下対策が大きな課題として浮上してきた。

そうした技術的経験が盛り込まれた平成 10 年版設計要領は，基本的な考え方は昭和 58 年版から変わっていないが，設計要領としての体系を整理するとともに，実用的な設計・施工のための経験的知識を数多く記載したものとなった。

1.3 名神・東名時代

1.3.1 名神高速道路の技術

(1) 試験盛土方式の導入

名神高速道路は，総延長 189.3 km のうち，12.8 km が軟弱地盤である。日本最初の高速道路である名神高速道路の建設にあたって，軟弱地盤対策は重要な技術的問題点の 1 つであった。その拠り所とすべき土質力学は，昭和 30 年代には新しい学問としての体系が確立されており，円弧すべり理論，テルツァーギの圧密理論，さらにはバーチカルドレー

ンについてのバロンの解が専門書に紹介されていた。名神高速道路における軟弱地盤上の盛土工事は，これら土質力学理論を実践する上で絶好の機会となった。

名神高速道路で初めて遭遇した軟弱地盤は尼崎地区であった。計算によれば沈下量は約 40 cm であり，安全率は 1.0 ぎりぎりであった。土質試験結果に基づく計算結果は絶対のものだと信じ込まれていたから，安全率が 1.0 を割れば必ずすべり破壊を生ずるであろうし，1.0 以上あれば安定であると真剣に考えられていた。

また，高速道路において沈下は絶対に許されないものだという観念があり，それに照らして沈下量 40 cm という数字が実際にどのような意味をもつのか，誰にもわからない状況であった。

すべてが初めての経験であり，多くの問題点を机上で解決できる技術もなく，その実際的な問題解決法として実物大の試験盛土を実施するという方式が採用された。対策工法としてサンドドレーンと，当時開発されたばかりのサンドコンパクションパイルが選ばれた。昭和 34 (1959) 年 5 月，尼崎試験盛土が，高さ 5.5 m，延長 100 m で，3 つの試験区間を設けて実施された。すなわちサンドドレーン打設（2.5 m ピッチ）区間と何も対策工を施さない無処理区間を各々延長 40 m，そしてサンドコンパクションパイル打設（2.0 m ピッチ）区間を延長 20 m 設けた。

得られた沈下データは，サンドドレーンを打っても打たなくても同じという結果を示していた。サンドドレーンが沈下促進に有効であることは理論的に明白であるのに，この実測結果は何とも説明のしようのない難しい問題であった。ただしこの地区の本線工事は，用地の問題のため結局ほとんどが高架橋で施工された。

尼崎地区と併行して調査が進んでいた乙訓地区に，尼崎地区以上の軟弱地盤が存在することがわかった。昭和 35 (1970) 年 1 月にサンドドレーン打設（1.6 m ピッチ）区間を延長 45 m，無処理区間を延長 20 m 設けて，乙訓試験盛土が実施された。やはり沈下の収束の仕方は尼崎試験盛土と同じような傾向を示しており，サンドドレーン打設の有無によって沈下速度に有意な差は認められなかった。

しかしながら，それでもまだ理論は正しいはずだという考え方が一般的であり，尼崎，乙訓の 2 つの事例はサンドドレーンの沈下促進効果が現れにくい何らかの原因があったか，あるいは実測値に問題があったのだろうと考えられた。はっきりした判断をつけかねたまま，本線工事ではサンドドレーンが全面的に採用された。

このように揺籃期の技術的未熟さはあったものの，問題解決の手段として実物大の試験盛土方式を導入し，しかも何らかの対策工を行った処理区間と何の対策工も行わない無処理区間を直接比較するという方式を採用したことは，その後の軟弱地盤対策技術の発展にとって画期的なことであった。この「実際にやってみて実測データを取り，それに基づいて現場に適合した設計・施工を行う」という試験盛土方式は，次節で述べる「施工時に動態観測に基づいて技術的判断を下す」というやり方と合わせて，後に「情報化施工」の考え方へと発展していった。

(2) 動態観測の定着化と計算だけに依拠する設計からの脱却

名神高速道路の名古屋周辺の調査が進むにつれて，濃尾平野，特に大垣地区が今までと比較にならない大規模な軟弱地盤であることが明らかになってきた。尼崎および乙訓地区

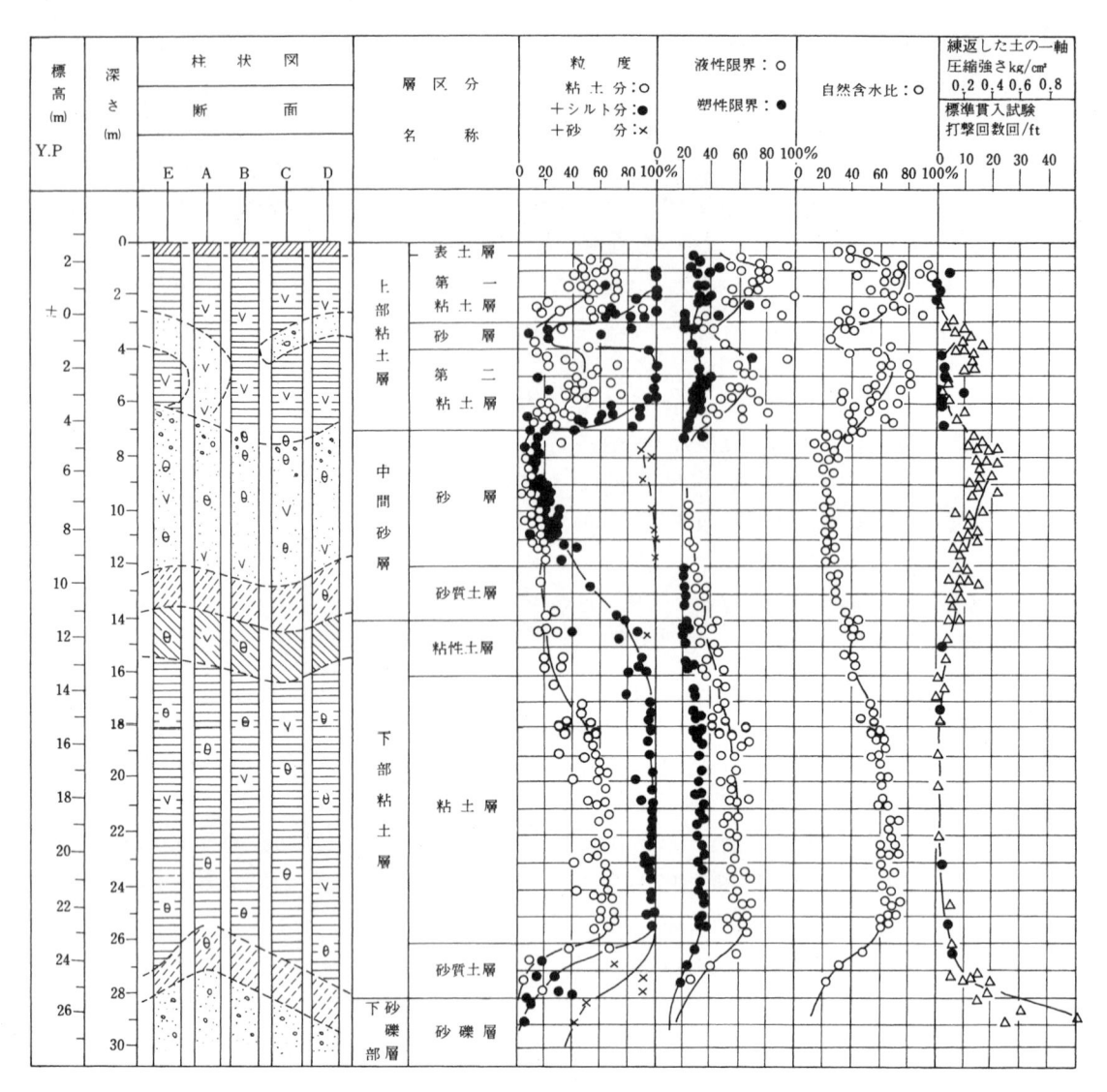

図 1.7 土質柱状図（大垣試験盛土）

表 1.4 試験区間（大垣地区）

区間	A	B	C	D
処理区	サンドドレーン			無処理
打設ピッチ	2.4 m	2.4 m	1.6 m	
打設長	8 m	20 m	8 m	―

の試験盛土で露呈したいくつかの問題点に決着をつけるべく，昭和35年7月に大がかりな試験盛土が実施された．すなわち，この大垣地区の試験盛土では，サンドドレーンの沈下促進効果を確認することを主目的に，図1.7のような地盤に表1.4のような4つの試験区間が設けられた．各区間の延長は50m前後，総延長は170mであり，盛土高はすべて8mとした．

その結果得られた沈下時間曲線は，沈下量の大きさには区間ごとにいくらかの差はあるが，時間的変化の傾向にはいずれも有意差がないことが歴然と判明した（図 1.8）。

このように万全の観測体制が敷かれ十分に計画の練られた大垣地区の試験盛土において，尼崎および乙訓地区と同様に，サンドドレーン区間と無処理区間の沈下傾向に有意差が生じないことが実測されるに及んで，理論が実際と一致しない事実を直視せざるを得なくなった。計算上はいくらか安定上の疑問も残していたが，本線工事ではサンドドレーンを採用せず無処理のまま盛土することに踏み切った。

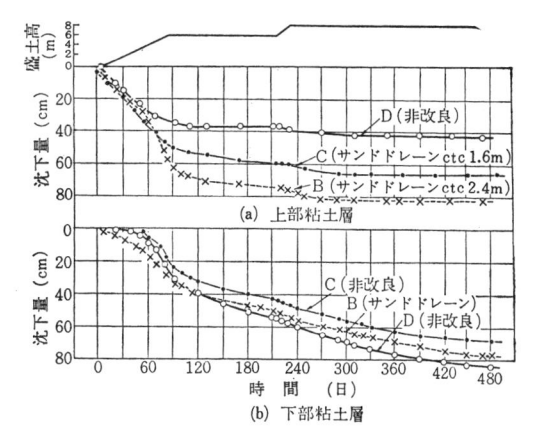

図 1.8 沈下量の経時変化（大垣地区）

このことは，それまでの常識，すなわち軟弱地盤にはサンドドレーンという固定概念を打ち破り，土質力学理論に基づく計算に無条件に依拠して設計することから脱却することになった画期的な決断であった。

このように理論の束縛から逃れる根拠を与えてくれたのは，動態観測による実測データであった。この大垣地区における経験は，動態観測を行いながら実測データに基づいて技術的な判断を下していくというやり方を，高速道路における軟弱地盤対策の一般的な技術として定着させることになった。

ただし前述したように昭和 39 年版設計要領では，サンドドレーンは依然として沈下促進効果を目的とする工法との記述がなされるという矛盾が残された。

なお，この矛盾は昭和 45 年版設計要領にも引き継がれており，現場での実際的な判断と設計要領上の記述との食い違いは，昭和 58 年版設計要領まで解消されなかった。

(3) 残留沈下対策の考え方の始まり

大垣地区の本線工事では，沈下促進および残留沈下軽減のためのサーチャージ工法の採用，橋台取付部の高盛土区間へのサンドコンパクションパイル工法の採用，プレロード施工による浮き基礎式のカルバートの採用など，その後の東名高速道路での設計・施工の原則となった考え方が採用された。

また大垣地区は，供用後の残留沈下が大きいことが予想されたので，暫定舗装で開通することになった。これは全体の舗装のうち基層までは施工するが，表層および中央分離帯は後で施工するものである。供用後も沈下や間隙水圧などの観測を続け，沈下の落ち着くのを待って順次本舗装が施工された。ここに，道路公団における「残留沈下に対して補修しながら対応する」という考え方の始まりを見ることができる。

1.3.2 東名高速道路の技術

(1) サンドドレーン効果の検証

東名高速道路は，総延長 347 km のうち，約 1 割にあたる 32 km が軟弱地盤である。名神の軟弱地盤は粘性土地盤が主体であったのに対して，東名では泥炭地盤をはじめ非常に軟弱な地盤が出現し，本格的な軟弱地盤対策の取り組みが始まった。特筆すべきは，軟弱地盤対策の主体として「無処理」を大々的に採用していることである。

昭和 38 (1963) 年になると東名高速道路の調査も本格化してきた。東名高速道路は，東海道沿いの平坦地を通る部分が多いため，調査が進むにつれて各地に軟弱地盤が存在することが明らかになってきた。

最初に問題となったのは，相模川流域の厚木地区であった。大垣地区より条件の悪い軟弱地盤と考えられ，また高含水比の関東ロームで盛土するということもあって，昭和 39 年 1 月から試験盛土が実施された。

サンドドレーンのほかに，当時輸入されたばかりのペーパードレーンの区間も設けられた。ペーパードレーンの間隔は，ペーパーの排水能力を直径 5 cm のサンドドレーンと理論上同等の効果があるものとして設計された。

試験区間の土性は，含水比 50～120% の有機物混じりの粘土層である。沈下時間曲線は図 1.9 のとおりであり，3 つの区間のいずれも有意差のない結果が得られた。

また図 1.10 は，盛土前と盛土終了 4 カ月後における一軸圧縮強さの変化を示したものである。深さ 8 m 以浅の上位については，明らかにサンドドレーン打設区間の方が強度の増加が大きい。サンドドレーンの打設深度が 10 m であることから，この試験盛土においてサンドドレーンの強度に及ぼす改良効果が認められた。このようなサンドドレーンによ

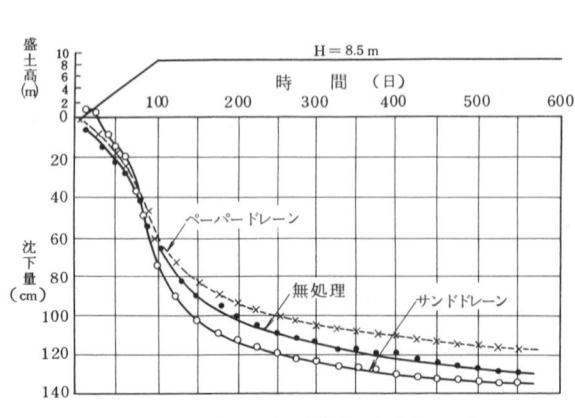

図 1.9 沈下量の経時変化（厚木地区）

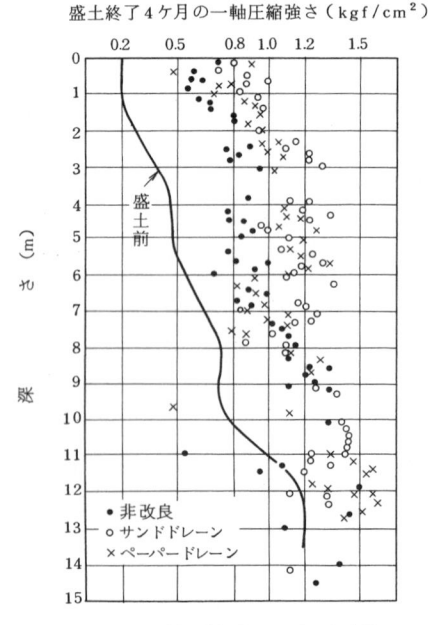

図 1.10 一軸圧縮強さの経時変化（厚木地区）

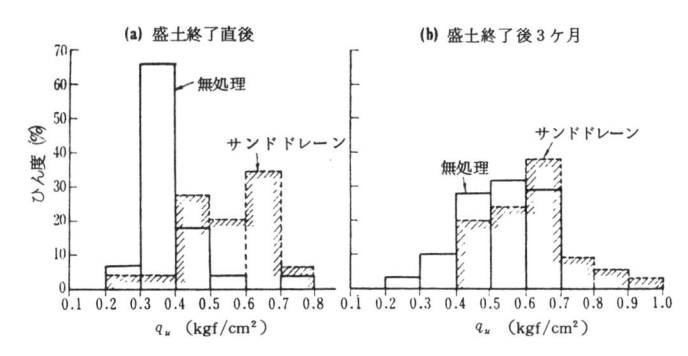

図1.11 土の強度増加に及ぼすサンドドレーンの効果（愛甲地区）

る強度増加の促進傾向は，大垣地区の試験盛土でも得られていた。

次に，厚木地区の隣の名古屋寄りにある愛甲地区は，洪積台地を刻んで発達した小さな谷間が連続しており，含水比が最大で700％にも達する泥炭層を含んだ埋積谷タイプの軟弱地盤で，層厚は10m前後であった。このような本格的な泥炭地盤に遭遇したのは，高速道路の建設が始まって初めてのことであり，盛土の安定の確保が極めて困難と予想されたので試験盛土が実施された。試験区間として，サンドドレーン打設（1.2mピッチ）区間と無処理区間の2つの区間が設けられ，盛土高は4.5mとされた。この盛土高4.5mは，安定計算上これがぎりぎりの限界高と推定された値である。昭和40（1965）年11月に着工されたが，本線工事着工まであまり時間がなかったこともあって，試験区間は各々20mずつ計40mの延長とされた。

観測結果を見ると，泥炭地盤の場合もサンドドレーンの沈下促進効果は認められなかった。しかし，この愛甲試験盛土ではチェックボーリングを何回か実施し，地盤強度の変化が詳しく調査された。それによると図1.11に示すようにサンドドレーン打設区間では，無処理区間より早期に強度増加することが確かめられた。それまでの試験盛土でもこうした傾向は大体認められていたが，データ不足で結論を下すまでには至っていなかった。

この愛甲地区の試験盛土において，「無処理の場合に比べて，沈下促進効果に有意な差は認められないが，強度増加促進効果は認められる」というサンドドレーン効果の評価が有力になった。

この試験盛土においては4.5mの盛土を行ったが，のり尻の変位も大きく動態観測のデータの示すところによれば，この高さは限界高であると推察され，それ以上の盛土高の施工は安定上無理であると予測された。そこで泥炭を主体とするこの愛甲地区の本線工事では，安定確保を主目的にサンドコンパクションパイルを用いることになった。

(2) 安定確保が難しい地盤－袋井村松地区－

袋井村松地区は，含水比が1000％にも達する未分解繊維質の泥炭層の下部に軟弱な粘土層が存在する盛土安定上非常に問題のある軟弱地盤箇所として，早くから検討の対象となっていた。この地区は，昭和41（1966）年2月から行われた試験盛土の結果，盛土構造は不可と判断され，本線はほとんど高架構造となり，盛土区間はごく一部となった。これは軟弱地盤対策として高架構造が用いられた最初のケースである。

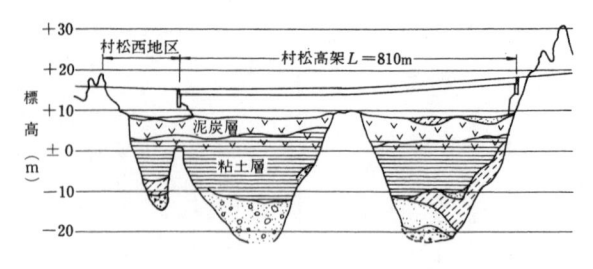

図 1.12 袋井村松地区の土質縦断図

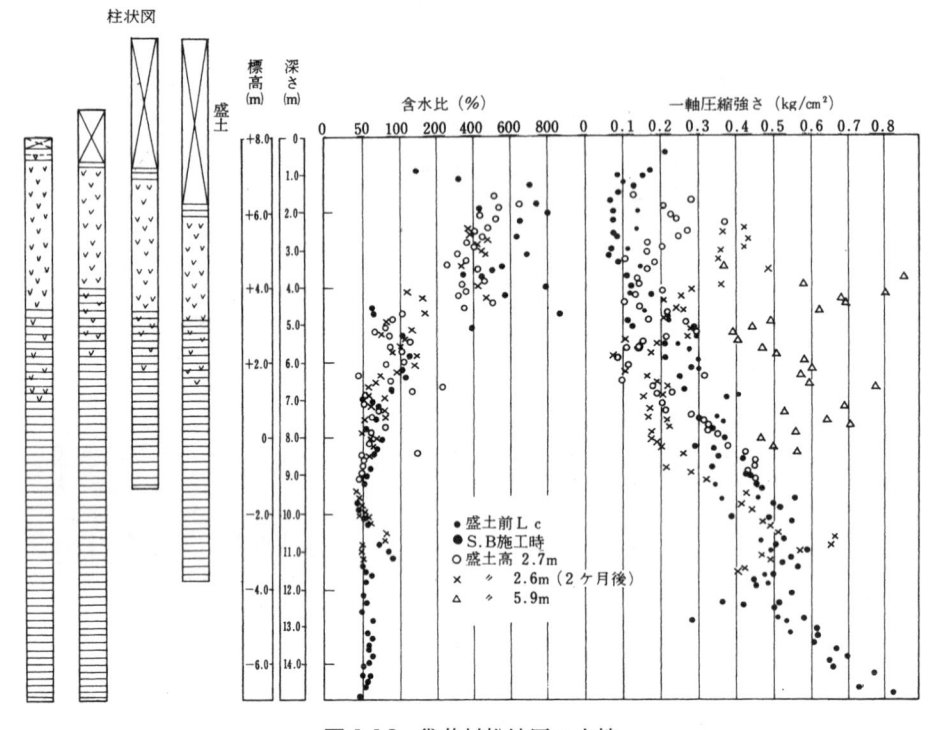

図 1.13 袋井村松地区の土性

　この地区のうち盛土区間となった村松西地区（延長約 130 m）は，設計段階では軟弱層が薄いと考えられて盛土が計画された区間である（図 1.12）。
　しかし，工事開始にあたり地盤を再調査したところ，この区間は意外に層厚が厚いことが判明した。すなわち表層に泥炭層が約 5 m あり，その下位に含水比 100〜200％ の有機質粘土層約 3 m と含水比 45〜65％ の粘土が 10〜13 m 堆積する地盤であった（図 1.13）。
　そこで盛土の両側に幅 35 m の押え盛土を設け，地盤処理工としてサンドコンパクションパイル（押え盛土部）とサンドドレーン（盛土本体部）をそれぞれ 15 m の深さまで打設した。施工を開始したところ，サンドマットを敷いただけで 2 m 近い沈下が生じ，盛土高 4 m になると盛土にクラックが発生し，盛土高 6 m で遂にすべり破壊を生じた。
　復旧対策がいろいろ検討され，構造物に切り替えることも考えられたが，結局盛土を続け強制置換で強行突破することになった。すなわち，のり尻に大きなトレンチを掘っておくと，盛土を加えることによって，押しつぶされた泥炭や粘土がトレンチへ押し出されてくる。押し出されてきた泥炭をバックホーで排除し，さらに盛土荷重が加えられた。置換

の結果をサウンディングなどより推定すると，深さ 11～12 m まで約 30 000 m³ を置換したことになった（図 1.14）。しかし，置換土の下部に厚さ 5 m の粘土層を残しており，開通後も大きな残留沈下を生じた。この事例は，東名高速道路の土工で最も苦労した軟弱地盤となった。

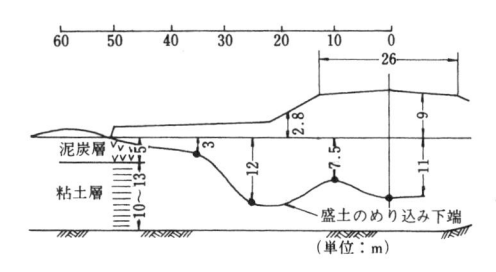

図 1.14 強制置換の最終形状（袋井村松西地区）

(3) 安定確保が難しい地盤－焼津高崎地区－

焼津高崎地区は，有機質粘土と海成粘土が中間砂層なしに厚さ 30 m 近く堆積していることが早くから問題となっていた。高崎地区はいわゆるおぼれ谷地形になっていて，上部 12 m が含水比 150% 程度の有機質粘土層で，下部約 20 m は含水比 50% 程度の海成粘土層である。そして，この地盤はフォイルサンプラーによって採取された連続試料から，中間に砂層を全く含んでいないことがわかった。それまでの経験から見て，途中に中間砂層を挟まない厚さ 30 m にも及ぶ粘土層は，安定，沈下ともに極めて問題のある軟弱地盤である。

昭和 41（1966）年 3 月，対策工法として，深さ 7 m と 20 m のペーパードレーンを 90 cm ピッチで交互に打設し，のり面部にはサンドコンパクションパイルを打設し，盛土を開始した。

盛土開始後，盛土高 6.5 m 近い時点で急に沈下量が増大する現象が生じた。図 1.15 を見ると，深さ 10 m 以深では盛土前よりも盛土後の強度が低く，下部粘土層の強度低下が著しいことがわかる。こうしたことから，このケースでは盛土高約 6.5 m で下部の海成粘土層を通る深いすべり破壊を生じかけたものと推定された。この焼津高崎地区も，供用後大きな残留沈下を生じた箇所となった。

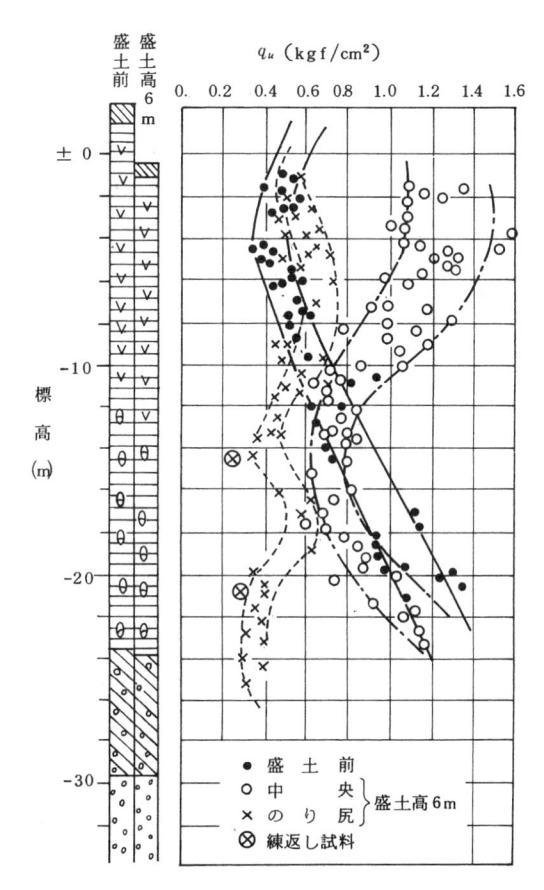

図 1.15 地盤の強度変化（焼津高崎地区）

(4) 連続カルバートボックスによる軟弱地盤対策

袋井村松地区は，軟弱地盤対策として高架構造が用いられた最初のケースであるが，この他に村松地区の横井避溢橋，焼津地区の石脇および坂本避溢橋は，軟弱層が厚く，橋梁にすると深い基礎杭を必要とするが，軟弱層中に薄い砂層が何層か発達しているため，無

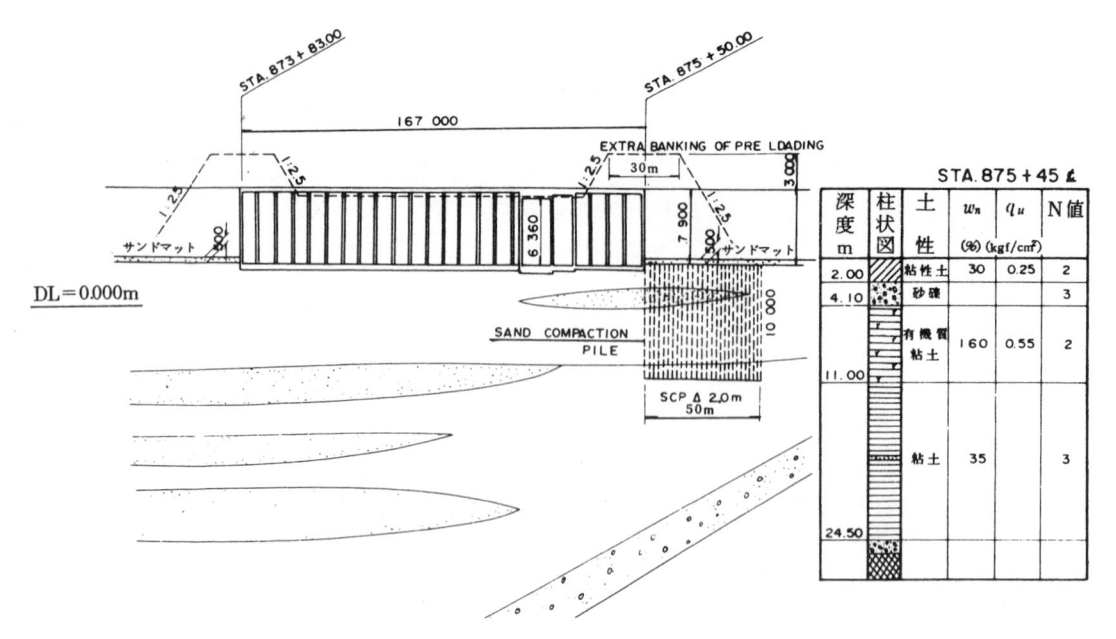

図1.16 軟弱地盤対策としての連続カルバートボックスの適用例（焼津地区石脇避溢橋）

処理でプレロードを施工した後，基礎杭をもたない連続カルバートボックスが採用された。これは軽量化による残留沈下対策である。図1.16は，焼津地区の石脇避溢橋の例である。

(5) 橋台と盛土の段差対策

名神・大垣地区では，開通後の盛土の沈下によって生じた橋台（通常の場合，橋台には基礎杭が用いられ沈下しない）取付部の段差の補修が大変だということがわかってきた。そこでその段差対策として，愛甲地区では，図1.17に示すような基礎杭をもたないアプローチクッション式の橋台が採用された。

図1.18は，アプローチクッション式橋台と通常の基礎杭のある橋台の段差修正の補修回数を比較したものである。アプローチクッション式は，6年に1回の補修であるのに対して，通常の橋台は2年に1回程度であり，段差対策として有効であることがわかる。

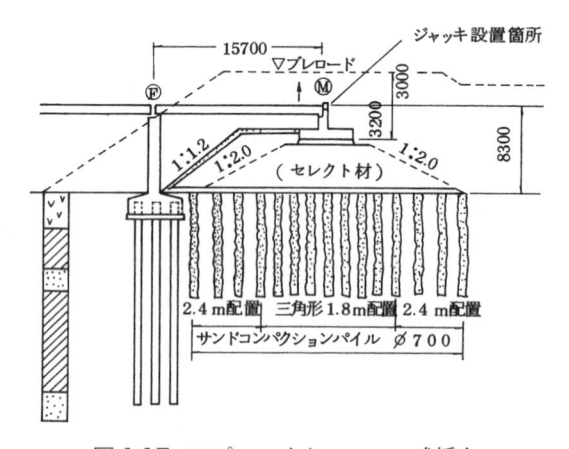

図1.17 アプローチクッション式橋台

なおこの愛甲地区では，供用後10年して盛土部の沈下が大きくなり，アプローチスラブのジャッキアップが行われた。

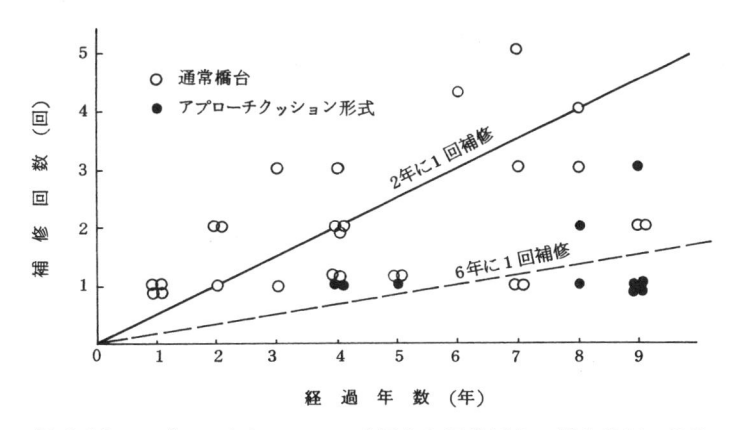

図 1.18 アプローチクッション式橋台と通常橋台の補修状況の比較

(6) 軟弱地盤の地形解析

東名高速道路における軟弱地盤の経験から,空中写真という新しい技術によって有益な知見が得られるのではないかとの見通しの下に,東名沿線の膨大な土質柱状図を整理し,地形との関係が検討された[4]。

その結果,空中写真判読と同時に行われた地形解析から重要な知見が得られた。すなわち,ボーリングによって得られる土質柱状図は,場所によって千差万別であるが,沖積層の地層構成は周辺の地形による堆積条件によって決まるものであるから,周辺の地形が同じであれば,地層構成も同じようであり,したがって土質柱状図も似たり寄ったりのものとなるということである。

この地形判読という手法を用いることによって,いままでばらばらであった個々の土質柱状図を,ある処理方針をもってはっきりと整理し,地形と整合する土質縦横断図を作成することができるようになってきた。個々の土質柱状図より大局的な地形条件を重視する設計法の確立である。これはその後の原則的な設計指針として,重要な位置を占めることになった。

地形という判断基準に基づいて今までの沈下データを眺めてみると,新しい視野が広がってきた。厚さ 10 m 以下の浅い沖積層では,どのような地層構成であっても沈下は急速に収束する一方で,安定上は問題が少ない。これは後背湿地のように,河川の氾濫作用によって粘土層と薄い砂層が互層になっていることが多く,薄い砂層が排水層となるためである。一方,均質な粘土層が厚く堆積したおぼれ谷地形の深い沖積層では,沈下がいつまでもだらだら続き,安定上も非常に問題がある。これらのことについては,第 4 章の 4.4 で詳しく述べる。

こうした薄い砂層とか,浅い層・深い層とかいった概念は,地形判読という地質学的手法から得られる情報であり,設計上非常に価値の高い技術的判断基準となった。

1.3.3 名神・東名時代の教訓

名神および東名高速道路の経験から得られた設計・施工上の教訓はたくさんあるが,主なものを挙げると次のようになろう。

① 計算と実際が合わない。
② 肝心なときは実物大の試験盛土が有効である。
③ 緩速盛土施工法，敷砂工法，押え盛土工法，サンドドレーン工法，プレローディング工法などに安定対策としての効果があった。
④ 沈下制御は実際上不可能である。
⑤ サンドドレーン工法は，強度増加促進効果は認められるが，沈下促進効果は認められない。
⑥ 地盤タイプと安定・沈下傾向の間に関係がありそうである。
⑦ 動態観測しながら施工する観測工法が大切である。

こうした名神・東名高速道路の経験により，道路公団における軟弱地盤対策の設計・施工の基本的な考え方がほぼ確立され，昭和45年版設計要領にまとめられた。

1.4 新規五道時代

1.4.1 ローコスト化の努力

全国的な高速道路網の建設にあたって事業費も膨大なものとなり，また短期間に整備するためにも，何よりも建設費の低減が要請された。

東北道のうち，埼玉・群馬県下の関東平野を貫く岩槻〜館林間の軟弱地盤地区では，近くに土取場がないこともあって，用地費や土工費の低減を図った低盛土方式が本格的に採用された。

このような大規模な軟弱地盤における低盛土の建設は，高速道路にとって初めてのことであり，交通荷重が直接地盤に影響を与えることが懸念されたため，昭和43年から45年にかけて，埼玉県久喜市内で試験盛土が実施された。この新たな低盛土方式の試験盛土において，動的荷重が基礎地盤に及ぼす影響や盛土の変形，必要最小盛土厚などの検討が行われた。

その結果，サーチャージ工法の有効性のほか，路床における荷重分散のため，路床の安定処理や良質材の使用，盛土内水位の低下などの必要性が明らかになった。これらの結果を踏まえて軟弱地盤対策工としては，サーチャージ工法が実施されたが，供用後，不同沈下による道路線形の悪化や残留沈下による半地下ボックス内の排水処理に対する改良工事が必要になった。しかし半地下ボックスについては，常時，地下水のポンプアップが必要となり，地元から苦情が出たため，施設の移管に支障が生じた。このようなこともあって，その後の高速道路では低盛土方式は採用されていない。

一方，高度経済成長に伴う全国での公共工事ラッシュによって良質な砂が入手困難になってきたこともあって，条件は多少悪いが安価な山砂，切込砕石などをサンドマットやサンドドレーンに使用することでローコスト化を図る努力が各地で行われるようになった。

例えば，道央道の登別地区では，現地から発生する有珠軽石をサンドマットやサンドドレーンの材料として使えるか否かを試験施工し，その有効性を確認した上で本施工におい

て全面的に使用した。

　また常磐道の谷和原および谷田部の両地区では，サンドドレーン材として良質な河川砂の代わりに安価な切込砕石が利用できるかどうかを確認するため，試験施工を実施している。その結果，切込砕石を使用したサンドドレーンは，河川砂と同程度の効果が期待できることがわかった。

1.4.2　より軟弱で多様な地盤への挑戦

(1)　安定確保が難しい地盤－鋭敏な海成粘土地盤－

　東北道の岩槻地区では，岩槻インターチェンジの盛土施工にあたり，上部の泥炭層（厚さ0～1m）と有機質の河成粘土層（厚さ1～6m）だけをサンドドレーンで処理し，下部の鋭敏な海成粘土層（6～26m）は地盤の乱れを少なくするということで無処理とした。

　昭和46年10月，盛土高が約4mの段階で深い海成粘土層に及ぶすべり破壊が延長130mにわたって生じた（図1.19）。縦断変更，高架部分の延長および押え盛土の大幅な追加などによって昭和47年11月に復旧したが，盛土部は供用後も過大な残留沈下が継続した。

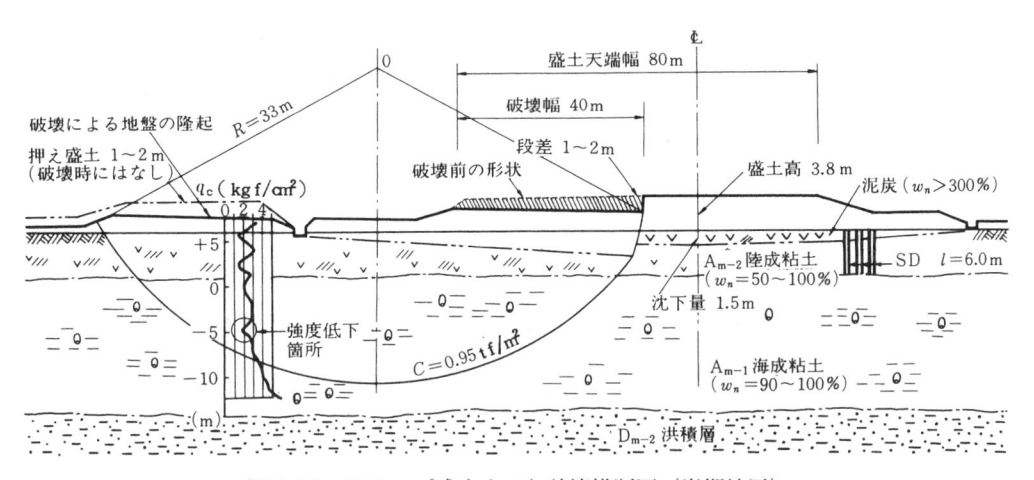

図1.19　Hランプ盛土すべり破壊横断図（岩槻地区）

　京葉道の都川地区は，標高4～7mの洪積世台地の間に介在するおぼれ谷タイプの沖積地盤である。上部約2mは高含水比の有機質粘土層で，下部約12mの海成粘土層は，自然含水比と液性限界が等しく，鋭敏性が大きいので盛土の安定上問題となる地盤であった。

　そのため，地盤の乱れの少ないオーガー式のサンドドレーンと通常のマンドレル式のサンドドレーンの比較試験が実施された。オーガー式は打設直後の強度低下は見られないが，マンドレル式は若干低下するという結果が得られた。

　しかしその後の強度回復は，逆にマンドレル式の方が大きいという結果となった。このように，乱した方がかえって強度回復が大きいという現象は，高含水比火山灰質粘性土の締固めでも見られ，今後，粘土鉱物学的見地からの検討も必要であろう。

　長崎道の溝陸地区は，有明粘土と呼ばれる超鋭敏な海成粘土が地表から約10m堆積している。このタイプの地盤は，これまで高速道路で遭遇した地盤のタイプと異なってお

り，海成層の上部に河成層が堆積していない，いわゆる海側に見られる地盤である。

この溝陸地区では，地盤処理工として，サンドコンパクションパイルおよびパックドレーンが採用されたが，盛土高4mに達した昭和54年8月下旬に変状が生じ，工事を一時中止せざるを得なくなった。サンドコンパクションパイルを打設した箇所でチェックボーリングを実施したところ，図1.20に示すとおり，サンドコンパクションパイル打設前よりも強度が低下しており，また打設前の強度に回復するまで6カ月も要した。

その後の盛土施工においては，約600mの軟弱地盤区間のうち代表的な2カ所（延長40～60m/箇所）において，他より盛土高を2mほど先行させ，動態観測によって安定を確認してから，他の箇所を施工する「パイロット盛土工法」を採用し，無事盛土を完了させた。

鋭敏な海成粘土層が東名・焼津高崎地区のように有機質粘土層の下位に中間砂層なしに厚く堆積するケースや長崎道の溝陸地区のように地表から直接堆積しているケースは，施工中の盛土のすべり破壊や供用後の過大な残留沈下を起こすリスクが大きいので，最も注意しなければいけない地盤タイプの1つである。

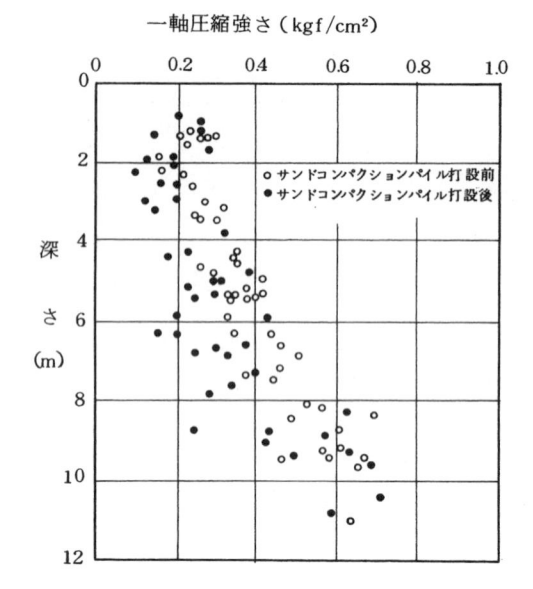

図1.20 サンドコンパクションパイル打設前後の一軸圧縮強さの変化（溝陸地区）

(2) 安定確保が難しい地盤－厚い泥炭地盤－

東関東道の宮野木地区は，上層に泥炭層が8～12m，その下位に有機質粘土層が2～8m堆積している超軟弱地盤である。このように厚い泥炭地盤は，これまで経験しなかったものである。対策工法としては，泥炭層が極めて厚いことから，図1.21に示すようにサン

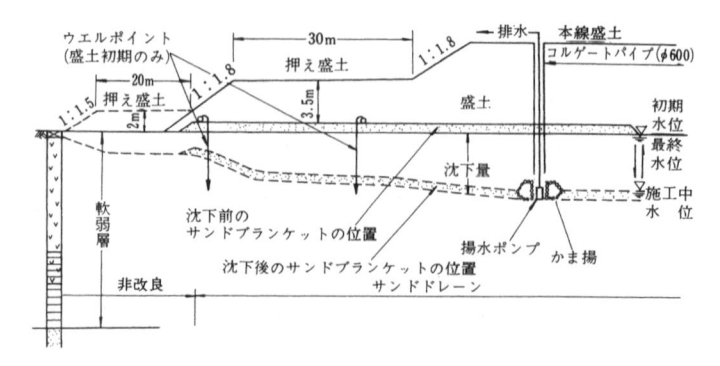

図1.21 泥炭地におけるディープウェルによる揚水（宮野木地区）

ドドレーン，押え盛土の他にディープウェルが採用された。また盛土の水位低下の効果を上げ，かつ周辺住家への影響を避けるため，用地境界に鋼矢板が打設された。

実測沈下量の経時変化は，図1.22に示すとおりである。沈下量は6mを超え，また急速な沈下のために一部区間地山との境にクラックが生じたが，谷部全体を盛土してしまう地形条件であったため大きな破壊も起こらず，また土工工事期間中（昭和52年11月～昭和53年10月）に沈下がほぼ収束した。

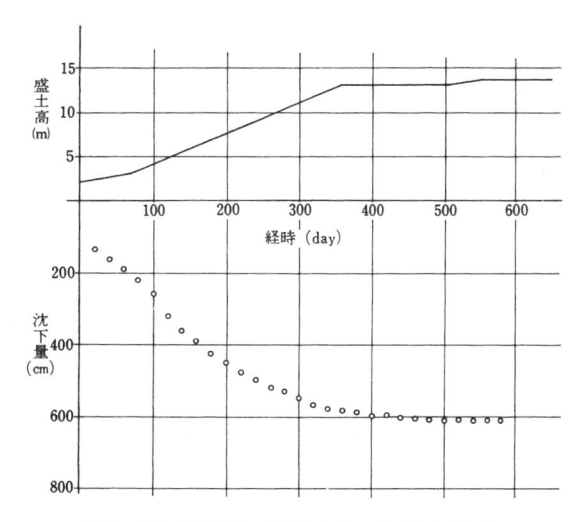

図1.22 沈下量の経時変化（宮野木地区）

（3） 安定確保が難しい地盤－傾斜した基盤をもつ地盤－

北陸道の小杉地区は，中小河川の開析によって発達した埋積谷タイプの沖積地盤である。当地区は図1.23に示すとおり，基盤が傾斜し，泥炭層の下位は厚さ5m程度の有機質粘土層が堆積している。

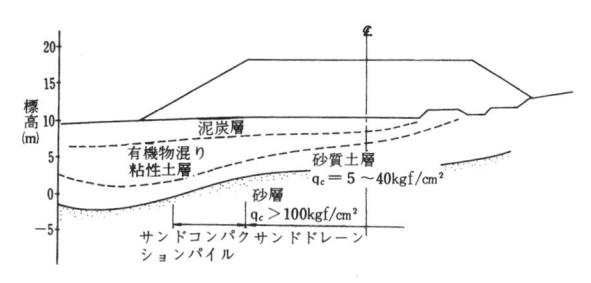

図1.23 小杉地区の土質横断図

押え盛土は，用地取得が困難なため当初計画では採用できず，サンドドレーンおよびサンドコンパクションパイルで地盤改良し，段階式盛土工法を採用して，昭和46（1971）年から昭和48（1973）年にかけて盛土工事が行われた。工事はサンドマットの段階から難航し，側方の水路の破壊，田面の隆起などの問題が生じて何度も盛土作業を中止し，工法の再検討が行われた。

図1.24は，第一段盛土（$H = 2.5\text{m}$）終了後30日目にチェックボーリングを行った結果を示したものである。図から，特に下部の粘土層で大きな強度低下が生じていることがわかる。これは，サンドマットの施工による地盤の変形やマンドレル式のサンドドレーンおよびサンドコンパクションパイル打設による地盤の乱れが原因と推察された。そのため土質試験結果に基づき安定計算を行い，高さ2m，幅17mの押え盛土を借地して追加することになった。

その後，押え盛土高 0.4 m，本線盛土高 3.9 m に達した時点から変位が大きくなり，盛土作業を中止しても水平変位が継続し，付替え水路底に泥炭層の押し上げがみられたため，盛土を 0.5 m 取り除き，盛土作業が中止された。

再度，安定検討を行い，復旧対策として押え盛土部にサンドドレーンを採用するとともに，開水路を暗渠（コンクリート管）とし，その上に埋戻しを行った（図 1.25 参照）。

盛土施工による水平変位はその後も続いたが，全体として盛土速度 3 cm/日で計画高さまで盛上げることができた。

路床の仕上げ形状は，残留沈下量を予測して上げ越すとともに，将来の路面かさ上げを想定し，幅員にも余裕を確保した。この箇所の載荷盛土は，昭和 48 (1973) 年 9 月に竣工したが，舗装工事においても予測残留沈下分の上げ越しを行い，昭和 50 (1975) 年 10 月に開通した。

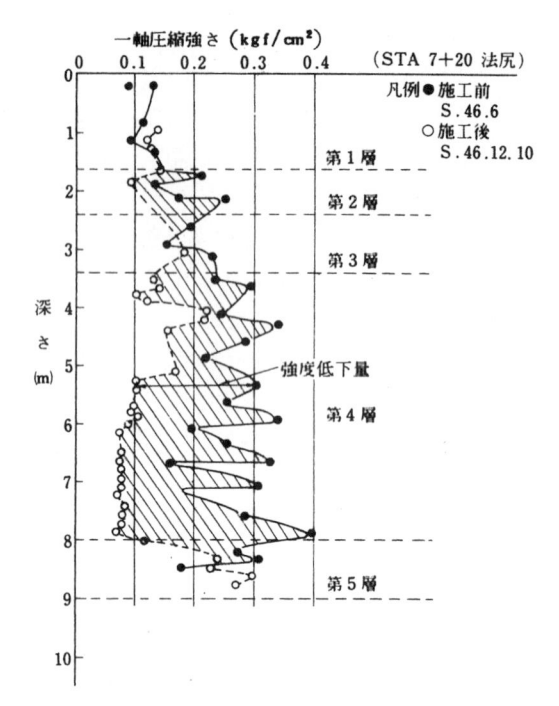

図 1.24 盛土後における一軸圧縮強さの低下（小杉地区）

北陸道の柏崎刈羽地区は，図 1.26 に示すように小杉地区と同様に泥炭層の下位に有機質粘土層が堆積しており，これまで各地で問題を起こした地盤タイプである。その上，一部区間は，基盤が傾斜しているため安定上極めて問題となる地盤であった。

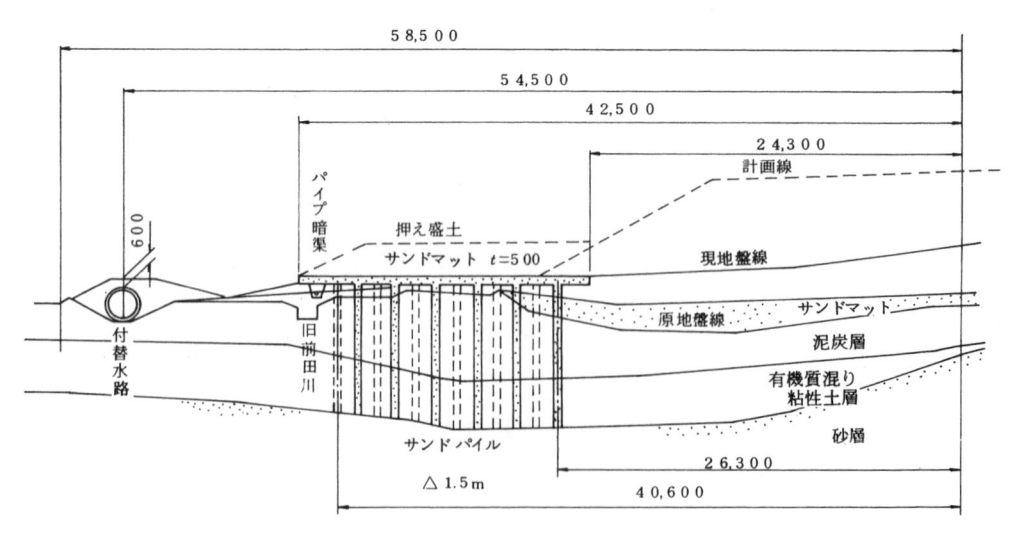

図 1.25 復旧対策工断面図（小杉地区）

(a) 土性図

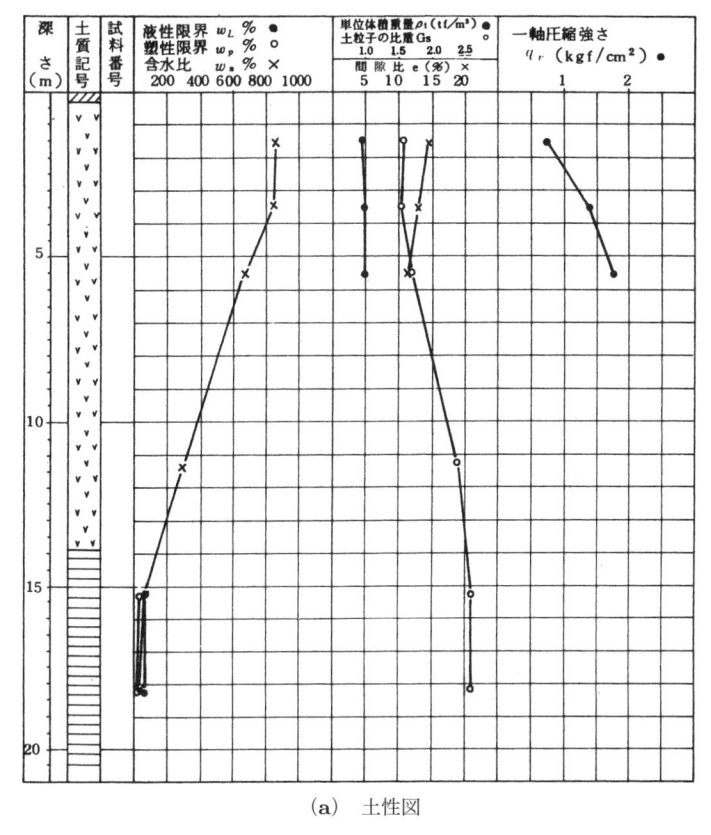

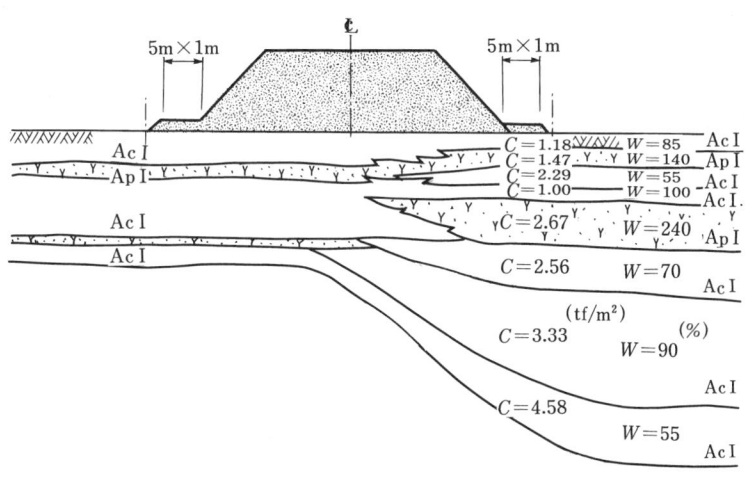

(b) 基盤傾斜区間の土質横断図

図1.26 柏崎刈羽地区

　対策工法としては，サンドドレーン，押え盛土およびディープウェルを併用したが，基盤傾斜区間では，施工中にすべり破壊が生じた。この区間は，供用後もそれまで経験のない過大な沈下が継続した。

1.4.3 残留沈下対策の取り組み

(1) 残留沈下と補修の実態

昭和38 (1963) 年7月名神高速道路（尼崎〜栗東）が部分開通し，自動車の本格的な高速走行時代が始まると，高速走行に伴うスリップ，路上障害物への乗り上げなどの事故が増加し，路面の維持管理，適切な通行規制の実施などが重要な課題となってきた。当然のこととして，路面の不同沈下を一定の範囲内に収めることが必要と考えられ，昭和45年版設計要領には，盛土の橋梁取付部の残留沈下の許容値が設定された。

昭和50年代に入ると，沈下追跡調査の結果から供用後の沈下，すなわち残留沈下の実態が明らかになってきた[5]。図 1.27 は，東名高速道路の供用後 8〜11 年間の沈下状況を示したものである。サンドドレーンなどの地盤改良を行っても軟弱層の厚い場合の残留沈下量は大きく，橋梁取付部の残留沈下の許容値 10 cm を上回る例も少なくない。

これに対して橋梁取付部の段差，路面の不同沈下，排水不良などの修正といったさまざまな補修を実施することで，高速走行性の確保という点からは，特に大きな支障（長期間の交通止めなど）を生じることなく，良好な維持管理が実施された。

図 1.28 は，一宮管理事務所管内におけるオーバーレイ発生率の経年変化を軟弱地盤部と一般部に分けて

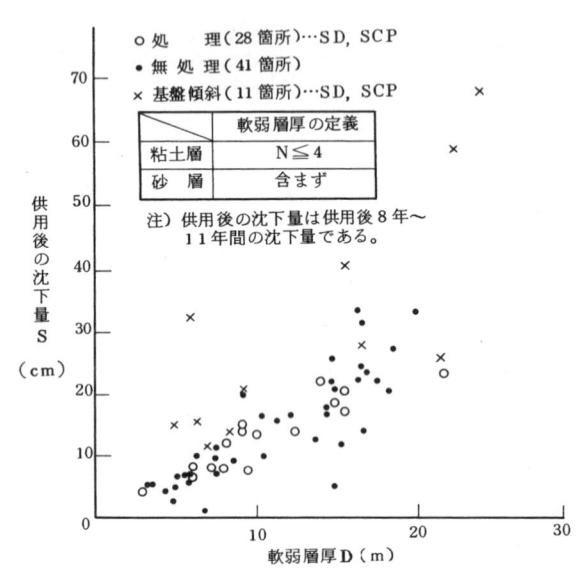

図 1.27 残留沈下量の実態

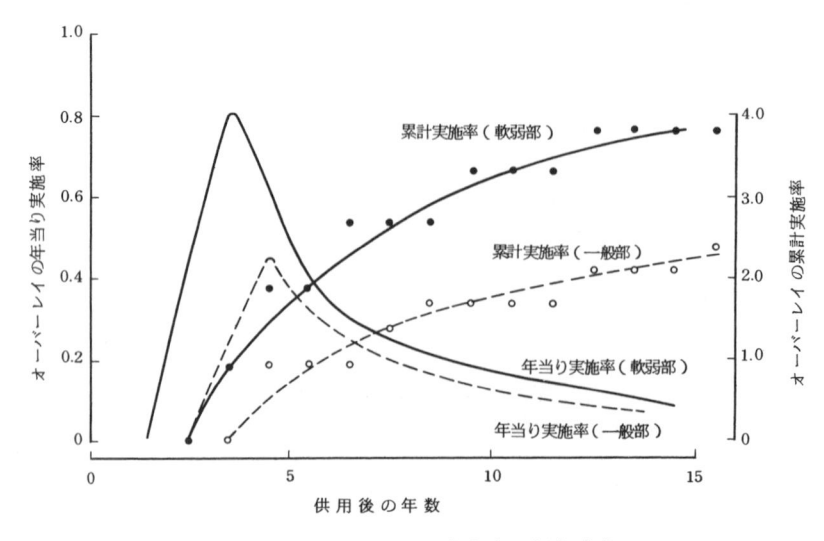

図 1.28 オーバーレイ発生率の経年変化

示したものである。オーバーレイの累計発生率は軟弱部の方が一般部より高くなっているが、年当たりの発生率に着目すると、供用後5年程度までは軟弱部の方が一般部より高い発生率を示しているが、それ以降は軟弱部も一般部も大差のない発生率になっている。このことから「残留沈下に伴う軟弱地盤特有の補修行為は、供用後5年程度までである」ことが明らかになった。

このようなことから、建設段階から供用後の残留沈下を見込んだ設計を実施する必要性が明らかとなった。具体的には、維持管理しやすい盛土構造（幅員余裕の確保、路面排水の工夫など）・横断構造物（断面余裕の確保、上げ越し設置など）・付属施設（防護柵・排水路の工夫など）や維持管理費も含めた経済的で確実な工法の選定などである。

また建設段階での残留沈下対策として、①サーチャージ、プレロード等を行って放置期間を十分にとり、時間効果を活用すること、②盛土立上りから供用までの期間をできるだけ長く確保すること、などの必要性も明らかとなった。

(2) 残留沈下を見込んだ設計

昭和48 (1973) 年10月に開通した北陸道（砺波～小杉）の小杉IC西側の延長約1kmの軟弱地盤地区において、開通後1年して路面の不同沈下が問題となった。不同沈下量は約30cmであり、開通1年後にして早くも縦断修正を余儀なくされた。またボックスやパイプといったカルバートには、沈下による機能障害も発生した。その原因として、プレロード除荷後の残留沈下の予測が過小であったことやプレロード施工時の迂回道路・水路部の盛土施工が遅れたため、供用までの期間が短くなって残留沈下が大きくなったことなどが考えられた。

昭和53 (1978) 年9月に開通した北陸道（長岡～黒埼）においては、開通前年からすでに新潟地区でボックスの沈下による用水路に障害が発生していた。ボックスの沈下による用水路の障害は、満水状態で流れる用水路が沈下によって通水能力低下を起こしたことによる。また、その対策として水路壁をかさ上げしたことによって、路面の水はけが悪化したことや道路幅員も水路壁厚分が減少するといった二次障害も発生した。ボックス沈下の最大の要因は、プレロード除去時の地盤のリバウンド相当量が、ボックス構築に伴って沈下したことと考えられた。なお、その後の施工でリバウンドは30cmを超える場合もあることが確認された。

当時はまだ路面の上げ越しやカルバートの断面拡幅といった沈下対策の考え方がなかったが、上述したトラブルもあって、昭和53 (1978) 年当時工事初期段階にあった柏崎工事事務所や設計段階にあった上越工事事務所では、新潟地区のボックス沈下の実態を踏まえて、名神・東名高速道路の長期沈下観測結果も勘案した沈下対策が検討された。

その結果、ボックスの設計では、昭和45年版設計要領に記載する許容残留沈下規定の適用を止め、予測される残留沈下に対しては、断面余裕や上げ越しを行って機能障害の軽減を図るとともに、ボックス構築後の残留沈下に対しては、管理段階でボックス内の道路や水路のかさ上げで対応することになった。

残留沈下量の推定にあたっては、時間の対数に比例する長期沈下を見込んだが、長期沈下の推定にあたり、軟弱層の定義が問題となった。設計要領では、軟弱層は、砂層を含まない層厚10m未満の場合N値4以下、層厚10m以上の場合6以下と定義されている

が，柏崎地区や上越地区の軟弱地盤は，N値4以下の層は10m程度に過ぎないものの，N値5〜10の軟弱層が連続して40mの深さまであり，これまでに経験のない地盤であった。このため当地区では，検討の結果，軟弱層の定義をN値10以下とした。

なお長期沈下を見込むにあたっては，残留沈下量の算出目標年次を開通後2年とした。この推定に基づく残留沈下量は最大80cmとなり，ボックスの断面余裕に反映された。またプレロード除去によるリバウンド量を測定し，ボックスの上げ越しに反映させることとした。

当区間の供用後の沈下量は1mを超す箇所もあり，路面の維持管理は15年以上に及んだ。長期沈下の大きい箇所は，軟弱層の厚さが30m以上の箇所や施工中に変状が大きかった箇所であった。

(3) 踏掛版による段差対策[6],[7]

橋台取付部の段差対策として踏掛版が採用されたのは，第三京浜道路が初めてである（当時の名称は踏掛床版）。踏掛版は，図1.29に示すように，橋台取付部の段差を緩衝する目的で設置する鉄筋コンクリート版である。

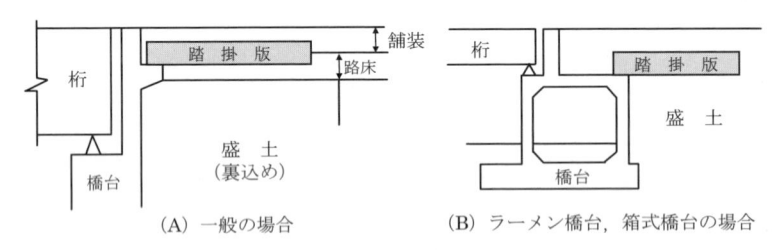

図1.29 踏掛版

踏掛版は，第三京浜道路には使用されたが，建設時期が重なっていた東名高速道路では用いられていない[*2]。その理由は，①橋台背面の沈下は，裏込めの転圧を十分に行えば押えられる（沈下するのは業者の施工不良），②工事費が高くなる，③盛土の沈下によって生じる踏掛版下の空洞は進行状況がわからないために不慮の事故原因となりかねない，などであった。

踏掛版を使用していない名神高速道路における供用後5年間における段差補修の実態調査から，①名神・大垣地区の軟弱地盤における補修は，橋台取付部が普通地盤の約3倍，ボックス部が普通地盤の約10倍であること，②高速道路のボックスは浮き基礎を全面採用しており，段差防止に極めて有効であること（ボックス部の補修は，普通地盤の橋台取付部の1/100，軟弱地盤の橋台取付部の1/30ほど）などの結果が得られた。

そこで検討課題として，補修回数の多い軟弱地盤における橋台取付部の対策に焦点が絞られ，北陸道では，加賀〜片山津間の軟弱地盤の橋台などに踏掛版が採用された。また柏崎，上越地区では，残留沈下の大きい箇所にも踏掛版が採用された。懸念された踏掛版下の空洞に対しては，充填材を充填するための注入孔をウイング部にあらかじめ設けるなどの処置も採られた。

[*2] 踏掛版は昭和47 (1972) 年に基準化され，それ以降の高速道路（東北道以降）には踏掛版が設置されるようになった。

昭和53 (1978) 年の宮城県沖地震において，橋台取付部の盛土の沈下が数10 cm あったにもかかわらず踏掛版によって段差が軽減され，低速でも何とか自動車の走行を確保できたことから，「踏掛版は耐震対策にも極めて有効である」ことも実証された。

昭和55 (1980) 年4月の設計要領第二集（第6章橋梁下部工編　3-8 踏掛版）の改訂では，普通地盤の橋台に6～8 m，軟弱地盤の橋台に8 m の踏掛版を設置すると規定された。また設置幅は，車線および側帯を含む幅を原則とした。

道央道（札幌～岩見沢）の軟弱地盤では，残留沈下が大きくかつ長期にわたることを前提として踏掛版が採用された。踏掛版の幅については，次の理由から中央分離帯を除く全幅とされた。

① 踏掛版幅を車線および側帯に限定した場合，路肩部の沈下により側帯部の舗装が破損し，車両の安全走行上問題が生じる。
② 中央分離帯・路肩部の沈下により雨水が流入し，裏込め土砂を流出させ，盛土崩壊を生ずる恐れがある。
③ 除雪の場合，路肩に段差があると作業に支障を来す恐れがある。

(4) 下部粘土層の沈下対策

既往の長期沈下データによると，軟弱地盤の深さが10 m 以浅の部分は，盛土立上り後，数カ月もすれば沈下はほぼ収束するが，10 m 以深の部分は，サンドドレーンを打設しても沈下が継続し，維持管理段階へ問題を残すことが多い。すなわち残留沈下が生じる主要な原因は，長期に継続する下部粘土層の沈下である。

昭和47 (1972) 年，北陸道の加賀地区では，下部粘土層を生石灰パイルで処理することが試みられた。すなわち，地表面から10 m までを通常のサンドドレーンで処理し，その下位10～20 m の深い粘土層を生石灰パイルで処理することにより残留沈下を軽減できるかどうかを確認するため，現地比較試験が行われた。その結果，沈下量の絶対値は近接するサンドドレーン施工区間（地表面から20 m までをサンドドレーンで処理）よりも小さく，その有効性が確認されたが，長期の沈下速度については，20 m 以深の沈下が生じていたため有意な差が得られなかった。

一方，同じく下部層に海成粘土層があっても，名神・大垣地区のように厚い中間砂層を介しているケースでは，深部の粘土層に関わるような安定問題はないため地盤処理工の必要性はない。しかし供用後の長期にわたる残留沈下は，覚悟しておかなければならない。そのような軟弱地盤として，常磐道の谷和原地区と神田地区がある。

谷和原地区は，谷和原IC～谷田部IC間のうち，小貝川左岸に広がる沖積低地に位置する約3.5 km の区間で，周辺は主に水田に利用されている。沖積層厚は30～35 m 程度であり，沖積層の上部には砂層が分布しており，所々に腐植土層の分布も確認される。それらの下位には，海成粘性土層が20～25 m 程度の層厚で分布している（図1.30）。

この区間は，下部粘土層の残留沈下が予測されたが，中間砂層が分布し，上部層に安定上の問題はないと判断され，全層無処理で設計・施工されて，昭和56 (1981) 年4月に開通した。

一方，神田地区は，那珂IC～日立南太田IC間のうち，久慈川左岸から日立南太田IC間の延長約2 km の区間で，厚い海成粘土層を主体とする沖積低地の軟弱地盤である。土

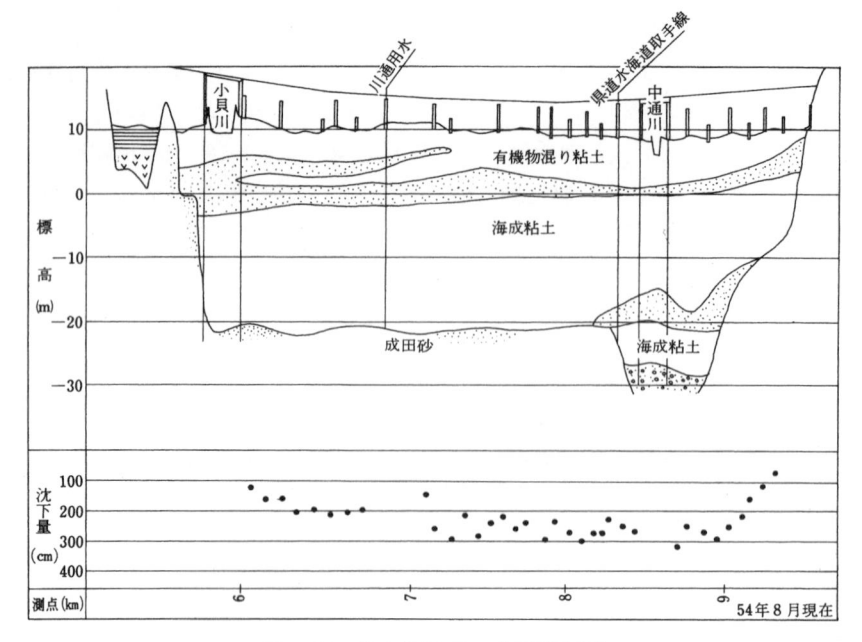

図 1.30 谷和原地区の土質縦断図

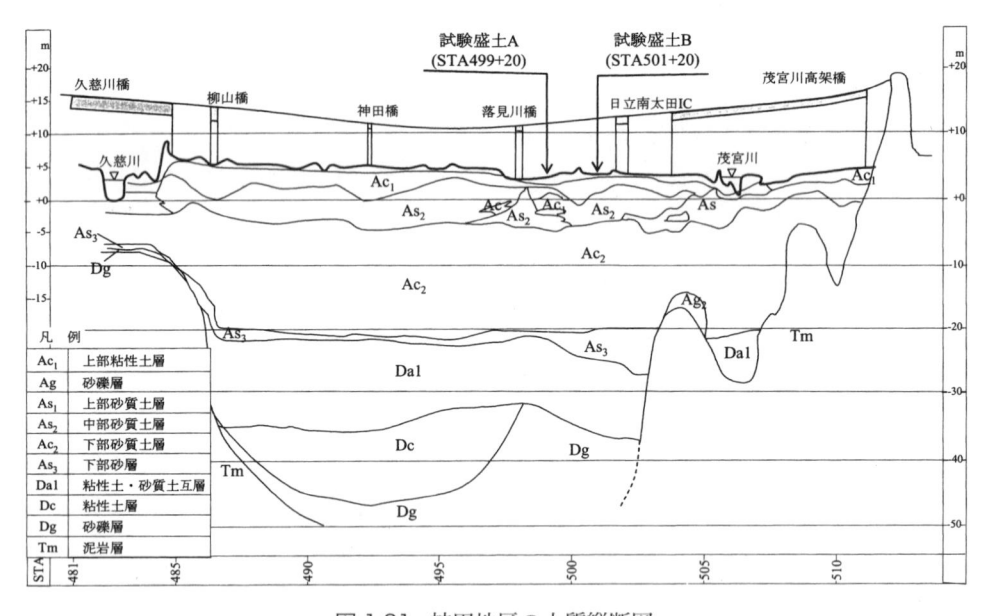

図 1.31 神田地区の土質縦断図

層構成は，図 1.31 に示すように上部より沖積層の上部粘性土層，上部砂層，下部粘性土層，下部砂層が分布し，洪積層に達している。上部粘性土層の含水比は 40〜50% で層厚が薄く，上部砂層は N 値が 10〜20 の中密で，その下の下部粘性土層は層厚 17〜18 m の厚い海成粘土からなる。

この海成粘土は含水比が 80〜100% と高く，砂分含有率が 0〜2% であることから，供用後長期にわたって沈下が継続することが予想されたので，下部粘土層までサンドドレーンを打設した区間と無処理区間で試験盛土が実施された。その結果，サンドドレーン区間

と無処理区間で沈下量の差は見られたが，沈下の時間的変化については，名神・東名高速道路から道央道（江別・岩見沢）に至るまでの他の試験盛土のデータの傾向と類似しており，区間による明確な差は認められなかった。そこで本工事は無処理で設計・施工され，昭和 60 (1985) 年 2 月に開通した。

これら谷和原地区と神田地区では，道央道と同様に供用後の残留沈下を見込んだ設計が行われた。供用後，両地区とも予測どおり厚い下部粘土層に起因する残留沈下が生じた。特に神田地区での残留沈下は，後述するように当初予測以上に大きいものとなったため，長期にわたる補修工事が必要となった。

1.4.4 大規模軟弱地盤への挑戦 [8]

道央道（札幌～岩見沢）約 32 km は，昭和 48 (1973) 年から 58 (1983) 年にかけて，主として石狩川水系の後背湿地として発達した沖積平野に建設された。路線の土質縦断図は，図 1.32 に示すとおりである。野幌台地の約 5 km を除いて，泥炭地盤を主体とした軟弱地盤が約 27 km も続いており，道路公団が経験したそれまでの軟弱地盤に比べて最悪かつ最大の軟弱地盤であった。

当初は，基本的には盛土構造によるべきであるとしながらも，東名の袋井村松西地区，焼津高崎地区や東北道・岩槻地区での破壊事例などから考えて，場合によっては高架構造によることもあり得るとの立場で計画が始められた。

結局，試験盛土工事での検証を経て，高架構造とした札幌地区の一部区間を除いて，盛

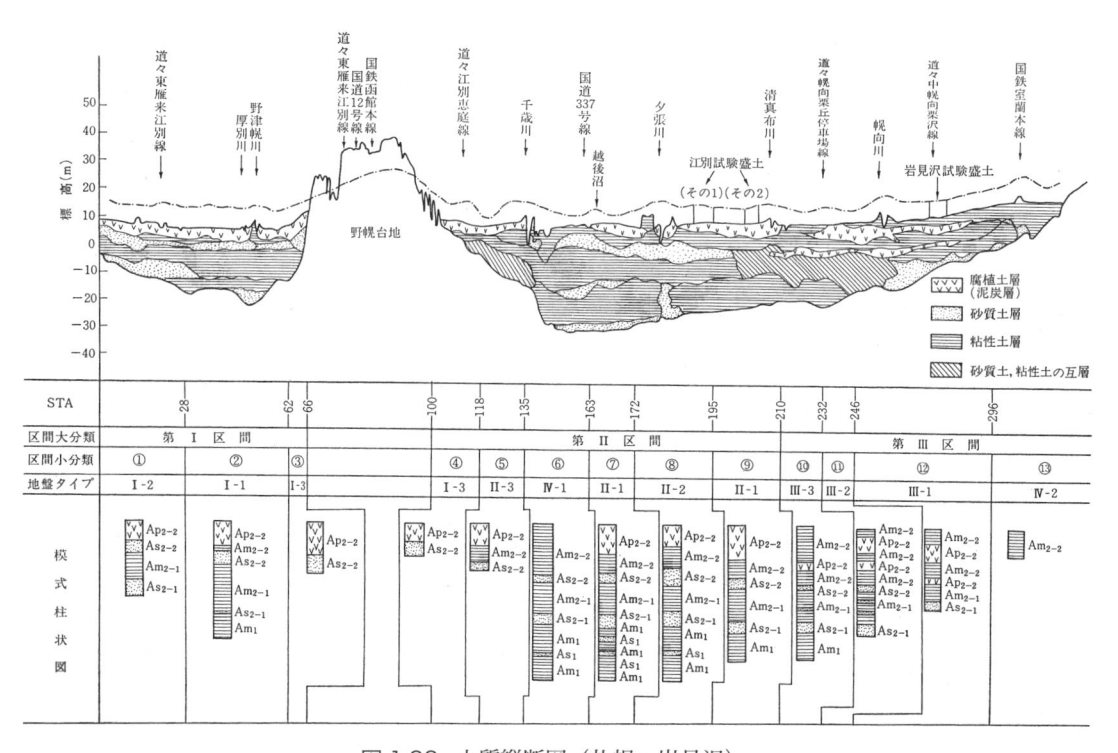

図 1.32 土質縦断図（札幌～岩見沢）

土構造による道路建設に踏み切り，1カ所もすべり破壊を起こさせることなく，成功裏に盛土工事を完了させることができた。その原因は，何といっても名神・東名高速道路以来の技術的経験の蓄積を踏まえ，その上に新技術・新工法への果敢な挑戦によって新たな知見を加えることができたことにある。

このように道央道（札幌〜岩見沢）の設計・施工には，それまでの道路公団の技術的成果が集約される形で反映されており，その結果を受けて昭和58（1983）年に昭和45年版設計要領が全面改訂された。そういう意味では，昭和58年版設計要領において，北海道から九州までのほぼ全国的な軟弱地盤の経験を踏まえた道路公団の軟弱地盤技術が集大成されたといえる。

当区間の設計・施工の主なポイントは，次のようである。

(1) 安定対策と沈下対策の分離

当区間は，図1.32からわかるように，泥炭層を含む上部層と中間砂層，そして粘土層の下部層という層構成の地盤が主体である。それまでの経験では，当区間のように中間砂層が存在する地盤では，すべり破壊が起こったとしても上部層の内部だけでの現象にとどまり，下部層にまで及ぶことはない。したがって，安定対策は上部層のみを対象とすればよいと判断された。

一方，上下部層揃った箇所の層厚は，最大で約30mもあるため，大きな残留沈下が予想されたが，従来の維持管理の経験から，供用後の維持補修で十分対応が可能であると判断され，下部層は無処理とされた。

すなわち，それまでの道路公団における経験は，バーチカルドレーンといった地盤改良によって残留沈下を抑制することはできないことを教えていたので，沈下が長期に継続することを想定して，それによるさまざまな障害をできるだけ緩和するように道路構造上の工夫をすることにして，それ以上は維持管理段階で対処することが妥当と考えられたのである。

こうして安定対策工と沈下対策工は，それぞれ別個に設計された。

(2) 常識的な安定対策工の採用

本施工に先立って，本線上の実物大試験盛土によって「経済的かつ合理的な対策工法によって盛土建設が可能かどうか」が確認された。

当区間の軟弱地盤の上部層は，①表層に泥炭層が分布するタイプ，②粘土層と泥炭層が互層になっているタイプ，③通常見られる粘土層主体のタイプ，の3つのグループに分類できることから，①と②のタイプを代表する箇所を選定して，江別試験盛土（その1），（その2）および岩見沢試験盛土が実施された。

その結果，緩速盛土施工，押え盛土およびサンドドレーンといった常識的な対策工を用いて，動態観測に基づく丁寧な施工管理を行えば，盛土構造による建設が可能であるとの結論が得られた。

このような常識的な対策工，とりわけサンドドレーンは，泥炭地盤には最低でもサンドコンパクションパイルが不可欠という北海道での経験則に反するものであったが，劣悪な泥炭地盤を含む当区間でのサンドドレーンの施工実績により，これ以降，道路公団ではサ

ンドコンパクションパイルが用いられることはほとんどなくなった。

また当区間の対策工法で特記すべき事項は，札幌地区での「軟弱地盤対策としての高架構造」の採用である。図1.32の第Ⅰ区間の②の約3.4kmは，厚さ5m前後の泥炭層の下位に薄い中間砂層を挟んで厚さ13～15mの厚い海成粘土層が分布している（江別地区は地盤の土層構成は似ているが，下部粘土層は海成ではない）。この種のタイプの地盤では，過去に東名高速道路の焼津高崎地区や袋井村松地区，東北道・岩槻地区などで安定対策上非常に苦労した上，供用後は長期間にわたって大きな残留沈下を生じて維持補修でも苦労している。そうした経験を踏まえて，さらに札幌地区の工事が他の地区の工事より遅れた工程になるという条件も勘案して，この約3.4kmの区間は，軟弱地盤対策の観点から高架構造が採用された。

(3) 情報化施工の実施

従来，盛土施工では安定の確保が第一義的な問題であり，そのため施工時の動態観測に基づく安定管理には一貫して注意が払われてきた。東名高速道路に続く東北道，北陸道を皮切りに，各地の軟弱地盤上の盛土工事で動態観測が実施された。しかし観測結果から定量的に盛土破壊を予測する手法が確立されていなかったこともあり，盛土破壊事例も少なからず生じた。

こうした経験から定量的な破壊予測手法へのニーズが高まっていたが，昭和49年頃から破壊予測法について，いくつかの実用的な方法が提案されるようになった。道路公団でも北陸道の新潟地区，東北道の姉歯地区などで，これら提案された方法の適用性のチェックが行われ始めていたが，岩見沢試験盛土において本格的に検討され，定量的な破壊予測法が整備された。

これをもとに安定管理方法の考え方が整理され，当区間の本線工事では「情報化施工」，すなわち大型コンピュータを導入した観測工法が実施され，画期的な成功を収めた。

(4) 長期沈下を想定した沈下対策の採用

沈下対策については，沈下が長期に継続することを想定して，それによるさまざまな障害をできるだけ緩和するように道路構造上の工夫をすることにし，それ以上は維持管理段階で対処するという大きな発想の転換があった。すなわち，残留沈下量の規定は適用せず，残留沈下には表1.5に示す方針によって対処することとし，サンドドレーン工法は沈

表1.5 残留沈下対策

区分	方針	対策例
建設段階 （土工， 舗装工）	①可能な限り沈下を促進させておく	プレロード，サーチャージ，十分な放置期間ほか
	②長期沈下に起因する支障を吸収し得るように，あらかじめ余裕ある構造としておく	路面のかさ上げ，盛土の幅員余裕，カルバート断面余裕
	③補修の容易な構造としておく	踏掛版，路面排水構造，防護柵構造ほか
管理段階 （維持，補修）	④沈下の進行に応じて適時に補修を行う	パッチング，オーバーレイ，その他

下促進対策には使用しないことになった。

供用後10年経過した時点での沈下追跡調査結果に基づくコスト比較によって，こうした沈下対策が妥当であったことが検証された。

1.4.5　新規五道時代の教訓

新規五道時代の経験は，昭和58年版設計要領に反映されたが，その中でも特筆すべき点は，それまで設定していた盛土の橋梁取付部などについての「残留沈下の許容値」を撤廃し，「沈下対策は十分な放置期間の確保等時間効果の有効活用を図るものとし，残留沈下対策としての地盤処理工は原則として実施しないものとする」ことにした点である。

この設計要領改訂は，直接的には，昭和50年代に施工された北陸道（柏崎・上越管内）や道央道（札幌〜岩見沢）において，残留沈下を許容する設計・施工が本格的に実施されたことが契機になったが，その背景には，名神・東名高速道路および新規五道の時代の軟弱地盤技術の経験から，次のような見解が道路公団における共通のものとなっていたという状況があった。

① 残留沈下量の算定の基礎となる沈下時間関係を設計段階で予測することは非常に難しいこと[*3]。

② バーチカルドレーンの沈下促進効果，つまり残留沈下低減効果は，明確には認められないこと[*4]。

③ 地盤改良の有無にかかわらず軟弱地盤特有の補修頻度の多さも供用後5年間までであること。

④ 残留沈下対策としては，早期着工して，プレロードやサーチャージ（6カ月間以上）を実施すること，および残留沈下が生じても維持管理しやすい構造上の配慮をすることで対応できること。

こうした見解を根拠にして昭和58年版設計要領では，経験的に大きな残留沈下が予測されるような軟弱地盤の場合は，盛土施工時の沈下データから供用後5年程度の将来沈下量を予測し，それらに対応する措置（例えば，路面やカルバートの上げ越し・幅員拡幅，暫定舗装での供用，維持管理しやすい構造上の配慮など）をあらかじめ講じることを設計の基本とした。

[*3] 昭和57〜58 (1982〜1983) 年に高速道路調査会において，当時の最新の土質力学理論を使っていくつかの高速道路の実測沈下データを解析し，理論と実際の適合性を検討する委員会が開催されたが，いずれの理論も実用に耐える精度をもっていないという結果に終わった。〈（財）高速道路調査会：昭和58年度道路盛土の沈下予測に関する研究報告書，日本道路公団委託，1983〉

[*4] バーチカルドレーンについては，地盤強度増加が促進されるという効果が名神・東名時代から認められており，道路公団ではその後も一貫して有力な安定対策工として用いられた。つまり昭和58年版設計要領以来，残留沈下対策として沈下促進のために用いられることはなくなったが，安定対策としては引き続き用いられた。

1.5 横断道時代

1.5.1 新技術・新工法への挑戦

(1) 超鋭敏な海成粘土地盤対策 [9]

長崎道の武雄地区は，有明粘土と呼ばれる超鋭敏な海成粘土が地表から約 10 m 堆積している。この有明粘土を対象とした工事は，溝陸地区ですでに経験していた。

有明粘土は，自然含水比が液性限界よりも 30～50% も高い。また破壊ひずみも 2～4% と小さい。図 1.33 は，高速道路で経験した軟弱地盤のうち，盛土施工途中で変状が生じ，盛土の安定上，特に問題となった地区の土性（鋭敏性の指標となる自然含水比～液性限界の関係）と比較したものである。

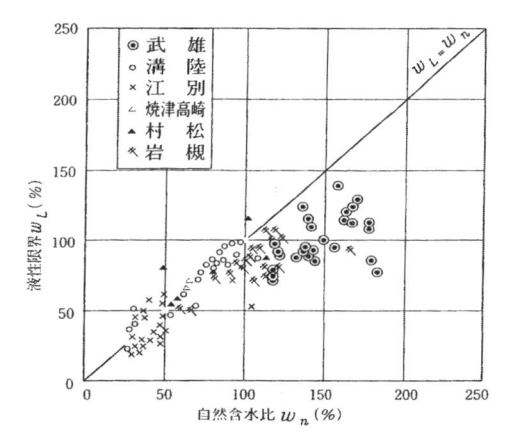

図 1.33 自然含水比と液性限界

この図から武雄地区の粘土は，これらの地区に比較してさらに不安定な土性であることが一目瞭然にわかる。実際，鋭敏比は 17～34 であり，かく乱による強度低下が著しい土である。溝陸地区での苦い経験を踏まえて，武雄地区では地盤処理工による乱れを極力少なくするため，対策工として緩速盛土施工，カードボードドレーン，押え盛土および釜場排水工が採用された。

この釜場排水工は，東関東道の宮野木地区や道央道（札幌～岩見沢）でも行われており，サンドマットからの揚水によって地下水位を下げ，盛土の沈下部分の浮力分を

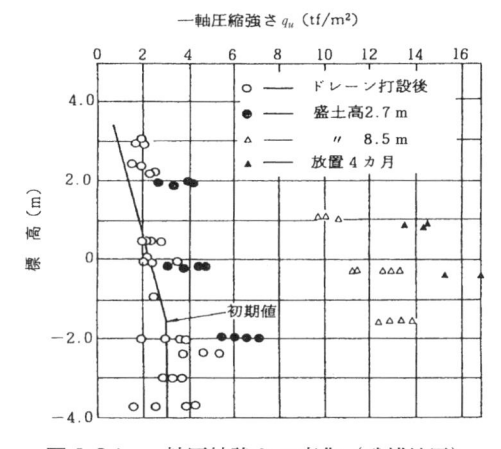

図 1.34 一軸圧縮強さの変化（武雄地区）

サーチャージとして活用しようというものである。施工時の沈下が大きい場合に有効である。

カードボードドレーンは，一般盛土部は 1 m 正方形ピッチとし，盛土は 3 年間かけて高さ 8 m まで施工した。プレロード部は 0.8 m 正方形ピッチとし，1 年間で最高高さ 8.5 m の盛土を施工した。

図 1.34 は，施工各段階におけるチェックボーリングによる一軸圧縮強さの変化を示したものである。当初懸念されたカードボードドレーン打設による強度の低下は認められず，盛土の載荷が大きくなるにつれ地盤の強度が増加していることがわかった。また強度増加率は，0.3～0.4 と予想以上の値が得られ，カードボードドレーン工法は，当地区のよ

うな超鋭敏な海成粘土地盤の対策工として極めて有効であることが実証された。

なお盛土の施工にあたっては，溝陸地区にならってパイロット盛土方式が採用された。すなわち，インターチェンジのような広い面積を盛土する場合，試験的に一部区間の盛土高を一般部よりも約2m程度先行させ，その先行盛土の動態観測から得られたデータをもとに設定した安定管理基準値を一般部の盛土の安定管理にフィードバックさせた。

(2) 敷砂工（サンドマット）と地下排水工

設計要領では敷砂工（サンドマット）は，敷砂層とサンドブランケットとに区分し，前者はバーチカルドレーンを施工しない区間に用いる場合（厚さ0.3～0.5m程度），後者は施工する区間に用いる場合（厚さ0.5～1.0m）としているが，その目的は，地盤およびバーチカルドレーンからの排水を容易にし，盛土中の地下水の上昇を遮断することと，重機のトラフィカビリティを確保することにある点で同じであるから，ここでは区別せずに敷砂工あるいはサンドマットという呼び方で総称することにする。

敷砂工は，その目的から透水性の良い粗砂または礫混じり砂等の材料を用いることが望ましいとされ，品質が規定されてきた。昭和45年版土木工事共通仕様書では，次のような材料規定が示されている。

74μm（No.200）ふるい通過量	3%以下
D_{85}	1～5mm
D_{15}	0.1～0.75mm

ここに D_{85}, D_{15} は，それぞれ粒度曲線においてふるい通過重量百分率が85%および15%に相当する粒径である。

しかし年々良質な材料の入手が困難になり，実際に現場で使用される材料の中には上記の規定を満たさないものが見られるようになったこともあって，昭和50年に材料規定が表1.6のように改訂され，設計要領に記載された。

その後，道央道の岩見沢試験盛土でサンドマットおよびサンドドレーン内での間隙水圧残留現象が詳細に測定された。図1.35は，サンドドレーン区間におけるサンドマット，原地盤およびサンドドレーン内での過剰間隙水圧の実測値を示したものである。

サンドマットには最大 $7tf/m^2$ の過剰間隙水圧が発生し，しかも原地盤およびサンドドレーン内にも同レベルの過剰間隙水圧が生じていることがわかる。これは，サンドドレーンを打設したにもかかわらず，サンドマットの排水機能が不足し，原地盤，サンドドレーン，サンドマットの3つが連動した間隙水圧挙動をとったものと考えられる。これらのデータは，サンドマットの透水抵抗が盛土により発生した過剰間隙水圧の消散を阻害していることを示唆している。なお無処理区間でも，サンドドレーン区間ほど大きくなく，ま

表1.6 敷砂工の材料規定

材質	74μm（No.200）ふるい通過分 P (%)	地下排水工の設置間隔 (m)	透水係数 (cm/sec)	
			範囲	代表値
比較的透水性の高い材料	$P \leq 3$	設置しない	$2 \times 10^{-3} \sim 8 \times 10^{-4}$	1×10^{-3}
比較的透水性の低い材料	$3 < P \leq 10$	20	$7 \times 10^{-4} \sim 3 \times 10^{-4}$	5×10^{-4}
	$10 < P \leq 15$	10	$2 \times 10^{-4} \sim 8 \times 10^{-5}$	1×10^{-4}

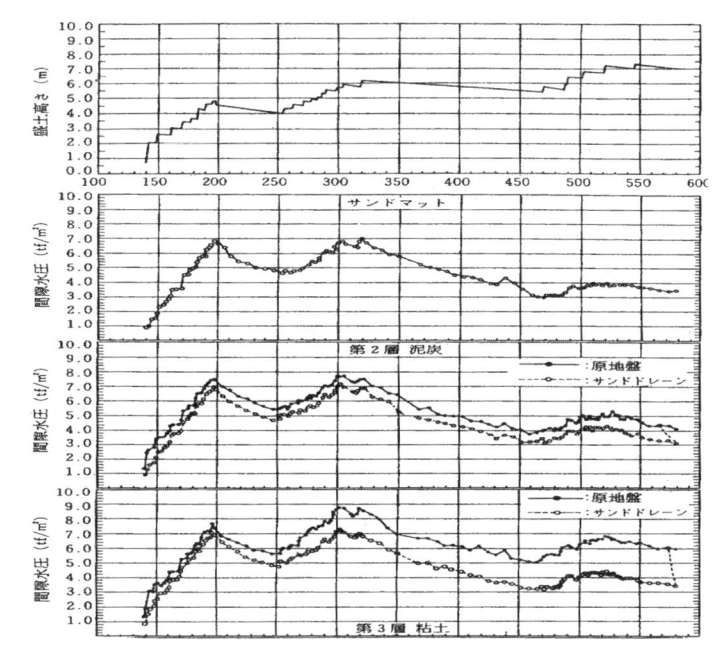

図1.35 サンドマット，原地盤およびサンドドレーンの実測間隙水圧
（岩見沢試験盛土サンドドレーン区間）

た長期間ではないが，サンドマット内の間隙水圧の残留現象が観測されている。

サンドマットに使用した砂の透水係数は，$10^{-4} \sim 10^{-3}$ cm/sec のオーダーであり，表1.6 から見てもサンドマット材としては良好な部類に属するものであったが，解析結果によると透水係数が 10^{-2} cm/sec のオーダーの材料でないと，間隙水圧の残留現象が起こる可能性があることがわかった。

岩見沢試験盛土の結果を受けて，江別試験盛土ではサンドマット内に ϕ100 mm の有孔管を砕石で巻いた横断方向の地下排水工を 4 m ピッチで施工したところ，サンドマット内の間隙水圧の残留現象は発生しなかった。結局，道央道の本線工事では，サンドマット内に ϕ100 mm の有孔管を横断方向に 10 m ピッチで設置する地下排水工が施工された。

こうした実績を受けて昭和 58 年版設計要領では，サンドマットに使用する透水性の良い材料の入手が難しくなってきた状況もあって，透水性が少々悪い現地発生材でも，トラフィカビリティが確保できる場合は，地下排水工を併用して用いるよう改訂された。

(3) 敷金網工法および高強度ジオシンセティック工法

東関東道（成田〜大栄）の大山地区は，標高約 40 m の洪積台地に挟まれた幅 100 m 程度の軟弱な谷地部で，最深で約 10 m の泥炭層と粘土層の 2 層からなる軟弱地盤が存在している。当地区では，工期的に盛土の緩速施工が可能であるという条件を生かして，図1.36 に示すように，軟弱層を無処理のままで，押え盛土と敷金網を併用した経済的な工法が採用された[10]。

具体的には，動態観測に基づく安定管理を実施するという条件のもと，5 段の金網を敷設し，盛土速度 3 cm/日という緩速施工を行った。用いた金網は，JIS G 3552 に規定さ

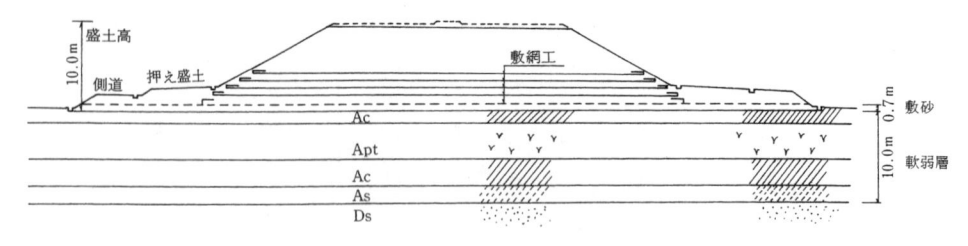

図1.36 敷金網工配置図

れる亜鉛メッキされた菱形金網（$\phi 3.2 \times 50 \times 50$）であり，設計では幅1m当たりの引張強度として7t/mを採用した。円弧すべり計算によって5段の金網を敷設した場合の安全率は1.1であった。

金網は，1枚の大きさが5.3m×5.0mを標準として，盛土横断方向には同材で縫合し，縦断方向には20cmのラップをとり，結合コイルを1mピッチに設置して結束した。第一層は厚さ70cmのサンドマット上に敷設した後，その上部に盛土を施工しながら50cmピッチで合計5層の金網を敷設した。

当地区で採用した工法は，軟弱地盤そのものは無処理のままで，盛土中の敷金網によって盛土の安定を確保しつつ，盛土荷重による強度増加を待ちながら施工する考え方に基づいており，工期を長めにとってゆっくり施工する必要があるが，動態観測に基づいた緩速施工を確実に行えば，安定的かつ経済的な工法である。

一方，高知道（伊野〜須崎）の土佐地区では，金網に代わる新材料として高強度ジオシンセティック（高強度のジオテキスタイル）を用いて比較試験が行われた[11]。この新材料は，芯材に高強度ポリエステルの長繊維を用い，ポリエチレン樹脂で表面を被覆した幅91mmの帯状のものである。

当地区は，上部に含水比150〜400%の有機質土層，下部に粘性土層を有する層厚10〜30mの後背湿地性の軟弱地盤である。試験箇所は，層厚が10m程度であるが，盛土高が14mもあるため，敷金網工を2段設置する区間と高強度ジオシンセティックを1段設置する区間を設けて，緩速施工が行われた。なお両区間の金網とジオシンセティックの設置は，盛土の安定計算上の安全率が1.1となるように設計している。

比較試験の結果，両者による地盤の力学的挙動には差異がなく，また経済比較では，ジオシンセティックは金網に比べて，材料費は高いが敷設費は安く，結局，金網2段とジオシンセティック1段はほぼ同等であった。

(4) 深層混合処理工法

特殊な場合の工法として，昭和50年代から深層混合処理工法が登場し，東北道の姉歯地区における試験施工と前後して九州道の八幡地区で側方変形対策として盛土のり面部に施工された。長崎道の溝陸地区では，超鋭敏な有明粘土層を対象とした近接構造物（河川）対策として使用された。続いて，同じ有明粘土層を対象に長崎道の武雄地区でも近接構造物の側方変形対策として採用された。また道央道の江別試験盛土では，泥炭地盤における試験施工が行われ，その有効性が確認された。

しかし深層混合処理工法が安易に採用されるケースも増え，トラブルも多く発生した。

発生したトラブル事例から得られた経験則は，次のとおりである[12]。

第一に，深層混合処理工（盛土のり面下）と敷金網工を組み合わせた工法の採用は避けるべきである。トラブル事例では，2つの対策工の効果を同時に期待し，両方の合力で所定の安全率を確保するように設計していた。しかし，実際には図1.37に示すように比較的剛性の高い深層混合処理工は初期に抵抗力を発揮するのに対して，敷金網工は金網が徐々に伸びるため，遅れて引張抵抗を発揮する。そのため，両対策工の効果に時間的なずれが生じてしまい，期待した相乗効果を果たさなくなってしまう。変形特性の異なる組み合わせ工法は採用しないことが望ましい。

第二に，図1.38に示すように，盛土のり面下に深層混合処理工を採用すると不同沈下が生じ，路面にクラックが発生する。またサンドマットが分断されてしまい，路面下の圧密が進まなくなる恐れがある。しかも降雨があると，両サイドが遮水状態となるため流入した地下水が滞留し，過剰間隙水圧が発生する。そのため水圧により改良体に変位が生じ，路面のクラックを助長することになる。

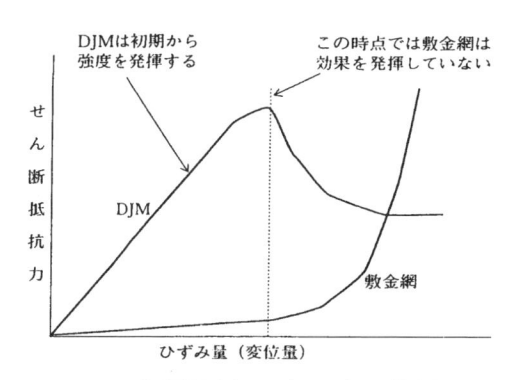

図1.37 深層混合処理（DJM）と敷金網の変形特性

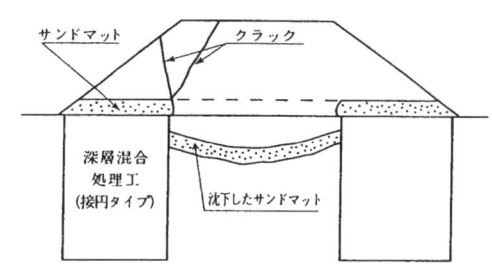

図1.38 のり面下の深層混合処理工

深層混合処理工を採用する場合には，排水処理や改良率の検討を行うなどその適用性について細心の注意を払う必要がある。

(5) 真空圧密工法

真空圧密工法は，もともと東名・焼津地区において昭和41 (1966) 年に大気圧工法として試験施工されたことがあったが，当時は気密シートの気密性の維持などいくつかの技術的な問題があり実用化には至らなかったという経緯がある。その後，真空ポンプの発達，気密シートやカードボードドレーン材の開発・改良，施工管理技術の向上などさまざまな改良が加えられ，1990年代に入って真空圧密工法として再登場してきた。その最初の工事は，平成10 (1998) 年に日沿道の新井郷地区で行われた。

この工法は，図1.39に示すように地盤中に鉛直ドレーンを打設した上を気密シートで覆い，真空駆動装置を作動させて地盤中の気圧（大気圧）を減圧することによって間隙水圧を低下させ，圧密を進行させるものである。

ここでは，平成13 (2001) 年に高知道の北地地区において実施された事例について見てみよう[13),14)]。当地区は，仁淀川支流域内の丘陵性山地の間を埋めて広がる沖積低地にあり，図1.40に示すように泥炭層と粘土層からなる約10 mの厚さの軟弱地盤である。軟弱層の基部にある火山灰質土層（Av）が被圧地下水層であることから，鉛直ドレーン材

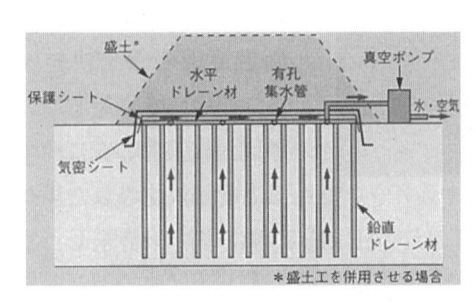

図1.39 真空圧密工法の原理

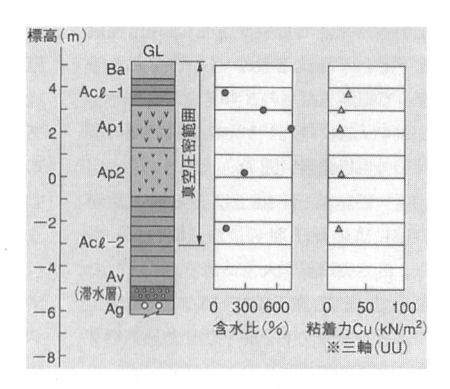

図1.40 土質柱状図

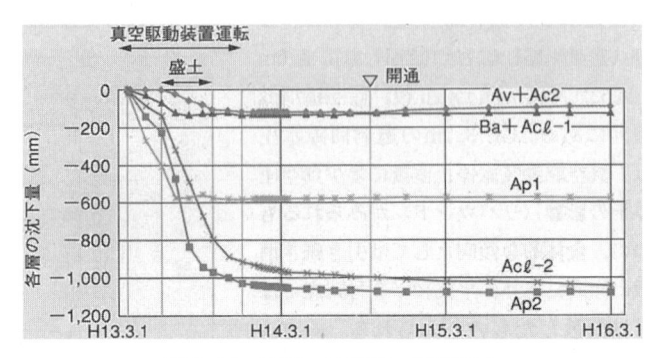

図1.41 層別の沈下量の経時変化

（打設ピッチ70cm）は基層の2m上までで打ち止めとした。また施工は，真空駆動装置による減圧と盛土工を併用する真空・盛土載荷併用方式とした。

図1.41に層別の沈下量の経時変化を示す。真空駆動装置停止時（平成13年12月）に圧密度は90%以上となっており，各層の強度も大幅な増加が確認された。また開通時（平成14年9月）には圧密度98%以上，沈下速度2mm/月となっていた。

なお，平成16 (2004)年3月時点での真空駆動装置運転開始から10 000日後（平成41年8月）の推定残留沈下量は，$\log t$ 法によれば2～3cmであった。

真空圧密工法は，周辺地盤に与える影響等が従来の盛土載荷時の挙動と異なることなど留意すべき点もあるが，急速な圧密促進によって約4カ月という短期間で約14mの盛土施工（平均盛土速度約12cm/日）が可能となり，対策工法として有効であることが確認された。

この工法は，①圧密進行が速く，盛土の急速施工が可能であるため大幅な工期短縮を図ることができること，②周辺地盤への影響が少ないことなどから，特に泥炭地盤での軟弱地盤対策として大変有望であると考えられる。

1.5.2 残留沈下の実態の更なる解明

(1) 残留沈下の2つの傾向

昭和58年版設計要領以降，残留沈下を許容する考え方を基本として設計・施工が行われる一方，残留沈下が発生している軟弱地盤箇所では，沈下追跡調査が地道に続けられた。

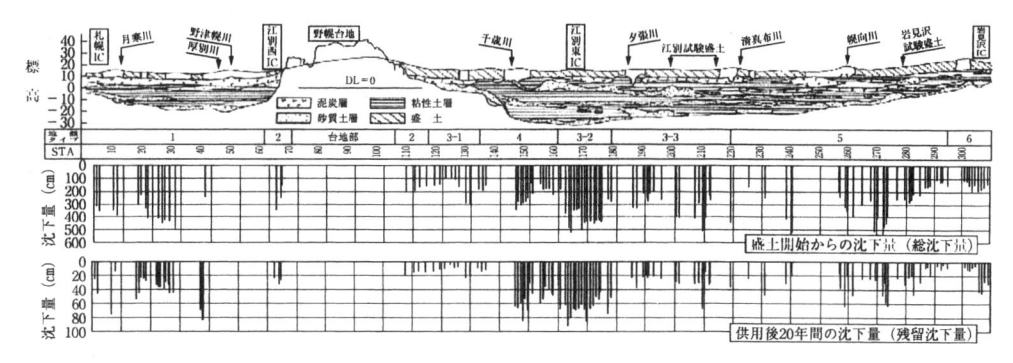

図1.42 道央道（札幌〜岩見沢）の残留沈下実態

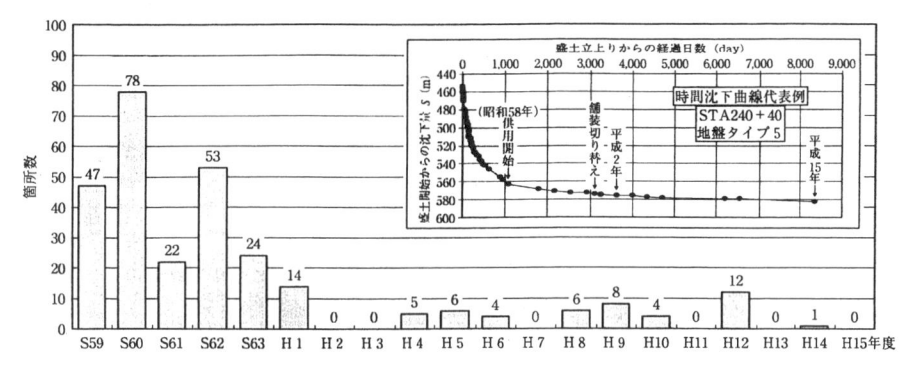

図1.43 道央道（札幌〜岩見沢）の補修（段差修正）の実態

やがて20年以上にわたる長期の沈下データが蓄積され，残留沈下に起因する補修事例も増えてくるとともに，残留沈下やそれによる損傷の実態が徐々に明らかになってきた。

それによれば，大きな残留沈下が長期にわたって継続し，その補修に多大の費用と労力をかけている地区は，道路公団が全国で遭遇した軟弱地盤約50地区のうち，約2割に達している。それらの地区の残留沈下および補修の実態を詳しく見ると，2つの異なる傾向が確認できる。すなわち，名神・東名高速道路以来の傾向に合致するケースと合致しないケースである。

まず道央道（札幌〜岩見沢）では，上部層はサンドドレーンを打設した区間もあるが，下部層（岩見沢地区にはない）はすべて無処理である。その残留沈下の実態は，図1.42に示すように供用後20年で最大値92cmであり，この間の補修実態は，図1.43に示すように供用後6年で補修（構造物取付部の段差修正）箇所数が激減している[15]。すなわち「地盤改良の有無にかかわらず供用後5年程度で一般的な補修レベルになる」という名神・東名高速道路以来の補修実態にほぼ合致している。

一方，常磐道の神田地区では，一部区間を除いて全層が無処理区間となっている。その残留沈下は，設計・施工時の予測以上に大きく，かつ長期に継続しており，「供用後5年程度で一般的な補修レベルになる」という従来の傾向と合致していない。すなわち供用後20年の残留沈下は図1.44に示すように最大値は1mを大幅に超え，この間の補修実態も図1.45に示すように，ほぼ毎年コンスタントな補修が行われている[16]。

こうした従来の傾向とは違う神田地区の補修実態は，どのような原因によるものであろうか。補修工事には，一般に橋台取付部の段差修正，縦断線形の修正，路面の幅員確保の

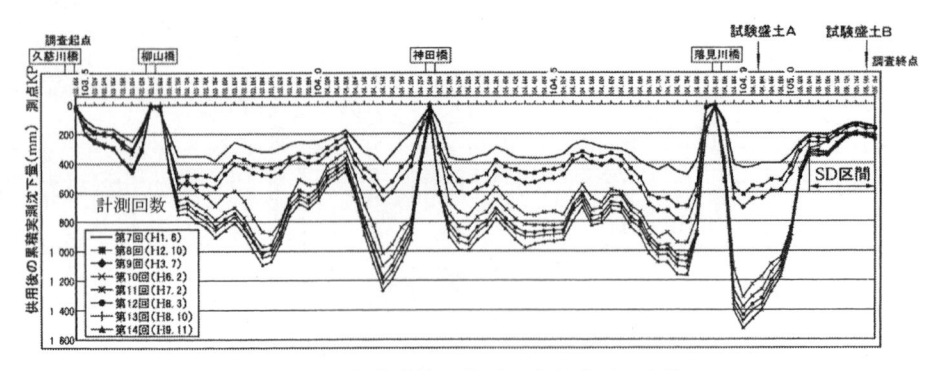

図 1.44 常磐道神田地区の残留沈下の実態

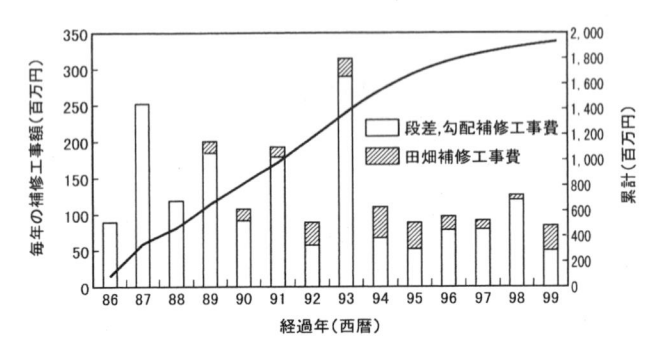

図 1.45 常磐道神田地区の補修の実態

ほか，道路付属施設の修繕・取替えなどが含まれるが，その規模や頻度は残留沈下量の大きさと継続期間の長さのほか，橋台取付部の箇所数，当該路線の交通量などによって変わってくる。

したがって残留沈下の性状や路線の特徴などを踏まえた上で，道央道の補修実態と比較検討し，両者に見られる2つの傾向の真の原因について明らかにする必要がある。

(2) 典型的な残留沈下の実態

名神・東名高速道路以来の残留沈下の典型的な例に入る道央道のケースについて，その実態をもう少し詳しく示したのが図 1.46 および図 1.47 である。

図 1.46 は，道央道のうち江別〜岩見沢間の建設時と供用後 20 年間の沈下を示す。建設時の沈下量 61〜501 cm に対して，供用後 20 年間の沈下は 6〜92 cm である。

供用後の沈下を5年ごとに区分して示すと，図 1.47 のようになる。開通後最初の5年間の最大沈下量が約 60 cm（平均約 30 cm）であるのに対して，6〜10 年は 20 cm（平均約 10 cm），11〜15 年は 10 cm，16〜20 年は 7 cm と急速に収束している。

このように供用後の残留沈下は，最初の5年間に大半が生じた後，急速に小さくなっており，その時間的変化は，時間の対数に対してほぼ直線的である。道央道では，前節で示したように供用後6年以降補修頻度が激減しているが，それはこうした残留沈下の実態に対応している。

また道央道での残留沈下の実態から，次のようなことも判明している。

当区間の盛土工事は，昭和 53 (1978)〜55 (1980) 年度の間に順次発注されている。各

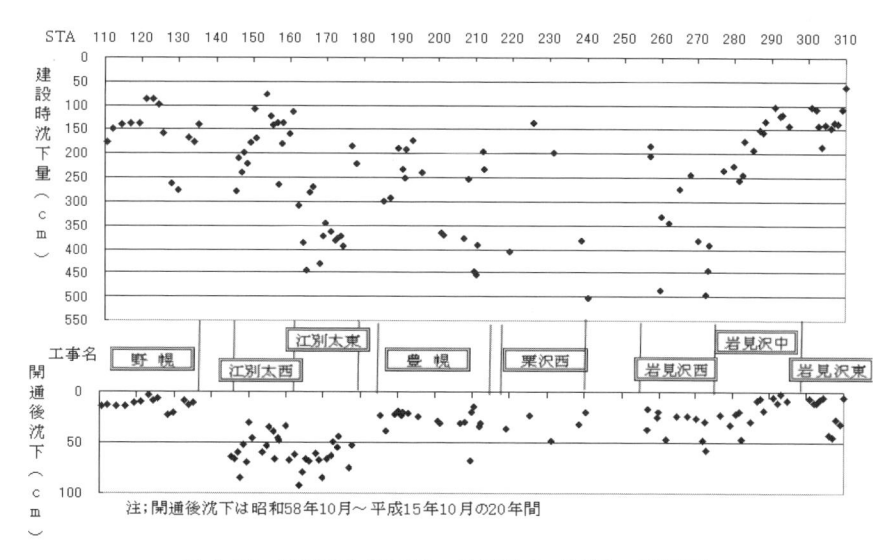

図1.46 建設時と開通後の沈下分布（江別～岩見沢）

表1.7 盛土工事の工期（江別～岩見沢）

野　幌	S55.3～S57.12	後期
江別太西	S54.10～S57.12	後期
江別太東	S54.10～S57.12	後期
豊　幌	S54.2～S56.12	前期
栗沢西	S54.3～S56.12	前期
岩見沢西	S53.6～S56.7	前期
岩見沢中	S53.9～S56.9	前期
岩見沢東	S54.10～S57.10	後期

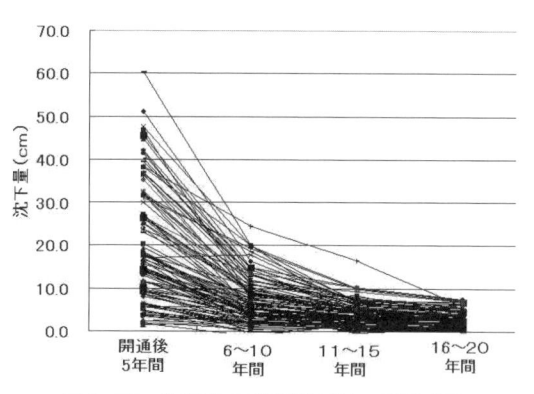

図1.47 供用後の残留沈下量の経時変化

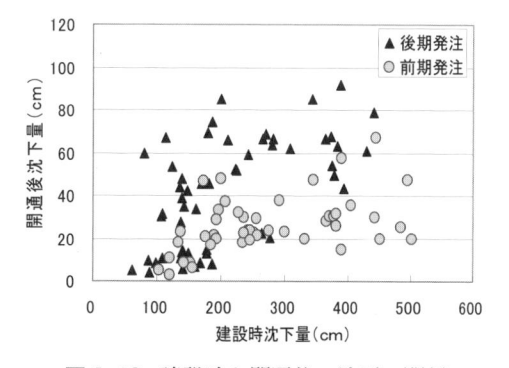

図1.48 建設時と開通後の沈下の関係（江別～岩見沢）

工事の工期は表1.7に示すとおりである。表中の前期・後期の区別は，発注時期の違いを意味しており，前期工事は後期工事より1年～1年半早く発注されている。このため工期末から開通までの期間は，前期工事の岩見沢西工事では2年余りあるが，江別太工事では1年を切る。この差は，盛土立上り後の時間の差であり，当然供用後の沈下に影響しているはずである。

建設時と開通後の沈下の関係を，前期工事と後期工事に分けて示したのが図1.48である。建設時の沈下量に対する開通後の沈下量の割合が，前期工事より後期工事の方が大きいことがわかる。すなわち建設時沈下量が200 cm以上のケースについて見ると，開通後沈下量は，前期工事で20～60 cmであるのに対して，後期工事で50～90 cm

であり，平均で30cm以上の差がある。残留沈下対策として，盛土をできるだけ早く立上げて，供用までの時間をできるだけ長く確保することが有効であることがわかる。

1.6 維持管理段階における高速道路の障害

維持管理段階において残留沈下に起因する高速道路の障害には，路面の不同沈下，ボックスや橋台の変形等がある。従来，高速道路において発生した道路の障害とそれに対して必要な補修工事等を整理すると，表1.8のようになる。

表1.8 残留沈下に起因する道路の障害

発生部位	障害の内容	補修工事等
盛土	路面の不同沈下	段差修正，縦断修正
	盛土の幅員不足	土留め工
カルバートボックス	内空高さ不足	再構築
	排水不良	内部のかさ上げ，排水改良
橋台取付部	取付部の段差	段差修正，縦断修正
	沓，ジョイントの異常	橋梁付属物の取替え
付帯施設	ゲート付近の不同沈下	段差修正
	管理施設の段差	階段の追加
隣接地	田面の沈下	田面復旧，用・排水工修復
	家屋等の不同沈下	補償，復旧工

以下は，残留沈下に起因する道路の障害事例である。

1.6.1 本体盛土の障害

(1) 路面の不同沈下

盛土の沈下に伴い，路面に不同沈下が発生し，乗り心地の悪化や視覚的な障害が発生する。また，段差部の衝撃等による乗客への不快感や荷痛みなどの原因となる。

路面の不同沈下の事例を写真1.1，写真1.2に示す。写真1.1は，全体的な路面沈下の状況である。盛土部の沈下によって，橋梁部との不同沈下が生じ，路面全体が波打った状況にある。写真1.2は，踏掛版設置箇所の不同沈下の状況である。橋台背面の踏掛版によ

写真1.1 路面の不同沈下状況　　写真1.2 橋台取付部の不同沈下状況

って，橋梁と盛土の段差を緩和している。沈下による障害として，踏掛版の傾斜による路面横断方向のクラックが生じている。

なお盛土の残留沈下が大きい場合，写真1.3に示すように踏掛版の下に空洞が生じることがある。空洞は，砂や発泡コンクリートなどで充填する必要がある。

路面の不同沈下発生箇所を図 1.49 に模式的に示す。路面の不同沈下の原因としては，次のようなものがある。

写真 1.3　踏掛版の下の空洞

i) 地盤の変化に原因するもの（図 1.49 の①）

軟弱層の厚さが急変する箇所では，沈下量の差が不同沈下となる（特に切土と盛土の境）。路線全体が軟弱地盤である場合は，全体的に沈下することによって，不同沈下発生箇所は少ない。一方で，延長の短い谷間部が軟弱地盤である場合は，沈下量は小さくとも軟弱層厚の急変が路面の不同沈下となって自動車走行に悪影響を与えやすい。

ii) 道路構造に原因するもの（図 1.49 の②，③，⑤，⑥）

杭基礎などで沈下を抑制した構造物の前後では不同沈下が発生する（橋梁取付部）。ボックスの残留沈下を抑止するために，基礎に杭や深層混合処理を施工することも不同沈下の原因となる。

iii) 施工法に原因するもの（図 1.49 の④）

軟弱地盤処理工として，深層混合処理工や軽量盛土工を採用した場合，その境界部で不同沈下が発生する。また，プレロードを施工する場合，隣接部との盛土工程のずれによって沈下差が生じる。特にボックス部のプレロード中の迂回道路・水路箇所の盛土は，ボックス構築後の施工になるため開通後の不同沈下原因となりやすい。

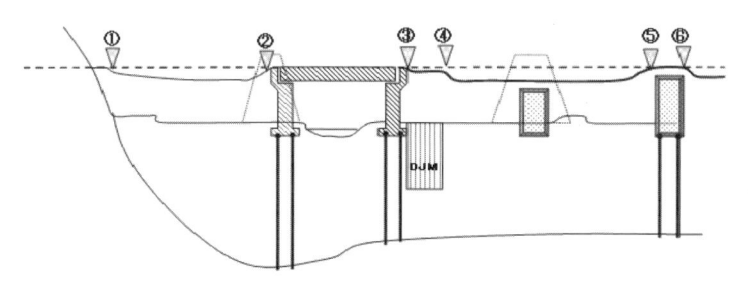

図 1.49　路面の不同沈下発生箇所

(2) のり面の急勾配化と幅員不足

不同沈下の対応として路面のかさ上げを行う。その際の二次的な障害として，のり面の急勾配化と幅員不足がある。路面の幅員を確保しつつかさ上げするために，盛土のり面を急勾配にする必要があるが，沈下が大きくなって盛土の急勾配化で道路幅員を確保できなくなった場合には，土留柵などを設置して幅員確保することも必要となる（図 1.50 および写真 1.4 参照）。

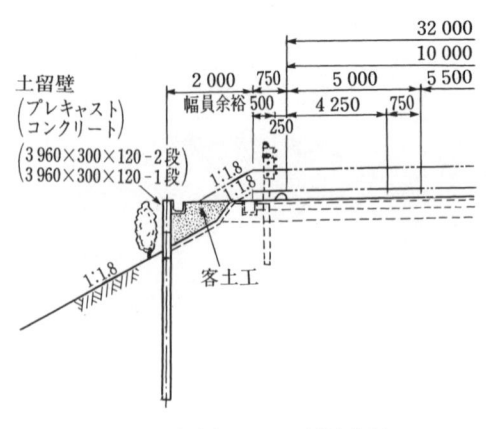

図 1.50　土留柵による幅員確保 　　　　　　写真 1.4　土留柵による幅員確保

1.6.2　ボックス部の障害

　高速道路のボックスは，ボックス部の路面の不同沈下を低減するため，原則としてプレロードによって残留沈下を低減した上で，浮き基礎を採用する。ここでは，浮き基礎とした場合のボックスの障害について記述する（ボックスに杭を設置した場合は，盛土との段差およびネガティブフリクションによる応力集中が発生する。この場合は，橋梁取付部と同じ問題が生じる）。

　ボックスの障害として次の事項がある。
　① 　継目部の損傷・漏水
　② 　ボックス内部の滞水
　③ 　内空断面・道路幅員の不足

(1)　継目部の損傷・漏水

　ボックスの不同沈下に伴って，継目部に損傷や漏水が発生する。特に断面の大きいボックスでは，プレロードによる地盤の強度増加が端部で小さいことと，翼壁の荷重も加わって，図 1.51 に示すように両端部が沈下することが多い。継目の開きが大きい場合には，その箇所から土砂が流入する。また，頂版の防水シートの破損によって漏水が発生し，冬季の極寒地ではツララになって，ボックス管理上の大きな問題となる。ボックス継目がずれた事例を写真 1.5 に，ボックス頂版の漏水状況を写真 1.6 に示す。

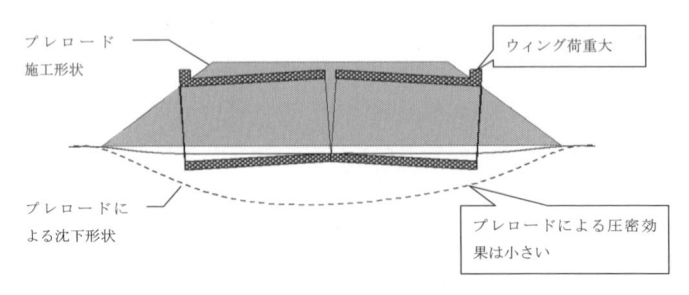

図 1.51　ボックス両端部の沈下要因

写真 1.5　ボックス継目のずれ 　　　　写真 1.6　ボックス頂版の漏水跡

(2)　ボックス内部の滞水

　ボックスの沈下に伴って，ボックス内の路面が側道より低くなりボックス内に滞水する。またボックス内の水路も土砂が堆積し，断面不足になり通水機能が低下する。沈下によるボックス内部の滞水状況を写真 1.7 および写真 1.8 に示す。写真 1.7 は，道路ボックス内の側溝が周辺よりも低くなり，ボックス内で溢水したものである。写真 1.8 は，水路ボックスの滞水状況である。画面左側には，水路管理用道路が設置されているが，高水位時には冠水して機能を果たせない状況にある。

写真 1.7　ボックスの滞水状況（1） 　　　写真 1.8　ボックスの滞水状況（2）

(3)　内空断面・道路幅員の不足

　沈下によって滞水した場合は，対策として路面や水路壁のかさ上げを行う。この場合の二次的障害として，内空断面や道路幅員の不足が発生する（図 1.52 参照）。

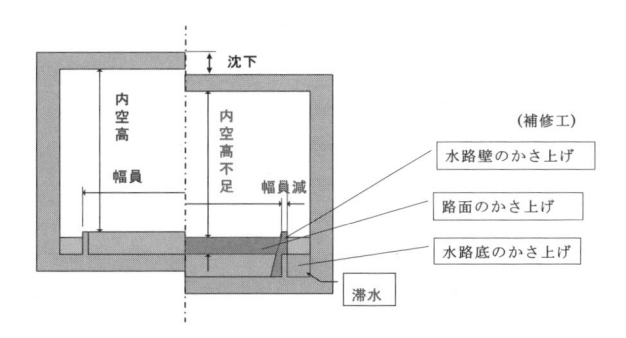

図 1.52　ボックス内の沈下による障害

| (a) ボックスの断面不足の状況 | (b) 同じボックスの側道との取付け状況 |

写真1.9 沈下によるボックスの断面不足

写真1.9は，沈下に伴うボックス内の路面のかさ上げで断面不足が生じた例である。この例では，路面のかさ上げが限界にあり，側道より低い状態になっている。

1.6.3 橋梁部の障害

沈下による橋梁部への障害としては次の事項がある。
① アプローチクッション式橋台への影響
② 橋梁構造への影響
③ 橋台移動に伴う橋梁付属物の損傷

(1) アプローチクッション式橋台への影響

アプローチクッション式橋台が沈下して，アプローチスラブと橋梁の段差が一定の大きさ以上になると，自動車走行性の悪化，衝撃荷重や不同沈下によるスラブへの悪影響などの問題を生じる。このような場合，図1.53に示すようにスラブをジャッキアップして沓座のかさ上げを行い，オーバーレイによって路面の縦断修正が行われる。写真1.10は，スラブのジャッキアップ後，50 cmのコンクリートブロックを用いて沓座をかさ上げした事例である。

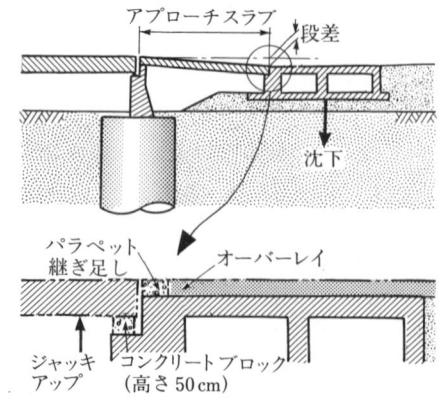

図1.53 アプローチクッション式橋台の沈下による障害

写真1.10 アプローチクッション式橋台の沓座のかさ上げ

(2) 橋梁構造への影響

　橋台と橋脚に不同沈下を生じた場合，上部構造形式によっては，設計値以上の応力が発生する可能性がある。図1.54に，3径間連続鋼桁橋における障害を示す。橋台基礎は摩擦杭であり，前面は斜杭が施工されている。背面盛土の沈下に伴って盛土側の杭にネガティブフリクションが働き，その影響で橋台は背面に倒れ込むように変形した。その結果，橋脚との間に8cmの不同沈下が生じている。同橋は鋼桁のため，桁の両端が下がる形で変形した。PC桁のように変形を許容しない構造形式であれば，その影響は大となる。

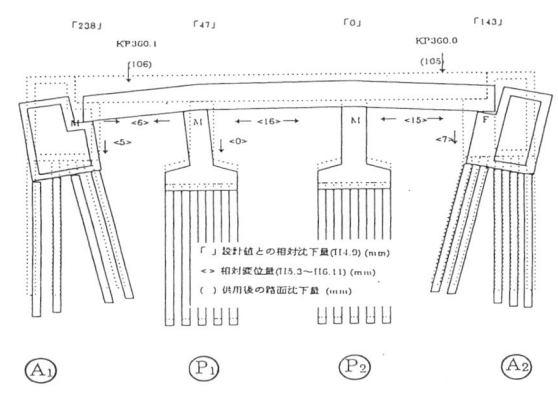

図1.54　橋梁の沈下に伴う障害

(3) 橋梁付属物（沓・ジョイント・落橋防止装置）の損傷

　沈下に伴って橋台と橋脚の間の離間距離が変化し，沓・ジョイント・落橋防止装置に損傷が生じる。図1.54の事例では，A_2が固定沓となっており，橋梁全体はA_2側に引っ張られる。このため障害はA_1側で顕著に現れている。路面沈下と沓の遊間量の関係を図1.55に示す。遊間量は沈下の増加に比例して拡大していることがわかる。

　橋梁付属物の障害発生位置を図1.56に，橋梁付属物の障害状況を写真1.11に示す。(a)は耐震用の落橋防止工の障害であり，橋桁と橋台の遊間の開きによってアンカーボル

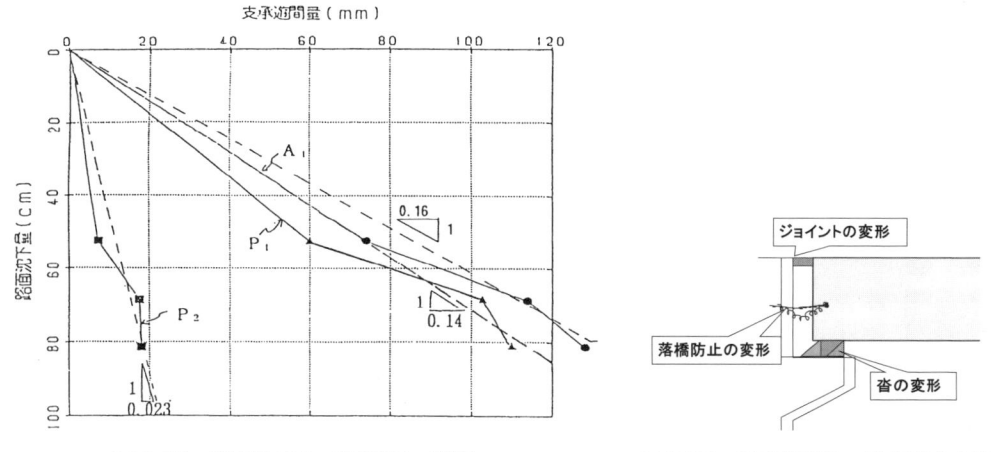

図1.55　路面沈下と沓遊間量の関係　　　　図1.56　橋梁付属物の障害発生位置

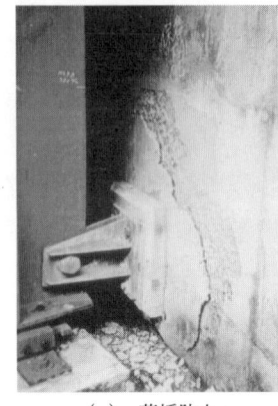

(a) 落橋防止	(b) ジョイント	(c) 沓

写真 1.11 橋梁付属物の障害

トが引き抜かれた状態になっている。(b) は A_1 側ジョイントの障害であり，遊間増加によって本来組み合わさっている櫛型のジョイントが離れている。(c) は P_1 の沓移動による障害であり，本来，ストッパーの中間に位置するものが，片側に寄り過ぎて遊間が確保されていない状態となっている。

1.6.4 道路付帯施設の障害

道路に付帯する施設の中で，沈下による障害として次の事項がある。
① 料金所ブース等の建物の不同沈下
② 通信管路等の沈下による破断

(1) 建物の不同沈下

軟弱地盤にインターチェンジを設置する場合，管理事務所，車庫，料金所などの建物周辺で不同沈下によって障害の発生する事例がある。インターチェンジ部の盛土高さは，一般的に低盛土であり，沈下量そのものは小さい。しかし，建物基礎が沈下を抑止する構造（杭基礎など）である場合には，周辺部との不同沈下によって段差などの障害が発生する。写真 1.12 は料金所部の障害事例である。ゲートの柱周辺の路面が浮き上がった状況にあ

写真 1.12 料金所部の不同沈下による障害 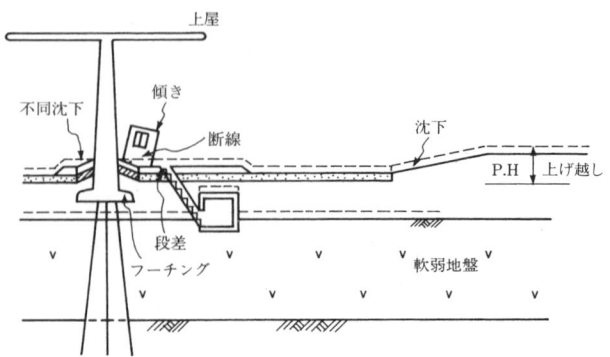　　図 1.57 料金所部の不同沈下の原因

り，原因は図 1.57 に示すような杭基礎の柱と路面部との不同沈下と判断された。

(2) 通信管路の破断

高速道路には，通信用ケーブルが敷設されている。橋梁取付部やインター部で不同沈下が発生した場合，通信ケーブルを保護する管路が破断することがある。

1.6.5 周辺地盤の障害

工事中に盛土の周辺地盤へ与える障害には，地盤の側方への移動や田面隆起などがある。沈下に関しては，工事後の長期沈下に伴う障害が問題となる。周辺地盤の沈下は，図 1.58 に示すように盛土のり尻から軟弱層厚相当の範囲で発生すると言われている。

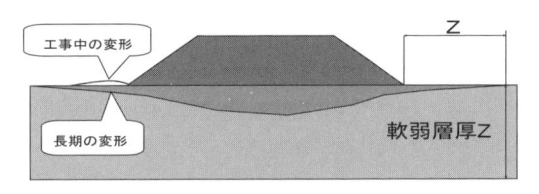

図 1.58 周辺地盤の沈下

写真 1.13 は，周辺地盤の沈下によって側道部や隣接水田に生じた障害の事例である。こうした障害に対して，長年にわたって田面のかさ上げ工事などの補償が行われている事例が各地に見られる。

写真 1.13 水田と側道の沈下による滞水

1.7 まとめ

道路公団では，長年の試行錯誤の結果，軟弱地盤対策工として，安定対策工と沈下対策工を別々に設計・施工する技術体系を確立した。その設計思想は，「建設時の対策工法は盛土の安定対策として決定し，盛土はできるだけ先行させて放置時間を確保して沈下を促進させておき，供用後の残留沈下は補修で対応する」という考え方であり，その設計・施工法は，「動態観測に基づいて施工から設計へフィードバックする」観測工法を基本とし，それによってトータルとしてのライフサイクルコストが最適化するというものである。

それは，次のような経験に基づいている。

① 軟弱地盤においては，安定的に盛土が施工できることが先決問題であり，そのための安定対策工の設計・施工技術はほぼ確立されている。
② 沈下対策工については，残留沈下を制御する技術を確立するには至っていない。しかし残留沈下に起因するさまざまな支障は，維持管理段階での補修によって対処すれば，基本的に高速道路の機能に特段の影響を及ぼすことはない。

したがって建設段階に実施すべき主要な軟弱地盤対策工は，盛土による地盤のすべり破壊を防止するための安定対策工であり，沈下対策工については，盛土立上りから供用開始までの時間をできるだけ長く確保することなどによる沈下促進策と，残留沈下によって維持管理段階に発生するさまざまな支障の軽減や補修の容易化のための諸施策である。

本章で述べてきた道路公団における軟弱地盤技術の変遷を通じて得られた設計・施工の基本的な考え方をまとめると，次のとおりである。

① 軟弱地盤においては，特別な対策工法を使わなくても，動態観測に基づく安定・沈下管理を確実に行う施工（観測施工あるいは情報化施工）によって盛土は可能である。
② その対策工法としては，緩速載荷工法（盛土速度制御工法）を原則に，表層排水工法・敷網工法・押え盛土工法・バーチカルドレーン工法の組み合わせを考えればよい。
③ 残留沈下による支障対策としては，建設段階では，サーチャージ工法，プレロード工法，土工仕上げ面・カルバートの上げ越し施工など残留沈下を軽減する対策や維持管理段階での補修を考慮した対策を考える。
④ 維持管理段階では，沈下追跡調査を実施して，定期的に必要な補修を行う。なお軟弱地盤に特有の補修は，一般的には供用後5年程度までを考えればよい。

また道路公団における主な軟弱地盤対策工の評価は，次のように整理することができる。

① 安定対策工としては，緩速載荷工法・表層排水工法・敷網工法・押え盛土工法・バーチカルドレーン工法（特にサンドドレーン工法）の採用例が多く，その効果も広く確認されており，基本的な安定対策工となる。
② 動態観測に基づいて安定管理をしながら行う観測工法は，盛土施工の基本である。情報化施工は，観測工法の発展形である。
③ 表層排水工法としては，当初は砂単体のサンドマットが採用されていたが，道央道（札幌～岩見沢）での実績から，サンドマットは重機のトラフィカビリティが確保できる砂質土を用いて，地下排水工を併設した構造とするようになった。なお泥炭地盤で沈下量の大きい場合は，サンドマット内にディープウェルを設置して揚水することが有効であることが確認されている。
④ 敷網工法および押え盛土工法は，比較的工費も安く，効果も確実であることが広く実証されており，基本的な安定対策工となっている。
⑤ バーチカルドレーン工法は，圧密理論を根拠にして考案された工法であるが，ほとんどの場合，実測データから明確な沈下促進効果を確認することができず，実際には地盤の強度増加促進効果を狙った安定対策工として用いられてきた。しかし長期間の沈下追跡調査によって，道央道（札幌～岩見沢）や常磐道神田地区のようにサンドドレーンによる沈下促進効果が確認される事例が出てきた。
⑥ サンドコンパクションパイル工法は，名神・東名時代から新規五道時代の初め頃までは用いられていたが，道央道（札幌～岩見沢）の泥炭地盤でもサンドドレーン工法

で十分であることが実証されて以降は，砂地盤の液状化対策以外，ほとんど用いられなくなっている。

⑦　深層混合処理工法は，地盤を杭状に固化する効果を狙って，安定対策，沈下対策の両方に用いられた事例があるが，特殊なケースに限られている。

⑧　真空圧密工法は，真空圧によって安定を確保し，急速に圧密脱水して軟弱層の強度を増加させることができる工法として，近年実績を積んできている。

⑨　プレロード工法およびサーチャージ工法は，建設時に行う残留沈下対策工として有効であるが，放置期間は少なくとも6カ月以上とらないと効果がない。

⑩　盛土立上りから供用までの時間を十分長く確保して沈下をできるだけ促進しておくことが，最も基本的な残留沈下対策である。

⑪　極めて軟弱で層厚の厚い泥炭性地盤では，建設工事の困難さと供用後の維持管理の煩雑さを回避するため，軟弱地盤対策として高架構造を採用する選択肢があり得る。

なお今後に残された課題として，深層に厚い粘土層をもつ地盤や極めて軟弱で層厚の厚い泥炭性地盤といった特異な軟弱地盤の長期沈下対策を挙げておきたい。

沈下追跡調査によれば，これらの地盤では残留沈下が1mを超えるケースがある。

従来，この種の軟弱地盤に対しては，維持管理段階での大きな残留沈下による多大な補修を覚悟の上で盛土構造を採用するか，あるいは稀にではあるが，そうした事態を避ける方が得策と判断されるときに高架構造を採用するかの二者択一的な対応をしてきた。

しかし現在，20年以上に及ぶ沈下追跡調査結果によって長期沈下とそれに伴う補修の実態が明らかになりつつあり，従来のさまざまな軟弱地盤対策工の再評価と近年の土質力学理論の成果の活用によって，沈下対策工の設計についての新しい選択肢が可能ではないかと考えられる。それについては，第9章で若干の考察を行う。

参考文献
1) 本章の全般にわたって，次の文献から引用している。
   - 土木・建築のための最新軟弱地盤ハンドブック，建設産業調査会，第2編応用編第1章，pp.539-603，1981
   - 持永龍一郎・栗原則夫・瀬在武：高速道路建設における軟弱地盤対策の変遷，土木学会論文集，No.349/VI-1，pp.74-83，1984
   - 日本道路公団三十年史，pp.390-395，1986
   - 持永龍一郎：軟弱地盤における高速道路盛土の沈下特性に関する研究，東京大学学位論文，1986
   - 持永龍一郎：土工技術の進展から見たこれからの道路技術について，土木学会論文集，No.707/VI-55，pp.1-19，2002
2) 稲田倍穂：私の技術伝承 I，土の会技術伝承資料，pp.9-12，2008
3) 持永龍一郎：私の技術伝承 V，土の会技術伝承資料，pp.7-10，2008
4) 日本道路公団試験所：航空写真による軟弱地盤の研究報告書（東京都立大学委託），昭和42年3月
5) 槌矢一彦・桑山誠喜・佐藤和憲：軟弱地盤の設計手順について，日本道路公団試験所報告（昭和53年度），pp.1-14，1979
6) 島博保：私の技術伝承 III，土の会技術伝承資料，pp.23-39，2008
7) 構造物取付部検討委員会（幹事会）：踏掛版設置基準について，日本道路公団技術情報，第12号，pp.9-14，1972

8) 栗原則夫：泥炭地盤上の道路盛土，実例による土質調査 第一章，土質工学会，pp.1-47，1983
9) 三橋吉信・小川孝雄・水田富久：九州横断道武雄ICの軟弱地盤対策，日本道路公団技術情報，第80号，pp.24-34，1986
10) 竹本恒行・藤間秀之：敷網工法による軟弱地盤上の盛土について，日本道路公団技術情報，第67号，pp.17-22，1983
11) 今吉英明・長尾和之・納富栄成・稲垣太浩：高強度ジオシンセティックを用いた軟弱地盤上の盛土敷網工法，日本道路公団技術情報，第160号，pp.54-64，2001
12) 瀬在武：私の技術伝承IV，土の会技術伝承資料，pp.58-67，2008
13) 西岡浩一・新谷泉・福島勇治・安部哲生：真空圧密工法による軟弱地盤の急速施工－高知道伊野～須崎（北地区）－，EXTEC，No.61，pp.27-33，2002
14) 藤原俊明：真空圧密工法による軟弱地盤改良の効果検証（追跡調査)－高知道 伊野～須崎東－，EXTEC，No.71，pp.27-30，2004
15) 豊田邦男・長尾和之：道央自動車道（札幌～岩見沢間)軟弱地盤長期沈下と維持管理，基礎工，6月号，pp.57-60，2006
16) 竜田尚希・稲垣太浩・三嶋信雄・藤山哲雄・石黒健・太田秀樹：軟弱地盤上の道路盛土の供用後の長期変形挙動予測と性能設計への応用，土木学会論文集，No.743/III-64，pp.173-187，2003

第2章　軟弱地盤技術とは何か

2.1　土木技術

2.1.1　技術

(1)　技術と科学 [1)]

　人類の歴史上，知のあり方として，「あるものの探究」と「あるべきものの探求」という2つの流れが存在してきたといわれる。前者は「それは何であるか」を知ろうとする営み（knowing what）である"いわゆる科学（science）"の流れであり，後者は「それはいかにあるべきか」を探求する営み（knowing how）である"いわゆる技術（technology）"の流れである。両者の最も大きな違いは，"いわゆる科学"は知的好奇心ないし真理への探究心に依拠した営みであるのに対して，"いわゆる技術"はクライアント（client：顧客・注文者）の要求に依拠した営みであるという点である。

　両者は長い間別の流れとして営まれてきたが，17世紀後半から18世紀初めにかけてのフランスで始まった"新しい形の技術"において融合される。この"新しい形の技術"は，エンジニアリング（engineering）と呼ばれ，自然科学（natural science）を基礎にした近代的な技術者教育から生まれた。ここに"いわゆる技術"の概念は，"知識を基礎にした（knowledge-based）技術"（engineering）と"技能を基礎にした（skill-based）技術"（technology）という分化が生じたと考えられる。

　またエンジニアリングの誕生とともに，その基礎学問として工学（engineering science）が整備されていったが，この工学は自然科学に似せてつくられた。すなわち工学では，技術の"ものをつくる"過程は対象とせず，自然科学がそうであるように，もっぱら"つくられたもの"をどのように理解するか，言い換えれば，"つくられたもの"の性質の分析を主な対象とした。

　自然科学の発展とともに工学も発展し，その科学的知識は技術の発展に大いに寄与したものの，実際の技術の現場では，"ものをつくる"過程は相変わらず技術者の経験，つまり経験的知識に依拠する状態が続いた。

　20世紀半ば，サイバネティックス・システム工学・品質工学・制御工学といった新しい工学が独自の画期的な方法とともに誕生した。その方法とは，ウィーナーがサイバネティックスという学問で提唱したフィードバック制御という方法であり，現在ではPDCAサイクルとして定式化されているものである。

　この方法は，論理的な厳密さは求めないが，合理的に思考あるいは行動しようという現実的なものであり，現在，技術の方法として広く用いられている。

さらに近年，従来の学問が対象としてこなかった技術の"ものをつくる"過程を対象とした新しい科学の取り組みが始まっている。「あるものの探究」を主な目的として発展してきた従来の科学，つまり自然科学を「認識科学」と呼ぶとすれば，この新しい科学は「あるべきものの探求」を目的とするもので「設計科学」と呼ぶのがふさわしいという[2]。認識科学が分析的な学問であるのに対して，設計科学は総合的な学問である。

(2) 技術の要件

技術という言葉は，一般には「ものごとを巧みに行うわざ」というような意味で使われるが，本来は「実用に供するものを創造するという目的をもった仕事」のことであり，そのことは実用を要求する人，つまりクライアントがいるということを意味している。

本書では，"技術"という言葉を前節で述べたエンジニアリング (engineering) という意味で使い，技術 (engineering) は，「ものごとを行う方法や手段」に関わる"もっぱら知識を基礎にした (knowledge-based) 専門職 (profession)"であると定義する[3]。

すなわち技術は，技術者 (engineer) と呼ばれる職業人 (professional) によって知識として保有され，実践される。この知識は，科学的知識と経験的知識を含む。

技術者は，クライアントの要求を満足する具体的なもの（実用品）を創造するが，クライアントが要求するのはその属性や機能や価値であって，それがどういう具体的なもの（状態も含む）であるかは，技術者が考え出し，つくり出す。一般に，考え出す（あるいは発想するといってもよい）仕事は設計，つくり出す仕事は施工[*1]と呼ばれる。

技術者は，基本的には自分のもつ技術によって具体的なものを設計し施工するから，技術者の能力や個性によって創造されるものは変わり得る。

クライアントの要求を満足するものは複数あり得るが，実際にはそれらの中から何らかの価値基準に基づいて1つのものが選択される。

以上のことから技術の要件を挙げれば，次のようになろう。
① クライアント要求を実現することを目的とすること。
② 知識（経験的知識と科学的知識）を基礎にしていること。
③ 設計・施工という過程を含むこと。
④ 何らかの価値判断を含むこと。

現代では，情報技術・医療技術・教育技術などのように「ものづくり」ではない技術も技術と呼ばれているが，ここでは「ものづくり」技術であり，最初のエンジニアリングと言われる土木技術 (civil engineering) を対象にして，技術の過程 (process) というものについて考える。

2.1.2 土木技術の過程

(1) 土木技術とクライアント

技術はクライアントの要求から始まるが，土木技術におけるクライアントについては，特に留意しておかなくてはならない特異な点がある。

[*1] 製造あるいは製作の方が一般的な言葉であるが，ここでは土木技術を念頭に「施工」を用いている。

土木構造物は道路・鉄道・港湾などその大半は公共構造物である。歴史的に見れば，公共構造物を個人のパトロンが発注者となった事例は少なくないが，現代では公共構造物は国や地方自治体など公共機関が発注者となり，民間の設計・施工会社が受注者となる。

したがって受注者である民間の設計・施工会社から見れば発注者である公共機関がクライアントのように見える。しかし真のクライアントは，納税者である国民であり自治体住民である。公共機関は，国民・住民から付託をうけたクライアント代行者と考えられる。

公共機関においては，インハウス・エンジニアと呼ばれる公共機関に属する技術者がクライアントの要求を忖度し，その要求を満足すると考える構造物を発注し，その出来上がりを評価するという一人三役を担っている。ただし設計・施工の実務を行っているのは，民間会社の技術者である。彼らは，インハウス・エンジニアの監督の下に，ということは彼らを通じて，クライアントの要求を満足するような設計・施工の仕事を行っているということになる。

いずれにしろ従来，土木技術の場合は，いずれの土木技術者も真のクライアントから直接要求を聞き，いろいろなやり取りをしながら仕事を進めていくという過程を踏むことがなかった。

ではクライアント要求というものは，土木技術者にはどのように理解されるのだろうか。例えば，高速道路の建設・管理を行っていた日本道路公団の技術者の場合を見てみよう。

道路公団は法律に基づいて設立された特殊法人であり，公共機関の一部と見なされ，その高速道路の仕事は，法律に基づいて国（建設省）から道路公団に出される施工命令によって行われる仕組みになっていた。そして公団技術者にとっての仕事の出発点となるクライアント要求は，基本的には，クライアント代行者としての国（建設省）が認可した「いつまでに，どのような規格のものを，いくらの予算でつくるか」といった「実施計画」として法律的にオーソライズされていたと見なすことができる。

道路公団は，高速道路の仕事の多くを民間の設計・施工会社に発注しており，その局面では受注者に対してクライアント代行者の役割を果たしていることになる。もちろんその根拠は，クライアント要求がオーソライズされていると見なされる「実施計画」である。

現在，道路公団はすでに廃止され，その事業は高速道路会社という特殊会社3社が新しい法制の下に継承しているが，上記の構図は基本的には変わらない。

このクライアント要求に関して，公団技術者が利害関係者と直接的に対話する局面があった。高速道路の用地の提供者や沿線住民との設計協議という局面である。そこでは高速道路の形式や隣接地への環境対策，高速道路で失われる諸施設の機能補償などが協議され，合意された内容は高速道路の設計や施工に反映された。これらもクライアント要求の一部と位置づけられる。

このように土木技術においては，もともと土木技術者にとって真のクライアントの要求というものが直接的に把握できにくい仕組みの中で仕事をしているため，従来，ともすればクライアントの問題がなおざりにされがちであった。

以上のことは，土木技術の特異性というよりは，公共事業に関わる技術の特異性といった方が正確かも知れない。

(2) 建築技術者の仕事の流れ

　技術の過程とは，具体的には技術者の設計から施工へ至る仕事の流れのことである。そこで土木技術の過程を明らかにするためには，土木技術者の仕事の流れについて考えればよいのだが，土木技術には一般の技術にはないクライアントに関わる特異性がつきまとう。

　そこでまず，そうした問題がなく，しかも土木技術に類似している建築技術，つまり民間建築に関わる建築技術を取り上げて，建築技術者の設計から施工への仕事の流れについて検討し，その上で土木技術者のそれについて考えることにしよう。

　建築技術者が民間の建物の設計を行う場合の仕事の流れは，概ね図2.1のようになろう。図において，真ん中の列の「設計」の項目が設計の仕事の内容を示し，右端の列の「分析」の項目は，設計に必要なさまざまなデータや情報を分析（確認あるいは認識）する仕事を示している。つまり「設計」の仕事は，「分析」という仕事によって得られたデータや情報をもとに建物の姿・形を具体的にまとめ上げていくことである。そして「施工」の仕事は，設計に従って材料等を実際の建物にまとめ上げていくことである。

　具体的には，次のようになろう。

① すべては，クライアントの要求の聞き取りから始まる。「予算はいくらくらい，洋風あるいは和風，平屋あるいは二階建て，庭の有無」など，さまざまな視点からクライアントの要求を聞き出す。

		設計	分析
①クライアントの要求の聞き取り	・クライアント（顧客）からの注文を聞く ⇒「予算はいくらくらい、洋風あるいは和風、平屋あるいは二階建て、庭の有無・・・」		
②全体計画（構想）の作成		・設計の目標と方針を明確にする ・建物のコンセプトやデザインイメージなどを構想する	・クライアントの要求を分析し、クライアントが望んでいる建物の特性を抽出する
③設計・施工の基本事項の設定		・建築工法などの基本事項を設定する	・地盤、環境、日当たり、法規制など用地や周辺の状況を調査し、設計と施工の諸条件を整理する
④比較設計案の作成		・デザイン・建築材料・各種設備品などから複数の比較設計案を作成する	・簡易な構造検討やコスト検討を実施する
⑤設計案の絞込み		・採用する設計案を意思決定する	・クライアントの意向を確認する ・コストやデザイン性を比較する
⑥設計の確定		・設計図書を作成する ・積算する	・詳細な構造計算を実施する
		施工	
⑦施工		・建築工事を監理する ・細部の調整や設計の修正・変更を行う	・各部の出来上がり具合を検査、計測する

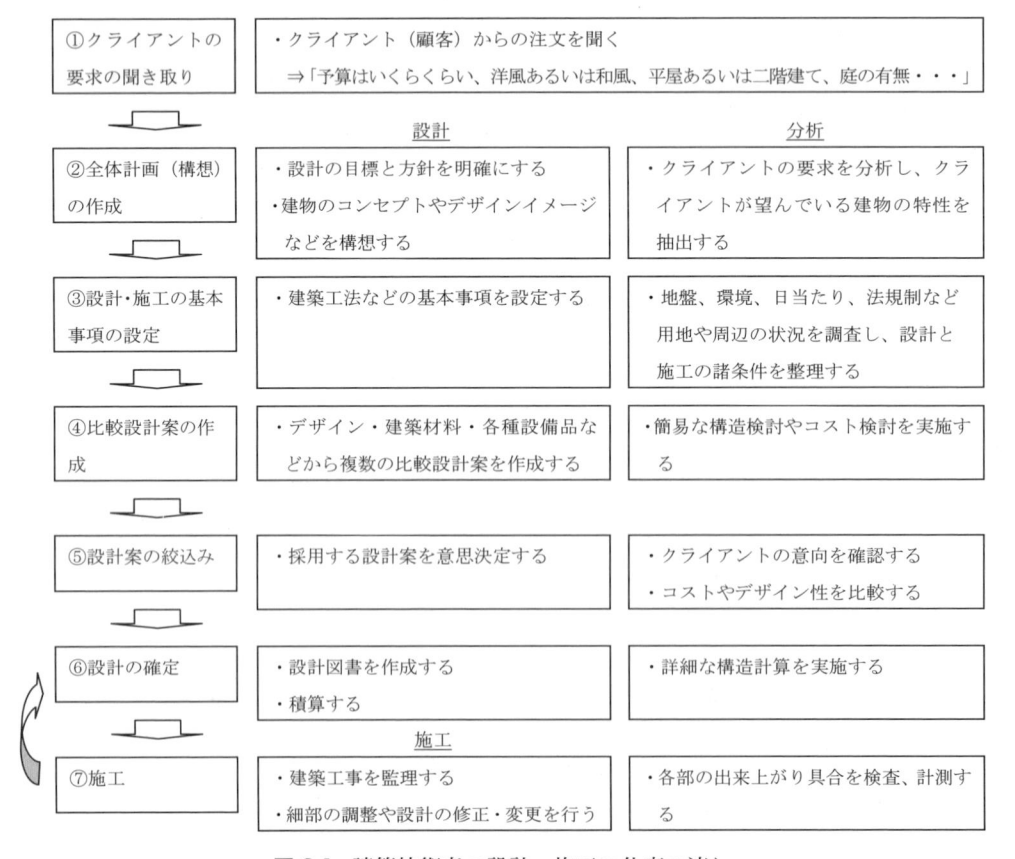

図2.1　建築技術者の設計・施工の仕事の流れ

② クライアントの要求を分析し，クライアントが望んでいる建物の特性を把握して，クライアントのいろいろな要求を満足する建物のコンセプトやデザインイメージなどを構想し，設計の目標と方針を明確にする。全体構想を練る過程，つまり「全体計画の作成」過程である。

③ 「地盤はしっかりしているか，環境はどうか，・・・」など用地や周辺の状況を調査し，設計と施工の諸条件を分析して，それらに対応する建築工法などの基本事項を設定する。「設計・施工条件の基本事項の設定」過程である。

④ 基本事項を踏まえて外観・間取りなど基本的なデザインを行い，デザイン・建築材料・各種設備品など多角的な視点からいくつかの設計案をまとめる。「比較設計案の作成」という過程である。

⑤ 各設計案についてクライアントの意向を確認しながら，コストやデザインなどの視点から比較検討を繰り返し，設計案を絞り込んでいく。これは「設計案の絞込み」という過程である。

⑥ 採用する設計案を意思決定したら詳細な構造計算を行い，設計図書を作成し，積算して設計を完了する。「設計の確定」の過程である。

⑦ 設計図書に基づいて建築工事が開始される。「施工」の過程である。設計に携わった建築技術者は，監理技術者として各部の出来上がり具合を確認しながら，細部の調整や設計の修正・変更を繰り返しつつ完成を目指す。これは「設計の検証」の過程ともいえる。

これらの流れの中で重要なポイントが2つある。

第一に最も重要なのは，④の「比較設計案の作成」である。設計案の作成がなければ設計は始まらないし，作成された設計案の出来不出来が設計の死命を制するといってよい。

第二に重要なのが，⑤の「設計案の絞込み」である。作成した設計案に肉づけをしながら，クライアントの要求に適合した建物の姿・形を具体化していき，コストやデザインなどいろいろな視点から複数の設計案の長所短所を比較して，クライアントの意向を確認して，採用する1つの設計案に絞り込んでいく。

絞り込んだ設計案は，最終的には構造計算によって力学的に成立する形に具体化されなければ，設計として確定しない。そういう意味では「構造計算」は設計の重要な一過程であるが，構造計算の役割は，あくまでも技術者が考え出した設計案について，その実現性を構造力学的に裏づけることにある。構造計算から設計案が出てくるわけではない。

さらに以上の過程で留意すべきこととして，3つのことを指摘しておこう。

第一は，設計の過程は，図2.1に分けて示したように，設計に必要なさまざまな要因を確認あるいは認識するという分析の過程に基づいて行われているということである。分析とは，調査や計算（解析）や計測によって対象のもつ性質や条件や状態を確認，あるいは認識することである。

第二は，設計の過程においては，さまざまな事柄について「これかあれか」の意思決定が必要だということである。例えば，②で「こんなコンセプトやイメージにしよう」とか，③で「こんな建築工法で行こう」とか，④で「これとこれを設計案にしよう」とか，⑤と⑥で「最終的にこれを設計として決定しよう」とかの一連の判断は，設計者の意思決定行為に他ならない。

第三は，⑦で行われている繰り返しである。施工による出来上がり具合を確認し，その結果に基づいて細部の調整や設計の修正・変更を行うやり方は，フィードバック制御と呼ばれる。

(3) 設計の本質

図 2.1 の流れを通して行っていることは，要するに次のようなことである。

すなわち，まずクライアント要求から，設計する建物のおおまかな全体像を構想し，それをもとにいくつかの具体的な建物の姿・形を発想し，その中から 1 つのものを意思決定し，それを設計図書にして，工事で手直しも加えながら現実の建物として実現させる。それが設計の仕事の流れである。

一方，分析の仕事は，設計の各段階で行われる発想や意思決定を可能にするために，必要なデータ・情報・知識を提供するとともに，設計で提示されてくる建物の力学的・経済的・デザイン的な姿を明らかにすることである。そのために使われる有効なツールが力学・確率・費用対効果・リスクなどの理論である。この分析の仕事においては，そうした科学的ツールを駆使した科学的判断が必要とされる。

ところで，設計でやっていることは一体何であろうか。

クライアントの出している要求は，「洋風か和風か，平屋か二階建てか」など属性についてのもの，「バリアフリー，日当たりが良い，風通しが良い」など機能についてのもの，そして「予算，デザインが洒落ている，重厚感がある」など価値についてのものである。

これに対して建築技術者は，「このような建物であればクライアントの要求を十分満足するであろう」というものを考え出す。つまりクライアントの要求（多くの場合は抽象的）から具体的な建物の姿・形を「発想する」のである。すなわち「建物のもつべき属性・機能・価値概念を具体的な建物という実体概念として見える化すること」，それが設計の本質である（図 2.2 参照）。

この行為は，属性・機能・価値概念といういくつかの要素を実体概念という 1 つのものにまとめることであり，これは論理的にいえば，総合（synthesis）と等価である。

なお施工は，設計で考え出された実体概念を具体的な姿・形にすることであり，これも総合である。

この発想という行為は，ひらめき，おもいつき，勘などという側面をもつ極めて主観的かつ定性的なものであり，基本的には建築技術者本人がもっているセンスやさまざまな知識（その総体がその技術者の技術力）に依存するものであるが，既往の設計例などのデータベースや標準設計図といったものも利活用される。こうした行為が一般に技術的判断と言われるものである。

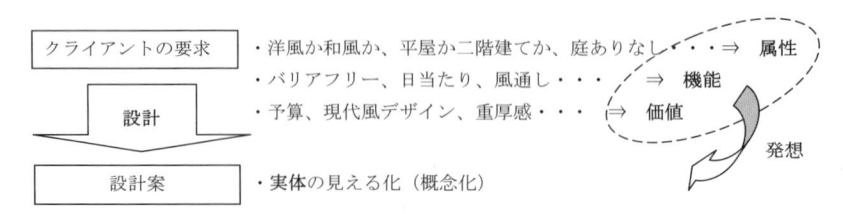

図 2.2 設計の本質

このように設計は総合と等価であり，分析とは本質的に異なる仕事なのである．

(4) 土木技術者の仕事の流れ

土木技術者が行う仕事の流れは，いくつかの点で民間建築のケースで建築技術者の行う仕事の流れと違うところがある．

すなわち，建築技術者の場合，①クライアントとのやり取りがある，②意匠設計，いわゆるデザインの仕事の比重が大きい，③設計を行った建築技術者が施工の監理も行う．

これに対して土木技術者の場合，①クライアントとのやり取りがない，②最近でこそシビック・デザインということが言われ始めているが，設計に占めるデザインの比重は小さい，③設計から施工の全体を監督するのは，発注者に所属する土木技術者（インハウス・エンジニア）であり，設計はコンサルタント，施工はゼネコンの土木技術者が請け負うのが一般的である．

しかし，こうした点を除けば，土木技術者が行う仕事の流れも基本的には建築技術者のそれと同じであり，土木技術者の仕事の主たる流れとしては，図 2.1 に示した建築技術者の仕事のうち，クライアントとデザインに関わる部分を除いて考えればよい．

そこで土木技術の過程は，図 2.3 に示すような設計・施工過程が分析過程と連携しながら進行していく過程として表すことができる．

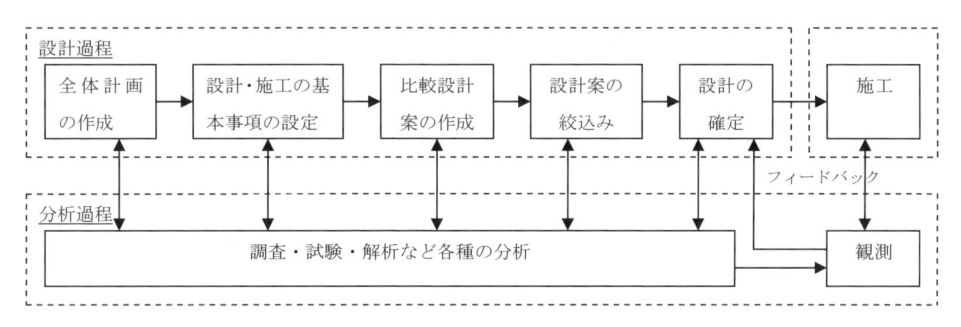

図 2.3 土木技術の過程

2.2 土工技術

2.2.1 土工技術の過程の特徴

土木技術には，道路技術，鉄道技術，橋梁技術，トンネル技術といった構造物の種類ごとに体系化された領域型の技術と，土工技術・コンクリート技術のように領域を横断する問題を扱う領域横断型の技術がある．

領域横断型の技術である土工技術は，地盤の造成および土構造物の築造に関する技術である．つまり自然や人工の地盤を加工・改変し，それ自身として，あるいは他の構造物（建物・盛土・橋梁など）の基礎として有用な地盤を造成したり，土をそのまま，あるいはより有用な材料に加工し，それを使って土構造物を築造したりする技術である．

土工技術を建築技術と比較した場合の大きな違いは，土工技術の場合は，地盤や土が設計・施工の主たる対象であるが，建築技術の場合は建物が設計・施工の主たる対象である

(a) 建築技術の場合

建物
建物が設計の主たる対象
地盤

(b) 土工技術の場合

盛土
切土
地山
地盤

土工技術の場合は，地盤（地山）や土が設計の主たる対象となる

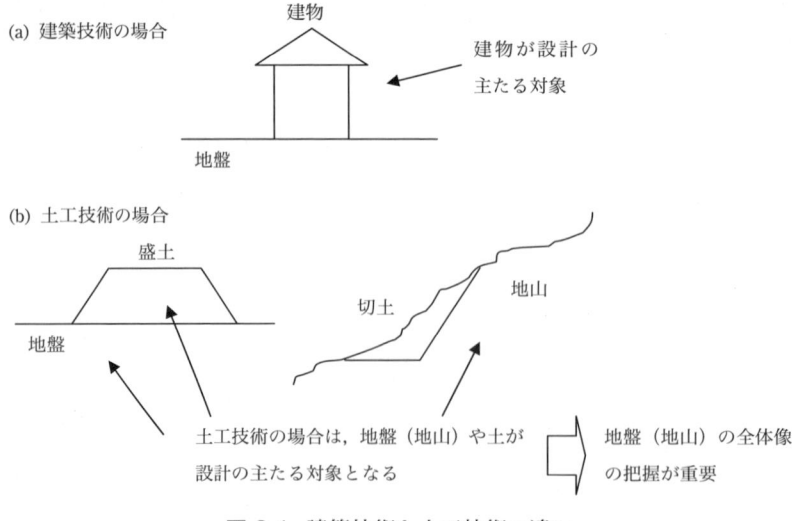

地盤（地山）の全体像の把握が重要

図 2.4 建築技術と土工技術の違い

という点である（図 2.4）。

　もちろん建築技術でも，地盤が悪い場所に建物を建てる場合や大きなビルを建てる場合は，建物を支える基礎としての地盤が設計・施工の対象となるが，その場合でも主に地盤の支持力が問題となるだけで，あくまでも建物が設計・施工の主たる対象であることに変わりはない。

　このような設計・施工の主たる対象の違いは，建築技術の場合は性状のわかった人工材料を用いて建物を設計・施工できるのに対して，土工技術の場合は地盤や土そのものの性状がどういうものかを認識することから始めなければならないという違いにつながる。すなわち土工技術の場合，地盤や土そのものを認識することが設計・施工の前提として非常に重要となり，かつそのウエイトも相対的に大きくなるのが大きな特徴である。こうした土工技術の特徴を念頭においた上で，土工技術の過程について考えてみよう。

　土工技術も設計・施工過程が分析過程と連携しながら進行していく流れとして捉えることができる。つまり①土と地盤を調査・試験・解析・観測する分析過程と，②それらに基づいて，地盤あるいは土構造物を造成あるいは築造する処方箋を考え出す設計過程，および処方箋に従って実際に造成・築造する施工過程である。

　分析過程に必要な知識は，地盤や土をどのようなものとして認識したらよいかというものに関する知識体系である。この知識体系には，地盤調査・土質試験のほか，土木地質学や土質力学による解析，計測機器などによる観測に関する認識科学的知識および経験的知識を含む。

　設計過程に必要な知識は，それに基づいてクライアント要求を満足する構造物をどのように築造したらよいかという処方箋を考え出す方法に関する知識体系である。

　施工過程に必要な知識は，処方箋に従って実際にものをつくり出す方法に関する知識体系である。

　設計過程と施工過程に必要な知識体系には，設計学，施工学，経営工学などの設計科学的知識と設計・施工の経験的知識を含む。

土工技術においては，「設計過程と施工過程は相互に密接に連動する一連の過程」として実践するのが実際的かつ合理的であり，それが土工技術の特徴でもある。というのも土工技術は，科学的知識および経験的知識の両方を含んでいるが，特に経験的知識の果たす役割が極めて大きいからである。

すなわち土工技術の場合は，土木地質学や土質力学といった科学的知識を動員しても，実際の地盤を十分な精度で認識しきれないという事情も絡んで，設計の処方箋どおり施工してもうまくいかないことがしばしば起こる。そこで土工技術の世界では，設計の処方箋において，施工過程のことについて指示したり，逆に施工時の観測に基づくフィードバックを想定したりすることによって，合理的な設計・施工にする努力が続けられてきた。

実際，土工技術の世界では，施工から設計へのフィードバックというやり方が古くから「観測工法あるいは観測施工」として実践されており，昭和50年代にIT（情報技術）を活用した「情報化施工」として発展した。具体的には，図2.3の「設計の確定」と「施工」および「観測」の3つの過程のフィードバック制御をシステマティックに追求するやり方をいう。

この観測工法（observational method あるいは learn-as-you-go method）は，土質力学（soil mechanics）の創始者であるテルツァーギ（K. Terzaghi）が提唱し，パートナーのペック（R.B. Peck）とともに発展させた方法で，「施工中の観測結果によって設計を修正するような方法」である。それは，設計は最も起こり得る可能性に基づいて行い，施工中の観測結果で設計時の仮定を確認・検証しながら，設計を修正しようという「動態観測に基づく施工から設計へのフィードバック制御」である。

前述したように，フィードバック制御という概念は，サイバネティックスという学問でウィーナーが提唱したものであるが，それとほぼ同じ時期に，それと同義の観測工法を考え出して実践したテルツァーギの先駆性は特筆に値する[*2]。

観測工法には，フィードバック制御と等価であるという特徴のほかにもう1つの特徴がある。それは，この方法の実行には情報と人のマネジメントが必要となるという点である。

すなわち観測工法を実行するためには，観測データの情報処理，施工対象物の挙動の現状評価や将来予測，設計・施工の制御などの過程をシステマティックに行うことが必要であり，そのためのマネジメントが必要となる。このマネジメントは，観測データなど情報のマネジメントだけでなく，設計・施工に関わっている人たちのマネジメントを含んでいる。

この「人のマネジメント」は，観測工法の考え方に基づいて設計・施工に関わる人たちの行動を管理することにとどまらず，さらにそれを発展させた形のもの，つまり彼らの創意工夫を引き出しつつ，彼らの自発的かつ組織的な行動を誘起するということまでを含んでいる。このようなマネジメントは，経営の世界でナレッジマネジメントと呼ばれる方法と等価である。

[*2] テルツァーギが観測工法について，初めて報告書の中で記述しているのは，1937～1938年頃であり〈リチャード E. グッドマン著（赤木俊充訳）：カール・テルツァーギの生涯，地盤工学会，p.231，2006による〉，ウィーナーがサイバネティックスの本を出版したのは1948年である。

2.2.2 土工技術と土質工学

土工技術に対して土質工学，あるいは地盤工学という学問がある。もともと土と未固結・半固結の地盤を対象にした学問・技術分野は土質基礎工学，すなわち土質工学と呼ばれていたが，1995 年，土質工学会が地盤工学会と改称するにあたって，岩石と岩盤を対象にした岩盤工学を加えて再編したものを地盤工学と呼ぶようになった。ここでいう土工技術は，土と未固結・半固結の地盤を対象にした技術であり，それに関する学問として土質工学を考えている。

なお軟弱地盤技術は，未固結・半固結の地盤のうち，特に軟弱な地盤を対象にした土工技術であり，それに関する学問も土質工学に含まれる。

さてここで留意すべき点は，学会の定義では，土質工学は学問と技術の両方を含んだ概念とされているものの，一般には「土質工学は土質力学の応用学問である」という理解が定着しているという点である。

しかし，詳しい考察は別書[4)]に譲るとして，本書は上述したように「土質工学は土工技術に関する学問である」という考え方に立っていることを明確にしておきたい。そして土質工学の基礎としては，土木地質学・土質力学など従来の学問のほかに，設計学・施工学・経営工学などの学問の科学的知識，そして設計・施工に関わる経験的知識が必要であると考えている。

このような考え方に立って，現状の土質工学の基本的な構成要素を概念的に整理し直して示すと，図 2.5 のようになる。すなわち土質工学は，大きくは「土質力学と土木地質学と設計・施工法」という 3 つの基本的要素からなっており，土質力学は応用力学から，土木地質学は地形・地質学から，そして設計・施工法は土木技術的経験から，それぞれ必要な知識と方法を得ている。

この土質工学の体系を具体的に考えるには，2 つの視点が考えられる。1 つは，方法論という視点，もう 1 つは，何を対象とするかという視点である。

まず方法論という視点から見ると，土質工学は分析論と設計論という思考方法の異質な 2 つの部門を含んでいる。分析論部門は，土と地盤をどのようなものとして認識するかを扱う分析型思考（analysis）の部門であり，土質力学と土木地質学からなる。設計論部門

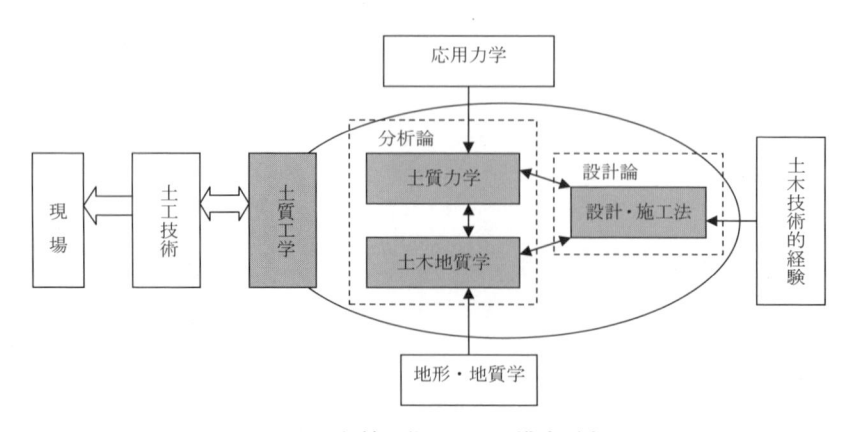

図 2.5 土質工学の 3 つの構成要素

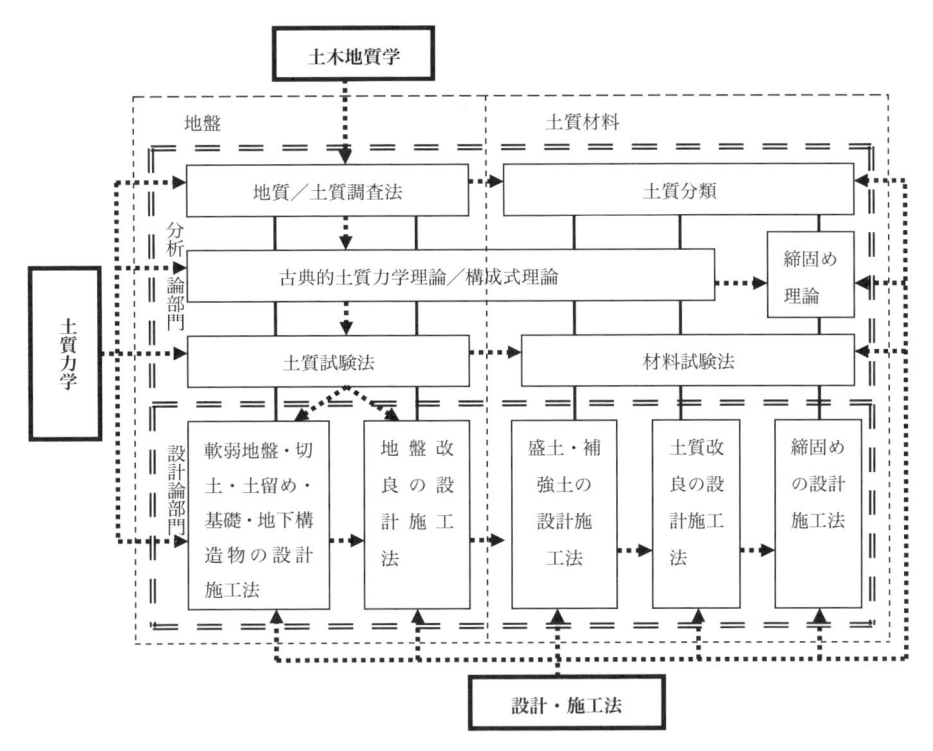

図 2.6 現状の土質工学体系の整理

は，その認識に基づいてどのように設計・施工するかを扱う総合型思考（synthesis）の部門であり，各種の設計・施工法からなる．

前者は，設計・施工に必要な知識を得るために分析することが目的であり，調査（地質調査・土質調査）・試験（土質試験・原位置試験）・解析・観測などの過程の知識体系を含む．後者は，それに基づいて目的とする構造物の"あるべきすがた・かたち"を発想し実現する過程の知識体系を含む．

また対象が何であるかに着目すると，土質工学は大きく 2 つの分野に分けられる．1 つは，地盤を造成する技術に関わる分野であり，もう 1 つは，土を材料として土構造物を築造する技術に関わる分野である．特に自然地盤を対象とする場合は，土木地質学的な知識が不可欠である．

こうした視点に立てば，現状の土質工学は図 2.6 のような体系として整理できる．

2.3 軟弱地盤技術

2.3.1 軟弱地盤技術の原理

軟弱地盤とは，文字どおり「軟らかい地盤」のことをいうが，そうでない地盤を普通地盤と呼ぶとすれば，軟弱地盤と普通地盤の違いは，まさにこの地盤の「軟らかさ」にある．軟弱地盤はその「軟らかさ」のゆえに，その上に盛土や構造物などを造成しようとすると

きに，大きく沈下したり，場合によってはその重さに耐え切れずに壊れたりする問題，つまり沈下と安定の問題を抱えている。普通地盤では，そうしたことは問題にならない。

しかし軟弱地盤の「軟らかさ」は，盛土や構造物などの重さに対する地盤の相対的な「軟らかさ」であるということに留意しよう。軟弱地盤という概念は，多分に力学的な概念である。

このような「軟らかい」軟弱地盤の上にでも，科学的原理を踏まえたやり方をすれば，いくらでも高い盛土を築造することができる。

土をよく見ると，細かい粒子からなっていることがわかる。ただし，泥炭のように植物繊維そのものを含んでいる土もある。粒子と粒子，あるいは繊維と繊維のすき間には，水と空気が詰っている。そこで例えば，土を容器に入れて上から一様な重しをかけたとすると，水と空気が絞り出されて土の体積が減る。ちょうど豆腐の上に重しをのせておくと，水が絞り出されるのと同じことである。このような現象を「圧密」という。

このとき豆腐が固くなるように，土も固くなる。固くなれば強さも増す。粘土の場合だと，十分に圧密させると，かけた重さの1/3くらい強さが増える。

ところが，この圧密という現象は非常に時間がかかる。テルツァーギの圧密理論によれば，例えば，5mの厚さの粘土地盤にある重さの盛土をしたときに，圧密がちょうど半分（50%）進むのに，圧密係数（圧密が進む速さを表す係数で，大きいほど圧密は速く進む）を1日当たり $100\,cm^2$ として，120日かかる。80%だと350日，90%だと530日という具合である。この進み具合は，盛土の重さには関係ない。

話がこれだけであれば，事は簡単であるが，実際には，ここにもう1つやっかいな現象が同時に起こる。せん断という現象である。この現象は圧密とは反対に，盛土の重さによって地盤内に発生するせん断力という力が，地盤の強さを上回ることによって地盤を破壊させる現象である。

盛土の場合を例にとると，締め固めた盛土は通常 $1\,m^3$ 当たり 1.7～2.0 トンくらいの重さだから，例えば，5mの高さの盛土によって地盤にかかる圧力は，$1\,m^2$ 当たり 8.5～10トンになる。地盤が支えることのできる圧力を，少な目に見て地盤の強さ（せん断強さ）の3倍くらいだとすると，この9トン程度の圧力を支えるのに必要な強さは，その1/3の3トン（$1\,m^2$ 当たり）くらいということになる。

しかし軟弱地盤では，$1\,m^2$ 当たり 1～2 トン程度の強さのものは普通であり，泥炭地盤の場合は1トンに満たないものもざらにある。これではとても盛土の重さを支えきれるものではない。したがって地盤は，変形したり破壊したりするのである。

以上のことからわかるように，軟弱地盤上に盛土をすると，地盤の中では，盛土の重さによって強さを増す圧密という現象と，その強さに対抗して破壊を起こそうとするせん断という現象が同時に起こるのである。

このような科学的原理を理解すれば，軟弱地盤が最初は $1\,m^2$ 当たり 1～2 トンくらいの強さしかなくても，まずその強さで支えられる重さを載せ，時間をかけてある程度圧密させて強さが増したところで，また少し重さを増やす，そのようなことを繰り返していけば，地盤はいくらでも重い盛土を支えることができることがわかる。すなわち地盤が破壊しない範囲内でできるだけ速く盛土荷重を増やしていくこと，そのために盛土速度を合理的に制御すること，それが軟弱地盤技術の原理である。

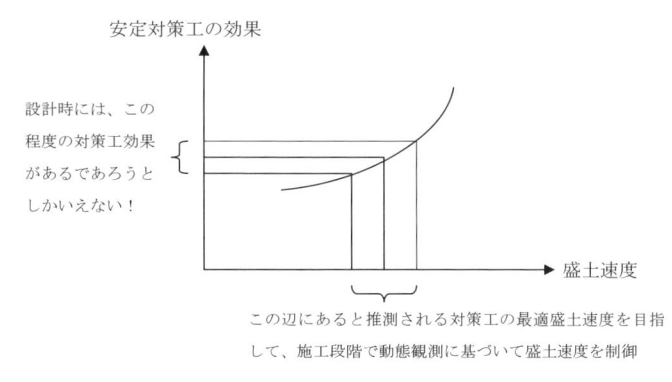

図2.7 軟弱地盤技術の原理

　その際，例えば，サンドドレーン工法のように地盤中に一定の間隔と長さの鉛直な砂柱を造成するような対策工を施すことによって，地盤からの脱水距離を短くして圧密を促進させるようにすれば，盛土はより速く施工することができる。

　いま軟弱地盤上に所定の重さの盛土を一定の工期内に安定的に造成するのに必要な対策工，すなわち安定対策工を考えたとき，その効果が大きければ大きいほど，盛土を速く施工することができる。

　しかし残念ながら設計段階では，軟弱地盤の性状の複雑さや土質力学理論の不備などさまざまな要因のため，与えられた条件の下で設計する安定対策工の効果を精度良く予測することができず，あるレベルの範囲にあるであろうとしかいえないのが軟弱地盤技術の現状である。したがって，それに対応する最適な盛土速度も，おおよそこの範囲にあるであろうとしかいえない。

　そこで施工段階で，動態観測に基づいて地盤の状態を予測しながら，盛土を破壊させないような最適の盛土速度に制御することになる。

　以上のことを概念的に表すと，図2.7のようになろう。

　以上のように軟弱地盤技術においては，所定の重さの盛土を一定の工期内に安定的に造成することが第一義的な課題である。

　しかし軟弱地盤には，安定的に盛土が造成できたとしても圧密やせん断による沈下や変形が避けられない。沈下や変形は，建設時には周辺の地盤や施設に影響を及ぼしたり，供用後は長期間継続して道路機能を阻害したりする。

　したがって軟弱地盤技術には，沈下や変形に対する対策，とりわけ供用後にも継続する長期沈下，すなわち残留沈下に対する対策工の設計・施工というもう1つの課題がある。

　結局，「軟弱地盤技術とは，盛土の造成によって軟弱地盤が不安定になったり，沈下・変形したりする現象を対応可能な範囲内に制御するために必要な諸々の対策工の設計・施工において，技術者が行うべき意思決定の方法と知識の体系である」ということができる。

　しかしながら軟弱地盤技術の難しさは，実際の軟弱地盤の挙動が上述したような力学的な原理だけでは説明し切れないところにある。自然の存在物である軟弱地盤の性状に関する地質学的知識や設計・施工に関する経験的知識などを総合的に動員して，いかにして実用的なレベルでの設計・施工を行うかというのが軟弱地盤技術の従来の最大の課題であり，引き続き今後の最大の課題でもあるといっても過言ではない。

2.3.2 軟弱地盤技術の過程

(1) 高速道路の場合

図 2.7 を踏まえて高速道路の軟弱地盤技術の過程を表示すると，図 2.8 のようになる（詳細は，第 3 章を参照のこと）。

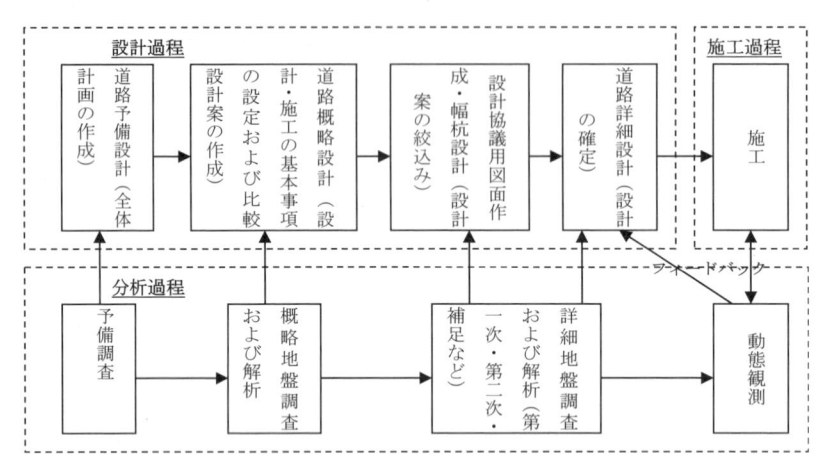

図 2.8 一般的な軟弱地盤技術の過程

設計・施工は，設計・施工過程の各項目がそれぞれ対応する分析過程の項目とのやり取りを通じて順次進行していく。ただし，仕事の手順としては，全体として図に示した項目の流れに沿って行われるものの，実際には，1 つの項目が終わってから順次次の項目へ移っていくというように順序よく進行するわけではない。すなわち 2 つの項目が同時進行で行われたり，ある項目へ進んでからまた以前の項目へ戻ったりしながら，全体として図に示した流れに沿って進んでいく。

設計・施工過程の目標は，対象となる軟弱地盤の安定・沈下のための対策工，すなわち軟弱地盤対策工の設計を確定し，施工することであり，分析過程の目標は，そのために必要な軟弱地盤についてのさまざまなデータ・情報・知識（施工時の動態も含めて）の獲得，すなわち軟弱地盤像の把握である。

設計・施工過程で用いられる知識体系が図 2.5 あるいは図 2.6 に示した設計・施工法（設計論）であり，分析過程で用いられる知識体系が土質力学や土木地質学（分析論）である。

(2) 設計要領に示されている軟弱地盤技術の過程と問題点

軟弱地盤技術は，要するに軟弱地盤対策工の設計・施工技術である。道路公団の軟弱地盤技術の過程は，設計要領に示されているが，それが図 2.8 に示したように，設計・施工過程が分析過程と連携して進行するという構造になっているということは，従来，あまり明確には意識されてこなかった。では，どのように捉えられてきたのか。

端的にいえば，設計過程は，さまざまな知識に基づく設計案の作成と検証の繰り返しの過程である。それは主観的・定性的な思考と経験を必要とするものであり，計算式に従って行う演繹論理のような形で表すことは非常に難しい。一方，分析過程は，土質力学に基

づく安定・沈下計算のように客観的・定量的な過程を含んでいる。

そこで従来，設計の流れを便宜的に分析過程の仕事に沿って表すということが行われてきた。すなわち，軟弱地盤上に盛土をした場合に起こる次のような問題を検討する土質力学的な過程として表してきたのである。

① 盛土施工時の地盤破壊に対する安定問題
② 盛土施工時の沈下および供用後も継続する長期沈下などの沈下問題
③ 周辺地盤の変形問題

実際に道路公団の設計要領において，それがどのように表されているのか見てみよう。

設計の流れの骨格を昭和45年版と昭和58年版について図示すると，図2.9および図2.10のようになる。なお平成10年版は基本的に昭和58年版と同じである。

まず図2.9に示した昭和45年版では，安定および沈下計算によって設計断面を決定するという流れが明示されている。ただし計算対象とする対策工の選択について，どのような考え方で，どのような対策工を，どのような優先順位で選択すべきか，は示されておらず，設計者の判断に任されている。つまり昭和45年版の設計の流れは，安定・沈下計算の流れであるといってよい。

次に図2.10の昭和58年版になると，安定検討と沈下検討は別個に行う流れに変わっている。すなわち安定検討は，昭和45年版と同様に安定計算によって行う流れになっているが，計算対象とする対策工の選択については，昭和45年版にはなかった具体的なメニューとその検討手順が示されている。そして設計断面は一応安定計算によって求めるが，施工にあたっては，動態観測結果を活用した施工法，すなわち観測工法によって安定を確保する流れになっている。

一方，沈下検討は沈下計算のみで行うのではなく，既往事例との比較・施工中の実測データに基づく供用後の沈下量（残留沈下量）の推定などによって「供用後に継続する沈下を見込んだ設計（残留沈下対策工設計）」を行うことになっている。そして具体的な対策工メニューとその検討内容も記述されている。

昭和45年版および昭和58年版設計要領の設計の流れを，枝葉末節を取り除いて設計過程と分析過程に分けて表示すると，図2.11のようになる。

図からわかるように，昭和45年版では，設計過程の項目についての記述がほとんどなく，設計の流れは，全体として分析過程に沿った仕事として記述されていることが明白である。

それに対して昭和58年版では，設計過程の項目の記述が多少充実されてはいるが，安定対策工の設計については，相変わらず昭和45年版と同様に分析過程の仕事に沿った記述になっている。ただし，昭和45年版では「対策工の選択」について記述がなかったのに対して，昭和58年版では，安定対策工の検討手順（どのような安定対策工から検討していくか）が示されており，経験に基づいた実践的な設計に近づける努力がなされている。

また残留沈下対策工の設計については，設計過程に沿った仕事としての記述の流れになっている。ここには，特に沈下計算が実際との乖離が大きいという経験を踏まえて，沈下計算に頼らない実際的な設計法に踏み切った道央道（札幌～岩見沢）を始めとする新規五道の経験が反映されている。

以上に述べたように，設計の手順を分析過程に沿った仕事の流れとして記述するという

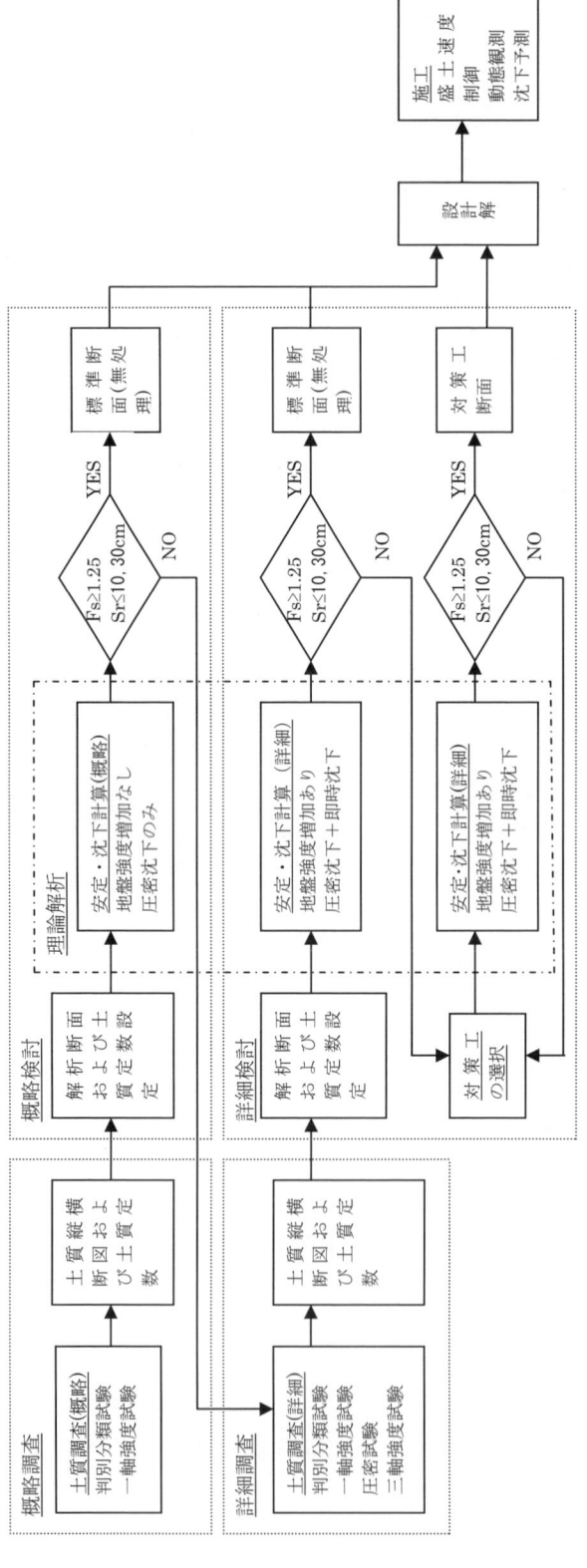

図 2.9 昭和 45 年版設計要領の設計の流れ

図 2.10 昭和 58 年版設計要領の設計の流れ

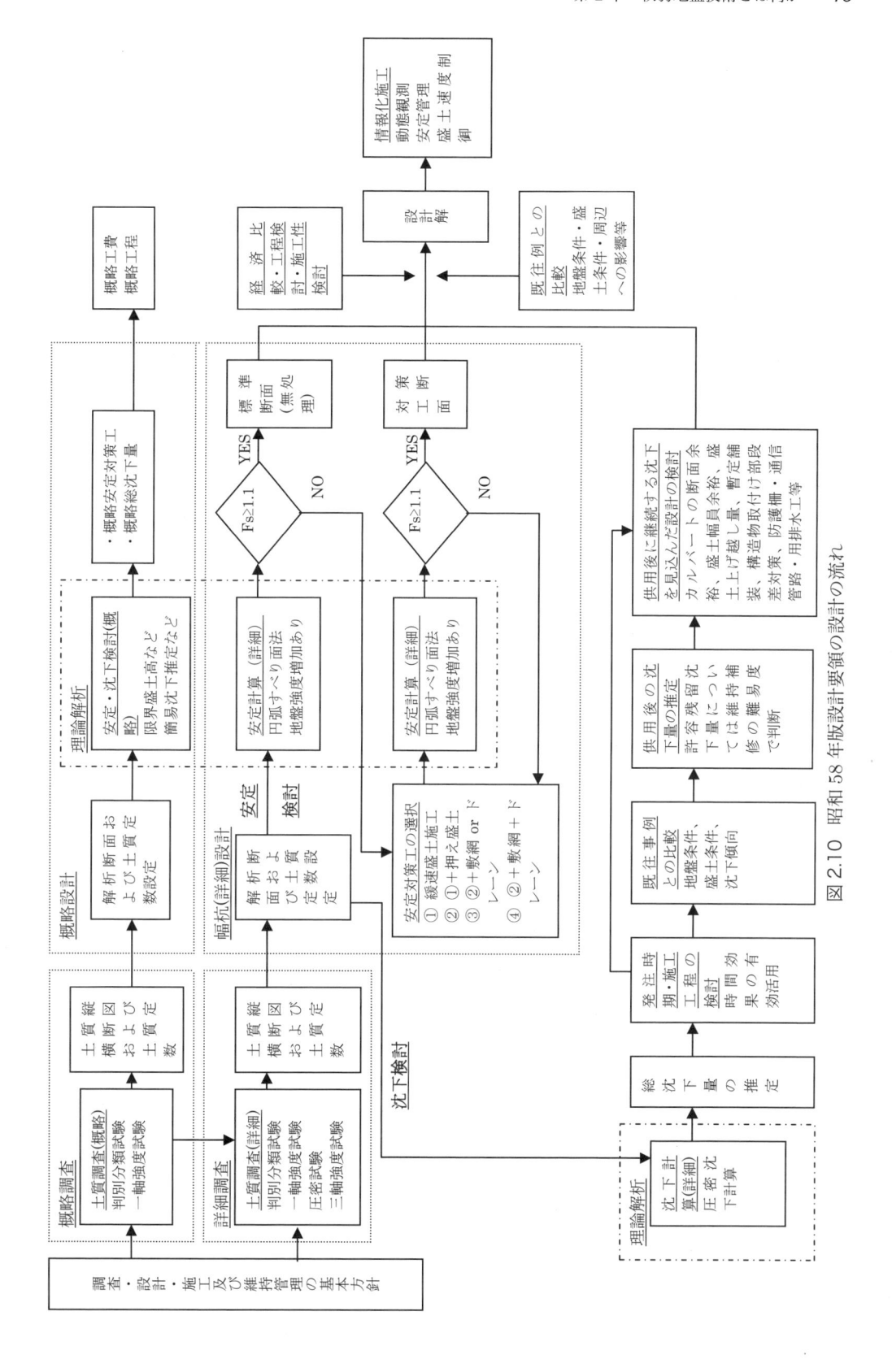

(a) 昭和 45 年版

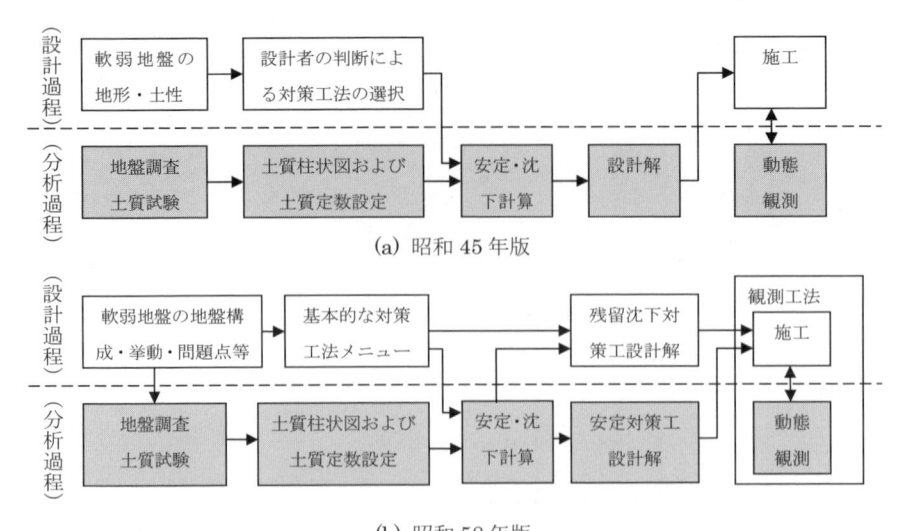

(b) 昭和 58 年版

図 2.11　設計要領に示されている設計手順の要点

　設計要領の影響によって，設計は安定・沈下計算が中心であるかのような誤解が技術者の間に広く行き渡っている．

　鉄やコンクリートのような人工材料は，材料自体を比較的均質かつ必要な品質につくることができ，それによってつくられる構造物は，力学計算に乗りやすく，かつ計算と実際との整合性も良い．したがって力学計算に基づいて設計解を求める方法によって設計しても，想定に近い品質の構造物をつくることも可能である．

　一方，土や地盤，特に自然状態のものは，自然からの所与のものであり，品質も不均質かつ複雑で，力学計算に乗りにくく，計算と実際との整合性も悪い．したがって地盤技術においては，もっぱら力学計算に基づく方法によって設計するのでは，想定した品質の構造物をつくることは非常に難しい．そこで有効な役割を果たしてきたのが経験的知識である．地盤技術は，力学計算の果たしえない役割を実際の設計施工から得られたさまざまな経験的知識が果たすことによって現実的かつ合理的な技術として機能してきたのである．

　しかし，そうした経験的な技術を分かりやすく体系的に示すことは，非常にむずかしい．結局，道路公団の設計要領は，土質力学計算に基づいて設計解を求めるような流れを示しながら，同時にさまざまな解説や多くの留意事項を付加して，計算のみに頼った設計をしないよう繰り返し注意喚起するといった複雑な構成になってしまったのである．このような設計要領を的確に使いこなすのは，設計というものの本質を理解したエキスパート（熟練技術者）でなければ非常に難しい．

　道路公団では，名神・東名時代の初期には，設計過程の作業も分析過程の作業も公団のインハウス・エンジニアがほぼ直営で行っており，その後もそれが伝統として引き継がれて設計全体を理解したエキスパートが多く育った．しかし時代が進むにつれて，設計過程の作業は，主として発注者である道路公団のインハウス・エンジニアが行い，分析過程の作業はコンサルタント会社に調査設計として発注され，コンサルタント・エンジニアが行うようになった．

　そうした事情にもかかわらず，道路公団のエキスパートが健在の間は，そのイニシア

ティブの下，道路公団の軟弱地盤技術は比較的うまく運用されてきたが，こうした分業状態が固定化し，公団のエキスパートも退職によって年々少なくなるにつれて，コンサルタント・エンジニアが行った土質力学計算に基づく設計がそのまままかり通るという憂うべき事態に立ち至った。

軟弱地盤技術における設計には土質力学計算という分析過程が不可欠ではあるが，「設計の本質はあくまでも構造物の姿・形を決めることである」という原点に立ち戻って，設計要領の構成や示し方を見直さないと，そのベースにある道路公団の貴重な経験的知識が有効に活用されずに，計算中心の設計がますます蔓延することが危惧される。

では，道路公団のエキスパートたちが実践してきた設計施工法というものは，結局どういうものであったのか。それを体系的に示すのが本書の大きな目的の1つである。それについては，次章以降で詳しく述べる。

(3) これからの軟弱地盤技術

前項で述べた設計過程と分析過程の混同という問題は，何も道路公団の設計要領に限らず一般的なことである。すでに述べたように設計過程は技術的判断の世界であり，分析過程は科学的判断の世界であって，両者がそれぞれ独自の役割を十分に果たしつつ連携することによって軟弱地盤技術本来の世界が構成されるのが理想の姿である。

しかし科学的判断の有力なツールである土質力学が，長い間，土独自の力学理論を生み出せなかったという事情もあって，実際との整合性が良くないことを承知しながら円弧すべり面法や圧密理論といった慣用的な土質力学を使わざるを得なかったのが，これまでの軟弱地盤技術の姿であった。

このため公団技術者たちは，本音としては設計に土質力学はあまり役に立たないという不信感ももちつつ，建前としては科学的判断のツールとして土質力学を設計要領の中に取り込まざるを得ないため，前項で述べたような複雑な解説をつけた設計要領の運用をしてきたのである。

しかし，近年，土の力学モデルにふさわしい構成モデルが提案され，数値解析によって少なくとも事後的には，長期沈下の傾向について慣用法よりかなり精度の良い計算ができるようになってきている。しかも性能設計が時代の流れとなりつつあることを考え合わせれば，こうした土質力学の最新の成果を取り入れた設計施工法の再構築を検討しなければならない時期にきている。

参考文献

1) 詳しくは，栗原則夫・今村遼平：地盤技術論のすすめ，鹿島出版会，2008，を参照されたい。
2) 大橋秀雄：これからの技術者，オーム社，2005
3) 日本学術会議運営審議会附置新しい学術体系委員会：新しい学術の体系－社会のための学術と文理の融合－，平成15年6月（日本学術会議：http://www.scj.go.jp/）
4) 前掲1)

第3章　軟弱地盤対策工の設計・施工の流れ

3.1　軟弱地盤対策工の設計・施工の基本的な考え方

(1)　基本的な考え方

　軟弱地盤における高速道路盛土の設計・施工上の問題は，建設段階においては，盛土の破壊に対する安定性，過大な沈下および周辺地盤の変形に大別される。また維持管理段階においては，供用後も長期的に継続する沈下（残留沈下）が問題となる。

表3.1　軟弱地盤の挙動と建設および維持管理段階における問題点（設計要領を一部修正）

	建設段階			維持管理段階
地盤の挙動	沈下量 大	周辺地盤変位 大	すべり破壊発生	地盤沈下量 大
路面・盛土本体への影響	*盛土量の増加 *盛土幅員の不足 *のり面勾配の変化		*盛土のすべり破壊・段差・クラックの発生	*路面の不陸（不同沈下）｛・走行性の不安　・路面排水の不良 *路面幅の不足 *防護柵の高さ不足
周辺地盤への影響		*沈下・浮上り・押出し・引込み	*広範囲の浮上り・押出し	*沈下｛・周辺地盤の排水不良　・周辺施設の変状・破損
構造物への影響	*構造物の不同沈下	*周辺構造物（人家・用排水路・道路などの施設）の変状・破損・変位		*構造物取付部｛・走行不良　・構造物への衝撃　・振動の発生 *カルバートの沈下 ｛・排水不良　・建築限界の不足　・ボックス内路面・水路のかさ上げ
軟弱地盤における盛土工の基本的な対処方法	*軟弱地盤の不確実性に対応した維持管理の容易な設計や配慮 *動態観測による盛土速度制御・上げ越し・設計変更など不測の事態への対応 ①緩速盛土工法（盛土速度 3〜10 cm/日） ②排水性能の大きい表層排水工 ③押え盛土工法 　敷金網による盛土補強工法 　敷荷重工法（プレロード工法・サーチャージ工法） ④断面余裕・幅員余裕などの沈下に応じた対策 ⑤近接構造物への変形抑制 　鋼矢板，深層混合処理，軽量盛土			*継続的な沈下測定による長期沈下の推定 *計測に基づく保全管理計画の策定および維持管理 ①道路施設の確保・路面幅員の確保・建築限界の確保など ②段差修正・路面のかさ上げ ③路面排水呑口の修正 ④防護柵のかさ上げなどによる修正 ⑤周辺部の施設変状などへの対応 ⑥大規模な場合には道路縦断線形の再修正など ⑦拡幅盛土・軽盛土の採用 ⑧空洞調査・充填 ⑨被圧地下水のある地域では広域地盤沈下が発生するので，その有無と程度に注意

平成 10 年版設計要領には，建設および維持管理段階における軟弱地盤の挙動とそれへの基本的な対処方法について，表 3.1 のようにまとめてある．

(2) 盛土の区分

軟弱地盤上の盛土の設計にあたっては，盛土を一般盛土部，橋台取付部，カルバート部（図 3.1）および料金所部に区分する必要がある．これらの部位には，それぞれ表 3.2 に示すような特徴がある．設計は，それぞれの部位の特徴に応じて行う必要がある．

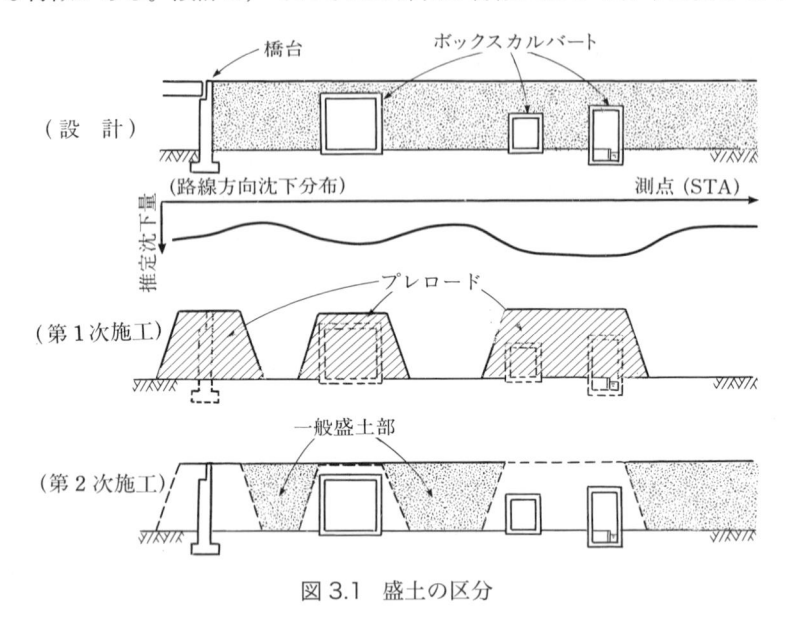

図 3.1 盛土の区分

表 3.2 盛土の部位ごとの特徴

	特殊条件	沈下による支障	対策工
一般盛土部	なし	縦断線形の変化	サーチャージ 縦断線形の修正
橋台取付部	プレロード施工のため，一般盛土部より急速施工	橋台と盛土の間に段差 橋台・基礎杭に土圧が作用	プレロード 踏掛版 土圧軽減
カルバート部	同上	一般盛土部との荷重差によって段差 一般盛土部に引きずられて沈下	プレロード 断面拡幅，上げ越し
料金所部	低盛土	不同沈下によって料金所施設が損傷	プレロード 杭基礎など

一般に橋台取付部とカルバート部にはプレロードを施工するため，一般盛土部より先行させるのが普通である．そのため急速施工になるケースが多く，その場合は一般盛土部における安定対策よりレベルを上げた設計を検討する必要も出てくる．

また料金所部は，低盛土となるため，高盛土となる一般盛土部ほかとは別途に設計する必要がある．対策工としてプレロードを施工するのがよい．

(3) 設計のアウトプット

実際の設計においては，安定対策工と沈下対策工に分けて実施する。

まず軟弱地盤を地盤タイプが同一と見なすことができる区間に区分し，その区間ごとに一般盛土部の安定対策工を設計し，それとの関係を考慮しながら橋梁取付部・カルバート部・料金所部・その他必要な部位の安定対策工を設計する。

安定対策工の設計のアウトプットのイメージ例を図3.2に示す。

次いで残留沈下量が大きいと推測される区間について，必要と考えられる沈下対策工を設計するが，沈下対策工の設計は，設計段階ではおおよその概略を決めておき，盛土が始まってから得られる沈下測定データによって将来沈下を予測し，供用後一定期間（例えば，5年間）の残留沈下量に応じた詳細を決定する。

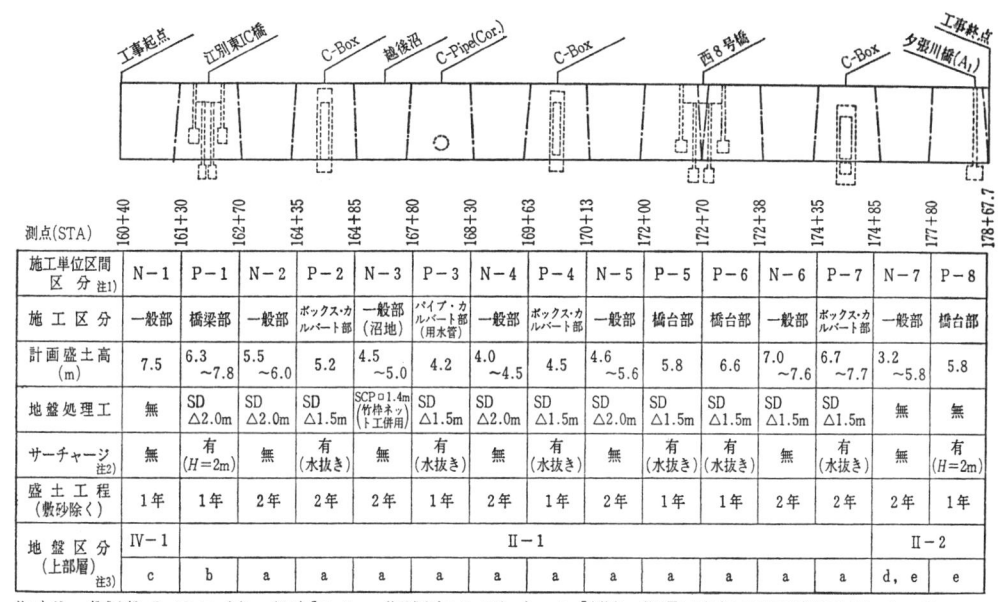

測点(STA)	160+40	161+30	162+70	164+35	164+85	167+80	168+30	169+63	170+13	172+00	172+70	172+38	174+35	174+85	177+80	178+67.7
施工単位区間 区分 注1)	N-1	P-1	N-2	P-2	N-3	P-3	N-4	P-4	N-5	P-5	P-6	N-6	P-7	N-7	P-8	
施工区分	一般部	橋梁部	一般部	ボックス・カルバート部	一般部	パイプ・カルバート部(用水管)	一般部	ボックス・カルバート部	一般部	橋台部	橋台部	一般部	ボックス・カルバート部	一般部	橋台部	
計画盛土高 (m)	7.5	6.3〜7.8	5.5〜6.0	5.2	4.5〜5.0	4.2	4.0〜4.5	4.5	4.6〜5.6	5.8	6.6	7.0〜7.6	6.7〜7.7	3.2〜5.8	5.8	
地盤処理工	無	SD △2.0m	SD △2.0m	SD △1.5m	SCP□1.4m (竹枠ネット工併用)	SD △1.5m	SD △2.0m	SD △1.5m	SD △2.0m	SD △1.5m	SD △1.5m	SD △1.5m	SD △1.5m	無	無	
サーチャージ 注2)	無	有 ($H=2m$)	無	有 (水抜き)	無	有 (水抜き)	無	有 (水抜き)	無	有 (水抜き)	有 (水抜き)	無	有 (水抜き)	無	有 ($H=2m$)	
盛土工程 (敷砂除く)	1年	1年	2年	2年	2年	1年	2年	1年	2年	1年	1年	2年	2年	2年	1年	
地盤区分 (上部層) 注3)	IV-1					II-1								II-2		
	c	b	a	a	a	a	a	a	a	a	a	a	a	d, e	e	

注1) N…一般盛土部，P…プレロード部　注2)「$H=2m$」…計画盛土高＋2mのサーチャージ，「水抜き」…敷砂層から揚水して地下水位低下によりサーチャージ
注3) II-1, II-2, IV-1…地盤タイプ，a…泥炭(3〜5m)+粘土+砂，b…泥炭(2m以下)+粘土+砂，c…局部的分布の薄い泥炭+粘土+砂，d…石炭灰+薄い泥炭+粘土+砂，e…石炭灰+粘土+砂，なおd, eの石炭灰は過去の捨土

図3.2 安定対策工の設計のアウトプットのイメージ－道央道（札幌〜岩見沢）江別太工事の例－

3.2 設計・施工の全体の流れ

軟弱地盤対策工の設計・施工の具体的内容が道路全般の設計・施工の全体の流れの中でどのような手順で行われているかを示すと，図3.3のようになる。

繰り返しになるが，設計・施工過程の目標は，対象となる軟弱地盤の安定・沈下のための対策工，すなわち軟弱地盤対策工の設計を確定し，施工することであり，分析過程の目標は，そのために必要な軟弱地盤についてのさまざまな知識（施工時の動態も含めて）を獲得すること，すなわち軟弱地盤像の把握である。

以下，図3.3に基づいて，設計・施工の全体の流れについて詳しく述べよう。

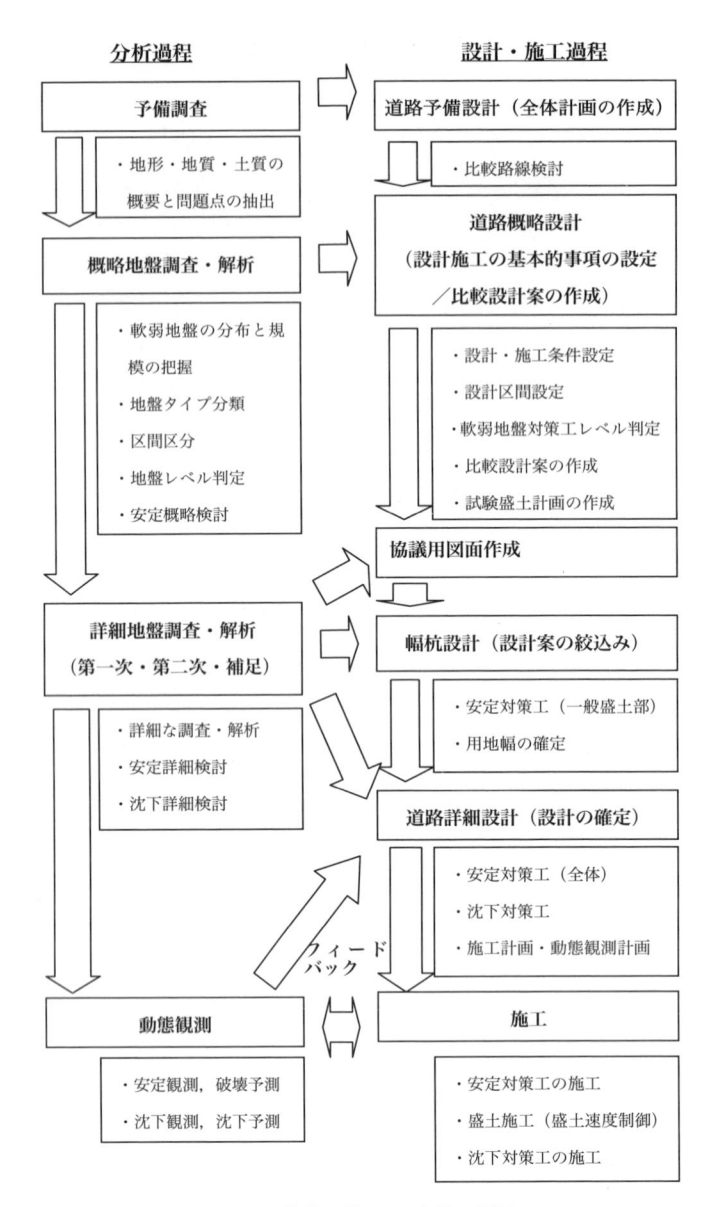

図 3.3 設計・施工の全体の流れ

(1) 予備調査と道路予備設計（全体計画の作成）

　この段階での検討は，路線のどこに，どの程度の軟弱地盤があるのかを推定し，そこでの盛土高に留意して縦断線形などを設定するのが目的である。路線は計画区間を最短で結べば，建設費や走行便益の面からは最適となるが，しかし地形・地質によっては建設費は必ずしも最適にならない。軟弱地盤はできるだけ避けるのがよいが，やむなく軟弱地盤を通過するときは，その規模・性質・工事の方法や規模などの総合的な観点から最適な路線となるよう配慮する。そういう意味では，この段階から総合的な視点で軟弱地盤像の把握に努める。

(a) 予備調査

比較検討路線の調査対象地域に対する予備調査では，既存資料調査，地形判読，土地利用調査，現地踏査などによって，対象地域の地形，地質，土質などの全般的な概要と問題点を抽出する。その中で軟弱地盤の箇所とその規模や地盤タイプを推定する。また設計上考慮すべきコントロールポイントを特定しておく。

(b) 道路予備設計

予備調査で推定された地形・地質上のコントロールゾーンを踏まえた上で，各種のコントロールポイントを考慮して比較路線を検討し，計画路線を選定する。

路線選定にあたっての軟弱地盤箇所に対する留意事項は，次のとおりである。

① 軟弱地盤を通過する延長ができるだけ短くなるように，また地盤条件ができるだけ良い箇所を選定する。
② 基盤が傾斜しているような箇所はできるだけ避ける。
③ 河川の前後は軟弱地盤に特に注意する。
④ 盛土高が高くならないように前後の地形と縦断線形を併せて考える。
⑤ 横断構造物は極力少なくなるように配慮する。

その結果を 1/5 000 計画図に反映する。

(2) 概略地盤調査・解析と道路概略設計（設計・施工の基本事項の設定/比較設計案の作成）

> この段階での検討では，地形判読，地形地質踏査，水文・気象調査とともに調査ボーリングを実施し，必要な地盤解析を行って，より多角的な観点から軟弱地盤像を総合的に把握し，それに基づいて軟弱地盤対策工レベルの判定を行う。
>
> 概略設計では，縦断・平面線形の絞込み，交差構造物の位置と交差方法，盛土か高架かの道路構造などの検討を行い，比較設計案を作成して，概略の工事費・工事工程を把握する。
>
> なお試験盛土が必要と判断される場合は，比較設計案に基づいて試験盛土計画を作成する。この場合，試験盛土のための地盤調査や地盤解析などが別途必要となる。

(a) 概略地盤調査・解析

軟弱地盤における盛土工事に必要な基本的な知識は，軟弱地盤の性質である。そこで，まず計画路線に沿った概略地盤調査によって，軟弱地盤の地形地質的特徴，規模（深さ・延長），土性（強度・含水状態），地層構成など地質学的および土質力学的な視点から，地盤タイプを分類し，地盤タイプによって軟弱地盤区間を区分する。それらの結果は，土質縦断図としてまとめる。また地盤調査に並行して，水文・気象調査，水利用調査，類似例調査などを行う。

これらの知識と次に述べる概略地盤解析の結果から，対象とする軟弱地盤像を総合的に把握する。

概略地盤調査と並行して，区分された軟弱地盤区間ごとに代表箇所を設定し，概略の地盤解析（安定解析や沈下解析など）を実施する。ここでの解析，つまり土質力学計算は，

軟弱地盤像を把握するために必要なもの，すなわち一般盛土部の標準的な断面での概略の安全率や沈下量の大きさなどを把握するために行う．

概略の地盤調査と地盤解析の結果および既往の類似例の分析結果などのさまざまな知識を踏まえて，総合的軟弱地盤像を把握する．

(b) 道路概略設計

1) 設計施工の基本事項の設定

概略地盤調査・解析に並行して，設計・施工条件を整理する．例えば，押え盛土が可能な土地利用状況か，可能だとすればどれくらいの幅が確保できそうか，冬季の盛土休止が必要か，必要とすればどれくらいの期間になるか，プレロード施工のために道路・水路の切り回しが可能か，などといったことである．

道路公団における長年の軟弱地盤技術の経験の教えるところによれば，軟弱地盤対策工の設計にあたっては，安定対策工と沈下対策工を別個に検討するのが実際的である．

また合理的な設計・施工を行うには，その基本事項である当該の軟弱地盤に必要な軟弱地盤対策工レベル，すなわち安定対策工レベルと沈下対策工レベルを判定することから始めるのが重要である．すなわち総合的に把握した軟弱地盤像から，当該の軟弱地盤の「安定の程度，すなわち軟弱地盤レベル」と「残留沈下量の大きさ」を判断し，それに見合うと考えられる軟弱地盤対策工レベルを判定する．その判定には，次章で述べる「総合的軟弱地盤モデル」が参考になろう．

まず地盤タイプによって区分された区間ごとに一般盛土部の安定対策工レベルを判定する．すなわち標準盛土断面で特に対策工を必要としないレベル（いわゆる無処理），押え盛土・敷網が必要なレベル，さらに補強材やバーチカルドレーンが必要なレベル，また気水分離型真空圧密や深層混合処理など特殊な工法が必要なレベルなどである．

次に，予測される残留沈下に対して沈下対策工レベルを判定する．現状の技術では，この段階で残留沈下量を精度良く予測することは実際上不可能である．したがってこの段階での残留沈下量の推定は，既往の施工データなどから「通常の沈下対策工を検討すればよいレベルか，特別な沈下対策工の検討が必要なレベルか」の判定を行い，それに対して沈下対策工レベルの判定をする．大きな残留沈下が予測される場合は，盛土立上り後の放置期間を十分確保できるように盛土工事の早期実施や長い工期の確保といった特別な沈下対策工レベルを検討する．

なお軟弱地盤の質が非常に悪く，また規模も大きい場合などには，試験盛土の必要性について判断する．

2) 比較設計案の作成

各区間の安定対策工レベルに応じて，一般盛土部の比較設計案をいくつか作成する．比較設計案は，設計・施工条件を考慮して，各種の対策工をいくつか組み合わせてつくる．対策工には，軟弱地盤そのものを対象としたもの（表層排水工，地盤改良など）と，盛土を対象としたもの（緩速載荷，敷網工，押え盛土など）がある．これらの安定対策工の組み合わせの諸元は，円弧すべり計算によって所定の安全率を確保できるよう設定する．

次に沈下対策工レベルに応じて，サーチャージやプレロードの検討，盛土工程の検討などを行い，建設段階で沈下が十分進行するように計画する．

比較設計案の作成には，基本的には地盤技術者本人のセンスやさまざまな知識に基づく主観的な発想が必要であるが，既往の類似例や他の技術者との議論などが発想を支援する．

その結果を1/1 000図面に反映する．

沈下対策工は，この段階ではまだ設計しない．

後述する重量級の軟弱地盤で試験盛土が必要と判断された場合は，試験盛土計画を作成する．

(3) 詳細地盤調査・解析と設計協議用図面作成・幅杭設計（設計案の絞込み）/道路詳細設計（設計の確定）

> この段階の検討では，概略地盤調査・解析に追加・補足する形で詳細地盤調査・解析を行って，比較設計案を絞り込み（設計協議用図面作成および幅杭設計），道路詳細設計によって詳細な軟弱地盤対策工（安定対策工および沈下対策工）を確定する．
>
> ここに幅杭設計とは，本来は詳細設計の一部であるが，高速道路の建設の手続きの用地買収に時間がかかるため，詳細設計の最初に幅杭設計と称して用地幅を決定するための設計を行うことをいう．
>
> なお試験盛土を実施する場合には，試験盛土において実際に各比較設計案の実現性や優劣を検証した上で，比較設計案を絞り込むという過程が必要となる．

(a) 詳細地盤調査・解析

協議用図面作成・幅杭設計（設計案の絞込み）および詳細設計（設計の確定）のために，概略地盤調査・解析に追加あるいは補足して必要な情報を得るための詳細な地盤調査・解析を実施する．

一般に第一次調査として，協議用図面作成に必要な調査・解析と第二次調査のための調査計画の立案を行い，第二次調査として，詳細設計と工事積算を主な目的とした調査や重要な箇所の補足調査を行うことになっているが，場合によっては明確に区分せずに，第一次調査でかなりの程度まで行うこともある．

(b) 協議用図面作成・幅杭設計（設計案の絞込み）

1/1 000設計協議用図面を作成し，それによる関係機関および地権者との設計協議結果を踏まえ，複数の比較設計案について，経済性・施工性・安全性・信頼性・その他の多角的な視点から評価し，基本的な設計案を絞り込む．具体的には，区間ごとの一般盛土部の安定対策工を決定し，盛土敷き幅を確定する．対策工のうち盛土敷き幅に影響するのは押え盛土であるから，幅杭設計においては，押え盛土幅の決定がポイントとなる．

その結果から協議用図面を作成し，現地に幅杭を設置して，地権者との用地買収の交渉に入る．

(c) 道路詳細設計（設計の確定）

区間ごとの一般盛土部の安定対策工を決定したら，橋台取付部，カルバート部，料金所部（一般に低盛土），重要施設隣接部などを特定し，それぞれについての対策工およびその諸元を決定し，設計を確定する．

安定対策工については，橋台取付部やカルバート部は，一般にプレロードが先行するから，一般盛土部より盛土速度を速くする必要が生じるのが普通であり，そのため標準対策工よりは上位のレベルの対策工を検討する必要がある。また料金所部や重要施設隣接部は，当該箇所の条件に応じて特別な対策工を検討する。

　安定対策工の諸元の決定にあたっては，円弧すべり計算などの土質力学計算を用いる。現在用いられている慣用的な土質力学計算は精度に問題はあるが，軟弱地盤対策工のレベルが，総合的に把握した軟弱地盤像に基づいて判定されたもの，すなわち多角的な視点から妥当と判定されたものであれば，その諸元の決定には計算によるのが合理的であろう。

　沈下対策工については，一般盛土部，橋台取付部，カルバート部，料金所部，重要施設隣接部などそれぞれに応じた対策工を設計する。ただし沈下対策工の設計は，盛土施工が始まって一定期間の沈下測定データがとれた段階で，将来沈下の予測を行って供用後一定期間（目的に応じて2～10年程度）の残留沈下量を算定し，それに応じて修正ないし詳細の決定を行う。

　同時に設計の考え方に即して施工計画および動態観測計画を作成する。

(4)　動態観測と施工

> 　施工は観測施工を原則とする。すなわち動態観測を実施し，出来具合を検証しながら，同時に安定予測・沈下予測を実施し，必要な施工法の調整や設計の修正・変更を行って竣工を目指す。

(a)　動態観測

　観測点ごとに沈下や変位の測定を行い，安定管理のための破壊予測を行う。
　また一定期間が経過した時点で沈下予測を行い，供用後一定期間の残留沈下量を推定する。

(b)　施工

　破壊予測に基づいて盛土速度を適宜制御する。場合によっては，設計の修正・変更を実施する。
　また実測データから沈下予測法によって推定した残留沈下量に応じて，カルバートの断面拡幅・上げ越し，橋台取付部の踏掛版の設置，盛土仕上げ面の拡幅・上げ越し，路面排水工や舗装の暫定施工などを決定し，施工する。

3.3　設計・施工のポイント

　予備設計から道路概略設計までの段階（特に概略設計の段階）で，第4章で述べる総合的軟弱地盤像を把握し，それに見合った軟弱地盤対策工レベルを判定することによって，全体の建設計画を最適な工費と工期で実施することが可能になる。

　そのような観点から，図3.3に示した設計・施工の全体の流れの中から枝葉末節を省略して軟弱地盤技術の根幹をなす流れを抜き出すと，図3.4のようになる。

　設計過程で行っていることは，次のようなことである。

第3章 軟弱地盤対策工の設計・施工の流れ 87

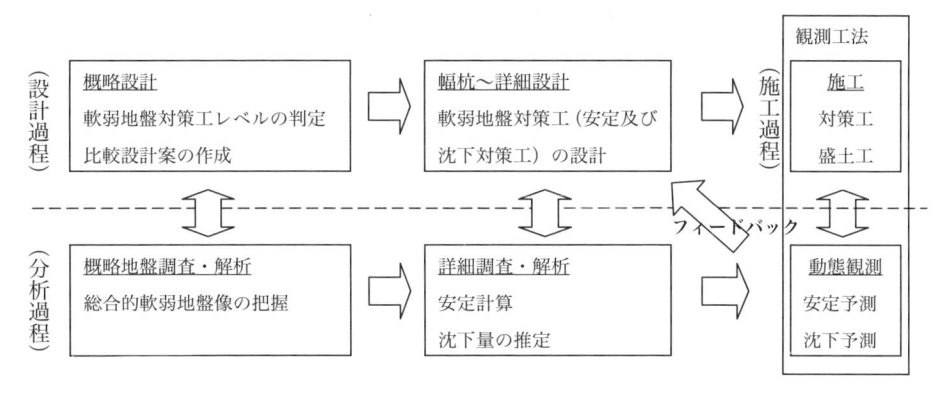

```
(設計過程)  概略設計            幅杭〜詳細設計         観測工法
            軟弱地盤対策工レベルの判定  軟弱地盤対策工（安定及び   施工
            比較設計案の作成      沈下対策工）の設計    (施工過程) 対策工
                                                     盛土工
          ─────────────────────────────── フィードバック ───
(分析過程)  概略地盤調査・解析     詳細調査・解析       動態観測
            総合的軟弱地盤像の把握   安定計算          安定予測
                              沈下量の推定        沈下予測
```

図 3.4 軟弱地盤対策工の設計・施工の主要な流れ

① 設計にあたっては，何よりもまず「当該の軟弱地盤には，どの程度のレベルの対策工が必要であるか」の見当をつけることが重要である。すなわち「軟弱地盤対策工レベルの判定」である。大した対策工は要らないのか，あるいは大掛かりな対策工が要るのか，といったことを見極めることが，その後の設計の段取りを大きく変える。

② その上で，判定された軟弱地盤対策工レベルに即して，「安定対策工の設計」および「沈下対策工の設計」を行う。

③ そして設計の実施，つまり対策工および盛土の施工に移る。施工は，動態観測に基づく観測工法による。

また設計過程に対応して分析過程で行っていることは，次のようなことである。

① まず当該の軟弱地盤がどの程度のレベルの軟弱地盤であるかを分析し，「軟弱地盤対策工レベルの判定」の根拠となるデータ・情報・知識を作成する必要がある。このためには，地質学，土質力学，経験など総合的な視点からの分析が必要である。すなわち「総合的軟弱地盤像の把握」である。

② 次に，「安定対策工の設計」および「沈下対策工の設計」で考えられた設計案についての安定や沈下の分析を行う。つまり設計案が力学的に成立するための諸元の検討である。

③ さらに施工段階での軟弱地盤の動態観測を行い，安定や沈下の予測を行って，施工の調整や設計の修正・変更のためのデータ・情報・知識を作成する。

以上のような設計過程および分析過程の技術が軟弱地盤技術のエッセンスといってもよい。

次章以降では，図 3.4 に示した流れに沿って，「軟弱地盤対策工レベルの判定」と「軟弱地盤対策工の設計・施工」について具体的に述べよう。

第4章　軟弱地盤対策工レベルの判定

4.1　総合的軟弱地盤像の把握

　概略設計を行うにあたっては，何よりもまず「当該の軟弱地盤には，どの程度のレベルの対策工が妥当であるか」の見当をつけることが重要である。すなわち「軟弱地盤対策工レベルの判定」である。大した対策工は要らないのか，あるいは大掛かりな対策工が要るのか，といったことを見極めることによって，その後の設計の段取りを合理的かつ経済的にすることができ，それが結局合理的で経済的な設計につながる。

　そのためには，当該の軟弱地盤がどの程度の軟弱地盤であるのかを的確に把握しなければならず，その軟弱地盤像を多角的な視点から総合的に把握する必要がある。すなわち「総合的軟弱地盤像の把握」である。

　軟弱地盤像の把握は，一般に「予備調査」→「地盤調査および解析」→「動態観測」という分析過程の手順を踏んで得られるデータ・情報・知識に基づいて行われる。

　軟弱地盤像は，概略地盤調査・解析においてその基本像をほぼ正確に把握しておかなくてはならない。なぜなら，その基本像に基づいて設計・施工の基本事項を決め，最終的に確定する設計の大本になる比較設計案を作成する必要があるからである。

　その基本像は，その後も試験盛土や詳細地盤調査・解析，さらに施工中の動態観測で得られるデータ・情報・知識によって逐次補強あるいは修正しながら，より的確なものにしていくことが肝要である。

　軟弱地盤像の把握において特に重要なのは，総合的軟弱地盤像という捉え方である。

　通常，軟弱地盤像の把握は，限られた数量のボーリングやサウンディングのデータなどに基づいて行われる。しかし実際の軟弱地盤は，空間的に均一でもなければ，整合状態でもない。つまり自然地盤は地質学的作用を経て，空間的に複雑な構造をもったものとして存在している。広大な範囲に対してわずかな本数のボーリングから得られた情報から，そうした不均一・不整合な空間的な広がりをもった軟弱地盤像を的確に把握することは至難の技である。

　過去の多くの調査事例や失敗例は，果たして1本のボーリングから得られた土質柱状図が示すような均一な地盤が広がっているのか，その隣接箇所では全く違った様相を示しているのではないか，砂の薄層やレンズ状の粘土層の存在を見落としていないかなど，さまざまなリスクが存在する可能性を示唆している。したがってそれを総合的に把握することなしに，的確な設計・施工はあり得ない。

　中堀[1]も「総合的地盤像」というものを把握することを重要視する立場から，このようなリスクを見極めるには，①地質学的知識，②過去の調査事例・失敗例，③その地域の既

存の地盤情報，④当該ボーリングの試料・記述の照査などに基づく地質学的方法が不可欠であることを指摘している。

　空間的に複雑な構造をもった軟弱地盤を総合的に把握するには，主に3つの知識，すなわち土木地質学的知識，土質力学的知識および経験的知識を組み合わせた総合的な知識によらなければならない。

　① 土木地質学的知識

　　　土木地質学的知識とは，土木技術的な目的を達成する上で有用となる地質学的知識，すなわちどのようなところに，どのような地盤が，どのような過程によって生成し，どのような状態で存在するのかについて，地形・地質調査など土木地質学的な方法によって得られる知識である。

　② 土質力学的知識

　　　土質力学的知識とは，荷重によって地盤がどのような挙動をするかについて，土質調査・土質試験などから得られる情報に基づいて，圧密・せん断などの土質力学理論を使った解析によって得られる知識である。

　③ 経験的知識

　　　経験的知識とは，実際に地盤を対象にした設計・施工を行った土木技術的経験を通じて認識される知識のことである。熟練技術者は，実際の地盤を対象にした調査・設計・施工のさまざまな局面における経験からさまざまな知識を得て，ノウハウとして蓄積している。それは，このような地盤の場合にはこのような調査上の注意が必要であるとか，施工段階ではこのような特徴ある挙動をするとか，といった知識であり，したがって設計段階ではこうした方がよいとか，こうしない方がよいとか，といった知識である。経験的知識には，こうした熟練技術者の経験的知識が利用される。

　これら3つの知識は相互補完的な関係にある。例えば，地形・地質調査は，地盤の構造というものを大局的に正しく把握することが目的とされるが，それから得られる知識だけでは設計・施工には使えない。地形・地質調査から得られる地形・地質学的情報は，最終的には設計・施工までつながっていかなくてはならない。

　そこで地形・地質学的情報を定量化して，土質力学にとって使いやすく翻訳する必要がある。つまり地形・地質学的モデルから土質力学的モデルへの変換（例えば，ボーリング柱状図などから土質力学による解析用の土質断面図の作成）である。その変換に必要な情報は，土質調査・土質試験から得られるが，その基礎になるのが土質力学である。

　しかし土質力学の伝統的な線形理論を適用する場合はもちろん，最先端の非線形理論をもってしても，実際の地盤の挙動を十分には説明できない。それには，現状の土質力学理論に限界があるという問題ももちろんあるが，それ以上に実際の地盤は，内部応力作用・風化作用・鉱物の化学作用（変質・鉱化作用など）・凍結融解作用などが常時働いている「複雑系」として存在していることが関係している。

　土木地質学的知識や土質力学的知識といった科学的な知識によって把握される軟弱地盤像は，あくまでも科学理論というフィルターを通して見た理想像，つまりモデルであって，それらをもとに推測されるモデル地盤の挙動と実際の地盤の挙動との間には大きなギャップが存在するのが現実である。つまり実際の地盤の挙動を把握するには，土木地質学的知識だけでよいわけでもないし，土質力学的知識だけでよいわけでもない。

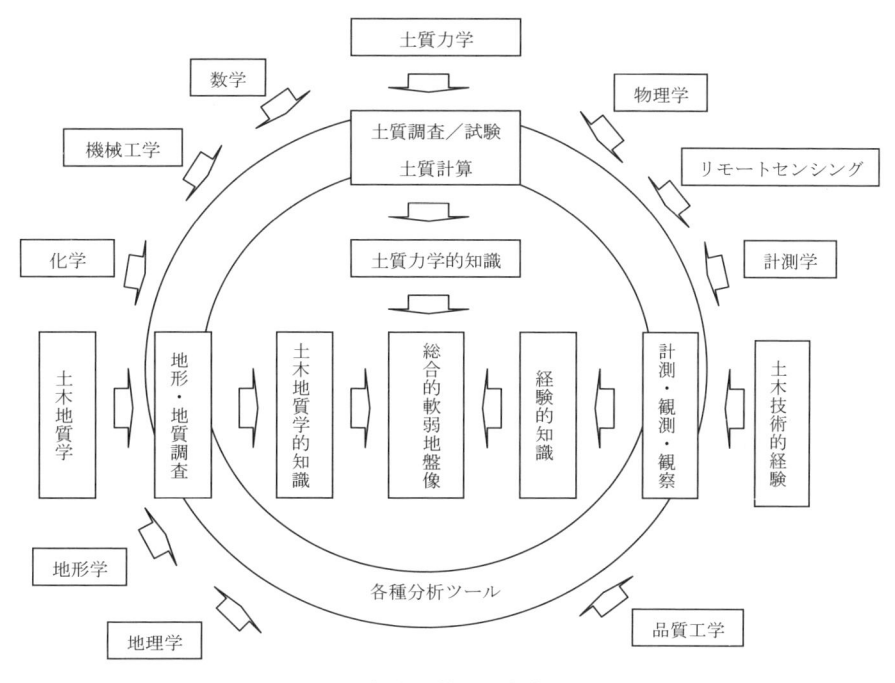

図 4.1 総合的軟弱地盤像の把握

科学的認識を実際的な認識へ結び付けるもう1つの知識，すなわち技術者たちが実際の経験によって培ってきた経験的方法によって得られた経験的知識というものが，どうしても必要とされるゆえんである。

3つの知識の獲得に使われる共通のツール（手段）がボーリング・探査・試験・解析・計測・観測・観察などである。これらは，土木地質学や土質力学のほか，数学・物理学・計測学・機械工学・品質工学などさまざまな科学的知識に基づく分析的方法である。それらツールの多くは機械化・自動化が進んでいるが，それらによって得られる情報の品質や精度については，依然として技術者・技能者の特殊技術・技能に依存するところが少なくない。

以上のことを概念的に整理すると，図 4.1 のようになる。

熟練した技術者は，主にこうした3つの知識を駆使して軟弱地盤を総合的に見ることによって，生き生きした総合的軟弱地盤像を把握し，それに基づいて実際の設計・施工を巧みに行っているのである。

4.2 土木地質学的知識

4.2.1 軟弱地盤の地形と成因

日本の高速道路は，さまざまな地域で軟弱地盤に遭遇してきたが，それらの軟弱地盤が存在する地域は地形的に次の3つに大別できる。

① 海に面した沖積平野の低地・湿地

② 内陸の沖積平野の低地・湿地
　③ 内陸の谷（沢）部の低地・湿地

軟弱地盤は，それが存在する地域によって地形と生成のあり方が異なるし，同じ地域でも場所によって異なる。そこで上記の3つの地域ごとに，軟弱地盤の地形と成因について見てみよう。

(1) 海に面した沖積平野の低地・湿地

高速道路が遭遇した軟弱地盤の存在が最も多い地域は，海に面した沖積平野の低地・湿地である。図 4.2 は，日本における典型的な海に面した沖積平野を模式的に示している。図 4.2 に示された A〜H のそれぞれの位置における堆積状況を考えてみよう。

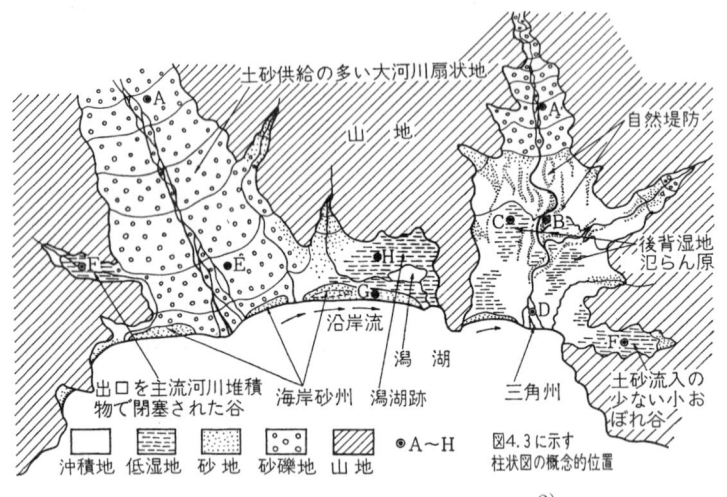

図 4.2 典型的な沖積平野の模式図（池田俊雄[2]）による）

従来，海に面した沖積平野の地形と成因については，図 4.2 によって概ね次のように説明されている[2]）。

まず図 4.2 の右側に示された範囲は，大阪平野，濃尾平野，関東平野など最も典型的な発達を示す沖積平野で，主流河川の山間渓谷部の出口から海岸部へかけて扇状地帯，自然堤防地帯および三角州地帯の3つの部分に分けられる。これら3つの地帯の典型的な土質柱状図は，図 4.3 の A，B，D のようである。

三角州地帯は，デルタ性湿地と呼ばれる軟弱地盤を形成する。大河川の堆積作用は，上流ほど粗粒物質を堆積し，河口から海中へ搬出される土砂は細粒物質が多い。デルタは，この細粒物質の堆積が進んで陸化し，広大な平地を形成したもので，その形状から三角州ともいう。標高は 5 m 以下である。次に述べる内陸性後背湿地とは自然堤防の有無で区別され，必ず厚い海成粘土層を伴う。

自然堤防地帯の氾らん原には，洪水時に自然堤防を越流して氾らんした水と細粒土砂が長時間滞留するため，海浜堆積物あるいは河成堆積物の上に，細粒土よりなる氾らん原堆積物や沼沢地性の堆積物が堆積し，図 4.3 の C に示すような土質柱状図をもつ広大な内陸性後背湿地と呼ばれる軟弱な地層が形成される。この後背湿地の多くは，デルタ地形から引き続いて堆積が進んでできた場所が多いため，海浜性の中間砂層を挟んで上部に河成

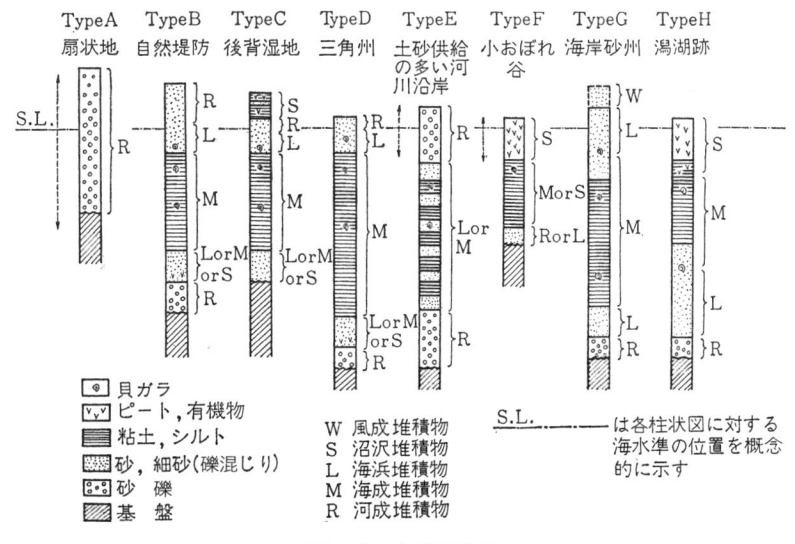

図 4.3　土質柱状図

層，下部に海成粘土層をもつ場合が多い．標高は 2〜20 m 程度である．

　図 4.2 の左側に示された範囲は，河川からの土砂供給量が莫大で，しかも扇状地状態のまま直接海に注ぐ河川によってできる沖積平野を想定したものである．図 4.3 の A および E は，それぞれ山間渓谷部出口に近い部分および海岸に近い部分の土質柱状図である．こうした範囲には，軟弱な地層は形成されない．

　また図 4.2 の右下あるいは左隅にあるような小おぼれ谷で，大河川の洪水流を直接受けない山影になった部分では，河川土砂の供給が著しく少ないため他の部分より陸化が遅れる．一般にこれらの小おぼれ谷では，谷の出口部分の方が先に陸化し，谷の内部は閉じ込められて湖沼化する．こうしてできる堆積層は，おぼれ谷埋積地と呼ばれる軟弱な地層となる．その土質柱状図は図 4.3 の F のようである．谷底の標高は 10 m を超えることはない．

　さらに図 4.2 の中央に示した海岸に近い部分のように，海食による土砂の生成量の多いところ，あるいは河川による海の土砂供給量が多いところで，沿岸流が卓越する地帯では，海岸に沿って砂州が形成されることによってその内側が潟湖化する．潟湖は次第に湖沼堆積物で埋積されて沼沢地化し，図 4.3 の H に示すような土質柱状図をもつ潟湖性湿地と呼ばれる地層が形成される．この潟湖性湿地は，砂州の発達状況に応じて，潟湖が海水性の場合は海成層を形成し，淡水性の場合は有機物混じりの河成層を形成する．標高は 5 m 以下が多い．

　なお海岸の砂州部分の土質柱状図は，例えば図 4.3 の G のようである．

　以上のような沖積平野の成因は，河川によって運搬される土砂による堆積であるが，そこには次に述べるような約 2 万年前からの海進という地質学的な現象が大きく関与して，特徴ある地層を形成している．

　図 4.4 は，海に面した沖積平野の生成と海水面の変動の関係をイメージ図として示したものである[3]．

　最後の氷期である更新世末期のウルム氷期には氷河の発達によって海水面が低下し，最

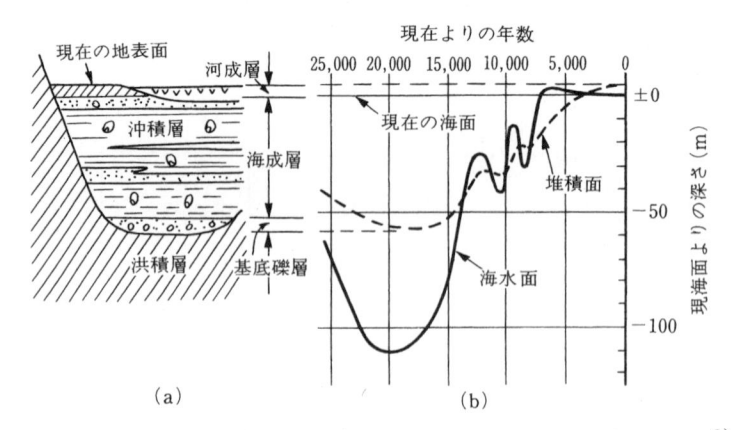

図 4.4　海に面した沖積平野の生成と海水面変動の関係のイメージ図（稲田倍穂[3]による）

盛期には現海水面下 $-100 \sim -120$ m 程度まで低下したと考えられている。この時期の海岸線は，現在よりはるか沖合に後退していた（海退）。陸化した部分は河川によって侵食され，谷が刻まれた。

ウルム氷期の終わりとともに，氷河の融解による縮小や海水の水温上昇に伴う膨張などによって約 2 万年前以降海水面が急速に上昇し出した。その途中，約 1 万年前に $-20 \sim -30$ m 付近で海水面上昇の一時的な停滞ないし低下があった。その後，海水面は再び上昇に転じ，約 6 000 年前に海面は今より 3～5 m 高くなり（縄文海進），その後ゆるやかに低下し現在の高さになった[*1]。

この海水面の上昇によって海岸線は陸地側へ前進し（海進），それまで陸地であった部分に入海や湾入が形成された。この内海には，河川によって運ばれた土砂が堆積していった。こうして形成された地層が海成層である。

海水面上昇期を通じて，海水面の上昇速度を上回る速度で土砂堆積が進んだ所では，海水面上に陸地として現れた。特に海水面の高さがピークに達した後の海退時には，海水面下にあった堆積層の陸地化が進んだ。こうした陸地化した所に，河川が運んだ土砂が堆積して河成層（陸成層ともいう）ができた。

このようにして約 2 万年前から現在までに海や陸で堆積した地層のうち，軟弱地盤技術で対象となるのは，主に約 1 万年前からの堆積層（完新統）である。

以上の説明によって，太平洋側の多くの沖積平野の成因はほぼつくされている。

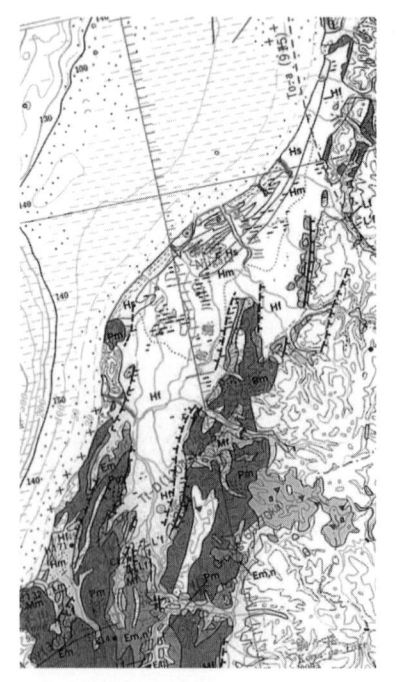

図 4.5　新潟平野の地形（日本第四紀学会編：日本第四紀地図による）

[*1] 縄文海進の高頂期の年代は，従来，放射線炭素年代より 6 000 年代とされてきたが，年輪年代学などに基づく年代較正によれば，その実年代は 7 000～7 300 年前と見られる。

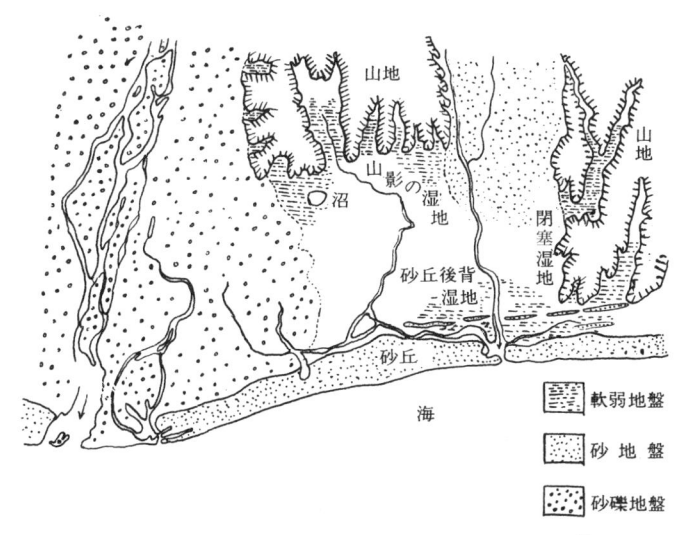

図 4.6 砂丘で閉塞された沖積平野の模式図（陶山・羽田[5]による）

しかし日本海側の沖積平野については，少し様相が違っている。代表的な例として新潟平野は，図 4.5 に示すように平野全体を閉塞するように海岸沿いに砂丘が発達しているのが大きな特徴である。この砂丘は，沿岸流に加えて冬季の強い季節風の作用によるもので，地質学的にかなり早い時期から発達し，縄文海進最盛期においてもバリアーとして海水の侵入を容易に許さなかったと考えられている[4]。

このため扇状地帯や自然堤防地帯は太平洋側の沖積平野に比べて特に変わらないが，砂丘の背後の，図 4.2 でいう三角州地帯にあたる範囲は潟湖化し，その後の河川の運搬土砂や有機物などの堆積によって，潟湖性湿地として沖積地化したと考えられている。これを模式的に表せば，図 4.6 の右半分に示すようになる[5]。

このような例は，新潟平野のほか，石狩平野，酒田平野，柏崎平野，高田平野，射水平野，金沢平野，福井平野など多くの日本海側の沖積平野に見られるほか，太平洋側にも見られる。

海津[6]にならって，太平洋側に見られる図 4.2 のような典型的な沖積平野を三角州タイプ，日本海側に見られる図 4.6 のような典型的な沖積平野をバリアータイプとそれぞれ呼ぼう。

三角州タイプとバリアータイプの沖積平野の違いは，前者の場合，海進の及んだ範囲での地層は最上位の河成層の下位が海成層であるのに対して，後者の場合，砂丘が海岸を閉塞した時期によって，河成層の下位が必ずしも海成層ではなく，海水性～汽水性～淡水性のさまざまな環境での堆積層（ここでは潟湖成と呼ぶ）となっている点である。

ちなみに新潟平野，柏崎平野，高田平野の場合，海岸線近くあるいは河口付近といった限られた地域を除いて，海成堆積物が認められないという点で他の平野にない特徴をもっている。一方，射水平野，金沢平野，福井平野などでは，下部粘土層は海成層となっている。

(2) 内陸の沖積平野の低地・湿地

内陸の沖積平野にも，海に面した沖積平野と同じような沖積層が生成する。この場合は，海進が及ばない内陸であることから，すべて淡水成の地層，すなわち湖成層あるいは河成層からなっている。図4.7は，北陸道が通過する琵琶湖の北縁部の沖積平野の例を示す。また図4.8は，東北中央道が通過する米沢盆地および山形盆地を流れる最上川沿いの沖積平野の例を示す。

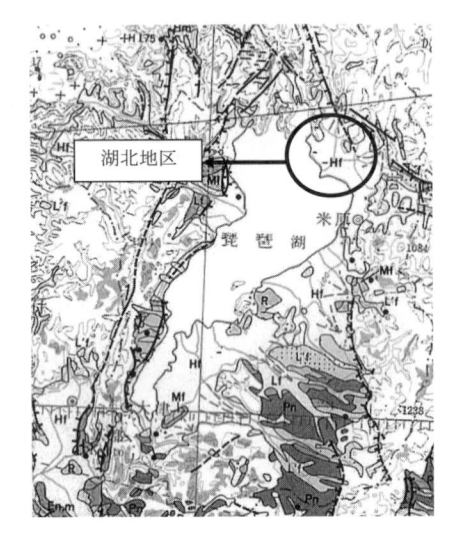

図4.7 湖沼に面した沖積平野の例（琵琶湖）（日本第四紀学会編：日本第四紀地図による）

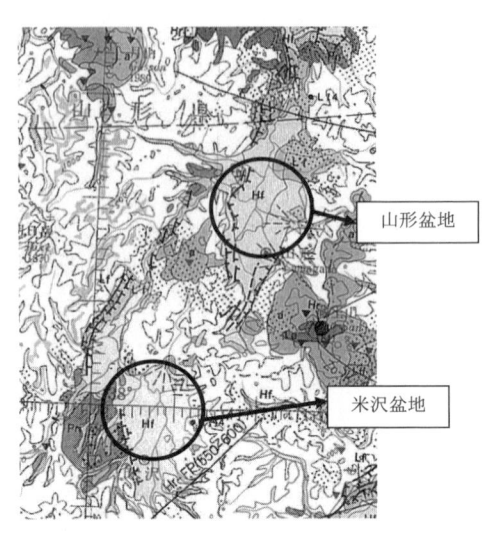

図4.8 盆地の河川の後背湿地の例（米沢・山形盆地）（日本第四紀学会編：日本第四紀地図による）

(3) 内陸の谷（沢）部の低地・湿地

内陸の谷（沢）部にも河成層の軟弱地盤が生成される。奥園[7]は，次の2つのタイプを挙げている。

まず埋積谷である。内陸にある谷の出口が河川運搬土砂で閉塞されると，谷は地下水の供給によって沼沢地化し，谷奥からの土砂供給や植生によって有機物混じりの軟弱層を形成する。標高は30m以下が多い。

次は崩積谷である。周辺の地山を形成する物質が細粒物質（例えば，洪積層の泥岩や関東ローム）からなる場合，谷底へ崩落した土砂はさらに細粒化し，豊富な地下水の供給によって軟弱層を形成する。

図4.9は，埋積谷と崩積谷の模式的な土質柱状図である。

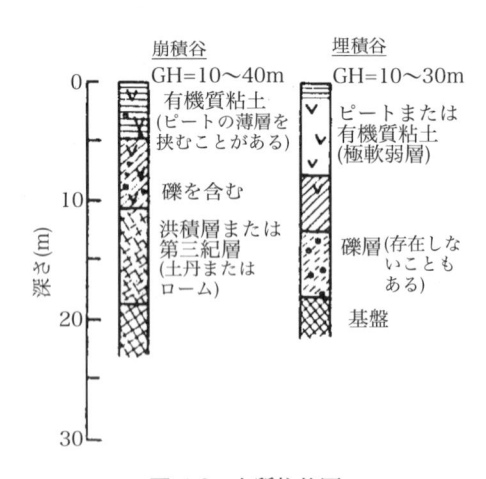

図4.9 土質柱状図

4.2.2 軟弱地盤の地層構成

前節で述べた軟弱地盤の成因という視点から三角州タイプの沖積平野の典型的な土質柱状図を模式的に示すと，図4.10のようになる。

上部層は，河成堆積物や潟湖性あるいは沼沢地性の堆積物からなる河成層であり，下部層は海成堆積物からなる海成層である。上部層と下部層の間には，中間層が介在する。中間層は，海浜堆積物の砂層や海成堆積物の砂礫層であるが，分布する位置は，概ね地表面からの深さ10数mである。この標高は地域ごとに異なり，0〜−10mの範囲で変化する。

図4.10は，典型的な軟弱地盤の土質柱状図であるが，堆積条件によって，中間層が粘土層で上部層・中間層・下部層が連続した粘土層となっている場合や河成の上部層だけの場合，さらに海成層が単独で存在する場合もある。

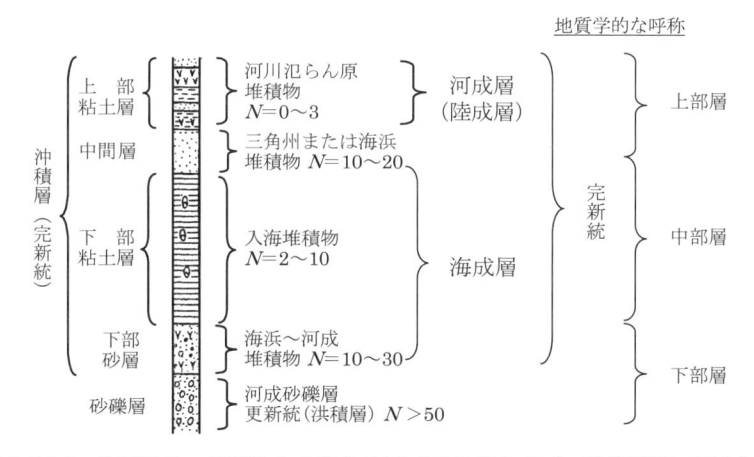

図4.10 軟弱地盤の典型的な土質柱状図（三角州タイプの沖積平野の場合）

表4.1 成因による軟弱地盤の地層区分

	成因	土質	備考
上部層	河成	陸化後の堆積物 ・平野部では，砂・普通の粘土・有機質粘土・泥炭 ・谷底部では，泥炭・有機質粘土・礫混じり粘土	・標高 0〜50mに分布 ・河川や自然堤防の直下では，砂層が複雑に入り混じっている
中間層	海浜性または潟湖成	陸化前後の堆積物 ・平野部では，砂（浅海性の堆積物） ・谷底部では，海成粘土〜潟湖成有機質粘土	・標高 −10〜5mに分布 ・砂層は，水平方向の連続性がよい ・有機質粘土は，上部ほど有機物が多い
下部層	海成または潟湖成	海水〜汽水〜淡水での堆積物 ・平野部では，粗粒のシルト質粘土 ・谷底部では，細粒の粘土	・標高 −5m以深に分布 ・標高 −20〜−30m付近に細砂層を挟むことが多い（海進の一時休止による） ・海進が及ばなかった内陸部では，この層はない
基底層	海成〜河成または河成	海成〜河成の堆積物 ・砂層（沖積層の場合） ・砂礫層（洪積層の場合）	・谷底部では，傾斜していることが多い

表 4.2 軟弱地盤の地層構成タイプ

地盤タイプ	A 単一地盤タイプ		B 多層地盤タイプ			
	A1	A2	B1	B2	B3	B4
地層構成	河成層	海成層	河成層／中間砂層／海成層	河成層／海成層	河成層／中間砂層／潟湖成層	河成層／潟湖成層
デルタ性湿地		○	○			
潟湖性湿地				○	○	○
内陸性後背湿地	○		○		○	○
おぼれ谷埋積地				○		
埋積谷	○					
崩積谷	○					

　なお，バリアータイプの沖積平野の場合，下部層が海水性〜汽水性〜淡水性の環境で堆積した潟湖成層となっていることは，すでに述べたとおりである。
　これらをまとめて表にすると，表 4.1 のようになる。
　以上のことを踏まえて高速道路が遭遇した軟弱地盤の土質柱状図，つまり地層構成のタイプを分類すると，表 4.2 のようになる。
　各地層の概要は，次のとおりである。

A　単一地盤タイプ（A）
　A1　河成層単独タイプ
　　　海進が及ばなかった内陸性後背湿地や埋積谷，崩積谷など内陸の軟弱地盤に見られる。
　A2　海成層単独タイプ
　　　三角州タイプの沖積平野のデルタ性湿地に見られ，高速道路では事例は少ない。
　単一地盤タイプの地層構成を模式的に示すと，図 4.11 のようである。

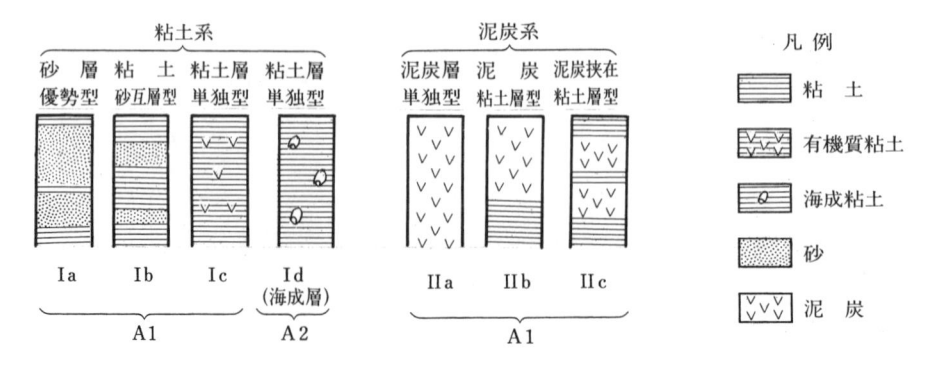

図 4.11　単一地盤タイプの地層構成の模式図

B 多層地盤タイプ
 B1 「河成層＋中間砂層＋海成層」タイプ
  三角州タイプおよび一部のバリアータイプの沖積平野のデルタ性湿地，内陸性後背湿地に見られる。
 B2 「河成層＋海成層」タイプ
  三角州タイプおよび一部のバリアータイプの沖積平野のおぼれ谷埋積地，潟湖性湿地に見られる。
 B3 「河成層＋中間砂層＋潟湖成層」タイプ
  バリアータイプの沖積平野の潟湖性湿地，内陸性後背湿地に見られる。
 B4 「河成層＋潟湖成層」タイプ
  バリアータイプの沖積平野の潟湖性湿地，内陸性後背湿地に見られる。
 多層地盤タイプの河成層の下位の地層構成を模式的に示すと，図 4.12 のようである。
 表 4.3 は，上記の各地盤タイプの代表地区例である。同一地区でも複数の地盤タイプを含んでいる。また地区名に（上）とついているのは，上部層の意味である。
 なお，以上に述べた地盤タイプ分類の I：粘土系，II：泥炭系，III：多層系という大区分は，道路公団の設計要領と変わらないが，Ia，Ib・・・といった細区分は要領とは変わっていることに注意されたい。

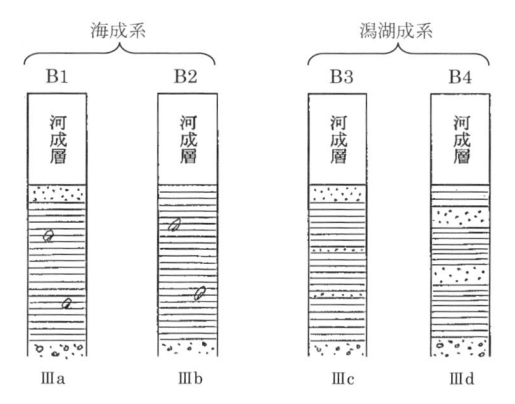

図 4.12 多層地盤タイプの河成層の下位の地層構成の模式図

表 4.3 各地盤タイプの代表地区

地盤タイプ	単一地盤／多層地盤の上部層							多層地盤			
	粘土系				泥炭系			海成系		潟湖成系	
	Ia	Ib	Ic	Id	IIa	IIb	IIc	IIIa	IIIb	IIIc	IIId
代表地区	神田（上） 長島（上） 中条（上）	尼崎 乙訓 大垣（上） 小松東（上） 谷和原（上） 八幡（上） 上越（上）	厚木 加須 大垣（上） 焼津高崎（上） 江別東（上） 伊勢（上）	溝陸 武雄	江尾 宮野木 札幌（上） 野幌	袋井村松 愛甲 大沢郷 小杉 湖北 柏崎（上） 外旭川（上） 江別（上） 岩槻（上） 酒田（上） 高知（上）	愛甲 久喜 宮野木 岩見沢 湖北 栗沢（上）	大垣 神田 谷和原 長島 伊勢 高知	焼津高崎 岩槻 小松東 八幡	札幌 江別 栗沢 外旭川 酒田	上越 柏崎 江別東 中条

4.2.3 軟弱地盤の地層についての特記事項

(1) 泥炭層

泥炭層が特に発達するのは，次の3つの地域である[8]。

① 三角州タイプの沖積平野

　三角州タイプの沖積平野では，特に自然堤防の背後や自然堤防と自然堤防とに挟まれた部分は排水不良の後背湿地となり，一般にこうした後背湿地には泥炭地が形成される。

　後背湿地の地盤中に見られる泥炭層のうち相対的に古い年代を示すものは，約9000～11000年前頃に集中しており，その深度は $-20 \sim -45$ m 付近のものが多い。実際には典型的な泥炭層というよりは，腐植質土あるいは腐植混じり粘土層の状態になっている場合が多い。これらの生成は，縄文海進途上の一時的な停滞あるいは低下に関わるものと推定される。

　一方，比較的深度の浅い泥炭層も分布する。これらは海抜 -5 m 以上に分布するもので，その年代は大部分が4000年前以降となっている。泥炭層の厚さは5m以下のものが多い。

② バリアータイプの沖積平野

　バリアータイプの沖積平野では，海岸部に大規模な砂堆（砂州・砂嘴・砂丘など）が発達し，その内陸側が閉塞された状態で潟湖が形成され，その後の潟湖の埋積によって広大な泥炭地が形成された。すなわち海岸部の砂丘の存在のため堆積物は潟湖の湖底を浅くするように堆積を続け，その結果，上流側から順に陸化するのではなく，かなり不規則にモザイク状に陸化していったと考えられる。この過程において陸化が遅れた部分には池沼が残り，広い範囲にわたって排水不良の潟湖性湿地が出現した。泥炭地が顕著に形成されたのはこのような部分である。

　石狩平野やサロベツ原野など北日本の沖積平野では，5mを超える厚い泥炭層が形成された所もあり，完新世中期以降，多くの地域でほぼ継続的に泥炭地が形成されたと考えられる。これに対して新潟平野のように，泥炭層は間に粘性土層を挟んで何層かに分けられ，間欠的に形成されている所もある。

　全体として約10000年前頃あるいはそれ以前の年代を示す泥炭層が見られる一方，約6000年前以降の年代を示す泥炭層がかなり良好に発達している。この泥炭層は，広大な泥炭地の中央部ではかなり連続性が良いが，その縁辺部では泥炭層中に砂泥質の堆積物が挟まったり，砂泥質の堆積物中に泥炭の薄層が挟まったりする状態になる。

③ おぼれ谷埋積地，潟湖性湿地

　海岸付近に発達した小さな谷や大きな沖積平野の周縁部に位置する枝谷のうち，縄文海進最盛期におぼれ谷になった谷では，その後の堆積によっておぼれ谷埋積地として発達したものが多い。このような谷では，谷中の堆積物は一般に泥質で，上部には顕著な泥炭の形成を見ることが多い。泥炭層の厚さは5m以上に達する場合もある。泥炭層は，一般にかなり連続性が良い。泥炭層の基底の年代は約6000年前以前にまで遡ることもあり，比較的早い時期から泥炭層の形成が始まっている。

また直接内湾などに面する谷で、湾口に砂州が発達し、谷が閉塞された状態になることがある。このような部分では、バリアータイプの沖積平野の場合と同様に水はけの悪い潟湖性湿地が形成され、顕著な泥炭層が発達する。

以上が一般に泥炭層の発達する地域であるが、高速道路が遭遇した軟弱地盤の中には、それら以外で極めて厚い泥炭層が堆積している特殊な地盤が存在する地域がある。それは、次のような地域である。

① 舞鶴若狭道（小浜〜敦賀）向笠地区

当地区は、三遠三角地と呼ばれる2つの断層に挟まれた沈降地帯の中にあるおぼれ谷地形の沖積低地に含まれ、三方湖に注ぐはす川の最下流部の後背湿地であるが、川のある東側を除いて丘陵で囲まれており、深さ約30〜40mにわたって厚い泥炭層が何層も堆積している。その厚さは特に丘陵際の箇所で著しい。

② 東北中央道（南陽高畠〜山形上山）白竜湖地区

当地区は、米沢盆地の北東部にあり、北〜東側を丘陵に囲まれ、吉野川のある西側の盆地への出口には扇状地があり、さらに南側には屋代川の自然堤防があって、周囲を閉塞された広大な後背湿地になっている。泥炭層は、表層から最大で約10mの厚さで堆積しているほか、深さ80mよりなお深くまで粘土層と砂層との互層として何層も堆積している。

(2) 山側の地盤と海側の地盤

一般に高速道路が通過する軟弱地盤は、表4.2に示したような多様なタイプの地層からなっているのに対して、港湾などの海底の軟弱地盤は、海成層単独タイプからなっている。土質の面から見ると、山側の地盤には泥炭層ないし有機質粘性土層という海側の地盤には見られない地層が含まれる。

すなわち、山側の軟弱地盤が泥炭層ないし有機質粘性土層を含む単一地盤あるいは多層地盤であるのに対して、海側の軟弱地盤は比較的均質な海成粘土層の単一地盤である。

従来、俗に前者を山側の地盤、後者を海側の地盤といい、両者における軟弱地盤技術に関してさまざまな論争が行われてきた。例えば、後述するように、「山側ではサンドドレーンの沈下促進効果は認められないが、海側では認められる」といった具合である。

このような対比を行うにあたって大切なことは、山側と海側が対象としている地盤の構成・成因や土構造物の性状が違うということを前提にする必要があるということである。つまり山側では、河成層と海成層からなる地盤でも地盤処理の対象は上部層である河成層が主体であり、結局、海側の海成層とは性状が全く違っている。さらには、山側の盛土が道路など帯状荷重であるのに対して、海側の盛土が埋立てなど面状荷重であるという違いも考慮する必要がある。

4.2.4 地盤調査

以上に述べたような土木地質学的知識は、地形・地質調査を通じて得られる。一般に地形・地質調査は、土質調査、土質試験と併せて「地盤調査」という名称で実施される（図4.13）。

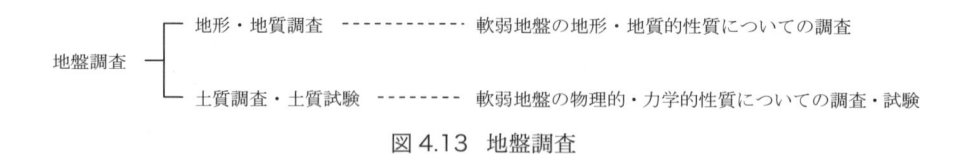

```
地盤調査 ─┬─ 地形・地質調査 ---------- 軟弱地盤の地形・地質的性質についての調査
          └─ 土質調査・土質試験 -------- 軟弱地盤の物理的・力学的性質についての調査・試験
```

図4.13 地盤調査

(1) 地盤調査における地形・地質調査の重要性

　地形・地質調査を行うためには，地質学的な知識が不可欠である。すなわち，軟弱地盤の地層が海成であるか河成であるかは，地質学的な堆積環境に依存し，そのことが土性に大きな影響を及ぼすであろうということは，これまで述べたことから容易に推測できる。

土質柱状図					地質柱状図			
標高(m)	深度(m)	土質柱状図	土質区分	記事	深度(m)	地質柱状図	岩相区分	観察事項等
23.5	6.5		砂	上部は粗粒砂 下部は細粒砂	2.9		アルコース質砂	石英・長石粒多く，礫粒は角張っており，マトリックスは泥質
					6.5		細〜中粒砂	淘汰のよい石英砂で貝殻の細片を多く含む
17.7	12.3		シルト質砂	中粒砂主体で所々にシルト分多量に混入	12.3		砂・シルト互層	ラミネートした中〜粗粒砂層で，20〜30cm間隔にシルトのラミナを挟む。下部はグラニュール含む均質な砂層
			シルト質粘土	上部砂分混入 14m付近より貝殻混入	15.5		粘土	サンドパイプが多く発達（潮間帯の地層）
					20.2		貝殻混じり粘土	上部カキ殻（現地性）多い 中〜下部は二枚貝の破片 火山灰層の直上はガラス質
				24m付近に細粒砂の薄層挟む下部腐植質	21.3		火山灰	灰白色細粒
					22.5		貝殻混じり粘土	現地性の巻貝多い
5.4	24.6				24.6		腐植質粘土	ラミナ状にピート層を挟在する粘土層
			砂質シルト	上部シルト分多い 下部は砂分多い	29.3		シルト	脈状にサンドダイクが発達ダイク中にシルトの軟泥礫（液状化砂？）
-4.7	34.7				34.7		シルト砂互層	シルトはビビアナイトを折出 砂は淘汰良好（湖水成）
			硬質粘土	上部粘性あり 中〜下部は均質な粘土			粘土	上部は風化により白色化，中〜下部は有孔虫，貝形虫を含む海成粘土層。下部に45度の角度で鏡肌を呈するせん断面多い（断層，褶曲の影響）
-12.3	42.3				42.3			
			砂礫	φ2〜50mmの亜角礫と中〜粗粒砂よりなる 下部砂分多い	45.3		礫	グラニュールの花崗岩礫のみからなり，マトリックスもアルコース質
-20.0	50.0				50.0		礫・砂の互層	全体として高角度のラミナ砂は粗粒，礫はチャート（河成）

図4.14　土質柱状図と地質柱状図の違いを示す模式図（三木幸蔵[10]による）

実際，堆積環境が地盤特性に及ぼす影響についての研究がさまざまな視点から進められている[9]。

したがって地盤調査を行う場合，直接地中から試料を採取するボーリング調査においては，地質学的知識をもった技術者が試料を観察して詳細な地質柱状図を作成する必要がある。図4.14は，地質学的知識をもった技術者が作成した地質柱状図とそうでない技術者が作成した土質柱状図の違いを示す模式図である[10]。

良好なボーリング試料を採取し，地質学的な知識をもってそれを詳細に注意深く観察することによって，1つの地質柱状図から，その地域の地史を読み取ることも可能なのである。そのことから各地層の土性の特徴についての留意点も明らかになってくる。

その上で地質柱状図は，土質力学的な知識と関連づけて土質柱状図へと変換することが大切である。そうして描かれた土質柱状図は，図4.14に示したような十分な地質学的知識をもたずに土質の識別だけで描かれた土質柱状図とは，全く別ものである。

(2) 調査方法

道路公団での地盤調査の主な調査方法は，次のとおりである。

① 地形判読

地形判読は，地形図や空中写真，あるいは古地図などを用いて，次の項目を確認するために行う。

・軟弱地盤の分布状況
・微地形区分（三角州，後背湿地，潟湖性湿地，おぼれ谷など）
・土地利用および造成などの状況
・植生の状況
・その他（水系異常，旧河道など）

地形判読は，図や写真に現れた模様，記号，色調，濃淡などをもとに，地表面や地下の状況を推定するものであり，その結果は，地形地質踏査や調査ボーリングなど他の調査に反映させるとともに，必ず判読の結果を現地で確認することが重要である。

なお判読に使う地形図や空中写真は，土地改良や宅地造成などの土地改変が行われた前のものを使うのがよい。

② 地形地質踏査

1/1000程度の地形図を用いて踏査する。作業の性格上，計画路線外にも範囲を広げる必要がある場合が多いので，作業範囲の設定に柔軟性をもたせることが重要である。

③ 調査ボーリング

調査ボーリングは，成層状態と土質・地質を調べることが主要な目的であるが，調査ボーリングと併用して実施される原位置試験などで地盤の性状に関する情報も入手するように努める。

調査ボーリングは，ノン・コアボーリングが原則である。

盛土などの基礎に対して調査をする場合は，原則として1m間隔に標準貫入試験を実施する。粘土および粘性土層については，シンウォールサンプリングなどによる各土層の代表的な乱さない試料の採取を行う。

軟弱地盤では，代表的な調査地点を定め，乱さない試料の採取を集中的に行う必要がある。この場合，別孔を削孔してシンウォールサンプラーを用いた連続試料採取が考えられる。

④ サウンディング

調査ボーリングの補助的手段として，ボーリング地点の間を補足してサウンディングを実施する。スウェーデン式サウンディング，ラムサウンディングなどは，厚さを調べるのに適し，ポータブルコーン貫入試験やオランダ式二重管コーン貫入試験は，粘性土に対する強度の推定が可能である。また3成分コーン貫入試験や5成分コーン貫入試験によって粘性土層に挟在する砂層の詳細な性質の把握が可能である。

このようなサウンディングの性能を積極的に活用することを検討する必要がある。

⑤ 現位置試験

現位置試験（物理検層含む）には，孔内水平載荷試験，現場透水試験，PS検層，間隙水圧測定などがあり，目的に応じて他の調査と組み合わせて利用することを検討する。

⑥ 地下水調査

地下水調査として，地下水位測定，間隙水圧測定，揚水試験，流向流速測定などを検討する。

コラム

若手：地形地質は土質力学の計算とどのように関係してくるのですか。

ベテラン：私の経験と知見で申し訳ないが，相当綿密な調査をしたときでも，例えば沈下量の計算値は±25％程度の誤差を含んでいると思っている。

若手：計算値で100 cmの沈下量ありと出ても，実際は75 cm～125 cmということですか。どうしてそんなことになるのですか。

ベテラン：その理由はたくさんあるが，私は日本の地盤の複雑性を，第一の理由に挙げたいね。

若手：どういうことですか。

ベテラン：日本の地形地質は形成過程からして大変複雑だ。地震国で，地盤は隆起や沈降を繰り返し受けて形成されている。また多雨で洪水が絶えず発生しているので，堆積物と堆積場所は常に変化して地盤が出来上がっている。こんな複雑な地盤の構成は世界でも珍しいだろうね。

若手：つまりボーリング調査をしても，そのジャストポイントの土層であって少し離れると様子が違うということですね。

ベテラン：日本では大きな平野と言われる「関東平野」「濃尾平野」「新潟平野」であっても数十メートル離れると地質構成は相当違ってくる。まして狭い谷間とか河川の後背湿地の地質構成は大きく変化している。1カ所のボーリングデータで数百メートルの区間を代表させることに，そもそも誤差が生じる原因があると思うね。

若手：では，もっと密にボーリング調査をせよということですか。

ベテラン：その地域の地形学の知識があれば，ここを代表地にすれば大差は生じないだろうと判断がつくものだ。厳密さを求めるより大きな間違いをしないような判断，投資効率を考えた調査をする。これは実務上の当然の扱いだよ。そうしたことが重なりあって，沈下計算値の信用度にすると±25％の差が出てくるのは仕方ないことなのだ。＜Se＞

4.3 土質力学的知識

4.3.1 解析理論

　軟弱地盤上に道路盛土を設計するにあたっては，盛土構造（幾何構造・荷重を含めて）や軟弱地盤対策工などが力学的に成立することを確認することが必要であり，そのために土質力学的知識が重要な役割を果たす。

　具体的には，所定の断面の軟弱地盤を力学モデルとして捉え，盛土荷重に対する挙動を土質力学理論で解析することにより，安定や沈下について決められたレベルが確保されているかどうか確認する。

　その主な解析方法は，表 4.4 のようである。

表 4.4　土質力学理論による解析方法

現象＼方法	慣用法（設計要領の方法）	連続体力学による方法
沈下（圧密）	テルツァーギの圧密方程式 レンドリックの圧密方程式のバロンの解（バーチカルドレーン）	構成モデル
安定（せん断）	全応力による単一円弧すべり面法	
備考	沈下計算と安定計算は別個の理論によって行われる	沈下計算と安定計算は同じモデルによって行われる

　土質力学的に見た軟弱地盤像は，幾何学的要素や力学的要素など解析に必要な要素を含んだ力学モデルとなる。それは，地盤の土層構成とその土質定数，および盛土荷重の形状と大きさで与えられる。そこには，次節で述べる土質調査・土質試験から得られる知識のほか，地形・地質調査で得られた土木地質学的知識が土質力学的知識に変換されたものが含まれる。それは例えば，図 4.15 のようなものとなる。

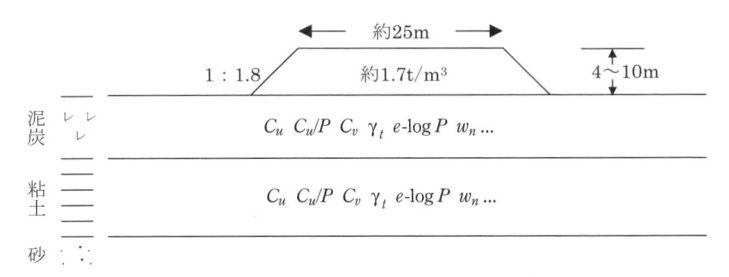

図 4.15　土質力学モデル（慣用法）

　ここで行われているのは，次のことである。
① 土の単純化
　　定められた試料採取や試験法によって単位体積重量，圧密係数，せん断強度，透水係数など盛土材と地盤の単純化した土質定数を決める。
② 地盤のモデル化
　　地表の傾斜，地盤を構成する土層の厚さおよび土質定数などによって，対象とする

範囲の地盤を性質の一様な弾性体・弾塑性体などにモデル化する。また複雑な地形や地盤では，成層を単純な断面形状に改めて解析を容易にする。
　③　未定条件の仮定
　　　降雨，浸透，水位，地震などの将来起こる可能性がある気象，あるいは地象条件，構造，荷重，土圧，盛土材などの構造物条件，さらに施工の工程，順序，方法などの施工条件など必要な数値を仮定する。

しかしながら現状では，土質力学理論による解析（計算）だけで，安定・沈下・変形を予測することは困難である（詳細は，第8章を参照のこと）。その理由は，次のとおりである。
　①　土の性質の単純化が難しい。
　②　地盤のモデル化が難しいケースが多い（特に泥炭地盤，多層地盤，極薄い砂の挟み層を含む地盤など）。
　③　現行の慣用法の解析能力には限界がある。
　④　構成モデルによる解析法の実用化には，まだいろいろな課題がある。

上記のうち③と④は，土質力学理論の問題であり，これから力学研究が進めば，それなりに解決していくであろう。問題は①と②である。①と②は，地盤が力学材料として非常に不均質かつ複雑多様であるためである。

表4.5は，スチールとコンクリートの力学的性質であり，表4.6は土の物理的・力学的性質である。例えばスチールは，表4.5のように2，3の物質定数で十分定義できる均質な完全弾性体と考えることができる。コンクリートも，許容応力度の範囲内では弾性体として解析しても十分な精度が上げられる。また人工材料であるから，表4.5のような力学的性質を一定の規格試験で決めることができ，しかも力学的性質が構造物の受ける載荷重によって変化しないという仮定に立つことも可能である。

しかし自然地盤の土層を形成している土の主だった物理的・力学的性質は，表4.6からわかるように不均質かつ複雑多様である。とうていスチールやコンクリートのような材料と同一のものと見なせるような材料ではない。というより，全く違う材料である。

土を科学的に分類し，土質力学体系を構築したテルツァーギ自身，このことを常に気にしていて，地盤に安易に力学を適用し，あたかも土質力学で厳密な解析ができていると思い込むことのないよう亡くなるまで警鐘を鳴らし続けていたほどである。

実際の設計における解析では，こうした不均質かつ複雑多様な性質を単純化して，均質かつ一様な性質をもつ材料として単純化している。また，地表の傾斜，地盤を構成する土層の厚さおよび土の性質などに応じて，対象とする範囲の地盤を粒状体，弾性体あるいは弾塑性体などにモデル化している。さらに降雨・地震などの気象や地象条件，構造・

表4.5　スチールとコンクリートの力学的性質（単位：kPa）

スチール	ヤング係数	$2.0 \times 10^7 \sim 2.2 \times 10^7$
	剛性率	$7.5 \times 10^6 \sim 8.5 \times 10^6$
	引張強度（炭素鋼）	$35\,000 \sim 75\,000$
普通コンクリート	ヤング係数（割線弾性係数）	$1.5 \times 10^6 \sim 5.0 \times 10^6$
	圧縮強度	$1\,500 \sim 7\,000$

表4.6 土の物理的および力学的性質

	性質	種類 大きさ		
物理的	粒径	粘土 約1μm	～	岩塊 約10cm
	土粒子比重	高有機質土 約1.5	～	火山灰質粘性土 約2.8
	塑性指数 (%)	高有機質土 約200	～	砂礫 NP
	含水比 (%)	高有機質土 約1000	～	砂礫 約5
	透水係数 (cm/s)	粘土 最小 10^{-10}	～	砂礫 最大 10
力学的	圧縮指数	高有機質土 10 程度	～	硬質粘土 1.0 程度
	一軸圧縮強さ (kPa)	軟らかい粘土 0.5 程度	～	硬質粘土 500 程度
	破損ひずみ（一軸）(%)	高有機質土 15 以上	～	硬質粘土 1.5 以下
	変形係数（割線弾性係数）(kPa)	高有機質土 10～200	～	砂礫～泥岩 2000～100000

荷重・盛土材料などの条件，施工の工程・順序・方法などの施工条件については，推定によって数値を選択する。

土質力学には，こうしたさまざまな不確定要因を含んでいることを十分に認識した上で，設計・施工のさまざまな過程で適切に使い分ける，ないし使いこなすことが重要である。

4.3.2 土質試験

設計断面を力学モデルに置き換えて，土質力学理論で解析するためには，多くの物理的・力学的性質の数値化が必要となる。それは例えば，含水比であり，一軸圧縮強度であり，圧密係数といった，いわゆる土質定数と言われるものである。

ここで重要なことは，これら通常使われている土質定数のうち，力学的性質に関わるものは，従来慣用的に使われてきた圧密理論，円弧すべり面法，土圧論などの土質力学理論において定義されたパラメータを表現するために考案された土質調査や土質試験から得られる数値であるということである。われわれが通常用いている土質定数なるものは，普遍的な性質を表すというものではなく，特定の土質力学理論とセットになっているということを忘れてはならない。

そういう意味では，近年盛んに使われるようになってきた構成モデルの場合，必要なパラメータが従来の慣用法では使われていないものを含んでいる。そのため，それらは慣用法のための土質定数などから推測せざるを得ないという状況が生まれており，今後，土質試験の方法を体系的に見直す必要も出てこよう。

土質試験の種類は，図4.16のようであり，その主な留意事項は，次のとおりである。

① 土質試験は，主にボーリング孔を利用した乱さない試料採取や標準貫入試験などで

```
土質試験 ─┬─ 物理試験 ---- 土粒子の密度試験、含水比試験、粒度試験（ふるい分析）、
         │                液性限界・塑性限界試験、土の湿潤密度試験
         ├─ 化学試験 ---- 強熱減量試験、pH試験
         └─ 力学試験 ---- 一軸圧縮試験、三軸圧縮試験、圧密試験
```

図 4.16　土質試験の種類

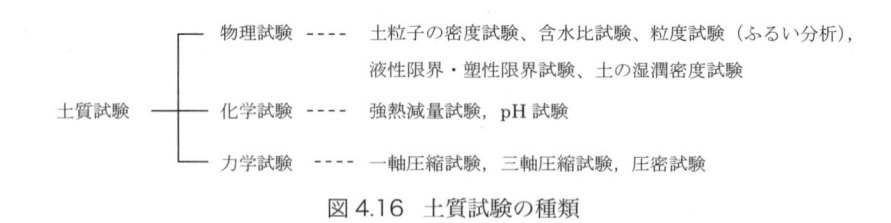

得られた試料を用いて実施する。
② 含水比試験は、土の特徴を知る有益なデータになるため、得られたすべての試料に対して実施する。
③ 砂、砂質土に対する粒度試験は、液状化が問題となる場合に実施する。

4.3.3　土質力学的性質

（1）　土質力学的性質の地域性

軟弱地盤の力学的挙動を解析するためには、図4.15に示したように土層の構成と各土層の土質定数、つまり土質力学的性質を知る必要がある。そのためボーリングによって地中から試料を採取し、各種の土質試験が行われる。

軟弱地盤の地盤タイプ、つまり地層構成には、その成因や地形によって表4.2に示したようないくつかのタイプがあることはすでに述べた。では地盤の土質力学的性質は、どのような特徴があるのであろうか。

4.2.1で述べたように、沖積層は、海面変動と河川による土砂供給の相互作用によって形成されたものである。つまり河川が山地部の土砂を流出し、海面変動とあいまって海底へ、あるいは河底へ、さらには氾らん原へ堆積させて、粘土層や砂層による沖積層が形成される。その表層部には、水生植物が堆積して泥炭層が堆積することもある。

このようなでき方を考えれば、沖積層が形成される河川の流域ごとに、水域環境、海や河川の水質、土砂の堆積や侵食の履歴、海面の変動などに違いがあるから、形成された沖積層の性質は地域性をもつことが容易に推測できる。

清水[11]は、海面変動という地質学的現象と沖積層の土質力学的性質の関係を図4.17のように概念的に表している。図で「侵食環境」とは、海面降下によって地表にさらされた堆積物が一転して侵食される環境に入ることを意味している。

このことを大阪湾の沖積層について見てみよう。同じ大阪湾の沖積粘土層でも、ポートアイランド沖地区のもの（神戸型と呼ぶ）と大阪沖地区のもの（大阪型と呼ぶ）とでは土性に大きな違いが見られる。その理由を中世古ら[12]は、次のように述べている。

「神戸型と大阪型の違いは、粒度組成、粘土鉱物の種類、粘土鉱物の結晶構造、含有する電解物質などが総合的に関与していると思われるが、中でも粒度組成の違いが大きな1つの要因と考えられる。粒度組成の違いは、大阪沖では淀川、猪名川、武庫川の大河川による粘土分の多い流出物が堆積したのに対し、神戸沖では六甲山系の小河川からのシルト分の多い流出物が潮流で分級され、ポートアイランド沖から六甲アイランド沖にかけて徐々に粒度組成が変化して堆積したことによるものではないかと推定される。さらに大阪沖が大河川の淡水補給が常時あるのに対し、神戸沖は降水時

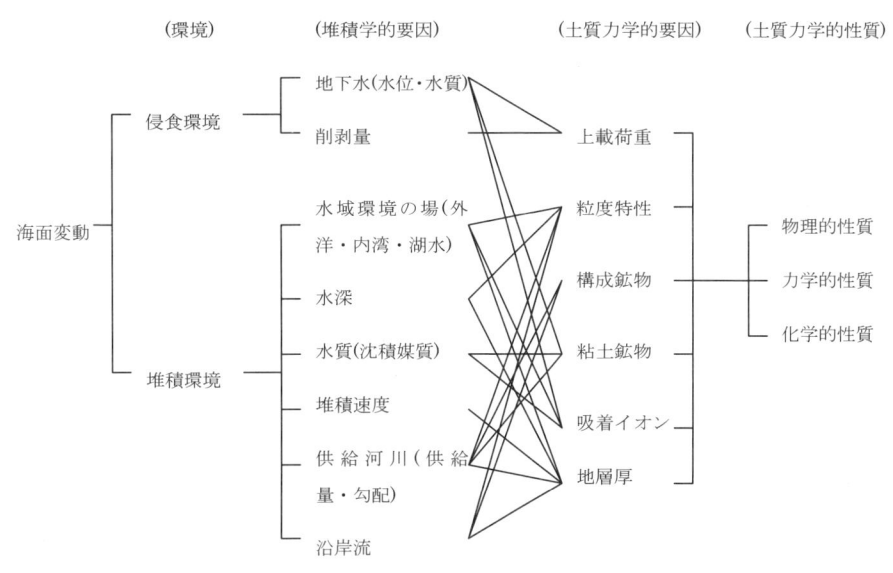

(環境)　　　　　(堆積学的要因)　　　　(土質力学的要因)　　(土質力学的性質)

```
                    ┌─ 地下水(水位・水質)
         ┌─ 侵食環境 ┤                      上載荷重
         │          └─ 削剥量
         │                                  粒度特性      ┌─ 物理的性質
海面変動 ┤             水域環境の場(外                    │
         │             洋・内湾・湖水)      構成鉱物      ├─ 力学的性質
         │             水深                               │
         │             水質(沈積媒質)       粘土鉱物      └─ 化学的性質
         └─ 堆積環境 ┤ 堆積速度
                      供給河川(供給          吸着イオン
                      量・勾配)
                      沿岸流                地層厚
```

図 4.17　海面変動と沖積層の土質力学的性質の関係（清水恵助[11]の図から作成）

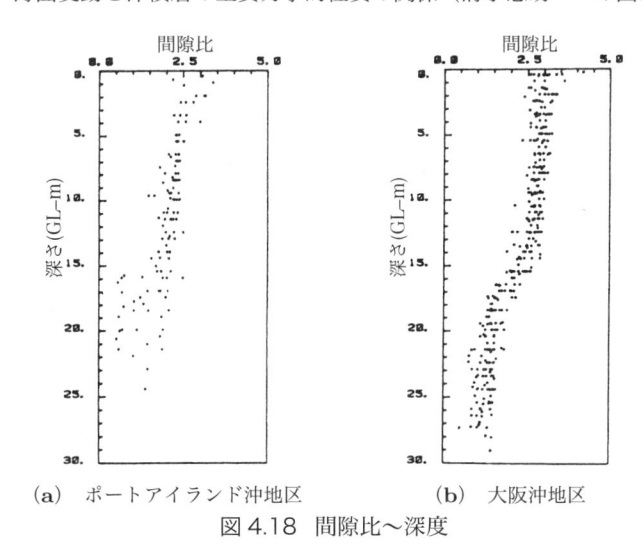

(a) ポートアイランド沖地区　　(b) 大阪沖地区

図 4.18　間隙比〜深度

のみ出水する小河川が主なので，海水の塩分濃度の違いなどによる堆積環境の差も考えられる。」

つまり神戸型と大阪型の違いは，堆積土砂を流入させた河川系の違いを反映しているというわけである。中世古らは，さまざまな土質力学的性質について神戸型と大阪型の比較をしているが，そのいくつかを示すと図 4.18〜図 4.20 のようである。

以上の図からわかるように，各種の土質力学的性質は，ばらつきをもっているものの，同じ大阪湾でもポートアイランド沖地区と大阪沖地区ではその傾向に明らかな違いが見られる。

このように，軟弱地盤の土質力学的性質は，河川の流域の環境を反映した地域性をもっている。逆にいえば，同一河川流域にできた軟弱地盤の各土層は，類似した土質力学的性質をもっているといえる。もちろん土層の構成は，同一河川流域でも，三角州，後背地な

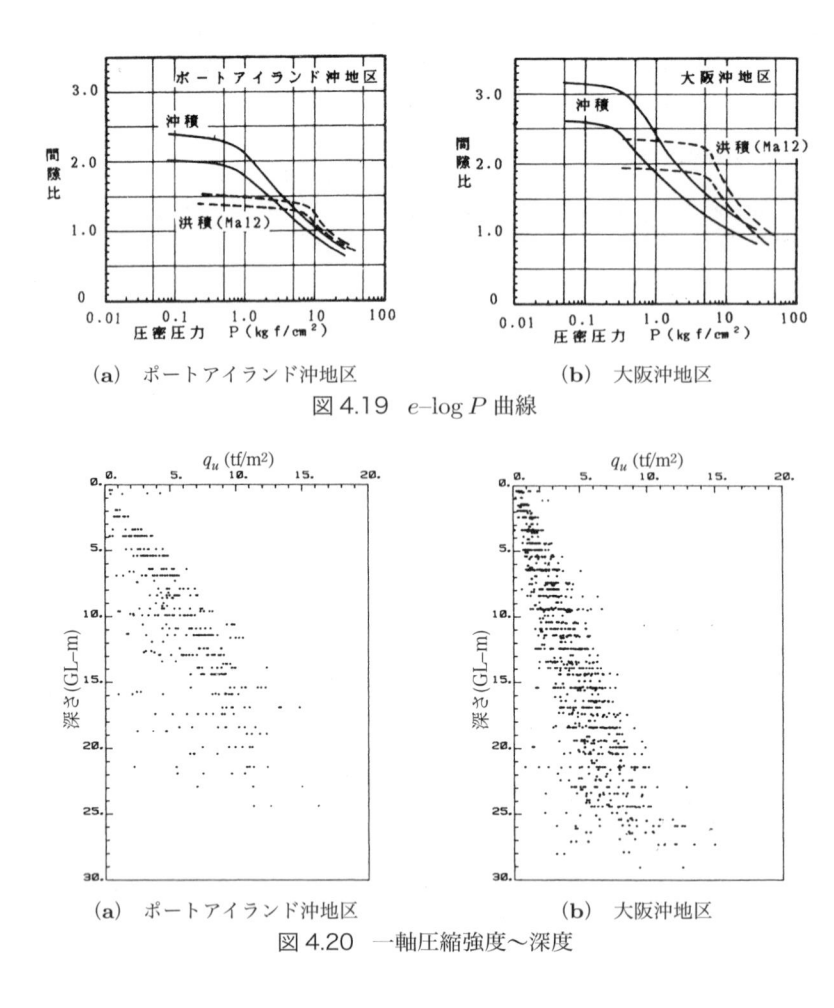

(a) ポートアイランド沖地区　　(b) 大阪沖地区

図4.19　e–$\log P$ 曲線

(a) ポートアイランド沖地区　　(b) 大阪沖地区

図4.20　一軸圧縮強度〜深度

ど場所によって特徴あるパターンをもっているが，同じ時代に同じ場所に形成された土層の性質には，一定の類似性が見られるということができるであろう。

　高速道路沿線の軟弱地盤の土層の土質力学的性質についても，これまでさまざまな整理が行われてきた。例えば，奥園[13]は名神・東名高速道路の軟弱地盤について成因や地形と土質力学的性質の関係を整理している。また渡辺[14]は，地域ごと（ということは河川の流域ごと）に自然含水比をパラメータにした e–$\log p$ 曲線群を整理し，地域ごとに特徴があることを見いだしている。

　こうした整理結果を見ると，①土質力学的性質は，地域ごと，つまり河川の流域ごとに特有の傾向をもっていること，②自然含水比を介してさまざまな土質力学的性質が関係づけられること，などがわかる。

　石狩川流域を通過する道央道（札幌〜岩見沢）では，こうした成果を踏まえて土質力学解析に用いる土質力学的性質を，自然含水比 w_n をパラメータにして土層ごとに整理している。その一部を示すと，図4.21〜図4.23のようである。

図 4.21 γ_t–w_n 関係

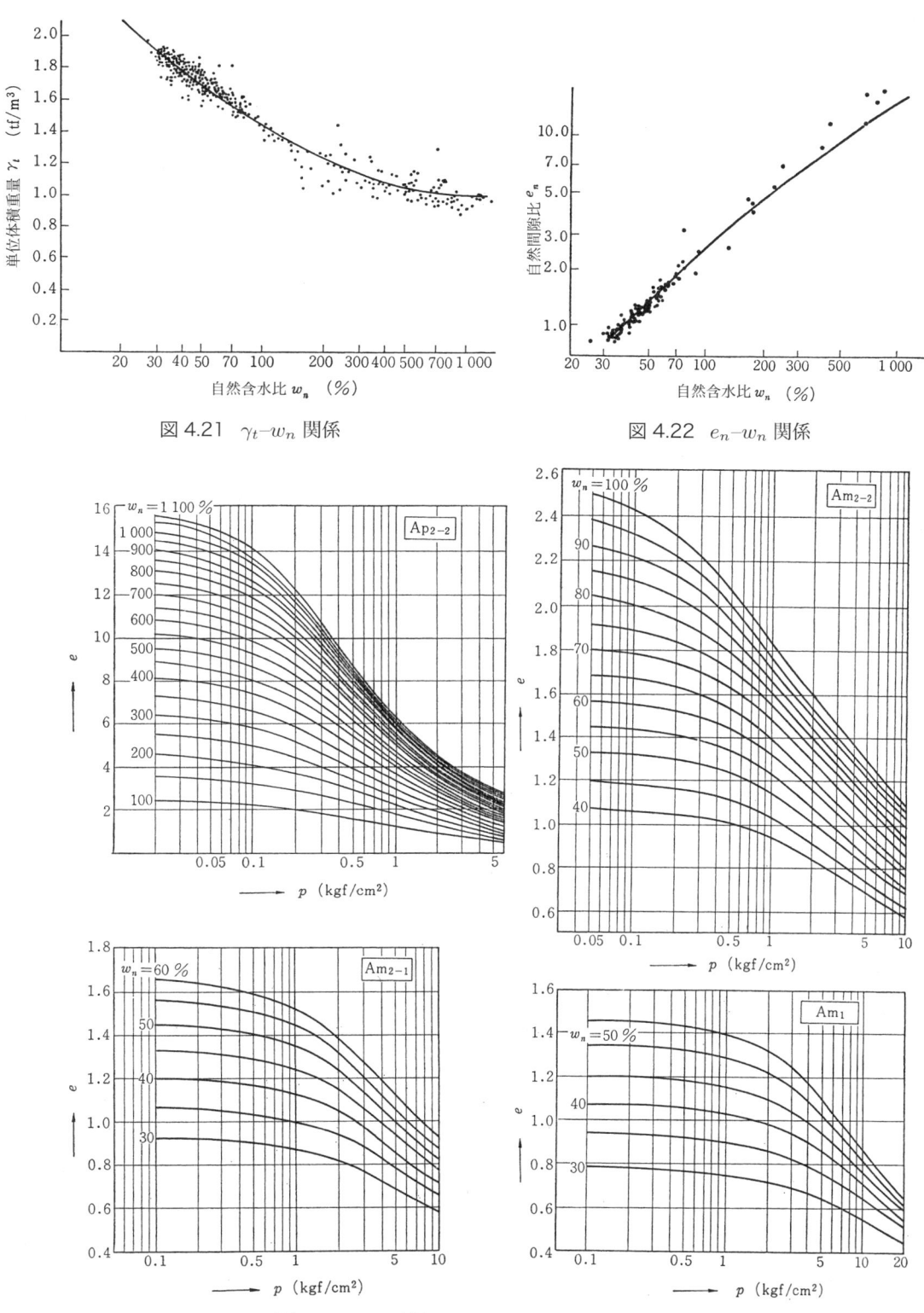

図 4.22 e_n–w_n 関係

注）Ap_{2-2}：泥炭層，Am_{2-2}，Am_{2-1}，Am_1：粘土層

図 4.23 土層別の設計 e–$\log p$ 関係（w_n パラメータ）

(2) 山側と海側の軟弱地盤の土性の違い

山側と海側の軟弱地盤の違いは，**4.2.3**で述べたように前者が河成層，海成層，潟湖成層などから成っているのに対して，後者は海成層単独から成っている点にある。そのことが土質力学的性質にどのような違いをもたらしているであろうか。

小林[15]は，両者の代表的な例を対比して，次のような違いを指摘している。

① 含水比は，山側の方が大きい値を示しているが，その原因は泥炭層によるものである。一般に山側の地盤は泥炭層を含むことが多く，含水比が大きい傾向がある。

② 強度は，両者共に深度とともに増加するが，山側の場合は海側に比較すると，乾燥による影響のため表面付近の強度が大きい傾向がある。これは表面付近で過圧密の傾向が見られることからも裏づけされる。

③ 一般に山側の場合は，海側より成層状態が複雑であり，含水比や強度などの土質力学的性質のばらつきも大きい傾向がある。

以上の違いは，主として山側の河成層と海側の海成層の違いと見ることができる。

しかし山側にも海成層が存在する。小林は，山側と海側の海成層を比較して，山側の場合はやや過圧密の傾向が見られること，山側の場合は海成層である粘土層の間に薄い砂層が見られること，そしてこのような傾向は山側の場合に顕著なものであり，海側ではほとんど認められないことを指摘している。

> **コラム**
>
> 沈下量の簡便な計算方法に2つの方法がある。1つは圧縮指数と呼ばれるC_cを用いる方法であり，もう1つは$e\text{-}\log p$曲線をそのまま用いる方法である。道路公団では後者を採用しているが，その経緯は，「名神高速道路の建設にあたり，世界銀行との契約に基づいて技術指導を受けたソンデレガー氏の報告書で$e\text{-}\log p$曲線法を用いていたので，道路公団ではこの方法が主となった」ということであるという。ちなみに旧運輸省の港湾関係では前者を用いているが，その経緯はどうだったのだろうか。＜ Ku ＞

4.4 経験的方法

4.4.1 地盤タイプと安定傾向

全国の施工例について破壊した事例や安定上問題のあった事例の地盤タイプを分析してみると，安定対策上注意すべき地盤タイプとして，次の5つが挙げられる。

① 東名・袋井村松地区に代表される「上部層が〈泥炭層＋粘土層〉の二層タイプ」（図4.11のIIbタイプ）〈図4.24 (a)〉

② 東名・焼津高崎地区に代表される「〈有機質粘土層あるいは泥炭層＋厚い海成粘土層〉（中間砂層なし）のタイプ」（図4.12のIIIbタイプ）〈図4.24 (b)〉

③ 道央道・岩見沢地区のような「厚い泥炭層タイプ」（図4.11のIIcタイプ）〈図4.24 (c)〉

④ 長崎道・溝陸地区および武雄地区のような「鋭敏な海成粘土層タイプ」（図4.11のIdタイプ）〈図4.24 (d)〉

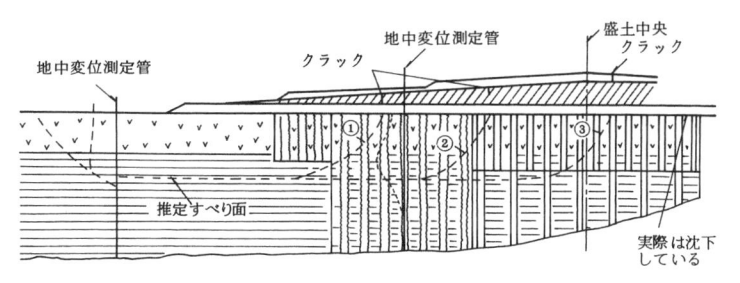

図 4.24 (a) 袋井村松地区（東名）

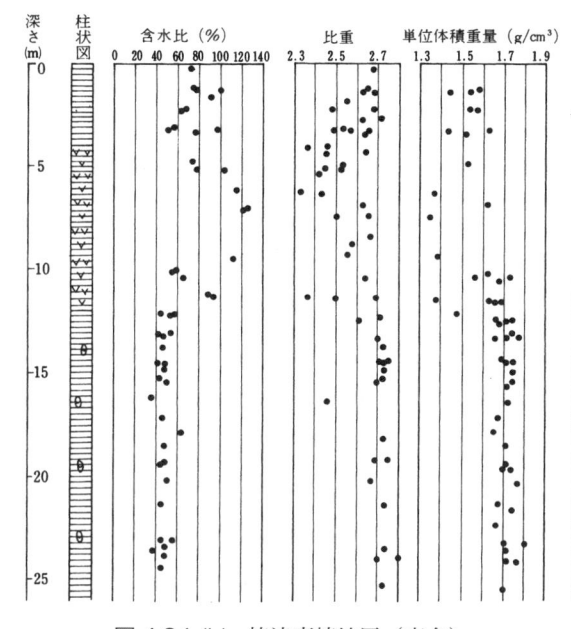

図 4.24 (b) 焼津高崎地区（東名）

標尺 (m)	土質区分	柱状図	土質名	自然含水比 w_n (%)	単位体積重量 γ_t (tf/m³)	一軸圧縮強度 q_u (kgf/cm²)
5			粘土	40〜180	1.4〜1.8	0.1〜0.4
			泥炭	230〜740	1.0〜1.2	0.1〜0.6
			泥岩混り粘土	50〜280	1.1〜1.6	0.2〜0.5
10			泥炭	80〜500	0.9〜1.2	0.2〜0.8
			泥岩混り粘土	90〜240	1.2〜1.5	0.3〜0.7
15			シルト	20〜130	1.4〜2.0	0.2〜0.8
			砂			

図 4.24 (c) 岩見沢地区（道央道）

図 4.24 (d) 溝陸地区（長崎道）

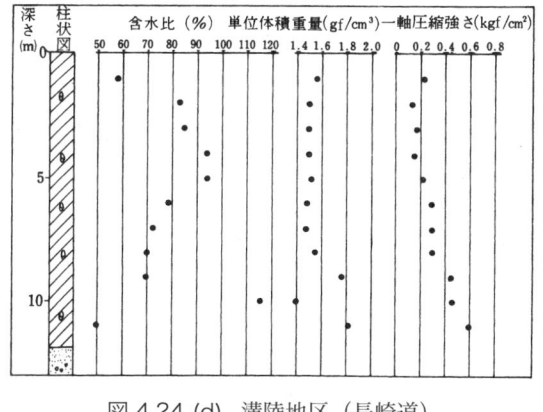

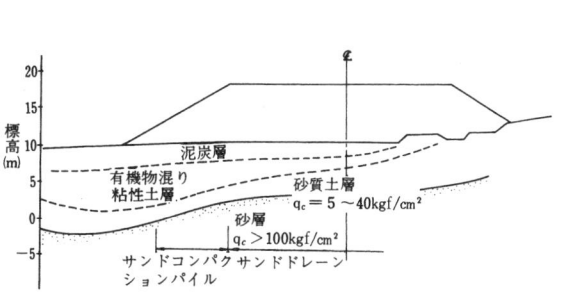

図 4.24 (e) 小杉地区（北陸道）

⑤ 北陸道・小杉地区および湖北地区のような「基盤が傾斜しているタイプ」（単一地盤タイプの河成層のケースに見られる）〈図 4.24 (e)〉

また安定対策上留意すべき事項として，次の 3 点が挙げられる．

① 上下部層があるケースでも中間層が砂層の場合は，安定は上部層のみを対象に考え

ればよい（下部層にまで達する深いすべりを生じた事例はない）。
② 焼津高崎地区のように中間層が粘土層の場合は，下部層まで含めた安定を考える必要がある。
③ 上記のような安定上要注意の地盤タイプでも層厚が薄いケースは，安定上問題がない。

4.4.2 地盤タイプと沈下傾向

(1) 沈下の区分

従来の実測沈下データによれば，沈下の大半は供用までに発生する。供用後も沈下は長期間継続するが，時間の対数に比例する傾向を示し，その勾配は年々低減していく。そうした実測沈下傾向から，沈下はおおまかに「盛土立上り後600日くらいまでに発生する短期沈下」と「それ以降長期間にわたって続く長期沈下」に区分して取り扱うことができる（図4.25）。

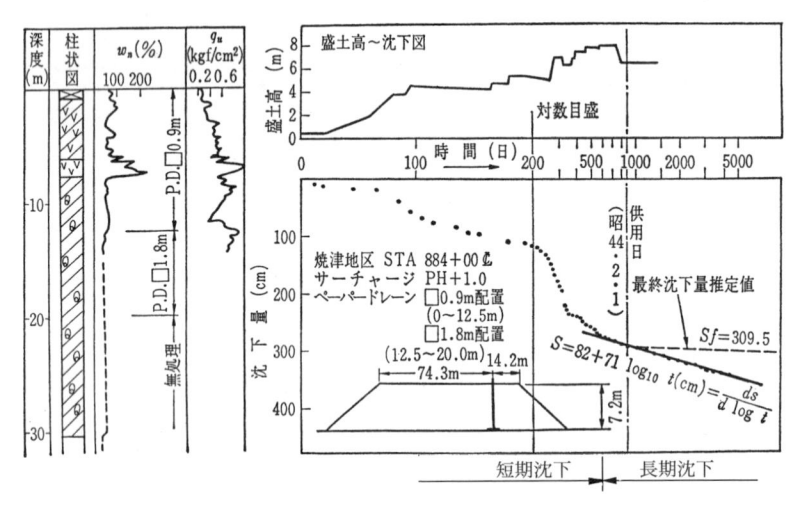

図4.25 沈下の区分

(2) 短期沈下傾向

盛土開始から盛土立上り後600日くらいまでの短期の沈下傾向は，経験的に図4.26のような3つの基本パターンとその組み合わせおよびその他として捉えることができる。

① 浅層型：厚さ5～6m程度の単一地盤タイプの粘土系 Ia, Ib, Ic（河成層）では，沈下は初期には進行が遅いが，盛土完了後，比較的早く収束する。
② 泥炭型：単一地盤タイプの泥炭系 IIa では，沈下は急速に進行し，盛土完了とともに早く収束する。ただし泥炭層の下部に粘土層がある地盤 IIb や泥炭が粘土層中に挟在する地盤 IIc で層厚が厚い場合は，盛土完了後の沈下の収束は遅くなる。特に IIc の層厚が厚い地盤では，深層型に近い沈下傾向を示す。
③ 深層型：多層地盤タイプの IIIb で層厚の厚い地盤では，沈下の進行は遅く，盛土完了後もいつまでも収束しない。
④ 複合型：多層地盤タイプの IIIa, IIIc, IIId では，泥炭型と深層型，あるいは浅層

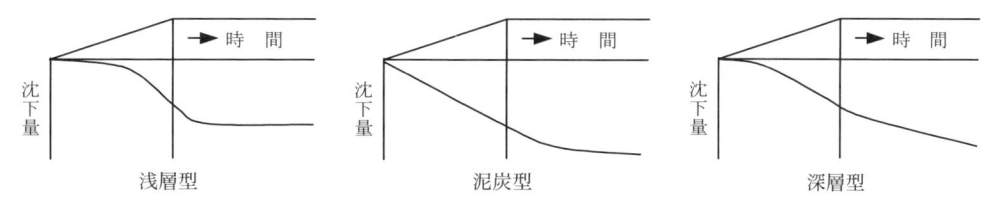

図 4.26 短期沈下傾向の 3 つの基本パターン

表 4.7 短期沈下傾向のパターンと沈下量

短期沈下傾向のパターン	全沈下量	残留沈下量
浅層型	小〜中	小
泥炭型	中〜大	小〜大
深層型	大	大
複合型	大	大
その他	中〜大	中〜大

型と深層型の複合した沈下・時間曲線の形状を示す。深層型と同様に沈下の収束は遅い。

⑤ その他：盛土施工時に破壊させたり，過大なせん断変形を生じさせたりした場合は，全沈下量・残留沈下量ともに大きくなる傾向を示す。

これらの沈下傾向のパターンの特徴は表 4.7 のようである。

このように短期沈下傾向はいくつかのパターンとして捉えることができるが，当然それはパターンごとに沈下の時間的変化の割合が異なることを意味する。例えば，浅層型と深層型では，最終沈下量に対する盛土立上り時の沈下量の比率は，前者の方が大きい。そうした違いがあることをわかった上で，各種のパターンをひっくるめて大まかな傾向を整理したのが，図 4.27 (a)〜(c) である[16]。図において，砂層挟在型は複合型のことであり，連続型は深層型のことである[*2]。

図における沈下量は，盛土立上り時を S_0，盛土立上り後 6 カ月を S_6，盛土立上り後 12 カ月を S_{12} とし，双曲線法で求めた最終沈下量を S_f としている。

図から次のことがわかる。

① 盛土立上り時に最終沈下量の 40% 以上が生じている。
② 泥炭型は，盛土立上り時では 50〜90% という広い範囲にばらついているが，6 カ月もするとほぼ 80% 以上へ急速に収束している。
③ 盛土立上り 6 カ月までの沈下比率は，泥炭型＞連続型（深層型）≧砂層挟在型（複合型）の傾向があるが，12 カ月経過するとほぼ同じ沈下比率である。

上記のうち，③は奇異な感じがする。深層型など沈下が長期間にわたってだらだらと進行する型が，盛土立上り後 12 カ月で他の型と有意差がなくなるということは考えにくい。

これは次節で述べるように，深層型などの地盤（つまり III タイプ）では，双曲線法などによって求めた最終沈下量が実際より小さいため，図 4.27 では沈下比率が実際より過大に評価されているためと考えられる。

[*2] 図中のデータは昭和 62 (1987) 年時点でのもので，神田・長島・伊勢などの長期沈下データを含まないことに注意する必要がある。

(a) 盛土立上り時

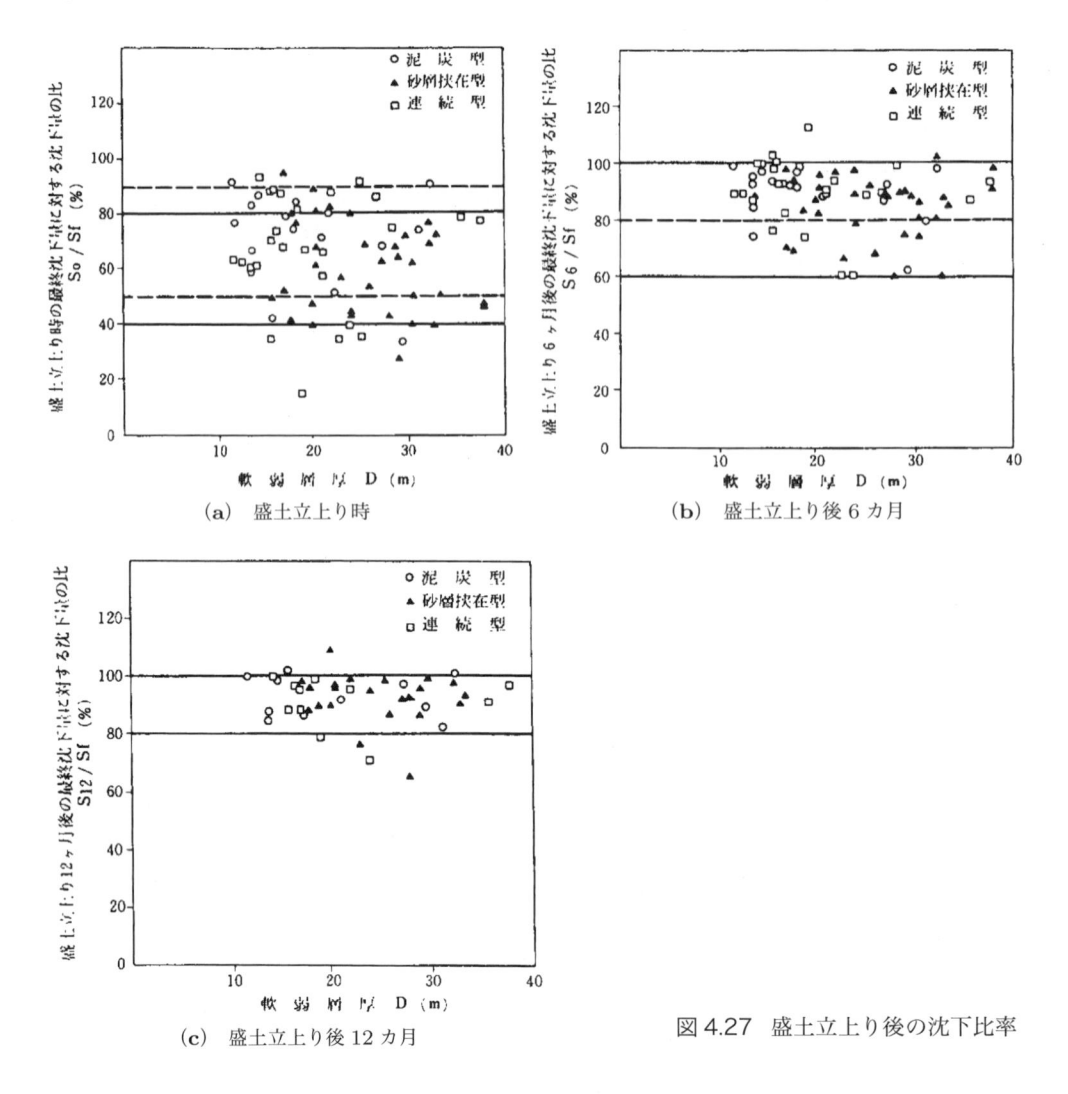

(b) 盛土立上り後 6 カ月

(c) 盛土立上り後 12 カ月

図 4.27 盛土立上り後の沈下比率

(3) 長期沈下傾向

　長期の沈下は，多くの場合，約 10 m 以深の下部粘土層が主な発生源となっており，下部粘土層が厚いほど時間的な遅れが生じ，長期間にわたって継続する．例えば図 4.28 は，東名・焼津高崎地区における層別の長期沈下データであるが，他のどの層の沈下よりも 20 m 以深の沈下を示す S_4 が長期沈下の主な原因になっていることがわかる．

　長期沈下は，盛土立上り後 600 日くらいから時間の対数（$\log t$）に対して直線性を示すが，その後，図 4.29 に示したように，勾配の緩い直線へ移行しながら漸次収束していく．この 600 日くらいからの直線の勾配，すなわち長期沈下速度 β は，おおよそ図 4.30 のような大きさである．

　第 1 章でも触れたように，20 年以上にわたる沈下追跡調査の結果，この長期沈下の特性が徐々に明らかになってきた．図 4.31 は，図 4.27 にその後の長期の沈下追跡調査によって明らかになった残留沈下量の大きな箇所のデータを追加した図[*3]である[17]．ただ

[*3] 図 4.31 の地盤タイプは，設計要領による地盤タイプ分類であり，本書の分類（図 4.11，図 4.12）とは，I，II，III の大分類は同じであるが，サフィックスによる小分類は違う点に注意されたい．

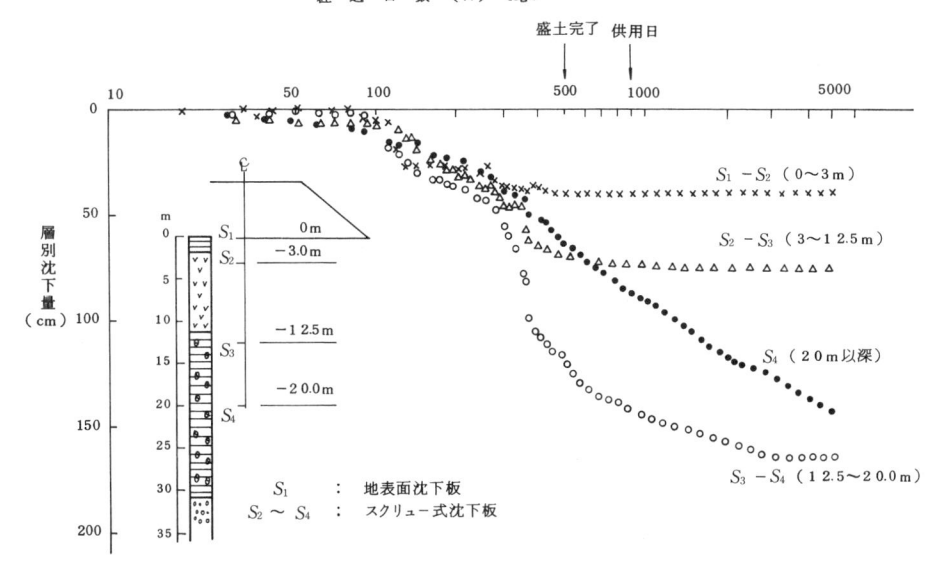

第4章 軟弱地盤対策工レベルの判定　117

図4.28 層別の長期沈下の事例（東名・焼津高崎地区）

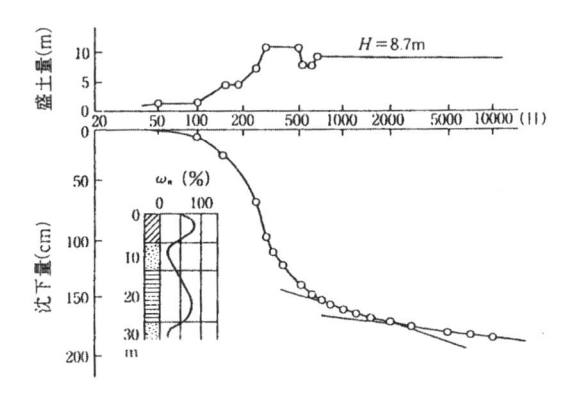

図4.29 長期沈下の直線勾配の変化（名神・大垣地区）

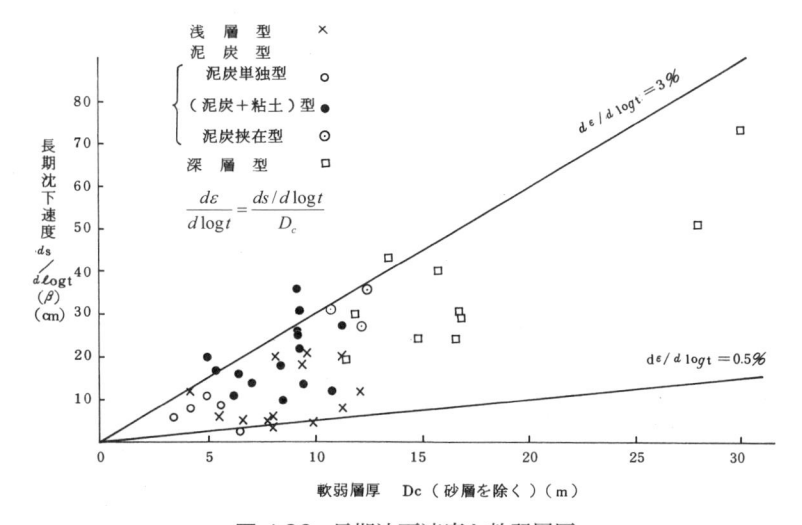

$$\frac{d\varepsilon}{d\log t} = \frac{ds/d\log t}{D_c}$$

図4.30 長期沈下速度と軟弱層厚

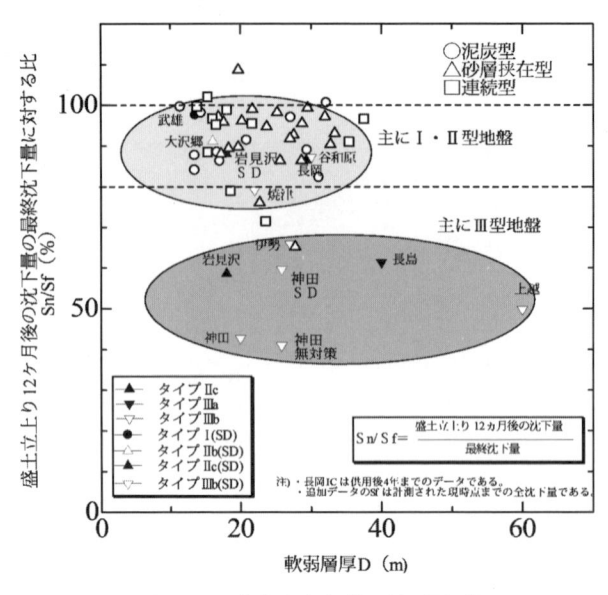

図 4.31　盛土立上り後の沈下比率

し追加した箇所の最終沈下量 S_f は，図中に注記したように計測された最新時点までの沈下量としている。

　残留沈下量の大きな箇所として追加した神田，長島，伊勢，上越は，いずれも図 4.27 でいう深層型あるいは複合型の沈下パターンを示す III タイプの地盤であるが，図 4.31 では盛土立上り 12 カ月後の沈下量と最終沈下量の比 S_n/S_f は 40〜65% となっており，図 4.27 ですべての型の沈下パターンがほぼ 80% 以上という傾向からは著しく小さくなっている。これはこれらの箇所では実際には，図 4.27 の時点で双曲線法などから予測した最終沈下量よりはるかに大きな沈下量が生じているためである。

　盛土立上り 12 カ月後の時点で S_n/S_f が 40〜65% ということは，盛土立上り後 12 カ月程度で供用することが多いことを考えると，これらの箇所では，供用時の沈下量とほぼ同じ大きさの残留沈下量を生じているということである。実際これらの箇所では，残留沈下量は 1m をはるかに超えて，供用時の沈下量に匹敵する大きさを示している（第 9 章の表 9.1 を参照のこと）。

　なお図中の S_n/S_f が約 60% を示す岩見沢のプロットは試験盛土の無処理区間（IIc タイプ）であり，タイプ IIc の地盤も III タイプの地盤と同様に残留沈下量が大きくなる傾向を示しているが，この区間は盛土立上りから供用までの期間が 6 年 4 カ月と非常に長かったため，実際には供用後の残留沈下は 60 cm を若干超える程度で収まっている（第 9 章の表 9.1 を参照のこと）。ちなみに道央道（札幌〜岩見沢）の試験盛土箇所以外の IIc タイプの地盤では，本線工事においても盛土立上りから供用までが 3〜4 年間と長かったため，やはり大きな残留沈下は発生していない。

　一方，沈下比率が 80% 以上の範囲にある箇所は，主に I および II タイプの地盤である。したがって，ごく大まかな目安として，I および II タイプの地盤では，盛土立上り後 12 カ月も経過すると，最終沈下量 S_f の約 80% が発生する，逆にいえば，その後の長期沈下量は最終沈下量の約 20% 以下であるということを押えておこう。

IIIタイプの地盤およびIIcタイプの地盤の長期沈下特性については，今後さらに詳しく検討する必要がある。

(4) 沈下対策上留意すべき事項

沈下対策上留意すべき事項として，次の5点が挙げられる。

① 沈下対策上問題のある地盤タイプは，主に残留沈下量の大きい深層型および複合型の沈下傾向のパターンを示すタイプである。このタイプの地盤は，層厚が厚く，多くの場合厚い下部粘土層をもっている。地盤タイプのIIIa～IIIdである。

② またIIcタイプの地盤も残留沈下量が大きくなる可能性がある（第9章の表9.1の注記を参照のこと）。

③ 維持管理段階での補修実態調査によると，IタイプおよびIIタイプ（IIcを除く）の地盤では，供用後の沈下に起因する補修頻度は，多くの場合，供用後5年程度を過ぎると一般部（軟弱地盤でない区間）とほぼ同じになっており，その後は路面の摩耗やわだち掘れなどに伴う通常のオーバーレイ補修で対応できる。

④ ただしIIIタイプおよびIIcタイプの地盤では，そうしたパターンにあてはまらず，長期間にわたって大きな残留沈下が継続し，補修に多大な費用を要するケースが存在する。

⑤ なお不用意に急速施工した箇所や基盤が傾斜している箇所などで，盛土施工時に地盤の安定を損ねた箇所は，供用後の残留沈下が当初予測以上に大きくなることが多い。

4.5 軟弱地盤対策工レベルの判定

4.5.1 軟弱地盤対策工レベルの判定の必要性

実際に軟弱地盤対策工の設計・施工を行うにあたって，さまざまな対策工をどのような手順で検討し，どのように組み合わせて設計すればよいのであろうか。

軟弱地盤といっても，その「軟らかさ」にはいろいろな程度の差があり，その程度に応じて対策工の程度は当然違ってくるから，対策工の設計・施工の仕方・労力のかけ方も違ってくるはずである。どのような軟弱地盤でもやみくもに同じような攻め方をするのは，実際的ではないし，効率的でもない。

そこで詳細な設計に着手する前に，当該軟弱地盤の軟らかさの程度，つまり軟弱地盤のレベルに応じた対策工のレベルを判定することが非常に重要である。それによって経済的かつ実用的な設計・施工を効率的に行うことが可能になる。

軟弱地盤技術においては，盛土を安定的に造成することが第一義的な課題であるから，設計にあたって，まず「当該の軟弱地盤がどの程度の軟弱地盤であるか」，そして「その程度の軟弱地盤であれば，この程度の安定対策工レベル，つまり安定対策工メニューを考えるのが適切である」といったことを的確に判定することが極めて重要となる。

その上で，沈下対策工を別途検討する。沈下対策工では，特に供用後も長期に続く沈

下，すなわち残留沈下に対する対策が中心になる。

軟弱地盤対策工レベルの判定の手法について，安定対策工と沈下対策工に分けて，以下に述べる。

4.5.2 安定対策工レベルの判定

(1) 軟弱地盤レベル

軟弱地盤レベルと，それにふさわしい安定対策工レベルの関係，すなわち「どのような軟らかさの地盤にどのような安定対策工メニューを実施するのが適切か」について考えてみよう。

経験からいえば，「安定対策工レベル」は，「軟弱地盤レベル」に比例するといえよう。つまり非常に軟らかな地盤では，十分な対策工が必要であるし，そうでない地盤では，簡単な対策工で済むというのは，定性的ではあるがごく常識的な話である。

では軟弱地盤レベルは，どのように評価すればよいか。軟弱地盤レベルを「軟らかさの程度」で表すとすれば，「軟らかさの程度」を表す最も単純な指標として沈下量というものを考えることができるであろう。ある一定の盛土荷重に対する沈下量は，軟弱地盤が軟らかいほど，また層厚が厚いほど大きい。

そこで問題は，軟弱地盤レベルを評価する「沈下量」である。4.4.1 において「一部の地盤タイプを除いて，安定は上部層のみを対象に考えればよい」と，「安定上要注意の地盤タイプでも層厚が薄いケースでは安定上問題がない」という経験則を示した。これらのことから，安定対策工レベルを判定する場合の「軟弱地盤レベル」の目安とすべき「沈下量」の大小は，「安定対象層の沈下量」の大小とするのが適切であろう。

では軟弱地盤レベルの目安とすべき「安定対象層の沈下量」は，どのように考えたらよいか。残念ながら安定対象層のみの沈下データを集めた統計はないが，図 4.32 は，全国で沈下が測定されている 729 カ所の全沈下量データを 50 cm 単位にまとめた沈下量ごとの「無処理の箇所数と処理の箇所数の分布」を示したものである。

ここに 729 カ所の内訳は，サンドドレーンを施工しなかった箇所（無処理箇所）が 497

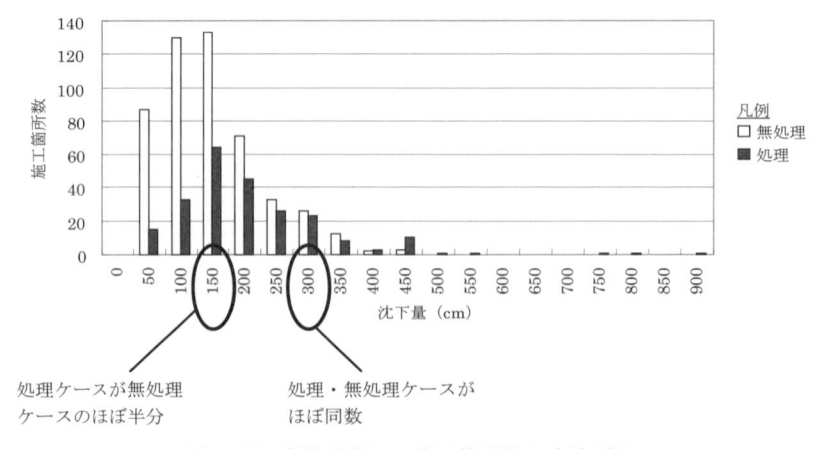

図 4.32 安定対策工の施工箇所数と全沈下量

カ所，施工した箇所（処理箇所）が232カ所である．ただしこれらの箇所は，たまたま沈下が測定されている箇所であって，高速道路における軟弱地盤延長に占める無処理箇所とサンドドレーン処理箇所の比率を反映したものではないことに注意する必要がある．

いずれの場合も150 cmをピークに分布しているが，無処理箇所の分布は150 cm以下に偏っているのに対して，処理箇所の分布は，反対に150 cm以上に偏っている．

ところで図4.32を見る限り，いずれの沈下量においても350 cmまでは無処理箇所数の方が多い．これはどう解釈すべきか．いろいろな解釈ができる．

まず考えられることは，図の沈下量は全沈下量であり，安定対象層でない下部層の沈下量まで含んでいるから，上部層が安定対策の必要がなく無処理とされたケースで，厚い下部層がある場合は，無処理で全沈下量が大きいケースにカウントされているようなことが十分あり得る．

またそもそも同じ程度の軟弱地盤でも，十分な工期をかけた場合は無処理でいけるし，十分な工期がない場合は処理が必要であろうから，現場の条件や担当技術者の考え方によって，どちらの選択も可能であったと考えられる．

したがってこれらのデータを厳密に解釈しようとすれば，個々のケースについて詳しく検討した上でないと明確なことはいえないが，実際の多くの施工実績を踏まえると，「おおよそ沈下量150 cm以下は無処理のケース，それ以上は何らかの処理が必要なケース，さらに沈下量300 cm以上では十分な処理が必要なケースである」という判断は妥当なものと考えてよい．

そこで高速道路の平均的な盛土高7 mに対して，沈下量（安定対象層）が150 cm以下の軟弱地盤レベルを軽量級，150 cm～300 cmを中量級，そして300 cm以上を重量級と区分し，それぞれに見合う安定対策工レベルというものを設定しよう．

(2) 軟弱地盤の地盤タイプと地盤レベルおよび安定対策工レベル

既往の多数の事例を踏まえて，軟弱地盤の地盤タイプと地盤レベルおよび安定対策工レベルの関係を表4.8に示すように設定することができる．ここでの地盤タイプは，安定に関与する単一地盤タイプのI，IIタイプおよび多層地盤タイプの中間砂層をもたないIIIb，IIIdタイプであることに留意されたい．なお，多層地盤タイプのIIIa，IIIcタイプは中間砂層をもっており，IまたはIIタイプの上部層のみが安定に関与する．

表4.8では，軽量級の軟弱地盤レベルでは，必要な安定対策工も簡単なもの（軽装備と呼ぶ）で済む一方，重量級の軟弱地盤レベルでは，必要な安定対策工として地盤改良なども含めて十分なもの（重装備と呼ぶ）が必要であり，中量級の地盤タイプでは，その中間のもの（中装備と呼ぶ）となるとしている．また基礎が傾斜している特殊級の軟弱地盤レベルでは，特殊な対策工（特殊装備と呼ぶ）を必要としている．

ここに安定対策工レベルは，第1章の **1.7** で示した軟弱地盤対策工法についての評価に基づいて，緩速載荷工法・表層排水工法・敷網工法・押え盛土工法・バーチカルドレーン工法の組み合わせを基本とし，その他，真空圧密工法・深層混合処理工法などをケースバイケースで考えている．

ちなみに表のように沈下量150 cmと300 cmを境に軟弱地盤レベルを3つの級（クラス）に分けたとき，それらが高速道路の軟弱地盤に占める割合はどれくらいになるか，を

表 4.8 地盤タイプと地盤レベルおよび安定対策工レベルの関係

地盤レベル 地盤タイプ	重量級 300 cm 以上	中量級 300〜150 cm	軽量級 150 cm 以下	特殊級 基盤傾斜
Ia	×	×	○	○
Ib	×	○	○	○
Ic	×	○	○	○
Id	×	○	○	○
IIa	○	○	○	○
IIb	○	○	○	○
IIc	○	○	○	○
IIIb および IIId	○	○	○	○
安定対策工 レベル	重装備 緩速載荷 表面排水 敷網 押え盛土 バーチカルドレーン (真空圧密)	中装備 緩速載荷 表面排水 敷網 押え盛土	軽装備 緩速載荷 表面排水 敷網	特殊装備 左記のほか，サンドコンパクションパイル・深層混合・杭など特殊な対策工

注1) ここで設定した 150 cm，300 cm という区切りは，あくまでも経験的なもので，その数値自体には確たる意味があるわけではない．おおよそこの程度の区分であれば，道路公団における既往例に照らしても妥当であろうというものである．したがって，これは他の分野，例えば海側のケースに適用することはできないことはいうまでもない．

注2) 表の○は該当するケースがあることを，×は該当するケースがないか，あってもまれであることをそれぞれ表している．

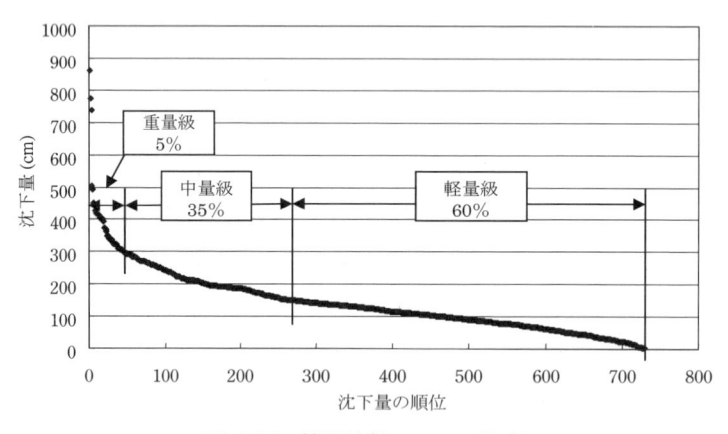

図 4.33 軟弱地盤レベルの比率

示したのが図 4.33 である．

高速道路の軟弱地盤のうち，おおよそ重量級が 5％，中量級が 35％，軽量級が 60％ という比率であることがわかる．なお図中には，少数ながら特殊級の軟弱地盤の事例も含まれているが，それらは沈下量の大きさに応じて軽量〜重量級のどれかに含まれている．

以上の関係を図示すると，図 4.34 のようになる．

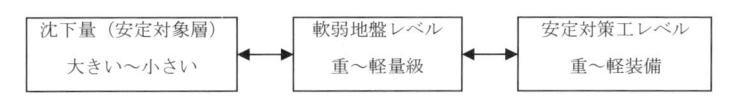

```
沈下量（安定対象層）   軟弱地盤レベル   安定対策工レベル
  大きい～小さい   ←→   重～軽量級   ←→   重～軽装備
```

図 4.34 安定対策工レベルの判定

(3) 安定対策工レベルの判定

表 4.8 をもとにした「安定対策工レベルの判定」の手順は，図 4.35 のとおりである。

① 概略地盤調査・解析によって，当該の軟弱地盤区間を地盤タイプによって区分し，区分した区間ごとに安定対象層の沈下量の大きさを推定し，既往の類似例との照合から安定傾向を推測して，表 4.8 から該当する安定対策工レベルを判定する。この安定対策工レベルを一般盛土部の標準対策工レベルとする。

② 安定対象層の沈下量は，圧密理論に基づく慣用法によって計算した値（圧密沈下量）をそのまま用いてもよいし，類似例の実績と照合して修正するなどして総合的に求めてもよい。ここに圧密沈下量 S_c は，次式で求める。

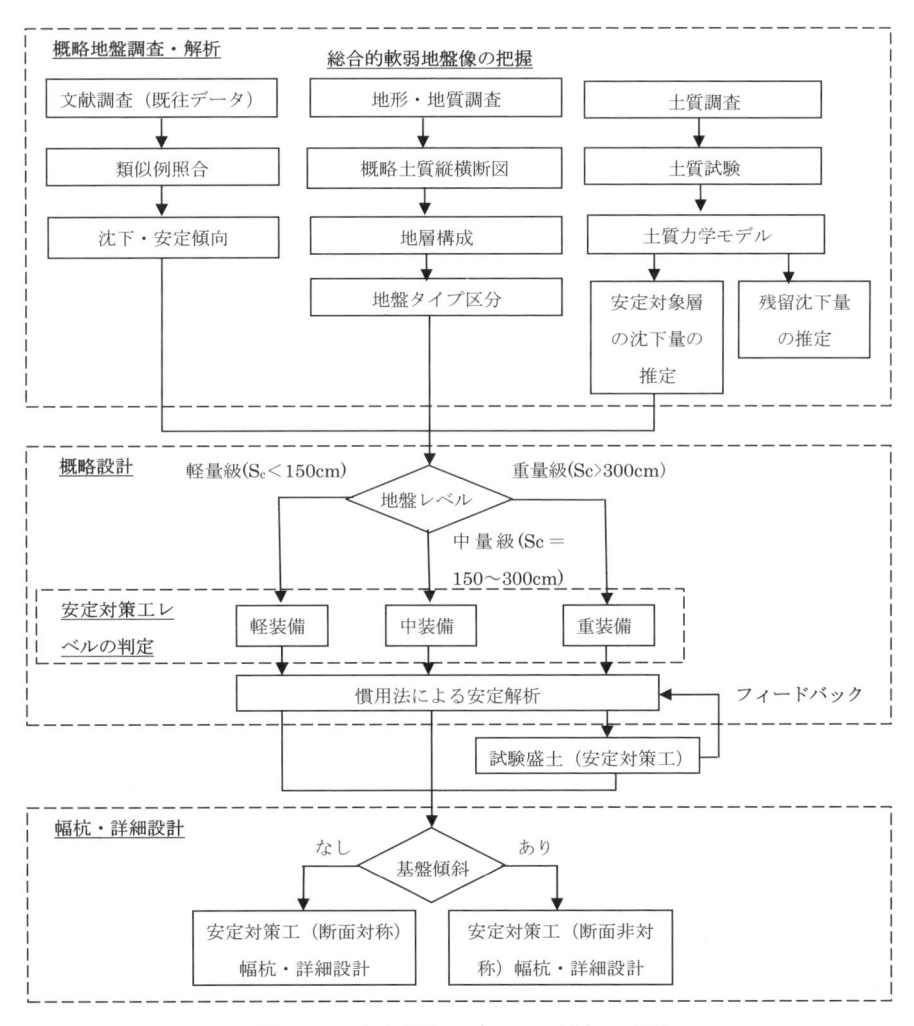

```
概略地盤調査・解析    総合的軟弱地盤像の把握

文献調査（既往データ） → 類似例照合 → 沈下・安定傾向
地形・地質調査 → 概略土質縦横断図 → 地層構成 → 地盤タイプ区分
土質調査 → 土質試験 → 土質力学モデル → 安定対象層の沈下量の推定 / 残留沈下量の推定

概略設計
  軽量級(Sc<150cm)    重量級(Sc>300cm)
          地盤レベル
          中量級(Sc＝150～300cm)

安定対策工レベルの判定： 軽装備 / 中装備 / 重装備
  → 慣用法による安定解析 ← フィードバック
  → 試験盛土（安定対策工）

幅杭・詳細設計
    基盤傾斜  なし／あり
  安定対策工（断面対称） 幅杭・詳細設計  ／  安定対策工（断面非対称） 幅杭・詳細設計
```

図 4.35 安定対策工レベルの判定の手順

$$S_c = \sum H(e_0 - e)/(1 + e_0)$$

ここに，e_0：初期間隙比，e：間隙比，H：層厚

③　例えば，地盤タイプ Ic で沈下量が 1.5～3.0 m（中量級）であれば，安定対策工レベルは「中装備（緩速載荷，表層排水，敷網，押え盛土の組み合わせ）」という判定になる。

④　ただし重量級に該当する軟弱地盤の場合は，試験盛土を検討し，そのメリットがあると判断できれば，試験盛土を実施するのが妥当である。

⑤　なお，基盤が傾斜した特殊級の場合は，軟弱地盤層厚が断面非対称であるから，安定対策工はそれに合わせて非対称で検討する必要がある。

⑥　安定対策工レベルが特定できれば，幅杭〜詳細設計段階へ進む。その詳細は，第5章で述べる。

4.5.3　沈下対策工レベルの判定

次に沈下対策工を取り上げよう。沈下対策工レベルの判定，すなわち建設時にどの程度の沈下対策工を実施するかの判定は，予測される残留沈下量の大きさによる。この場合の残留沈下量は，下部層も含めた全層の沈下量（全沈下量）である。安定対策工レベルを決めるときの沈下量は，安定対象層である上部層の沈下量であることとの違いに留意しよう。

しかし設計段階で残留沈下量の大きさを精度良く予測することは，現在の技術では極めて難しい，というより不可能といってよい。

したがって沈下対策工レベルの判定は，以下に述べるように通常の沈下対策工を検討すればよいケースか，特別な沈下対策工の検討が必要なケースかの判定くらいしかできない。「沈下対策工レベルの判定」の手順は，図 4.36 のようになる。

(1)　通常の沈下対策工を検討するケース

I および II タイプの地盤（大半の地盤はこのタイプ）では，残留沈下量 S_r は 1 m を超えない大きさで，供用後 5 年程度で一般的な補修レベルになるから，従来実施してきたように「建設時の対策工法は盛土の安定対策として決定し，必要に応じてプレロード，サーチャージを実施して，供用後の残留沈下は補修で対応する」という考え方で設計すればよい。

具体的には，第 6 章で述べるように，①設計時には何らかの方法（経験式や慣用計算法など）で残留沈下量の概略の大きさを推測し，それに応じて必要な設計を行っておき，②盛土の施工が始まって一定の実測沈下データが得られた段階で沈下予測法によって将来沈下量を予測し，それから求めた残留沈下量に応じて必要な修正（ボックスなどは，工程上当初設計で断面を決定せざるを得ないので，施工時にできる上げ越しなどの修正）を行うことになる。実際のところ，沈下対策工の設計は，そうした手順で行うしかないのが現状である。

設計時の残留沈下の予測は，圧密理論に基づく慣用計算法で求めた圧密沈下量や経験式をベースに行う。例えば，図 4.37 のような方法が考えられる。

図の説明は，以下のとおりである。

①　盛土立上り時を時間 0 とし，盛土立上り後 600 日までを短期沈下，それ以降を長期沈下とする。長期沈下は，600 日以降時間の対数に対して直線と仮定する。

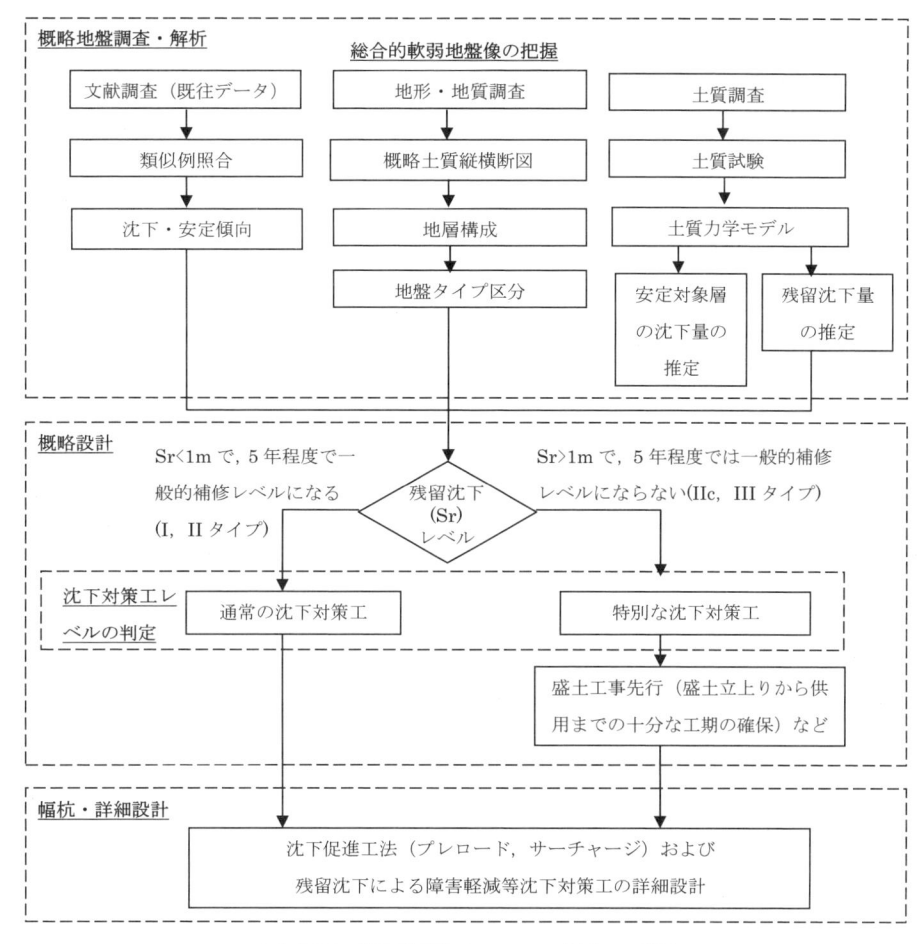

図 4.36 沈下対策工レベルの判定の手順

② 盛土立上り後 600 日時点での（短期）沈下量 S_{600} は，圧密理論に基づく圧密沈下量 S_c と仮定する。
③ 盛土立上り時，盛土立上り後 180 日（6 カ月）および 360 日（12 カ月）の沈下量をそれぞれ S_0，S_{180} および S_{360} とすると，図 4.37 から得られる次の関係式を利用して適当と考えられる値を設定する。

$$S_0 = S_{600} \times (40\sim90\%)$$
$$S_{180} = S_{600} \times (60\sim100\%)$$
$$S_{360} = S_{600} \times (80\sim100\%)$$

ここに各式の比率は，該当する地盤のタイプあるいは類似例に応じて設定する。

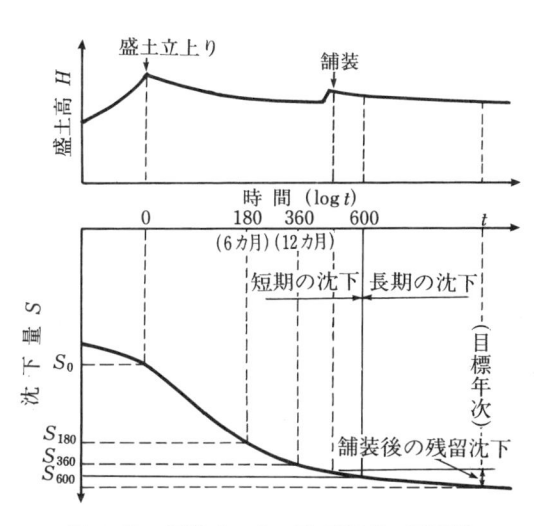

図 4.37 経験式による残留沈下の予測例

④ 盛土立上り後 600 日以降の時間の対数に対する直線の勾配は，図 4.30 などを参考にして適当と考えられる値を設定する。
⑤ 以上の短期沈下と長期沈下の経験曲線を用いて，所定の時点（例えば，ボックス設置時点あるいは舗装完了時点など）から供用後目標年次までの残留沈下量を予測する。

ここで，②において $S_{600}=S_c$ と仮定することについては，本来は理屈に合わないことであるが，この段階では厳密な予測は必要としない（したくてもできない）こと，また圧密理論に基づく圧密沈下量 S_c と実測値との整合の誤差は非常に大きいこと（例えば，第 8 章の図 8.12 参照）に基づくものである。

(2) 特別な沈下対策工の検討が必要なケース
① 厚い下部粘土層をもつ IIIa〜IIId タイプの多層地盤
② 層厚の厚い IIc タイプの地盤で，全沈下量が大きい場合

これらの地盤については，ケースごとに特別な沈下対策の検討を必要するような残留沈下が生じるかどうかを判定する必要がある。

しかしこれらの地盤では，設計時の残留沈下予測はもちろん，盛土立上り後 12 カ月程度の時点での最終沈下量の推定にも大きな誤差が出る可能性が大きい。

したがって現状では，類似する地盤で大きな残留沈下を生じた既往例のデータ（例えば，第 9 章の表 9.1）を参考にして，残留沈下量が 1 m を超えるような大きさになる可能性があるかどうかの技術的判断を下す必要がある。

この場合の沈下対策工としては，盛土工事を早期発注して盛土立上りから供用開始までの時間を十分長く確保することを優先するほか，プレロード，サーチャージなどを検討する。

また従来，無対策であった厚い下部粘土層の沈下促進などの沈下対策については，今後十分に検討すべき課題である。

なお，盛土施工中に不安定な状態にしたことが残留沈下を大きくすることにつながったと考えられるケースが過去に幾例もあるので，安定な盛土施工を行うことが沈下対策につながることを銘記する必要がある。

参考文献
1) 中堀和英：総合的地盤像の視点，第 25 回土質工学研究発表会，pp.73-74，1990
2) 池田俊雄：地盤と構造物，鹿島出版会，pp.52-56，1975
3) 稲田倍穂：軟弱地盤の土質工学，鹿島出版会，p.15，1994
4) 茅原一也ほか：特集「信濃川と新潟平野」，アーバンクボタ，No.17，1979
5) 陶山國男・羽田忍：現場技術者のためのやさしい地質学，築地書館，p.62，1978
6) 海津正倫：沖積低地の地形発達と泥炭地の形成，植生史研究，第 6 号，pp.3-13，1990
7) 奥園誠之：名神，東名高速道路における軟弱地盤の土質特性について，日本道路公団試験所報告，pp.36-51，1969
8) 前出 6)
9) 例えば，嘉門雅史・大坪政美・中村隆昭：沖積層の化学的性質，土と基礎，Vol.43，No.10，pp.17-20，1995／松澤宏・中村裕昭・山本浩司・小林孝洋：沖積層の物理的性質，土と基礎，Vol.43，No.10，pp.21-26，1995

10) 三木幸蔵：地盤地質学入門，鹿島出版会，pp.1-8，1997
11) 清水恵助：東京港における海底地盤の物性について，海底地盤に関するシンポジウム論文集，土質工学会関西支部大阪湾海底の地盤研究委員会，pp.97-102，1987
12) 中世古幸次郎ほか：大阪湾海底地盤の地質特性と土質工学的性質について，海底地盤に関するシンポジウム論文集，土質工学会関西支部大阪湾海底の地盤研究委員会，pp.21-48，1987
13) 奥園誠之：名神，東名高速道路に於ける軟弱地盤の土質特性について，日本道路公団試験所報告，pp.36-51，1969
14) 渡辺崇博：圧密沈下量の計算，日本道路公団試験所報告，pp.9-15，1971
15) 小林正樹：講座「海洋・海岸工学と土質」，土と基礎，Vol.35，No.1，pp.67-72，1987
16) 石井恒久・永田孝夫・和泉聡：軟弱地盤上の盛土の沈下実態，日本道路公団試験所報告，pp.11-19，1987
17) (財) 高速道路技術センター：軟弱地盤対策工の設計・施工に関する検討報告書（日本道路公団委託），平成16年2月

第5章　安定対策工の設計と施工

5.1　設計一般の基本

　前章において，概略設計を行うにあたってまず概略地盤調査および概略地盤解析によって総合的軟弱地盤像を把握し，それをもとに軟弱地盤対策工レベルを判定する手順について述べた。

　地盤タイプによって区分した区間ごとの軟弱地盤対策工レベルが決まれば，それに即して「概略設計」→「幅杭設計」→「詳細設計」という手順で安定対策工と沈下対策工の具体的な設計を行う。

　設計にあたっては，一定の土質力学計算を必要とするが，従来の慣用法の信頼性は極めて低い。最近，構成モデルと数値解析の進歩によって，実測データが得られた後に事後検証的に計算値を実測値に合わせることは，かなりの精度でできるようになっているが，事前予測的に精度の良い計算をすることは依然としてできない。

　特に沈下については，設計段階での事前予測は，相対的に均一な地盤で一次元載荷条件の海側の場合ですら，最先端の計算によっても第8章の8.1の図8.22に示されるような幅をもっているのが現実である。まして山側のより不均一な地盤で部分載荷条件の場合は，図8.22の精度の世界すら期待できるかどうかわからない。

　したがって現状では，土質力学理論（構成モデルも含めて）による事前予測は一定の幅をもったもの，ないしオーダーを示すものと捉えるべきである。

　したがって現行の設計では，円弧すべり面法や圧密計算など慣用法による事前予測を用いざるを得ないが，その事前予測は，安全率や沈下量の大まかな評価法として使うものと考えておくべきである。そして施工段階で実測データによる途中予測を行い，それに基づいて可能な限り設計の修正・変更を行うことを基本的な考え方にする必要がある。こうした考え方を「観測的設計施工法」と呼ぶとすれば，それこそが軟弱地盤技術の真髄である。

　観測的設計施工法とは，設計・施工・観測の3つの過程のフィードバック制御を意図的かつシステマティックに行う意思決定過程を意味する概念であり，最初からそのために必要な体制や手段を準備する必要がある。とりわけこうした考え方に対する発注者・設計者・施工者それぞれの十分な理解と実施にあたっての3者の有機的な結び付きがどこまでできるかが，観測的設計施工法の成否の鍵を握っているといってよい。

5.2 安定対策工の設計

5.2.1 安定対策工の設計の手順

　一般に軟弱地盤における盛土の安定対策工の設計は，安定対策工にかける費用を少なくしようとすれば時間をかけてゆっくり施工する設計となり，逆の場合は短い工期で済む設計となる。

　したがって，軟弱地盤における盛土の安定対策工の設計は，所定の規格と品質の盛土を現場条件に適した方法で施工するための最も経済的な費用と時間の釣り合いを求めることであるといえよう。

　ただしサンドドレーンなどの地盤改良工の場合は，それが打設された後に盛土が施工されるわけであるから，盛土施工時の動態観測によって過大設計であったからといって変更することはできないし，過小設計であった場合でも変更は非常に難しく，仮に変更すれば極めて不経済になることが多い。

　したがって余裕のない工期の中で計算上の安全率を地盤改良工で稼ぐような設計よりは，できるだけ余裕のある工期を設定し，ゆっくり盛土施工することや押え盛土で盛土敷き幅を広くとることによって実質的な安全率を上げるような設計にして，盛土施工時からの設計へのフィードバックに対して柔軟性をもたせるようにするのが実際的であり，失敗も少ない。

　安定対策工の設計および分析の手順は，次のとおりである。
① 地盤タイプによって区分した区間ごとに，計画盛土高・軟弱地盤層厚・周辺状況など現場条件を勘案して，いくつかの設計区間を設定し，それぞれの検討断面をつくる。
② 各検討断面について，安定対策工レベルに応じた安定対策工の組み合わせを用意し，土質モデルを設定して，全応力による円弧すべり面法を用いて安定検討を行い，必要な安全率（立上り時，1.1 以上）を確保できる対策工の諸元を決める。
③ 安定対策工のうち押え盛土は，用地幅に直接影響するから，他の対策工に先駆けてその採用の是非を検討する必要がある。
④ こうして決定した安定対策工を，一般盛土部の安定対策工とする。
⑤ 橋台取付部，カルバート部，料金所部は，プレロードが基本であるが，工程上一般盛土部より先行することが多いため盛土速度が速くならざるを得ないことから，その安定対策工は，一般盛土部よりレベルを上げて設計する必要がある。

　以上のことを「概略設計」→「幅杭設計」→「詳細設計」という手順で行うが，それぞれで行うべき作業内容が明確に決まっているわけではなく，場合によってはこうした区別を行わずに「設計」として捉えてしまってもよい。

　ただし第3章の図3.3の「設計・施工の全体の流れ」に示したように，工事発注の前提として用地取得が必要であり，そのために設計の比較的早い段階で用地幅を決定する必要から，幅杭設計という段階が設定されている。つまり設計の早い段階で，幅杭設計として用地幅に関わる安定対策工，すなわち押え盛土の幅を確定する必要がある。

5.2.2 安定対策工の考え方

(1) 緩速載荷工法

古くから緩速載荷工法（あるいは単に緩速工法）が安定対策工の筆頭に挙げられてきたが，そうした呼称は，何はともあれ軟弱地盤レベルが重量級の場合には，ゆっくり盛土するしかないという経験に由来するものと考えられる。実際には，盛土速度5cm/日を標準にして，緩速という場合はそれより遅い盛土速度が考えられてきた。

2.3.1で述べたように軟弱地盤技術の原理からすれば，地盤の強度に見合う盛土荷重しか載荷できないわけであるから，「地盤の強度増加に見合う程度の速度で盛土を施工する」のが軟弱地盤における盛土の安定対策の基本である。したがって地盤が破壊しないようにゆっくり盛土するという緩速載荷工法は，理に適ったものであった。

しかしこのような安定対策の基本から考えれば，緩速載荷工法は盛土速度制御工法といった方が正確である。そこで問題は，盛土速度の制御を具体的にどのように行えばよいかである。

テルツァーギの観測工法の趣旨からいえば，観測データに基づいて速度制御を行えばよいわけであるが，長い間その具体的な方法が見いだされず，盛土速度制御工法は精神訓話というかお題目の域を出なかった。

道路公団において盛土速度制御工法が実際的な方法として本格的に使われるようになったのは，道央道（札幌〜岩見沢）の大規模な軟弱地盤における盛土工事の情報化施工からである。その理由は，盛土の破壊予測法の発見とコンピュータによる情報処理技術の開発という2つの条件が揃ったこと，そしてそれを実践するにふさわしい27kmもの大規模な軟弱地盤という現場であったことである。

盛土速度制御工法以外の対策工は，単独あるいは組み合わせで採用することにより，経済的な速度で盛土が施工できるようにして，全体として経済的かつ合理的な設計・施工ができるように用いる必要がある。すなわち，特に安定対策工を採用しなければ盛土速度はゆっくりにしなければならないし，地盤改良などの対策工を採用すれば盛土速度は速くできるという理屈であり，その組み合わせが最も合理的かつ経済的だと考えられる組み合わせを考え出すのが設計の基本である。こうした設計の下に，実際に盛土速度を適正に制御するのが施工の基本である。

(2) 表層排水工法

表層排水工法は，次の目的のために，盛土の施工に先立って厚さ1m前後の層を軟弱地盤上に敷設する工法である。材料は原則として現地発生材を用い，地下排水工を併設する。

① 圧密によって地盤中から滲出してくる水の排水層の役割
② 盛土中への地下水の上昇を遮断するための排水層の役割
③ 施工機械のトラフィカビリティを確保する支持層の役割

この工法は，従来，サンドマット工法あるいはサンドブランケット工法と称し，材料として透水性の良い砂質材を用いることになっていたが，規定の透水性をもった砂質材を使ったにもかかわらず排水層の役割を果たしていなかったことが判明した事例や，良質の

砂質材の入手が困難になってきた事情などから，上述のような内容に改善された経緯がある。

この工法の趣旨は，材料は施工機械のトラフィカビリティが確保できるものであれば，原則として現地発生材を用いることにし，透水性は有孔管や砂利を用いた排水工によって確保しようというものである。

なお泥炭地盤のように表層が極めて軟弱な場合には，事前に地表面にシートを敷設してからでないと，材料をうまく撒き出せないことがある。

(3) 押え盛土工法

押え盛土工法は，本体盛土の外側に低い盛土を施工し，本体盛土荷重による地盤破壊に対して抵抗するモーメントを増やして，破壊を防止しようとする工法である。すなわち押え盛土工法は，押え盛土によって幅広く載荷することによって，側方流動（せん断変形）を抑制する効果をもっている。

この工法は，その原理のわかりやすさと多くの施工実績から確認されている効果を根拠に，最も確実な工法として広く用いられている。

また押え盛土部分は，工事用道路，側道，環境施設帯，堆雪余裕幅などに活用できるほか，本体盛土による周辺地盤の引き込み沈下の緩衝帯にもなる。

(4) 敷網工法

敷網工法は，シートや金網などの引張補強材を盛土下部に敷設することによって，盛土破壊に抵抗させるとともに，施工機械などのトラフィカビリティの改善を図る工法である。

敷設材としては，古くから粗朶や竹枠などが用いられてきたが，現在では，菱形金網，ジオシンセティックスなど高強度のものが用いられるようになっている。

(5) バーチカルドレーン工法

バーチカルドレーン工法は，地盤中に鉛直な排水材を設置し，排水距離を短縮することによって，圧密による脱水を促進する工法である。

排水材の材料の違いによって，砂を用いるサンドドレーン工法，砕石を用いる砕石ドレーン工法，カードボード（紙・不織布・プラスティックなどを使った人工排水材）を用いるカードボードドレーン工法などに分類されるが，工法原理は同じである。

道路公団では，沈下促進効果が明確に確認できない一方，強度増加促進効果は明確に確認できることから，沈下促進のためには用いず，地盤強度の増加を促進するための工法として設計することにしてきた。しかし 20 年に及ぶ沈下追跡調査の結果から，明らかな沈下促進効果が認められるケースがあることも判明し，今後，その設計方法についての見直しが必要となっている。バーチカルドレーン工法の効果の詳細については，第 8 章の **8.4** を参照されたい。

(6) 特殊工法

深層混合処理工法は，セメント，セメントミルク，石灰などの安定材を軟弱地盤中に撹

拌翼などで混入し，柱状・ブロック状・壁状などに固結させることにより，地盤破壊に対する安定性を増したり，沈下や側方変形を抑制したりする工法である。

この工法は，通常の安定対策として用いることは少なく，近接する構造物や施設に対して，盛土による側方変形が重大な影響を与える恐れがあるなど，特殊な条件下で用いられる。

ただし処理区間と無処理区間の境界での不同沈下について，設計施工上の十分な配慮が必要である。

軽量盛土工法は，盛土材料にセメント，水および軽量材（気泡またはビーズ）を混合して打設するものと，発泡スチロールブロックをそのまま積み上げるものとがある。

この工法は，一般盛土部で用いることはなく，橋台取付部の盛土の土圧を軽減する必要のある場合，拡幅盛土など特別に沈下や変形を抑制する必要のある場合などに用いる。

この工法でも，軽量区間と非軽量区間の境界での不同沈下についての配慮を必要とする。

真空圧密工法は，地盤中に鉛直ドレーンを打設した上を気密シートで覆い，真空駆動装置を作動させて地盤中の気圧（大気圧）を減圧することによって間隙水圧を低下させ，圧密を進行させる工法である。

この工法は，減圧による載荷であるため，その間の地盤破壊の心配なしに短期間で強度増加を図ることができる利点がある。重量級の厚い泥炭地盤などで，その有効性が確認されている。

> **コラム**
>
> 若手：サンドドレーン（SD）工法には沈下促進効果はないのですか？
> ベテラン：道路公団では，数多くの試験盛土を実施して，「無処理区間」と「SD処理区間」を造って比較して観測をしている。
> 若手：どういうことがわかったのですか？
> ベテラン：沈下促進効果はあるのだろうが，どの程度なのか定量的にはっきりつかめなかったというのが結論かな。
> 若手：各地で観測しているのに，どうしてそういう結果なのですか？
> ベテラン：私は，各地の観測データを見てこう思っている。
> ① 観測期間が1～2年では，沈下傾向に明らかな有意差は観測されなかった。圧密沈下が終わるまで，もっと長期に10年，20年と観測する必要があった。
> ② 日本の地盤は複雑に変化していて，試験区間が50mも離れると地盤構成が変わっていることが多い。室内実験と違い厳密には条件が一致していない地盤で2つの工法を比較していることになる。
> ③ SD工法で処理した地盤は，砂柱効果が出て全沈下量が小さくなっているかもしれないので，沈下の比較は圧密度で比較しないとおかしい，ということもありそうだ。
> ④ いずれにしても沈下促進効果は，地盤条件や荷重の大きさと形状によって変わってくるというのが真相のようで，いまだに定量的に設計に盛り込めていないというのが実態だ。
> ＜Se＞

5.2.3 安定検討の方法

(1) 限界盛土高の検討

概略の安定検討の方法として，限界支持力公式から限界盛土高，すなわち無処理状態で

表 5.1 地盤タイプと限界支持力

地盤タイプ	限界支持力 q_d
厚い粘性土地盤および黒泥または有機質土が厚く堆積した泥炭質地盤	$3.6\overline{c_u}$
普通の粘性土地盤	$5.1\overline{c_u}$
薄い粘土質地盤および黒泥または有機質土をほとんど挟まない薄い泥炭質地盤	$7.3\overline{c_u}$

注) $\overline{c_u}$ は,地盤の平均粘着力(一軸圧縮強度の 1/2)

安定に盛土可能な高さを推定することができる。

すなわち,限界支持力 q_d から,$H_c = q_d/\gamma_E$ によって無処理の場合の限界盛土高 H_c を推定することができる(γ_E:盛土の単位体積重量)。ここに q_d は,表 5.1 のようである。

(2) 円弧すべり面法による安定検討の手順

平成 10 年版設計要領では,円弧すべり面法による詳細な安定検討の手順として,無処理から順次安定対策工を追加しながら盛土立上り時 $F_s \geqq 1.1$ を満足する組み合わせを求める流れを示している。最後に既往事例との比較という検討も入っているが,この流れは,基本的に最初から最後まで安定計算によって対策工を決めるようになっている。

これに対して,本書で示している方法は,総合的な視点から当該軟弱地盤レベルに見合った安定対策工レベルを求め,そのレベルに示す範囲の安定対策工の組み合わせを考えることによって,より合理的かつ実際的な設計を行おうというものである。

その具体的な手順は,次のとおりである。

① 安定対策工の設計の考え方は,次のとおりとする。

 i) 軽量級の軟弱地盤の場合は,軽装備(緩速載荷工法・表層排水工法・敷網工法の任意の組み合わせ)の範囲で設計する。

 ii) 中量級の軟弱地盤の場合は,中装備(緩速載荷工法・表層排水工法・敷網工法・押え盛土工法の任意の組み合わせ)の範囲で設計する。

 iii) 重量級の軟弱地盤の場合は,重装備(緩速載荷工法・表層排水工法・敷網工法・押え盛土工法・バーチカルドレーン工法の任意の組み合わせ,ただしケースによって真空圧密工法)の範囲で設計する。

② それぞれの範囲の安定対策工の組み合わせと諸元は,現場条件などを勘案した上で,円弧すべり面法による安定計算によって $F_s \geqq 1.1$ を満足するものを決める。

(3) 円弧すべり面法の適用にあたっての問題点

安定計算を行うにあたっては,次のような点について十分検討する必要がある。

(a) 盛土速度の設定の仕方

安定対策工の筆頭に挙げられる緩速載荷工法が盛土速度制御工法であるということは,すでに述べたとおりである。すなわち安定対策工を検討するにあたっては,盛土速度をどのように設定するかが非常に重要であり,安定検討結果にも大きく影響する。

経験的には,後出の表 5.5 に示すように 5 cm/日を標準的な盛土速度の,また 3 cm/日あるいは 10 cm/日を緩速あるいは急速の盛土速度の目安として検討すればよい。

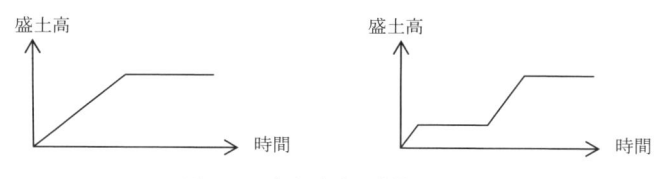

図 5.1 盛土速度の制御の方法

盛土速度の制御には，図 5.1 に示すように一定速度で盛土する（実際には一定の間隔で一定の盛土厚さを階段的に施工する）方法と段階的に盛土する方法がある。後者の方法では，例えば，雪氷地域では冬季の盛土休止期間をうまく活用して，軟弱地盤の強度増加を図ることも可能となる。

(b) 盛土の土質定数のとり方

円弧すべり計算において，盛土の強度定数 c, ϕ は，盛土材についての土質試験から直接求めることは少なく，ほとんどの場合は標準的な数値を用いている。

c, ϕ のとり方によって安全率は大きく変化することがあるにもかかわらず，その検討が行われることはほとんどないが，標準的な盛土材でないことがわかっている場合は，その c, ϕ について十分検討する必要がある。

また盛土の単位体積重量は，盛土材の締固め試験から得られる数値を使えばよい。

なお試験値がない予備設計段階では，表 5.2 のような数値が参考となるが，あくまでもこれは参考であり，実際の設計にあたっては実際に用いる盛土材について土質試験を行って決定する必要がある。特に軟弱層厚に比較して盛土高が大きい場合は，盛土内部を通る円弧すべり面の比率が大きくなるため，安全率に対する盛土の c, ϕ の影響は非常に大きいので十分注意しなければならない。

表 5.2 締め固めた盛土材料の土質定数（参考値）

材料		単位体積重量 (tf/m^3)	せん断抵抗角 ϕ (度)	粘着力 (kgf/cm^2)	摘要
砂利混じり砂		2.0	40	0	GW, GP
砂	粒度の良いもの	2.0	35	0	SW, SP
	粒度の悪いもの	1.9	30	0	
砂質土		1.8	25	0.3 以下	SM, SC
粘性土		1.7	15	0.5 以下	ML, CL
関東ローム		1.4	20	0.1	VH

(c) 盛土の沈下の取り扱い

円弧すべり計算において，盛土の沈下を見込むかどうかで安全率は変わってくる。
1 つの考え方として，次のような考え方がある。
① 重量級（沈下量 3 m 以上）の軟弱地盤の場合は，沈下を見込んだ計算を行う。
② 軽量級（沈下量 1.5 m 以下）の軟弱地盤の場合は，沈下を見込まない計算を行う。
③ 中量級の軟弱地盤の場合は，ケースバイケースとする。

(d) テンションクラックのとり方

従来の設計要領では，テンションクラックは，次式で求めることになっている。

$$Z = \frac{2c}{\gamma_E} \tan\left(45° + \frac{\phi}{2}\right) \leq 2.5 \,\text{m}$$

しかし港湾関係では，テンションクラックは，盛土全高に入れる計算方法を用いている。また高速道路の現場で，テンションクラックが盛土全高に入っていることを確認した報告もある。

(e) 地盤の土質定数のとり方

地盤の土質定数は，ボーリングで採取した乱さない試料について土質試験を行って求めるのが基本である。表5.3は，土質による強度増加率の概略値の例である。

表5.3 土質と強度増加率

土質	強度増加率
粘性土	0.30～0.45
シルト	0.25～0.40
有機質土および黒泥	0.20～0.35
ピート（泥炭）	0.35～0.50

5.3 施工

5.3.1 観測的施工

近年，日本では，テルツァーギの観測工法（Observational method）をコンピュータ技術の活用でシステム化した情報化施工（Real-time construction control system）が提唱され，実際に適用されて大きな成果を上げている。この情報化施工は，その後，情報化設計施工法という設計・施工の方法として発展した。

この情報化施工という概念は，Real-time construction control system という英文表示が示すようにコンピュータを用いた即時的な情報処理という側面をクローズアップしたものとして提唱された[1]。そしてその後の情報化施工の展開は，ICT（情報通信技術）の急速な発展を背景に，情報化という側面をより引き継いだものとなっている[*1]。

しかし観測工法の本来の趣旨からいえば，「観測データに基づく施工から設計へのフィードバック制御」こそが情報化施工の眼目であり，コンピュータによる情報処理は，観測工法の方法的な側面に過ぎないことに留意する必要がある。

したがってここでは，情報化施工ではなく，テルツァーギが提唱した元々の言い方である観測工法の趣旨に沿って，「観測的施工」あるいは簡単に「観測施工」という言い方を用い，設計まで含んだ表現としては「観測的設計施工法」という言い方を用いることにする。

観測的施工を行うためには，設計段階から施工段階での観測データによる修正を前提とした設計を行う必要がある。そして施工段階では，観測データに基づく安定や沈下の将来予測とそれに基づく設計や施工法の修正を行うための的確な意思決定が重要となる。すなわち観測的施工は，設計段階からつながった概念であり，観測的設計施工法の施工段階の表現と考えるべきである。

5.3.2 観測的施工の流れ

軟弱地盤における盛土の観測的施工の流れを図5.2に示す。

[*1] 近年，国土交通省が推進している情報化施工は，「ICT（情報通信技術）を活用した新しい施工方法」として位置づけられている。

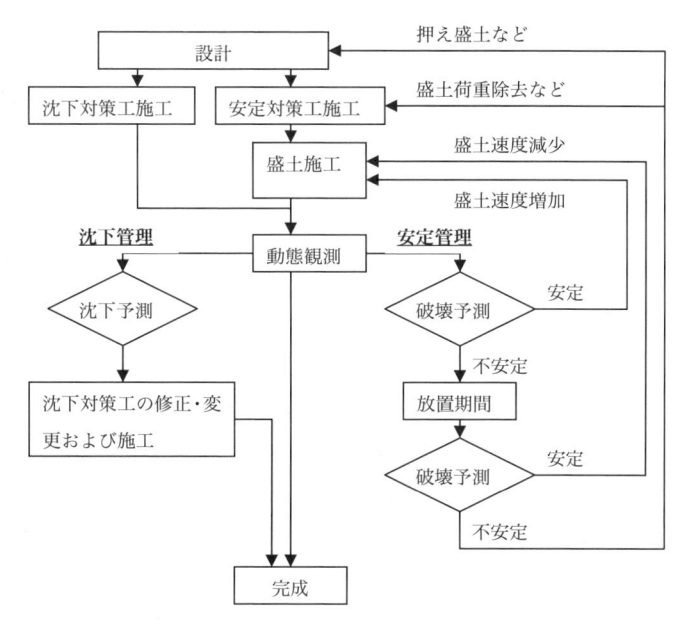

図 5.2 軟弱地盤における盛土の観測的施工の流れ

　安定管理の流れは，沈下および変形の観測データに基づいて地盤の破壊を予測し，盛土速度の制御や安定対策工の設計の修正などを行うものである。

　また沈下管理の流れは，沈下の観測データに基づいて将来沈下を予測し，沈下対策工の修正・変更および施工に資するためのものである。

　この章では安定管理について述べ，沈下管理については第6章において述べる。

5.3.3　動態観測の計器 [2]

　動態観測に一般的に用いられる計器の種類は，表5.4に示すとおりである。

　軟弱地盤は，深さ方向にも平面的にも土性が複雑に変化しており，適切な観測の位置や範囲を決定するのは難しいが，観測データが施工にフィードバックされやすい箇所，地盤条件が悪くて設計上の問題が多い箇所，土質調査が近くで実施されている箇所などに留意して観測位置を選定する必要がある。

　観測的施工のためには，地盤の土性や盛土の条件などから区分した施工区間ごとに，観測内容を検討し，適切な計器の配置を決定する必要がある。

　標準的な計器の配置を図5.3に示す。沈下が問題になる箇所では沈下計を主体に，安定が問題になる箇所では沈下計のほかに，変位杭，地中変位計など側方変形を計測できる計器を主体に配置する。

　また供用後の残留沈下に対する補修工事に資するため，沈下計を主体とする計器を必要な数量と位置に管理段階にまで引き継げるように配慮することも重要である。

　なお従来，一般的には，沈下や変位を測定する機器が多用されてきたが，近年，実績の増えてきた真空圧密工法では圧力の管理が重要であり，間隙水圧計が品質管理に貢献している。

表5.4 計器の種類

計器	測定項目	目的	取り扱い上の留意点	備考
地表面型沈下計 (JGS 1712)	地表面沈下量	安定管理（破壊予測による盛土速度のコントロール），沈下管理（将来沈下予測によるプレロード取除き時期や上げ越し量の決定，残留沈下量の推定）に用いる。沈下土量の検測にも用いる。	沈下のみを考える場合は中央に1カ所，安定も考える場合は横断方向に少なくとも3カ所設置する。また，沈下土量の算出にあたっては，盛土形状・規模に応じて必要な数を設置する。ロッドは保護管を設け，二重管構造とする。ロッドの先端の保護，管理が必要である。	
深層型沈下計	層別沈下量	軟弱層が厚い部分に，主として安定が問題となる上部層と，主として長期沈下が問題となる下部層の沈下量を分けて測定するために用いられる。データは安定管理，沈下管理に用いられる。	通常，中央付近に1カ所設置する。二重管構造とする。沈下板はロッドの回転による沈下を防止するため，ダブルスクリューとし，側方流動により曲げられたりしないよう，ロッドの剛性も考える。ロッド先端の保護・管理が必要である。	
地表面変位杭 (JGS 1711)	地表面水平変位量 地表面鉛直変位量	安定管理に用いる。盛土周辺地盤の変状調査に用いる。	盛土のり尻より2〜3m間隔で根入れを十分にとり，打ち込む。別に変位杭の一直線上に2本の不動杭を設けておく。	
地中変位計 (孔内傾斜計)	地中水平変位量	安定管理に用いる。土層別の変位量の把握，すべり面の推定に利用する。	ケーシングは，盛土荷重などによる変形等の影響を受けない明確な支持層に入れる。計測値の信頼性を増すために，正・反2つの読み取りを行う。	
地表面伸縮計 (地すべり計) (JGS 1725)	地表面水平変位量	安定管理に用いる。連続測定が可能なため緊急時の動態観測に用いる。	十分な目印または保護柵を設置して，インバー線を保護する必要がある。温度や風による伸縮の影響を避けるため，インバー線もできるだけ径の大きな塩ビ管などで保護する。インバー線の長さは30m程度が限度である。	
間隙水圧計	間隙水圧	間隙水圧の消散度による対策工（サンドドレーン，プレローディングなど）の効果の判定に利用する。大規模な軟弱地盤の代表断面や試験盛土，その他特殊な目的をもった工事以外には利用する例は少ない。	測定期間の長短によりセンサーの方式を決定する。測定にあたっては，水圧計の脱気を十分に行う必要がある。	長期計測用にはマノメータ式やキャサグランデ方式がよい。

(a) 沈下が問題(軟弱層厚が薄い)

(b) 沈下が問題(軟弱層厚が厚い)

(c) 安定が問題(軟弱層厚が薄い)

(d) 安定・沈下が問題(軟弱層厚が厚い)

(e) 近隣に構築物がある場合

注) ⊥ 地表面型沈下計
　　↧ 深層型沈下計
　　+++ 地表面変位杭，または地表面伸縮計
　　　　(地すべり計)

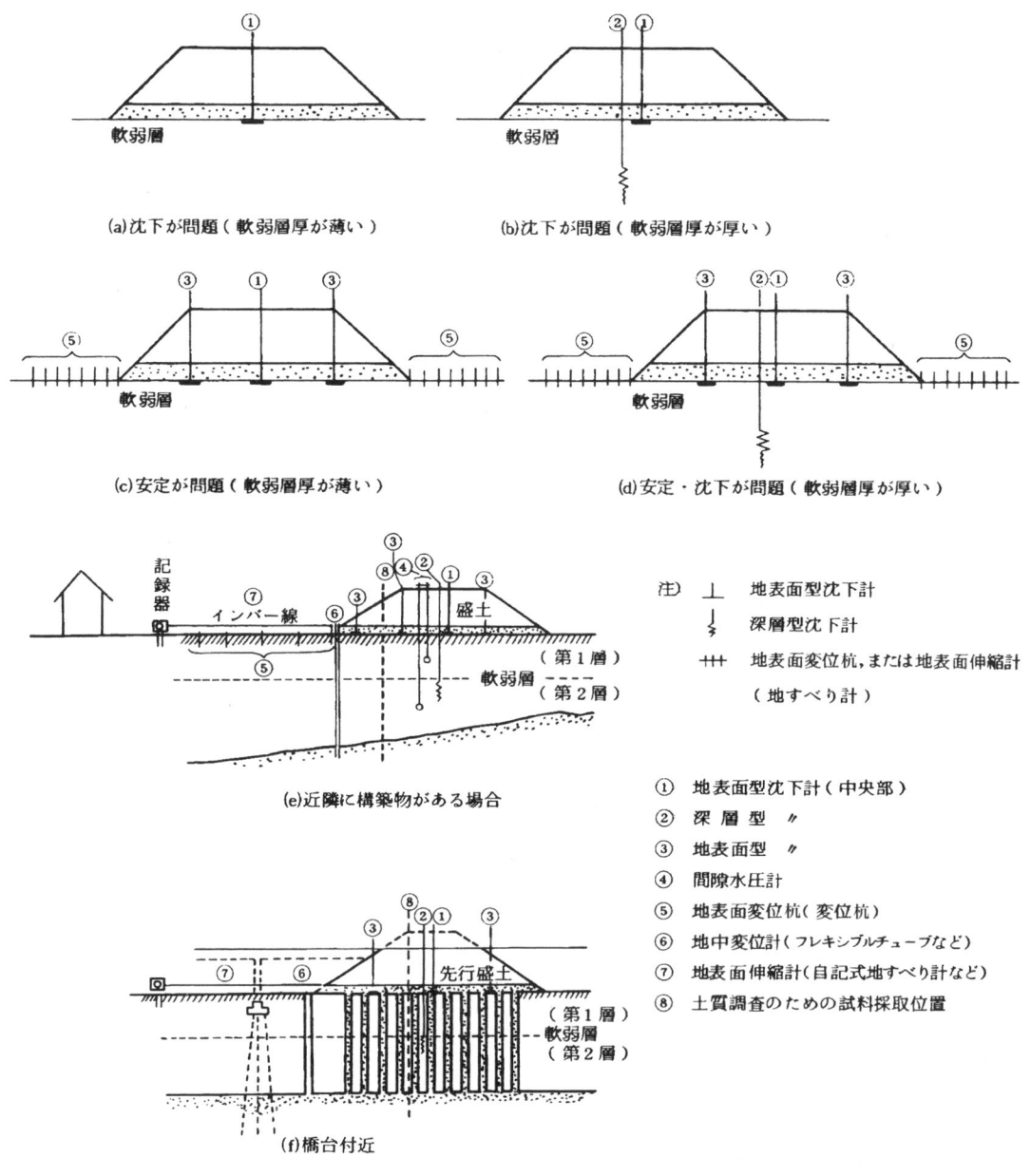

① 地表面型沈下計(中央部)
② 深層型 〃
③ 地表面型 〃
④ 間隙水圧計
⑤ 地表面変位杭(変位杭)
⑥ 地中変位計(フレキシブルチューブなど)
⑦ 地表面伸縮計(自記式地すべり計など)
⑧ 土質調査のための試料採取位置

(f) 橋台付近

図 5.3　計器の標準的な配置

5.3.4　安定管理

(1) 安定管理の考え方

　軟弱地盤における盛土の基本的な工法は，深層混合処理工法や杭工法などの特殊な工法を別にすれば，盛土荷重によって地盤の圧密を進行させて強度増加を図り，順次盛土を立ち上げていくという方法である。

　したがって，盛土荷重が地盤の支持力とうまく釣り合うように盛土の載荷を時間的に制御することによって，所定の盛土高までできるだけ速く，しかも順調に立ち上げるのが最

も合理的な施工法となる。

具体的には，動態観測のデータなどから盛土や地盤がどの程度安定であるか，言い換えればどの程度破壊に近いかを予測し，それによって盛土の載荷速度を制御すること，すなわち盛土速度を増減することが中心となる。このような作業は，一般に安定管理と呼ばれるものである。

(2) 盛土速度の制御

施工にあたっては，当初は設計盛土速度で施工を行う。設計時における標準的な盛土速度としては，表5.5のような値が目安となる。ここにいう盛土速度は，通常は盛土高さで管理すればよいが，重量級タイプのように沈下量が大きくなる場合は，盛土厚さ（盛土高に沈下量を加えた実質的な盛土の厚さ）で管理する必要がある。

表5.5 盛土速度の目安（軟弱地盤対策工指針に加筆）

地盤	盛土速度（cm/日）	備考
厚い粘土質地盤および黒泥または有機質土が厚く堆積した泥炭質地盤	3	重量級の軟弱地盤タイプに相当
普通の粘土質地盤	5	中量級の軟弱地盤タイプに相当
薄い粘土質地盤および黒泥または有機質土をほとんど挟まない薄い泥炭質地盤	10	軽量級の軟弱地盤タイプに相当

盛土の施工とともに動態観測を行い，そのデータに基づいて直ちに地盤の破壊予測を行う。その結果，安定であると判断できれば，そのまま施工を継続するし，さらに十分安定であると判断できれば盛土速度を上げる。

逆に不安定であると判断されれば，施工を中止して放置期間をとることによって盛土速度を下げる。放置期間をとることによって動態観測データなどから安定化の傾向が確認できれば，施工を再開する。

一方，放置期間をとっても依然として不安定な状態が続き，安定化の傾向が見えない場合は，速やかに盛土荷重の取除きなどの応急対策を講じる。

さらに状況によっては，押え盛土の追加やチェックボーリングに基づく本格的な対策工の検討を行う。

盛土速度の制御は，実際には1回に一定の厚さの盛土を施工し，その後の放置期間を増減することによって行う。1回当たりの盛土の施工厚さは，盛土本体の品質管理の規定によって決まる。高速道路盛土の場合は30 cmが標準であるから，1回当たりの盛土の施工厚さは20〜30 cmが目安になる。

過去の盛土破壊例の多くは，何らかの理由あるいは不注意で，1日あるいは数日間で50 cmとか1 mとかの厚さを一気に施工して破壊させたケースである。したがって，この1回当たりの施工厚さは厳重に管理するとともに，1つの区間を連続して施工しないように，毎日施工する区間を変える施工計画にする必要がある。

施工ヤードは，1日1回で施工可能な規模の範囲以内で道路縦断方向に区分しておき，区分した1つの施工ヤードを1施工単位区間として1回の施工で全体を均一に盛り上げる。施工はあくまでも施工ヤード全体に均一に行い，不均一な盛り立てや横断方向の部分的な施工は絶対に行ってはならない。

この施工単位区間は，地盤条件・現場条件などが同一の範囲を1つの区間とし，区間ごとに動態観測のための計器を配置する。

そして最も重要なことは，以上のような設計・施工の考え方を早い時期にすべての工事関係者に周知徹底させ，動態観測に基づく施工が確実に行われる体制を確立することである。そのような体制が確立できない限り，観測的施工は成功しないといってよい。

(3) 動態観測の考え方

安定管理の成否は，地盤の破壊がいかに精度良く予測できるかにかかっている。

盛土の安定は，盛土荷重と地盤支持力の釣り合いで決まるわけであるから，これらを直接管理できれば一番良いが，それは理論的にも計測技術的にも極めて困難である。そこで盛土の沈下や地盤の変形の計測が容易で精度も比較的良いこともあって，それらの観測データを用いた破壊予測に基づく安定管理が行われるのが一般的である。

沈下や変形の観測データに基づく地盤の破壊予測法は，第8章の**8.2**で述べるように，指標として盛土中央部の沈下量ρと盛土のり尻部の地表面あるいは地中の水平変位量δおよび盛土荷重qを用いるものが一般的である。

動態観測の考え方をまとめると，次のようになる。

① 各施工単位区間に設置する計器は，盛土の沈下や地盤の変形を対象にしたものを中心に採用する。すなわち，盛土中央部には地表面型沈下計（軟弱層が厚い場合には深層型沈下計も），盛土のり尻部には地表面変位杭（場合によっては地表面伸縮計も）を最小限設置する。地盤のタイプによっては，盛土のり尻部に地中変位計を設置する（例えば，地中に最大水平変位が現れるような場合）。

② 観測データの異常はできるだけ観測中に発見することに努め，それが測定誤差なのか重機の走行の影響など人為的なものなのかどうかを見極める。

③ 観測頻度は，施工中は1日1回を標準とするが，不安定な兆候が現れたときには，特に地表面伸縮計の時間的な変化に注意する。盛土作業終了とともに変位が止まれば，安定状態にあるが，変位が継続する場合は要注意である。その後も変位が収束せず継続するようであれば，現場の観察なども総合して不安定と判断し，盛土荷重の一部撤去などによって安定を確保する。

④ 盛土が不安定になったり地盤変形に異状が現れたりする箇所は，必ずしも計器設置箇所と一致するとは限らないから，動態観測では計器による観測だけでなく，現場全体の目視による観察を絶えず行い，盛土や地盤のクラックや側方地盤の隆起などの異状を見落とさないようにする。

破壊予測法に用いる盛土中央部の沈下量ρ，盛土のり尻部の水平変位量δ，盛土荷重qについては，特に次の点に注意する必要がある。

① 沈下量ρは，明確な中間砂層がある地盤のように安定に関係する層が上部層のみの場合は，上部層の沈下量を用いる必要がある。

② 水平変位量δは，地表および地中を通じて最も大きい値を示すものを用いる。軟弱地盤の深さ方向の水平変位分布は，地盤タイプによってさまざまなパターンがあり，必ずしも地表が最も大きいとは限らないから，どこに最大値が現れるか実際の観測データをよく見極める必要がある。

詳しくは，第 8 章の **8.2**「破壊予測法」を参照されたい。

参考文献
1) 吉国洋：情報化施工とその背景，土と基礎，Vol.30, No.7, pp.5-10, 1982
2) 日本道路公団：土工施工管理要領（平成 15 年 7 月），pp.51-63, 2003

第6章　沈下対策工の設計と施工および維持管理

6.1 沈下対策工の設計・施工の基本的考え方

6.1.1 設計・施工の原則

　沈下対策工の設計・施工は，残留沈下を軽減するため盛土完成から開通までの工期を十分に確保することを基本とし，地盤改良による沈下促進効果は原則として期待しない。

　土工工事において，開通までの工期を変えた場合の残留沈下の違いを模式的に図6.1に示す。同一地盤である場合は，着工時期の早いA工事の方がB工事より残留沈下は小さい。盛土立上りから開通までの期間を長く確保することによって，残留沈下はかなり軽減される。残留沈下量の大きい区間や補修の困難な区間は，優先的に早期発注することが望ましい。

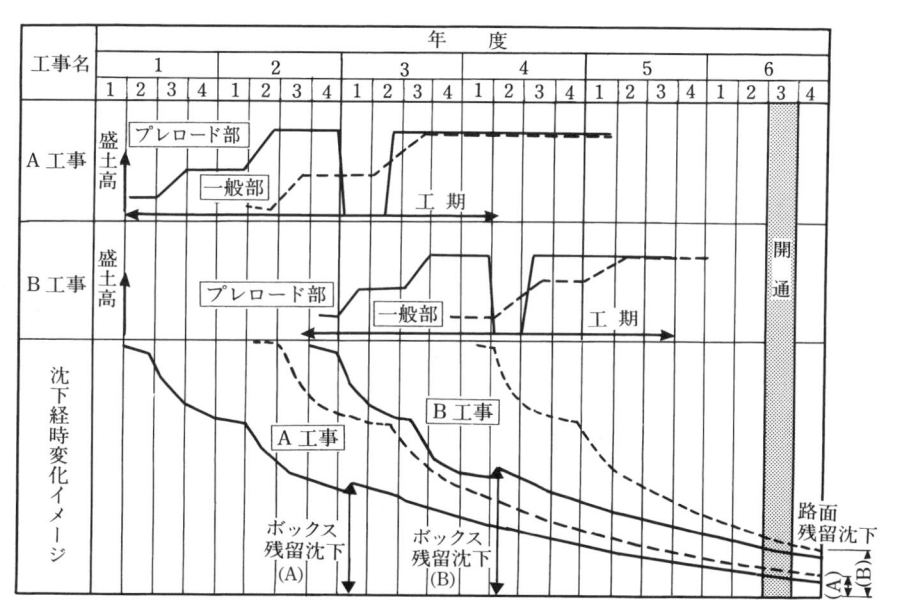

図6.1　工期の取り方による残留沈下の違い

6.1.2 設計・施工の手順

　沈下対策工は，設計段階ですべてを確定する必要はない。すなわち，①設計段階で確定しておかなくてはならない内容，②設計段階で仮置きしておいて施工段階で修正すればよい内容，③施工段階で確定すればよい内容，を区別し，それぞれの内容に応じて，必要な

時点に，必要な精度で，必要な沈下量を推定し，沈下対策工を確定していけばよい。

設計段階での計算による事前の沈下予測は，沈下量の大きさはともかく，その時間的変化については非常に精度が悪いが，幸い実測データに基づく沈下予測法では，比較的精度の良い予測が可能である（詳細は，第8章の **8.3** を参照されたい）。

そこで次のような手順で設計・施工する。

① 同一の地盤と見なし得る一定の区間を区切って，その区間の各地層の土質力学的性質の平均値に基づいて，その平均的な沈下挙動を計算および経験式によって事前に予測をした上で，それに見合う設計を概略しておく。

② 盛土の施工段階において実測沈下データを取得し，それをもとに必要な時点までの将来予測を行い，それに基づいて設計を修正し，施工する。

その上で維持管理段階では，残留沈下の実態を追跡調査し，計画的に補修する。

6.1.3 沈下対策工の考え方

沈下対策工は，維持管理段階での補修規模，補修方法，難易度などを考慮した上で，残留沈下に追随でき，かつ補修の容易な構造を設計することを基本とし，沈下対策工としての地盤改良は行わないことを原則にする。

すでに述べたように，このような考え方は，次のようなことを根拠にしている。

① 軟弱層が薄い場合を除いては，地盤改良の有無にかかわらず長期にわたって沈下が継続し，供用後にそのことに起因する補修を必要とするケースが多い。

② しかし供用後の補修実態調査によれば，段差修正，オーバーレイ，排水不良箇所の修正などの補修作業は，交通を確保しつつ行うことが可能である。

③ こうした補修実態によって，交通機能を阻害することなく高速道路の維持管理が長年にわたって行われてきている。

沈下対策工の考え方を整理すると，表6.1のようである。なおIIIタイプの地盤で残留沈下が非常に大きいことが予測される場合は，特に盛土工事先行の検討，すなわち盛土立上りから供用までの十分な工期の確保について十分検討する必要がある。

表6.1 沈下対策工の考え方

時期	考え方	沈下対策工
建設段階	可能なかぎり沈下を促進させておく	・プレロード ・サーチャージ ・盛土立上りから供用開始まで十分な時間を確保
	残留沈下に起因する障害を吸収し得るように，あらかじめ余裕のある構造にしておく	・盛土仕上げ面の上げ越し，幅員拡幅 ・カルバートの断面拡幅，上げ越し設置
	補修の容易な構造にしておく	・踏掛版 ・暫定舗装 ・簡易な路面排水構造 ・付帯施設構造の工夫
維持管理段階	沈下追跡調査に基づいて適宜補修を行う	・各種障害の補修 ・段差修正（パッチング） ・縦断線形の修正（オーバーレイ）

6.1.4 沈下管理

一般に沈下管理は，第5章の **5.3.2** で述べたように，施工段階で沈下の実測データに基づいて将来沈下を予測し，残留沈下に対する対策工の修正・変更および施工に資するためのものであるが，観測的設計施工法という広い意味では，設計から維持管理までの段階を通じて行われる沈下の予測と，それに基づく沈下対策工の管理と捉えることができる。

設計・施工・維持管理に必要な沈下の予測の目的とその手段について，表6.2に示す。それぞれの目的に応じて，適切な予測手段で必要な沈下量を予測すればよい。

現行の設計要領では，従来の沈下実測結果から，沈下の時間的変化を図6.2のように考えるとしている。すなわち，盛土立上り後600日までの沈下を短期沈下とし，それ以降の沈下を長期沈下としている。

ここに「盛土立上り後600日」というのは，従来の沈下追跡調査から沈下傾向のおおよその変化点にあたり，それ以降の長期沈下は，一定の期間にわたって時間の対数

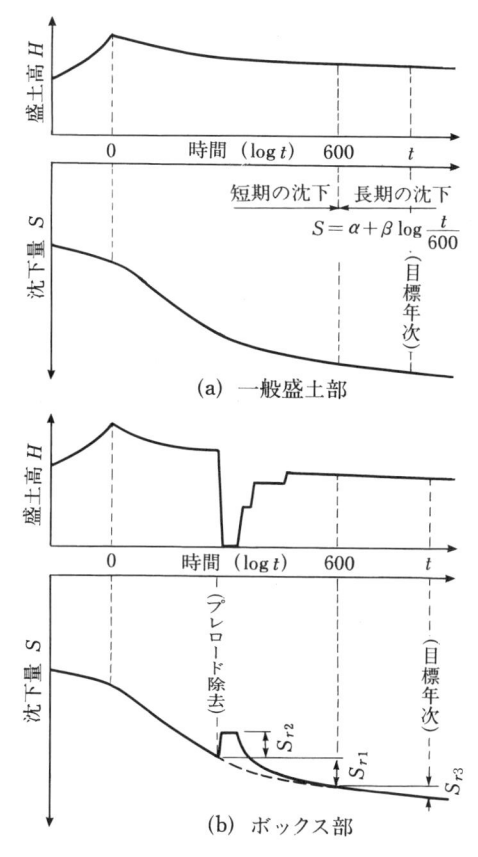

図6.2 沈下の時間的変化の考え方

表6.2 沈下の予測の目的と手段

予測の目的		予測時期と予測法			摘要
		設計	施工	維持管理	
一般盛土部	沈下土量	圧密計算による	沈下データによる	—	盛土立上り時の沈下量で検討
	上げ越し量	—	同上	沈下追跡調査による	路床面完成時から開通2年後までの沈下量で検討
	幅員余裕	—	同上	同上	路床面完成時から開通5年後までの沈下量で検討
ボックス部	上げ越し量	圧密計算と経験値による	同上	—	ボックスの用途によって検討
	断面余裕	同上	同上	—	プレロード撤去時から開通5年後までの沈下量で検討
	プレロード取除き時期	6カ月以上	同上	—	プレロードの載荷時間は原則として6カ月以上
舗装路面	暫定舗装	既往の類似例	同上	沈下追跡調査による	舗装路面完成時から開通5年後までの沈下量で検討
付属施設	防護柵，通信管路等の構造	同上	同上	同上	

$\log t$ に対してほぼ直線的な傾向をもつ.

このような考え方は，実測データからの帰納であり，当然のことながら圧密理論から得られる時間的変化とは合致しない．そこでこの考え方の設計時の使い方として，例えば，第 4 章の **4.5.3** で示したように，盛土立上り後 600 日時点での沈下量として，計算圧密沈下量 S_c をとり，図 4.27 に示した盛土立上り時，6 カ月後，12 カ月後などにおける比率の実績や類似事例のデータを参考に，該当する地盤のタイプに応じた予測沈下曲線を想定するというやり方が考えられる．

そして実際に盛土施工が始まって実測データが得られる状況になれば，平成 10 年版設計要領で示されている次のような沈下予測法を利用して，より正確な沈下量を求めればよい．

① 双曲線法による方法
$$S = S_0 + \frac{t}{a + bt}$$
ここに，S_0：初期沈下量
　　　　a, b：定数

② $\log t$ 法による方法
$$S = \alpha + \beta \log \frac{t}{t_0}$$
ここに，α：一次圧密量
　　　　β：沈下速度
　　　　t_0：二次圧密沈下の起点とする時点
　　　　t：二次圧密沈下を予測する時点

なお図 6.2 (b) において，ボックス部のボックス構築後から対策目標年次までの沈下量 S_r は，次式のように考える．
$$S_r = S_{r1} + S_{r2} + S_{r3}$$
ここに，S_{r1}：プレロード除去時から盛土完成後 600 日までの沈下量
　　　　S_{r2}：プレロード除去時の地盤のリバウンド等の影響による沈下量（設計時は経験値 5〜15 cm 程度を見込み，施工時は実測値から求める）
　　　　S_{r3}：盛土完成後 600 日以降の沈下量

以上に示した双曲線法や $\log t$ 法などは，単に沈下データの時間的変化の形状にどのような曲線が最もフィッティングするかという観点から考えられた方法であって，力学的根拠は何もないことに注意する必要がある．

以上のような沈下予測法は，第 4 章の **4.5.3** で示した(1)「通常の沈下対策工を検討するケース」に用いるものである．

一方，(2)「特別な沈下対策工を検討するケース」での沈下予測は，以上に示したような経験式では不可能であるが，現在のところこれという適当な方法は見当たらない．

したがってこのようなケースでは，今後は，一定の力学的根拠をもった沈下予測法として，構成モデルの活用を検討する必要がある．その課題と展望については，第 9 章を参照されたい．

6.2 具体的な沈下対策工

6.2.1 沈下土量

設計では，盛土立上り時点の沈下形状を予測し，盛土量に加算する．路肩・のり尻部の沈下は，盛土中央の沈下量 S_0 に比率を掛けて求める（図 6.3 参照）．基盤の傾斜によって軟弱層厚さが大きく変わる場合は，軟弱層の厚さに比例するとして想定する．なお土量を正確に把握するためには，路肩やのり尻部に沈下計を密に設置して確認する必要がある．

また盛土の沈下に伴って，周辺地盤も図 6.4 に示すように沈下する．沈下の影響は，のり尻から軟弱層厚相当の範囲に及ぶ．このため盛土に近接して家屋等のある場合は，対応を考える必要がある．

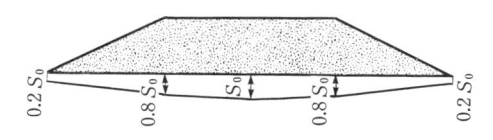

図 6.3 盛土基礎地盤の沈下形状

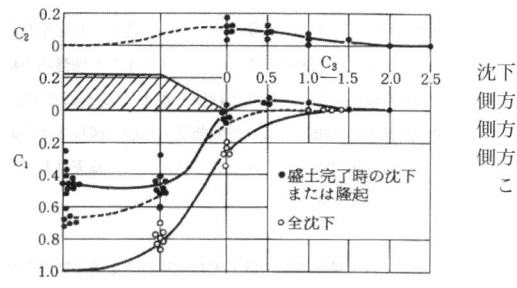

沈下量　　　　　　　　　$S_t = C_1 \cdot S$
側方地盤隆起量　　　　　$\delta_v = C_1 \cdot S$
側方地盤水平移動量　　　$\delta_x = C_2 \cdot S$
側方地盤に変位の及ぶ距離　$L = C_3 \cdot H$
　ここに，S：盛土中央における最終全沈下量
　　　　　H：軟弱層厚

図 6.4 周辺地盤の沈下形状

6.2.2 路面の縦断線形

軟弱地盤では，路床や舗装の路面を計画縦断線形どおりに仕上げても，不同沈下によっていつまでも当初の形状を保つことはできない．したがって路面の縦断形状は，沈下によって時間とともに変化することを前提に，どの時点で計画高さになるように完成するかを考慮する必要がある．

同時に，路面の縦断線形や舗装完成時の構造は，残留沈下によって補修の行われることを前提に考えることが合理的である．

(1) 対策目標年次の取り方

普通地盤でも舗装の老朽化によって路面補修は行われるが，軟弱地盤ではそれに不同沈下に起因する路面補修が加わる．軟弱地盤における路面補修頻度は，開通後 2 年までが非常に大きく，以降は急減する傾向がある．

したがって路面は，計画高に対して一定量の上げ越しをして完成する必要がある．上げ

越し量は，路面の完成時点から目標とする年次までの予測沈下量とする。目標年次としては，補修頻度の傾向を考慮すれば，開通後2年程度を想定すればよい。

(2) 路床完成時の縦断線形

路床面の上げ越しを考慮した完成高は，次式のとおりである。

$$路床面の完成高 = 路床計画高（PHE）+ 予測沈下量$$

ここに，予測沈下量は，路床完成時から開通2年後までの沈下量である。

この予測沈下量は，先行するプレロード部と一般盛土部で異なるから，路床完成時点の上げ越しは，図6.5に示すようにブロックを分けて設定し，縦断的に凹凸のある形状とする。

なお路床と路体の材料が違う場合，一般に路床材の方が高価であるから，路体を完成する時点でも上げ越しを行っておく方が経済的である。

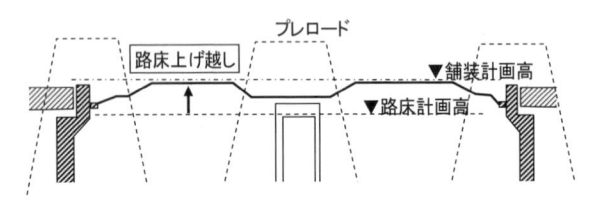

図6.5 路床の上げ越し形状

(3) 舗装完成時の縦断線形

舗装完成時にも，開通後の目標年次までの予測沈下量に対して上げ越しを行う。橋台部との擦りつけは，補修基準の0.5%の勾配で擦りつけるものとする（図6.6参照）。なお踏掛版の設置勾配は，舗装の上げ越し形状に合わせる。

軟弱地盤の延長が長く，残留沈下も大きい場合の舗装構造は，原則として暫定舗装とする。暫定舗装の設計では，開通後大規模な縦断修正工事を行う時期を想定し，それまでの間の交通量を対象に構造を考えるべきである。暫定舗装の事例を図6.7に示す。

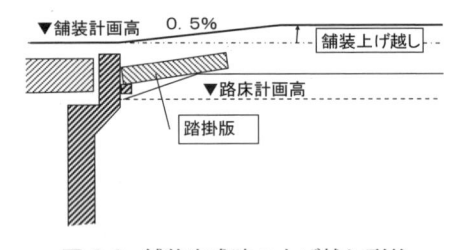

図6.6 舗装完成時の上げ越し形状

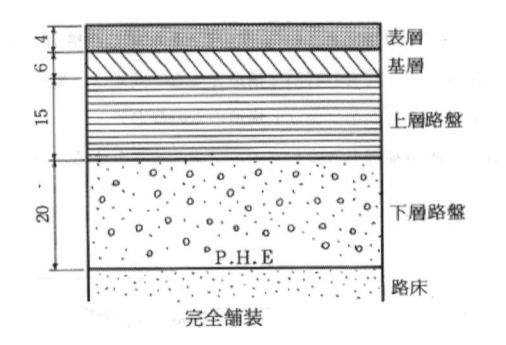

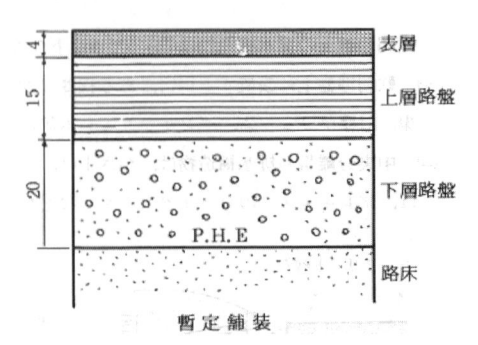

図6.7 暫定舗装構造例

(4) 維持管理時の補修縦断線形

維持管理時に橋台取付部に段差を生じた場合，0.5% 勾配差で擦りつける。補修後の残留沈下が大きいと予測される場合は，建設時と同じように上げ越しを行う。

大きな残留沈下が継続することが予測される区間の路面補修方法を図 6.8 に示す。縦断修正工事で現況へ単純に擦りつけた場合，補修延長は回を重ねるたびに長くなる (b)。それに伴って長期間の交通規制も繰り返されることになる。補修後の残留沈下量が大きいことが予想される場合，初期の段階の補修で上げ越しを実施する。初期段階の補修での上げ越しは，次回の補修を軽微な段差補修にとどめることになり (a)，トータルとして交通規制日数や工事費を低減できる。

具体的な検討例を図 6.9 に示す。補修縦断線形は，補修後の沈下を見込んだ路面高さに対して計画している。

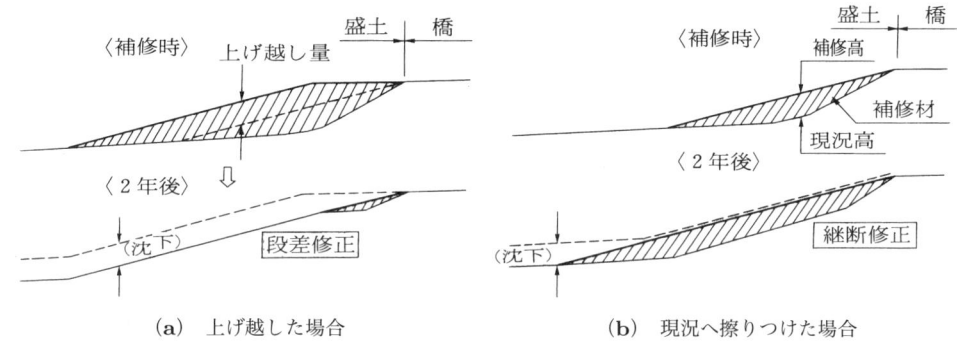

(a) 上げ越した場合　　　　(b) 現況へ擦りつけた場合

図 6.8　大きな残留沈下が継続する区間の路面補修方法

項目	計算式	測点								
		1	2	3	4	5	6	7	8	9
補修前路面高	①	6.66	6.65	6.19	6.15	6.22	6.28	6.29	6.25	6.25
2年後沈下量	②	0.01	0.01	0.31	0.25	0.27	0.25	0.20	0.20	0.20
2年後予測路面高	①－②	6.65	6.64	5.88	5.90	5.95	6.03	6.09	6.05	6.05
2年後計画高	③	6.65	664	6.54	6.44	6.34	6.24	6.14	6.05	6.05
2年後合材厚	③－(①－②)	0.00	0.00	0.66	0.54	0.39	0.21	0.05	0.00	0.00
改良目標高	③＋②	6.66	6.65	6.85	6.69	6.61	6.49	6.34	6.25	6.25
補修路面高	④	6.66	6.65	6.76	6.69	6.61	6.49	6.34	6.25	6.25
合材施工厚	④－①	0.00	0.00	0.57	0.54	0.39	0.21	0.05	0.00	0.00

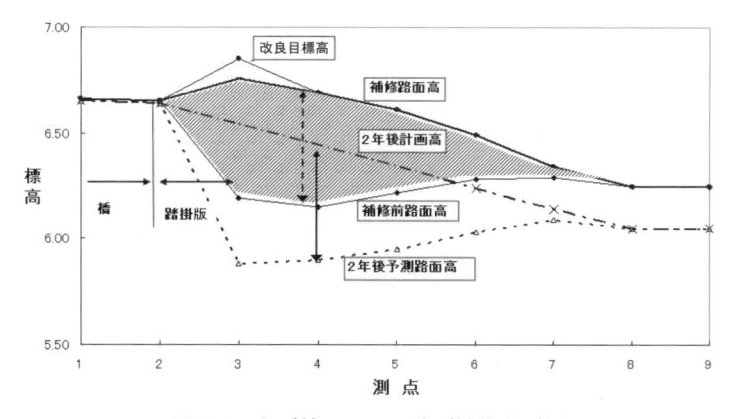

図 6.9　上げ越しによる路面補修計画例

上げ越し計画の手順は，次のとおりである．
① 測点ごとに補修後（ここでは2年後）の沈下を予測する．現況の補修前路面高に予測沈下を加えた点を結んで予測路面高とする．
② 予測路面高に対して補修縦断線形を決め，縦断線形から計画高と必要合材厚を求める．
③ 補修路面高は，現況の路面高に計画合材厚を加えて求める．

橋台取付部は，計画合材厚を加えると路面から飛び出す形となる．このため橋台から計画路面高に対して0.5%の勾配差で擦りつける．この範囲は，補修後に沈下に応じて段差修正を行うことになる．なお，勾配変化の大きい場合は，縦断曲線を入れて緩和する．

6.2.3 盛土の横断形状

開通後の沈下によって路面のかさ上げを行った場合，路肩部に幅員不足を生じる．盛土横断形状は，沈下した場合の障害を軽減するために，目標年次までの予測沈下量に応じた上げ越しを行う．盛土の施工では，沈下を考慮した横断形状とする．

(1) 対策目標年次の取り方

幅員不足の大きい場合は，土留め工も必要となる．幅員不足による維持管理上の障害は，路面沈下に比べて大きい．このため対策目標年次は，開通後5年程度とするとよい．

(2) 上げ越し形状

路面（PHE）を目標年次までの予測沈下量相当分だけ上げ越し，のり面勾配は，のり肩とのり尻の両ポイントを結んだ勾配とする（図6.10 (a) 参照）．のり面は，建設中の短期間であることから標準値より急勾配とする（標準勾配1：1.8のケースでは1：1.5を限度とする）．なお，沈下対策の目標年次で，路面の上げ越しと幅員余裕を変える場合は，路床仕上げ時に幅員余裕を確保する．例えば，目標年次で高さを開通後2年，幅員を5年と変えた場合の盛土完成時の横断形状を図6.10 (b) に示す．

押え盛土は，本線盛土完成後の高さを維持する必要はない．ただし，本線側に逆勾配となって滞水する場合は，排水溝を追加するか，押え盛土表面を整地して排水処理を行う（図6.11参照）．

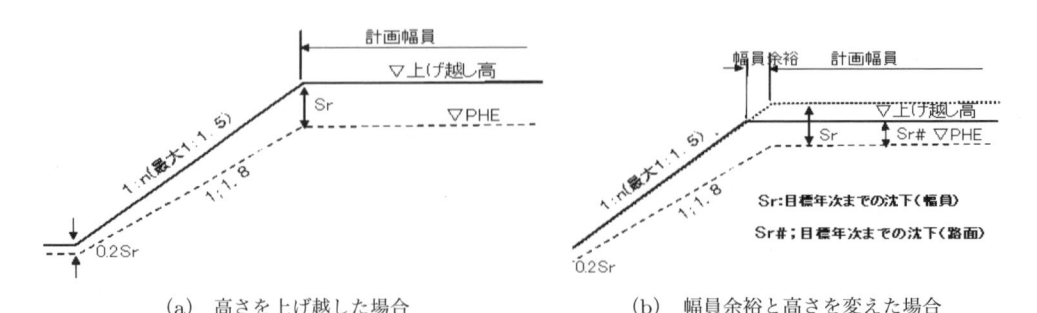

(a) 高さを上げ越した場合　　(b) 幅員余裕と高さを変えた場合

図6.10 盛土の上げ越し形状

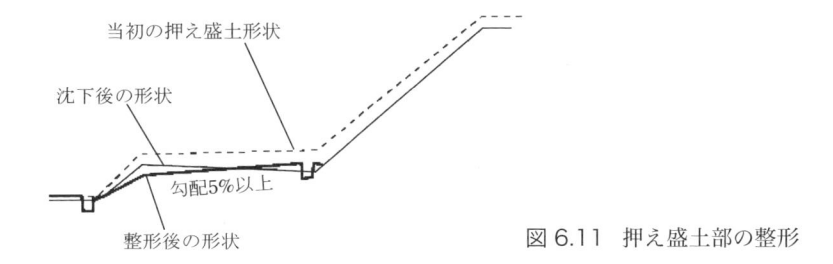

図 6.11 押え盛土部の整形

6.2.4 カルバートボックス部の沈下対策

カルバートボックスは，路面の不同沈下を軽減するために，原則としてプレロードを行った上で浮き基礎とする。また，ボックス構築後の沈下による障害を軽減するために，上げ越し施工を行うとともに，場合によっては断面余裕を確保する。

(1) プレロード

ボックスの断面方向のプレロード形状を図 6.12 に示す。プレロード高さは，従来，舗装計画高（PH）+2 m 程度が多い。

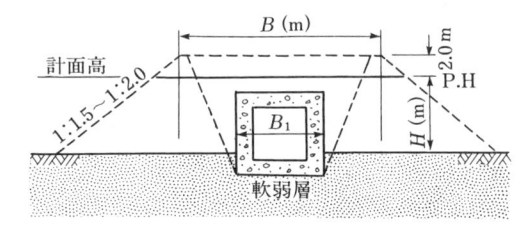

図 6.12 カルバートボックス部のプレロード形状

$B = B_1 + 2Z$
（最小 $B = B_1 + 20$ m）
B_1：ボックスの幅
Z：軟弱層厚

なお，ボックスの軸方向のプレロード幅 B を盛土の横断形状に合わせた場合，土かぶりの小さいボックスでは，両端が下がる形の不同沈下を生じる。原因は，プレロード荷重が均等でなく，中央部より両端部に載荷される荷重が不足するためである。したがってボックスの軸方向のプレロード幅は，ボックス躯体全体にわたって均等に圧密沈下されるように，幅を盛土形状より大きく取る。

プレロードの載荷時間は，6 カ月以上確保する。

(2) カルバートボックスの用途と対策目標年次

カルバートボックスの沈下による障害は，用途によって異なる。このため沈下対策も用途と状況に応じて行う必要がある。道路としての縦断線形を要求されない道路ボックスであれば，沈下した場合の障害は少ないが，主要道路や用水路を抱えたボックスでは，沈下によって縦断線形を損ねるために障害は大きい。また沈下によってボックス内に滞留する水の排除を維持するために，ポンプ排水が必要となるケースもある。

沈下対策で考慮する予測沈下量は，プレロード撤去時から対策目標年次までのものとし，目標年次は，ボックスの用途に合わせて定める。目標年次として，重要なボックスで開通後 10 年，それ以外のボックスで開通後 5 年とした事例がある。

(3) 沈下対策

ボックスを浮き基礎とした場合，沈下による障害が予測される。沈下対策として，上げ越し施工と内空断面確保を行う。

ボックスの上げ越し量は，小規模な道路専用ボックスであれば上げ越し時に機能を損ねないため，残留沈下相当分とする。水路を抱き込んでいるために上げ越しの困難なケースでは，上げ越し量はプレロード除去時のリバウンド相当量にとどめる（リバウンド量はボックス構築および裏込め施工時に再沈下すると考える）。なおボックス縦断方向の上げ越しは，一律に行う。

残留沈下量と上げ越し量の差に対しては，沈下後の障害を軽減するためにボックス断面に余裕を確保する（図6.13参照）。内空高は必要高に残留沈下分を加え，道路幅には水路壁を含めないものとする。

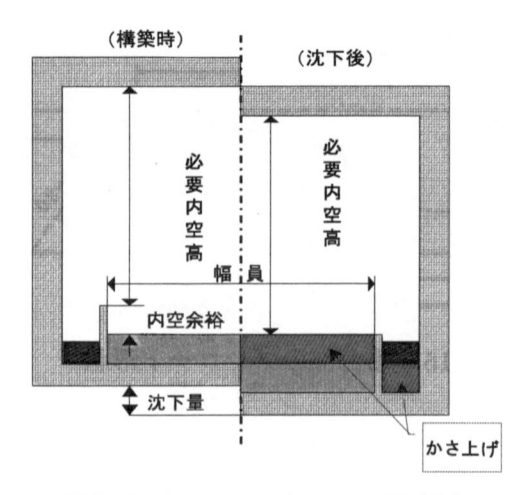

図6.13 カルバートボックスの断面余裕

(4) 維持管理段階の対策

断面余裕を見込んでいないカルバートボックスは，沈下によって規定の内空を確保できないケースが発生する。最悪の場合は，頂版を取り壊して再施工することになる。

断面余裕を確保したボックスの維持管理段階の補修として，ボックス内の路面や水路底のかさ上げがある。路面補修の例を写真6.1に示す。またボックス継目からの漏水に対しては，写真6.2に示すような防水シール工を行う事例が多い。

写真6.1 ボックス内道路の補修工事

写真6.2 継目の漏水対策事例

6.2.5 橋台取付部の沈下対策

(1) プレロード

橋台取付部は，路面の不同沈下を軽減するためにプレロードを行う。プレロード形状を図6.14に示す。

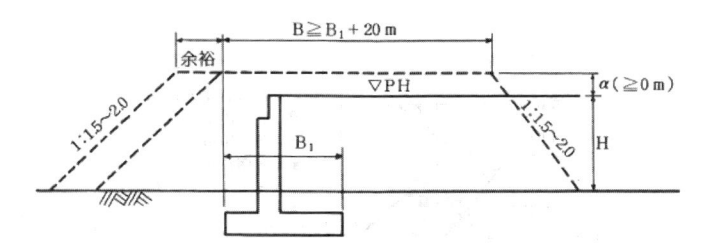

図6.14 橋台部のプレロード形状

橋台の位置は，交差する道路や河川幅の他に，プレロードを行うことを前提にして決める。河川交差条件だけでスパンを決めた場合，往々にしてプレロードのり尻が河川に掛かるケースがある。橋台位置の決定にあたっては，縦断方向への安定を確保し，プレロード中に安定を損ねたり，構築後に背面盛土の沈下が問題となったりすることがないように配慮する必要がある（図6.15参照）。

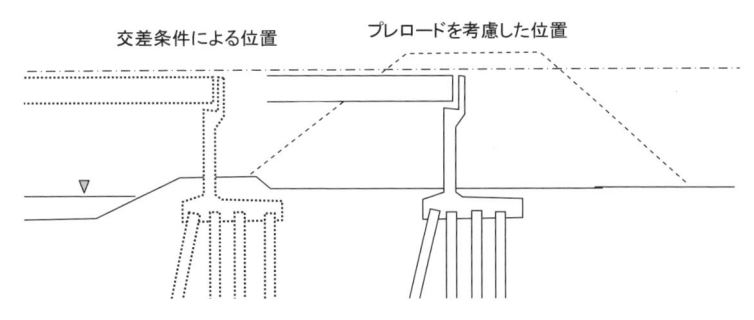

図6.15 プレロードを考慮した橋台位置

(2) 沈下対策

橋梁の形式選定にあたっては，沈下による影響を受けにくい構造とする。

まず橋台の背面の盛土荷重を軽減する対策として，橋台の形式を盛りこぼし式やアプローチクッション式にする方法がある。最近では，軽量盛土の施工例も多くなっている。軽量盛土材としては，EPS（発泡スチロール）やFCB（気泡軽量混合土）などがある。

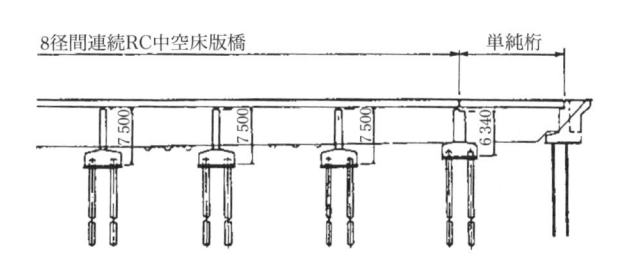

図6.16 側径間の単純桁方式の例

また上部工が多径間となる場合は，構造系を分離し図6.16に示すように側径間を単純桁方式とした例がある。さらに普通地盤では1スパンで交差する箇所を，3径間の単純桁構造とした事例を写真6.3に示す。この事例では，この方式を採用することによって，背面盛土の影響を低減するとともに，プレロードを行う際の迂回路も不必要となった。

なお盛土施工中に安定を損ねた場合，プレロードを完成できないケースがある。そのような箇所は，橋台構築後の残留沈下による障害も発生する。そうした事態に対する工事中の対応として，図6.17，写真6.4に示すように橋梁形式の変更が行われた事例がある。

写真 6.3　3 径間単純桁構造の例

図 6.17　橋台の形式変更例

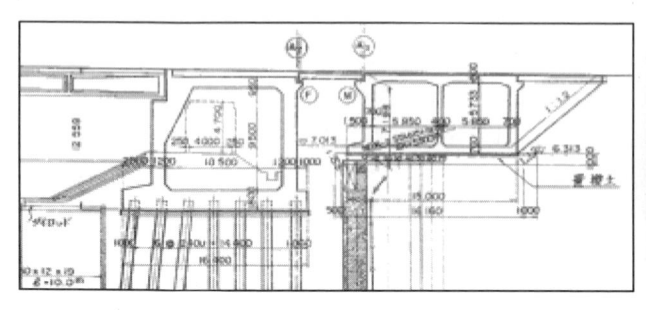

写真 6.4　橋台の形式変更例全景

この例では，盛土の一部を撤去して盛土より軽量のボックスに変更し，橋台との間にアプローチスラブを設けた。構築後，背面盛土とボックスは沈下したが，橋梁本体や路面への障害は緩和された。

なお橋台取付部には，踏掛版を設置して段差による障害を軽減する。踏掛版の下には沈下によって空洞ができる。このため沈下の大きい場合は，踏掛版の設計上のスパンを設計要領で規定する版長の 2/3 から全長とし，空洞を生じても構造的に問題のない構造にする。また施工幅は，路肩まで広げることが望ましい。万一空洞が生じた場合に備えて，充填材を流し込むパイプを設置しておくことも行われている。

(3)　**維持管理段階の対策**

ジョイントや沓の遊間に異常をきたした場合，程度に応じて取替えを行う。また特殊な事例として，原因となる沈下そのものを収束させる方法もある。盛土の軽量化はその 1 つである。EPS（発泡スチロール）に置き換えることによって沈下の収束を図った事例を図 6.18，写真 6.5 に示す。

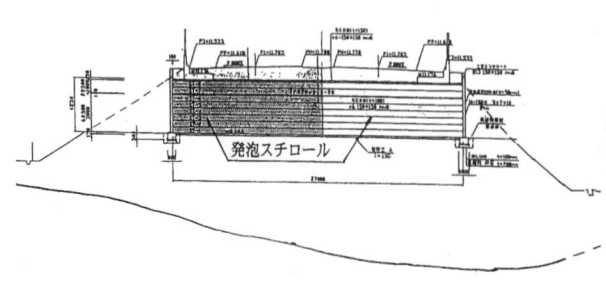

図 6.18　軽量盛土による盛土荷重低減

写真 6.5　EPS 施工状況

6.2.6 道路付帯施設の沈下対策

(1) 建設段階の対策

(a) 料金所部

インターチェンジの低盛土箇所は，沈下そのものは小さいが，周辺には通信管・給水管など沈下した場合に障害の発生する埋設物が多い。また地盤強度が小さいために，路床工等でのトラフィカビリティ確保も問題となる。

そこでインターチェンジの低盛土箇所は，プレロードを行って地盤を改良し，残留沈下を低減した上で，道路付帯施設の工事を行う（図6.19参照）。

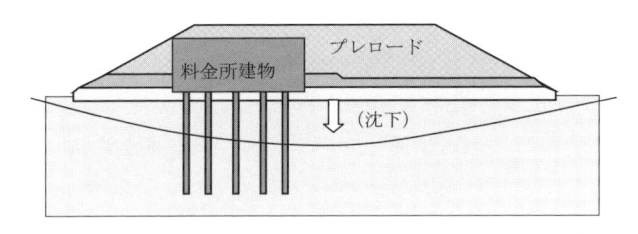

図6.19 低盛土部のプレロード

特に料金所部は，残留沈下量が大きい場合は，杭で支持された料金所建物と路面との不同沈下，料金所建物基礎部の空洞，地下通路の目地部の開き・段差・漏水，通信ケーブル・水道管・各種の配管・配線の切断等が発生する。図6.20に不同沈下対策の例を示す。

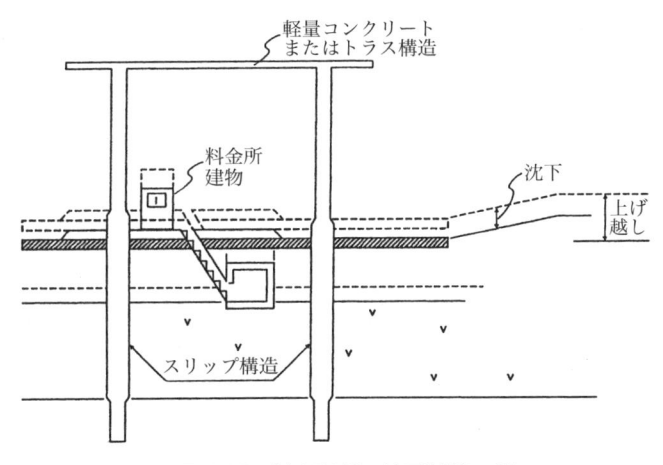

図6.20 料金所部の沈下対策の例

(b) 排水施設

軟弱地盤上の排水施設は，できるだけ沈下が進行した後に施工するとともに，次のことを配慮した構造とする。

① ある程度の沈下に追随でき，かつ再設置など補修の容易な構造にする。
② 中央分離帯の排水施設は，かさ上げ，再設置などを考慮してオープンタイプの工場製品とし，フックを設けて小型クレーンなどでかさ上げが容易にできる構造にする。
③ 路面の不同沈下によって路肩部には湛水しやすいので，そのようなおそれのある箇所には，あらかじめ縦溝を設置する。

(c) 防護柵

開通後の不同沈下に伴う段差修正，縦断修正およびオーバーレイによって，路面がかさ上げされることにより，防護柵の必要高さに不足が生じることがあるので，そのようなおそれのある箇所では，あらかじめ補修を前提にした構造の防護柵を設置する。

(d) 通信管路など

切盛境や構造物との接続部など大きな段差が生じやすい箇所では，地下埋設管の使用は極力避ける。やむを得ず通信管路などを埋設する場合は，フレキシブルな構造にする。

(2) 維持管理段階の対策

通信管などの埋設物は，地表から障害を予知することは困難である。路面の不同沈下や建築物のクラックが生じた場合は，埋設物の構造や位置を確認して変状の有無や今後の問題点を検討する。沈下によって機能障害の出る施設は，可撓管など影響の少ないものに変更する。

6.2.7 周辺地盤の沈下対策

(1) 建設段階の対策

周辺地盤の沈下は，盛土のり尻からほぼ軟弱層厚分の範囲で発生する。したがって用地取得にあたって，周辺地盤の沈下する範囲を買収できれば，民地への直接的な被害は少ないことになる。用地取得費は，管理段階で長期にわたって田面補修などを行うことより安価なケースもある。

用地を確保できない場合の対策として，境界部に鋼矢板を打設し盛土部の沈下が周辺に及ばないようにする工法も取られる。

(2) 維持管理段階の対策

開通後，長期にわたって水田の田面復旧を行った事例を写真 6.6 に示す。当該箇所では，稲刈り後に地盤高測量を行い，沈下相当分の土を運搬して田面復旧を行った。

(a) 補充土の搬入 (b) 田面の均平作業

写真 6.6 田面復旧工事施工状況

写真 6.7　水路高の修正状況

　また用排水路についても写真 6.7 に示すような高さ修正を行った。
　隣接家屋については，家屋調査を行って盛土との因果関係を明らかにして補償を行った事例もある。

参考文献

　本章の全般にわたって，次の文献から引用している。
　1) 日本道路公団札幌建設局札幌工事事務所：札幌工事事務所 20 年，平成元年 3 月
　2) 日本道路公団北海道支社札幌技術事務所：道央自動車道（札幌〜岩見沢）軟弱地盤長期沈下追跡調査，平成 16 年 2 月

第7章　軟弱地盤技術の経験則

7.1 経験則とは

7.1.1 経験則と経験知

　軟弱地盤技術の各過程では，さまざまな経験的知識が用いられる。この経験的知識は，土質力学が十分に機能してこなかった軟弱地盤技術において極めて重要な役割を果たしてきた。経験的知識というものは，科学的な真理ではないが，それを活用できるかどうかが実用目的をうまく達成できるかどうかに大きく関係する。土質力学で計算できない局面においても何らかの意思決定を行なわなければならない軟弱地盤技術において，経験的知識はなくてはならないものである。経験的知識は，科学的には価値のないものが多いかもしれないが，科学的に価値があることと技術的に価値があることとは違うことである。

　経験的知識には2種類のものがある。ここでは，それらを経験則と経験知と呼ぶことにしよう。

　経験則とは，一般にノウハウと呼ばれるもので，各過程での作業を進める上での根拠となる"方法についての知識"，すなわち利用知（know how）であり，「ある問題を解決する際に，必ずしも成功するとは限らないが，うまくいけば解決に要する時間や手間を減少することができるような手続きや方法」という意味で使われているヒューリスティックス（heuristics）[*1]の一種である。

　一方，経験知とは，各過程における実際の経験で認識された何らかの"対象についての知識"，すなわち対象知（know what）である。

　経験則と経験知について，次のことがいえる。

① 経験則は，経験知に基づいた命題である。
② 経験知は，実測されたデータおよびそれに基づく情報に裏打ちされるものと，そうでないものがある。
③ 経験則・経験知ともにあくまでも仮説であり，常に新たな経験によって検証しなければならないものである。
④ 当然のことではあるが，これらは自然の法則，例えば，重力の法則・運動の法則といった物理学の法則や地層累重の法則・堆積水平性の法則・斉一過程原理・初期連続性の原理・地層切断の法則などの地質学の法則に矛盾してはならない。

[*1] 直感的かつ発見的な思考方法のことであり，目分量や直観力に類似する。「ある方法に従えば，必ずその問題が解決されるというような手続き」を意味するアルゴリズムに対する概念である。

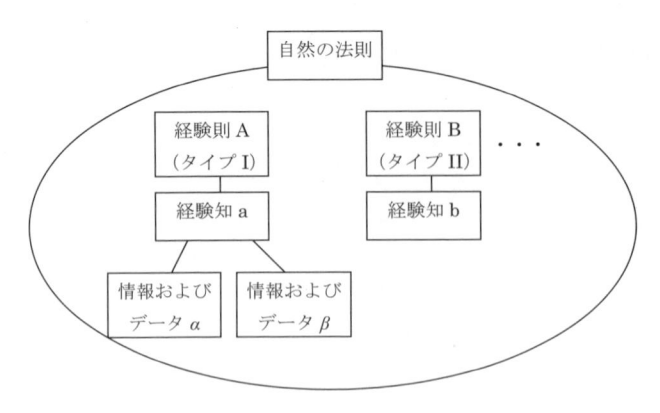

```
          ┌─────────┐
          │自然の法則│
          └─────────┘
     ╱                    ╲
  ┌──────┐           ┌──────┐
  │経験則A│           │経験則B│  ...
  │(タイプI)│          │(タイプII)│
  └──────┘           └──────┘
     │                   │
  ┌──────┐           ┌──────┐
  │経験知a│           │経験知b│
  └──────┘           └──────┘
   ╱    ╲
┌──────┐ ┌──────┐
│情報および│ │情報および│
│データα │ │データβ │
└──────┘ └──────┘
```

図 7.1 経験則と経験知の関係

以上のことから経験則と経験知の関係は，一般に図 7.1 のように表される．ここに経験則（タイプ I）は，経験知・情報・データと関連づけられているものであり，経験則（タイプ II）は，経験知とのみ関連づけられているものである．このように関連づけられた知識群をナレッジ・ツリーと呼ぼう．

7.1.2 経験則の構造

例えば，「サンドドレーンは，沈下対策工としてではなく，安定対策工として設計せよ」という東名時代に得られた経験則（タイプ I）がある．そのナレッジ・ツリーは，図 7.2 のようになる．

経験則	サンドドレーンは，沈下対策工としてではなく，安定対策工として設計せよ
経験知	サンドドレーンは，沈下対策工としての効果はないが，安定対策工として効果がある
情報	サンドドレーンは，沈下促進効果は見られないが，地盤強度の増加を促進する効果がある
データ	サンドドレーンによって有意な沈下促進が見られない実測データおよび地盤強度増加を示す実測データ

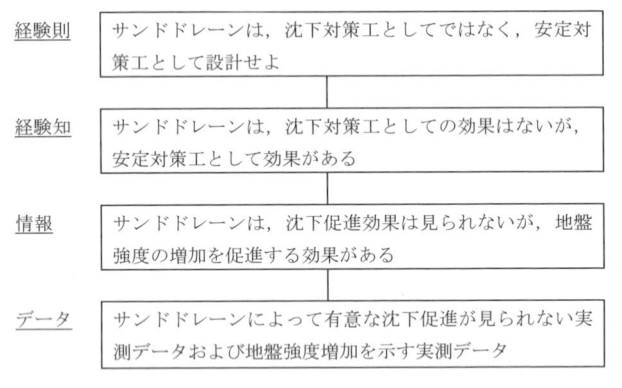

図 7.2 経験則（タイプ I）のナレッジ・ツリーの例

この経験則は，東名高速道路以降の各地での経験によっても追認され，昭和 58 年以降道路公団の設計要領に明記されている．

しかしながら 20 年以上にわたる沈下追跡調査の結果，道央道・岩見沢地区や常磐道・神田地区のようにサンドドレーンを打設した区間と無処理区間の沈下の時間的変化に有意な差が確認されるケースが出てきた（第 8 章の **8.4** 参照）．

このことは，従来，多くのケースにおいて盛土立上り後数年の範囲のデータ比較で「有意な沈下促進効果が見られない」と判定していたが，20 年という長期のデータ比較によっ

て初めて明確になったことである。

　結局，無処理区間とサンドドレーン区間の差は，有意でない場合から有意な場合までケースバイケースであり，それは数年という短期間での両区間のデータ比較では確認できなかったということである。

　一方，強度増加の促進効果については，盛土前と盛土後のボーリングデータの比較によって有意な差があることがさまざまなケースで確認されているが，それぞれのケースでどの程度の定量的な差があるのかまでは分析されていない。結局，強度についての効果の大きさもケースバイケースであると解するべきであろう。

　上述のことは，経験則がいかなる場合でも真であるとする科学的真理ではなく，常に成立するとは限らない命題，つまりヒューリスティックスであるという性質をよく表している。

　すなわち経験則とは，従来の経験に照らして，その経験則の「命題」の蓋然性が高いことを言明しているにすぎない。逆にいえば，経験則とはそうでないことの可能性を排除しない言明であるということを忘れてはならない。

　一方，図7.3は，経験則（タイプII）の例である。

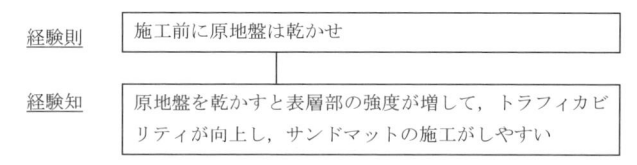

経験則	施工前に原地盤は乾かせ
経験知	原地盤を乾かすと表層部の強度が増して，トラフィカビリティが向上し，サンドマットの施工がしやすい

図7.3　経験則（タイプII）のナレッジ・ツリーの例

　このような経験則（タイプII）は，あえて経験知を裏打ちする情報・データが示されてなくても，実際にそうやればうまくいくということが明白なもので，施工に関する経験則に多い。ちなみに経験則（タイプII）でも，経験知を裏打ちする情報・データを示そうと思えば示すことはできるが，わざわざそうする必要がないものである。

　以下に，地盤調査，設計，施工，動態観測，維持管理の各段階で使える主な経験則を示す。経験則は文章で表記しているが，当然のことながらその構造はナレッジ・ツリーで表すことができる。

7.2　地盤調査の経験則

> 調査−1　地形・地質図，航空写真，既存工事記録などから軟弱地盤を読み，現地踏査で確認せよ

　軟弱地盤の情報は，ボーリング調査などの直接的なデータ以外からも得ることができる。例えば，地名にはその土地の地形や地質を表すものがあるし，古い地図や航空写真からもともとの地形がわかることがあるから，そうした情報から軟弱地盤であることが推定できる。

(a)　地名から読む

　軟弱地盤に関する地名の例として，次のようなものがある。

① ぬ，ぬた，ぬま，にた，むた（＝湿地や水溜り）
② やち，やつ（＝山間の湿地）
③ ふけ（＝水気の多い湿地）
④ くが（＝海岸の湿地）
⑤ しんでん，くて，ごう，ごうや（＝湿地を開墾，干拓した土地）

(b) 地形・地質図から読む

　大河川の沖積平野で形成される軟弱地盤には，地形・地質上の特徴があるから，地形・地質図から軟弱地盤の箇所を推定することができる。

　また軟弱地盤地帯は，現在では土地整備が進み，昔の景観がすっかり変わってしまっていることが多いため，地図等でも古い時代のものから有益な情報が得られることが多い。図 7.4 (a) および (b) は，時代による地図の変遷の例である。古くは，泥炭地であったのが，現在ではすっかり水田地帯に変わっていることがわかる。

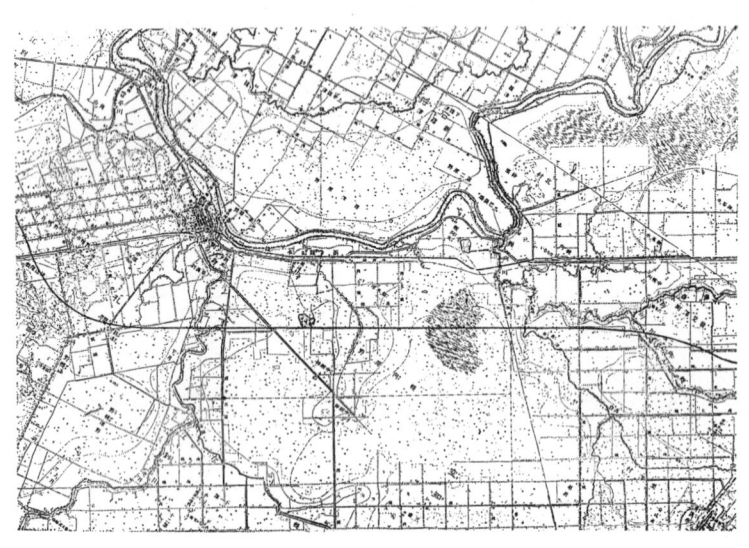

図 7.4 (a)　大正 7 年版地形図（道央・江別地区）

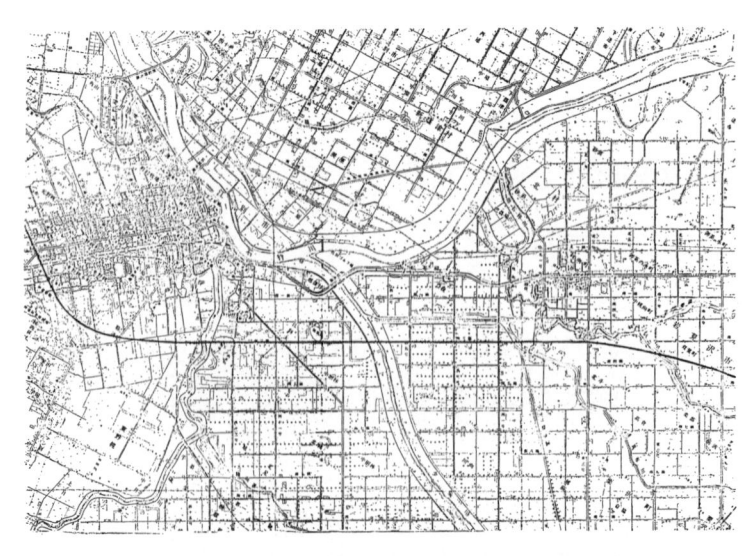

図 7.4 (b)　昭和 54 年版地形図（道央・江別地区）

(c) 既存工事記録から読む

対象地域の過去の各種工事記録から、軟弱地盤に関する情報を入手できれば、極めて有効な情報になる。単に軟弱地盤そのものの情報だけでなく、そこでの設計・施工上の情報は、これから実施する設計・施工に直接間接に役に立つ。

(d) 現地踏査で確認する

事前に集めた軟弱地盤情報は、現地へ出かけて自分の目で確認する必要がある。

軟弱地盤箇所では、次のような独特の景観を見ることがある。

① 通して見ると、電柱の傾斜が不揃いである。
② 家屋が傾いたり、舗装道路が波打っていたり、横断構造物の前後に段差や凸凹が見られたりする。
③ 水田の畦が不規則に曲がっている。
④ 水路の通りが悪く、土手と水面の境に土が押し出し、水面上に草が被さっている。
⑤ 平地と台地・丘陵部との境界が水を張ったような線状に連続している。
⑥ 地下水位が高く、農業用水路の継目等から赤水等が滲み出ている。
⑦ 元来、軟弱地盤地帯は地下水位が常に高いため、土地改良済みの場合、地下排水溝を設けている水田が多い。

> 調査-2　経済的・合理的なボーリング、サウンディングの組み合わせを考えよ

土質調査には、機械ボーリング、ダッチコーン（オランダ式二重管コーン試験）などさまざまな方法があるが、それぞれに特徴があるほか、費用も高いもの安いものがある。

そこで各種方法をうまく組み合わせて、経済的で合理的な土質調査となるように工夫することが大切である。

① 機械ボーリングは、標準的方法であり、既往データも多く、基軸となる調査である。
② ダッチコーンは、土層構成、砂層の連続性を確認するのに適切な方法であり、費用も安い。
③ 3成分・5成分コーン試験は、情報量が多い。

土質調査においては、目で見るのが何と言っても一番である。機械ボーリングによって採取された試料によって、実際の土を確認することができるが、それは飛び飛びの情報にしかならない。フォイルサンプリングあるいはシンウォールサンプリングという方法を用いると、連続した土のサンプルが採れるので、どんな土層が、どんな順番に堆積しているのかを、直接目で確かめることができる。

しかし、こうしたサンプリングは費用がかかるのが欠点である。そこで一般的には、機械ボーリングを中心にし、肝心のところはそうしたサンプリングを行い、さらにそれらの間は、もっと安くて、間接的だが連続的にデータの採れるダッチコーン等を使うことによって、経済的で合理的な土質調査が可能となる。

さらに最近の3成分・5成分コーン試験は、精度も向上し、サンプリングせずに土中の含水比・間隙水圧、透水性などを測定することができるため、うまく活用することでより上手な土質調査を行うとよい。

調査-3　地形図の微地形から河川跡を探せ

軟弱地盤は一様でなく，形成に関わった河川がどの位置にあったかによって土性が変わる。軟弱地盤の設計・施工では，河川の位置によって次のような影響がある。

① 河川位置と橋梁計画

河川は，改修によって元の位置を移動させることがある。この場合，現況河川だけを対象に橋梁計画を行うと，橋台のプレロードが超軟弱な河川跡に当たって安定を確保できないことも起きる。

② 基盤の傾斜と動態観測計器の配置

盛土施工時の側方変位は，基盤の傾斜方向に顕著に出る。基盤の傾斜方向は，軟弱地盤を形成した河川が影響する。変位杭の観測値は，基盤の傾斜が5％であっても倍半分違った事例もある。したがって安定管理するためには，河川跡を推測し，傾斜方向を考えて観測計器を配置する。

旧河川の位置を把握するためには，土質調査を密に行うことが好ましいが，調査箇所数を増やすことは経費増となる。また用地外の調査には地元協議上の問題となることがある。

効率的な調査を行うためには，地形図や空中写真などからの予測が必要不可欠である。

① 古い地形図や空中写真の入手

圃場整備事業や宅地造成工事の行われている場合，工事前の地形図を入手することによって旧地形を把握できる。また河川跡の探索には，空中写真の判読が有効である。

② 微地形からの予測

軟弱地盤で圃場整備を行った場合，低地部の盛土によって整地後に圧密沈下が発生することがある。耕作に支障を起こす沈下があった場合は，毎春の均平作業によって高さを調整していることがあるが，区画内の高さ調整であるため，施工後の田の高さは周辺よりも低くなる。

したがって地形図に記載された標高をもとにして，5～10 cm間隔のコンター図を作成すると，周辺よりも高さの低いゾーンが縞状に浮かび上がる。低地ゾーンは，河川跡であり，基盤は旧河川の方向に傾斜している可能性が高い。

調査-4　基盤傾斜が予想される場合は，基盤の深さコンターを調査せよ

地山に近接している小規模の軟弱地盤は，河川周辺と山際で地盤が大きく違うことがある。山際付近では，砂・粘土の堆積物ではなく，腐植土が堆積している場合がある。すなわち地表面から腐植土が堆積した沼地あるいは沼地を田地に開拓した場所が多い。また腐植土の下部には粘土層が堆積していることがある。

このような箇所では，地山が地下に潜り込んで軟弱層の基盤となっている。こうした軟弱地盤箇所で山際に沿って路線が設定される場合，軟弱地盤の基盤は著しく傾斜することになる。軟弱地盤の基盤が傾斜している場合は，基盤の傾斜方向への偏った変形が生じて，盛土の破壊や不同沈下の誘因になりやすいから，基盤傾斜をしていることを念頭においた設計・施工を心がける必要がある。図7.5 (a), (b) は，基盤傾斜の事例とその事例で基盤傾斜に沿って盛土面に発生したクラックの状況を示す。

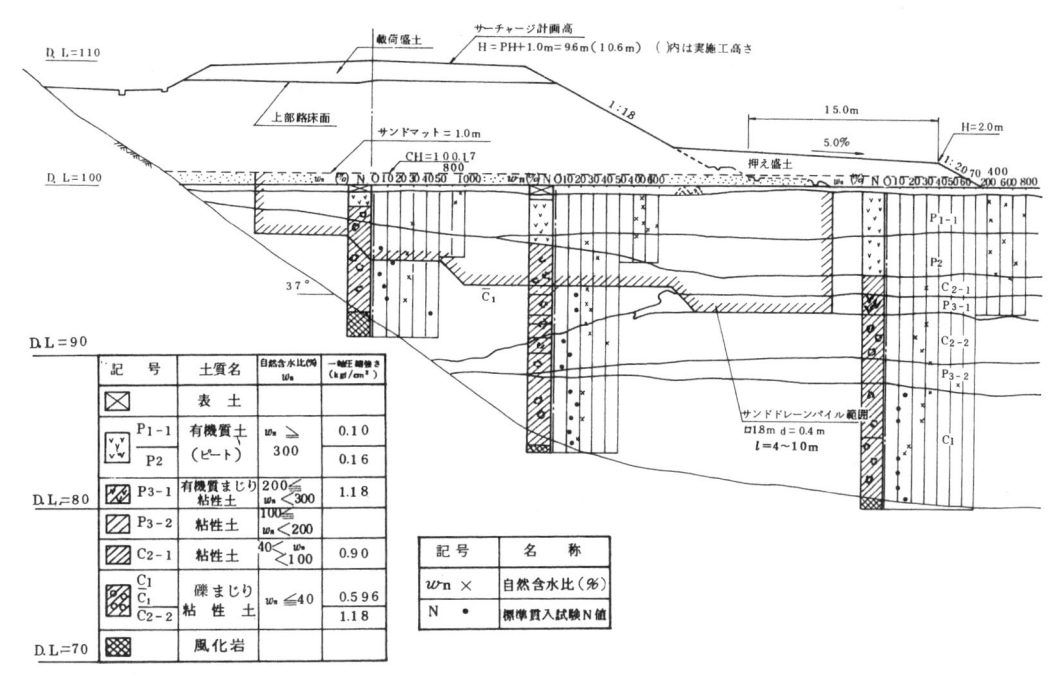

図 7.5 (a) 軟弱地盤の基盤傾斜の例

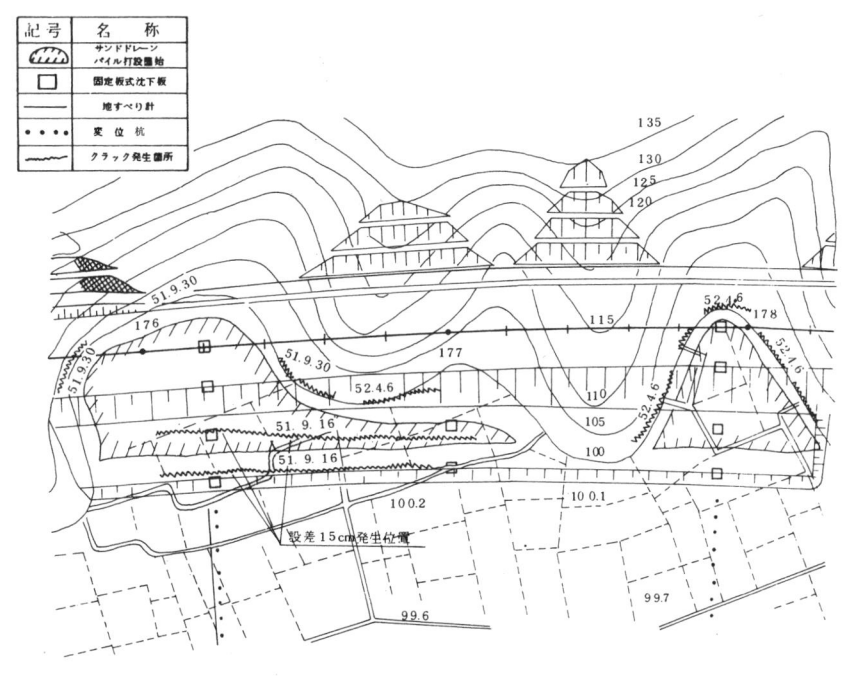

図 7.5 (b) 基盤傾斜に沿ったクラックの発生状況

したがって調査段階で基盤傾斜をコーン試験などのサウンディングで確認し、その深さコンターを調べておく必要がある。

| 調査−5 | 砂層の連続性を確認せよ。特に中間砂層に注目せよ |

　三角州タイプの沖積平野の内陸性後背湿地でボーリングを行うと河成粘土層と海成粘土層の中間（標高0～−10m付近）に数mの厚さの砂層が確認される（図7.6）。これは海面上昇の停滞期や小海退期の一時的に陸化した時期に堆積した砂層で，中間砂層と呼ばれる。またデルタ性湿地では，最上部層に砂層が分布する。

　こうした一定の厚さをもった連続した砂層は，それ自体が盛土の支持層として安定している上，粘土層の圧密排水に寄与し，その結果粘土層の強度増加を促進させ，盛土の安定上極めて効果がある。

　砂層の連続性を簡便に確認するには，コーン試験が有効であり，さらに排水性を確認するには，3成分・5成分コーン貫入試験が有効である。

| 調査−6 | ボーリング時には，できるだけ多くの自然含水比のデータを集めよ |

　自然含水比は軟弱地盤の土の物性値を判別する重要なパラメータである。自然含水比と多くの土性との間には相関があるから，自然含水比から多くの土性が推測できる。自然含水比と相関する主な土質定数としては，e, $e-\log p$, C_c, c_v, γ_t などがある。

　含水比のデータは試験が単純であることから人為的な誤差が入りにくい。またデータを数多く集めればデータの精度は向上する。あらゆる土質試験で自然含水比は測定しているから，実際には自然含水比のデータは，試験結果一覧表に記載されているよりも数多くある。したがってそれぞれの土質試験の記録用紙から自然含水比のデータを集録する。

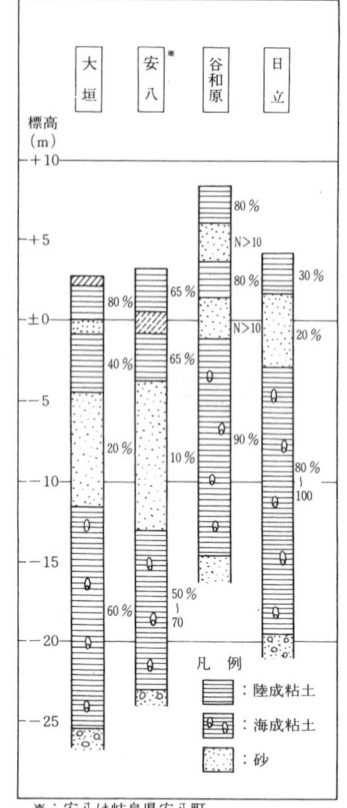

図7.6 中間砂層がある軟弱地盤例

　自然含水比のデータによって次のことが可能となる。
① 自然含水比をパラメータに地盤の地層区分を行う。
② 土質縦断図，横断図を作成する場合，自然含水比と他の土質定数の相関関係を求め，地盤図を作成する。
③ 自然含水比のみで概略の安定・沈下量の推定ができる。

| 調査−7 | 土質定数は，試験値だけで機械的に決めず，試験の誤差や経験値を勘案して決めよ |

　土質定数には，ばらつき，試験誤差などさまざまな誤差が含まれているから，そのことを念頭に置いて，設計・施工を考える必要がある。

　土質定数は，堆積過程が複雑であればあるほどばらつきがあり，その変化も大きい。また土質定数は，サンプリング時の試料の乱れ，試験時の取り扱い，サンプリング試料

からの試験片の採取によりデータのばらつきが生じる。

単位体積重量，土粒子の比重，含水比，間隙比，有機物含有量，液性限界，塑性限界，粒度組成などの物理試験のデータは，試料の乱れなどの影響を受けず，通常の試験をすれば誤差は少ないと考えられ，データの信頼性は高い。

一方，一軸試験や三軸試験などの力学試験，圧密試験は試料の乱れ，応力開放などの影響を受け試験者により誤差が出ることがある。試験データの解釈は，このようなデータの乱れを考慮しなければならない。

厳密に見れば，地域ごとに土質定数やその相関関係は異なるが，代表的な土質定数のおおよその目安値が設計要領などに掲載されている。こうした目安値や過去の類似の調査データを参考にし，データをチェックすると，試験のエラーや読み取り誤差などによる異常値を見つけることができる。

調査－8　土質断面図は仮の姿だと思え

土質調査というのは，同じ場所でも違う会社がやると，違った結果が得られることがある。土質断面図が違うのはもちろん，土質試験のデータまで違うこともある。これには，土質調査を担当する技術者や彼をバックアップする会社組織がもっているボーリング技術の違い，点のデータから面のデータをつくる難しさ，学問的な見解や経験の違いなど，いろいろな要因がからんでいる。すなわち土質調査の結果は，誰がやっても同じになるとは限らないことを肝に銘じておく必要がある。

また調査段階では，時間や予算の制約上，適当な規模の調査で済ます必要から，必ずしも十分な調査が行われるとは限らない。通常，ボーリングは，数十 m から数百 m 間隔で，しかも道路中心線に沿って行われる。これは実際の現場で見れば，極めてまばらな間隔の調査だから，ボーリングとボーリングの間で土質構成が変わることもよくある。しかも土質試験はわずか数 cm の大きさのサンプルについて行っているもので，それでもって，数 m の大きさの地盤の性質を表そうとしているのである。

したがって機械的に一定間隔でボーリングを行うのではなく，地形・地質学的な知見をよく踏まえて調査地点を選定することが大切である。

土質調査で得られた土質断面図には，地盤の隠された部分が多いと見て，土質調査以降も，あらゆる機会を捉えて土質構成をチェックすることが大切である。例えば，サンドドレーンなどの地盤改良工の施工時，計器の埋設時などは，土質断面図をチェックし，修正する良い機会である。

いずれにしても土質調査結果は，数少ないボーリングや土質試験等のデータに基づく作成者の技術力の産物であるということを十分認識しておく必要がある。

図 7.7 は，地盤調査段階とともに土質縦断図が変わっていく様子を示す例である。

調査－9　地盤の全体像を見て地盤タイプを特定せよ

細かく見ると，場所によって複雑に変化しているように見える土質断面図も，巨視的に見ると，大きな傾向が読み取れる。

まず沖積層か洪積層か，河成層か海成層かといった成因による分類，三角州・後背湿地など微地形による分類，泥炭・粘土・砂など土質による分類に関する地質学的あるいは土質力学的知識に基づいて，土質断面図を広範囲に見る。

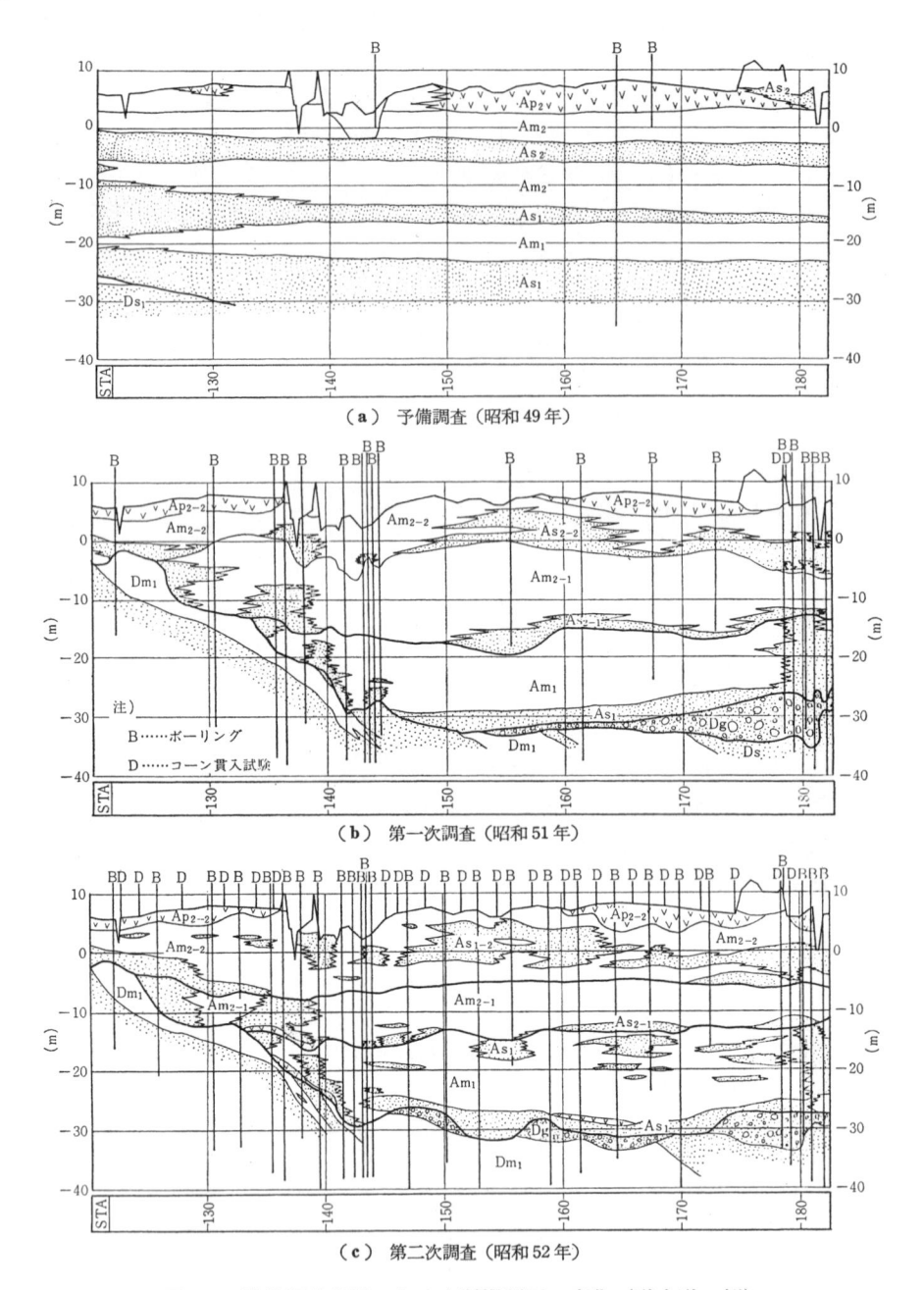

図 7.7 地盤調査段階による土質縦断図の変化（道央道の例）

(a) 予備調査（昭和 49 年）
(b) 第一次調査（昭和 51 年）
(c) 第二次調査（昭和 52 年）

注）
B……ボーリング
D……コーン貫入試験

　そして泥炭，粘土，砂などの土層がどのような順序で堆積しているか，地盤としての全体的な含水比や強度の分布がどうなっているか，などの大きな傾向を見る。
　その上で，地盤タイプを特定する。すでに述べたように地盤タイプによって特有の沈下パターンや安定性状の傾向があるから，推定される最終沈下量のオーダーを加味した「総合的軟弱地盤像」に基づいて地盤タイプを特定することによって，軟弱地盤対策工のレベルを推定することができる。詳細は，第 4 章を参照されたい。

7.3 設計の経験則

> 設計－1　軟弱地盤対策工は，建設費と維持管理費のトータルコストを勘案して決めよ

　道路公団では軟弱地盤対策工は，建設費と維持管理費のトータルコストを比較して，最も経済的な方法が追求されてきた。昭和50年頃までは，建設段階で大規模な地盤改良工を採用し，維持管理段階での手間と費用を極力軽減させようという考え方が一般的であった。

　しかし各地で管理の経験を積むに従って，建設時に地盤改良に莫大な投資をしても供用後の残留沈下を確実に減少させることはできないことがわかってきた。つまり，残留沈下対策としての地盤改良工の投資効果は疑わしいことがわかってきた。

　その結果，建設段階では，盛土を安定的に施工できるために必要な最小限の地盤改良にとどめ，多少の残留沈下が残ってもそれは維持管理段階で対処していくのが現実的ではないかという考え方に変わってきた。その大きなきっかけになったのは，道央道（札幌～岩見沢）での施工実績である。

　このような考え方の変化の背景には，建設費は金利がかかった借入金であるということ，あるいは供用後の残留沈下に対する維持管理の経験が蓄積され，交通にさしたる支障を与えずに維持管理ができることが確認されたことがある。

　ただし，供用後5年間くらいは，残留沈下により舗装の補修等が必要となる。過去には，事情を知らないマスコミから「洗濯板道路」とか「欠陥道路」とか非難されたケースもあるので，その考え方やコスト検討結果等を丁寧に情報公開しておくことが大切である。

　なお当然のことであるが，お客さまの快適さを損なわないように補修は早め早めに実施することが大切である。

> 設計－2　大規模な軟弱地盤や劣悪な軟弱地盤のケースでは，試験盛土を検討せよ

　大規模な軟弱地盤や劣悪な軟弱地盤（重量級の軟弱地盤）のケースでは，試験盛土を検討するのがよい。実物大の試験盛土は，名神・東名以来，各地の軟弱地盤対策上極めて大きな役割を果たしてきており，道路公団の伝統的な手法となっている。その背景には，土質力学の慣用的な計算法の精度が良くなく，実際上設計に使うには信頼性に乏しいという状況がある。

　実物大の試験盛土には，次のような利点や役割がある。
① 実物大の試験盛土は，合理的な設計指針の確立のための最も確実な方法であり，本工事の有効な演習でもある。
② 施工に携わる現場の組織と技術者を啓蒙し，誘導する。
③ 専門技術者を集中的に育成する場となる。

　なお，本線工事時に特定区間の盛土を先行させるパイロット盛土は，試験盛土の代わりになる。

> 設計－3　地盤タイプが類似の既往例から軟弱地盤対策工のヒントを得よ

　類似地盤での既往データは，試験盛土を行ったのと同じ効果がある。

① 中間砂層の下部の軟弱層にまで達する深いすべり破壊の事例はないから，中間砂層がある地盤の安定は，上部層だけを対象にすればよい。
② 下部粘土層の厚い地盤は，残留沈下が長期間続くから，残留沈下対策を検討する必要がある。
③ 泥炭層単独型地盤は，一般に厚さ5m程度以下で，沈下は比較的早期に収束する（残留沈下は少ない）から，安定対策だけを考えればよい。
④ （泥炭＋粘土）型地盤は，下部粘土層の上位にヘドロ層が存在することが多く，これが安定上の弱点になるから，十分な安定対策が必要である。

詳細は，第4章を参照されたい。

> 設計－4　安定対策工は，緩速施工（段階施工含む），押え盛土，バーチカルドレーンの順に検討せよ

これらの安定対策工は，既往例の実績から抽出された経済的で効果のある確実な対策工である。

(a)　緩速施工

緩速施工とは，「ゆっくり盛土を施工する」という意味の言葉であるが，その原理は，盛土荷重による地盤強度増加を待って次の施工に移ること，すなわち「安定的に盛土が施工できるように盛土速度を制御する」という点にある。そういう意味では，緩速施工は安定対策の基本である。

緩速施工，つまり盛土速度の制御は，一定の盛土速度で施工するケースと，段階的に施工する（一定の盛土高で放置期間をおく）ケースがある。

(b)　押え盛土

押え盛土は，盛土の安定対策工法として原理的に明快かつ確実に効く工法であり，当初設計の工法としてだけでなく，すべり破壊を生じた場合の復旧工法としても実績が多い。

また押え盛土は，工事用道路，側道，堆雪余裕幅，環境施設帯などに活用できる利点のほか，本体盛土による用地外の変位影響幅を軽減する効用もある。

用地単価が非常に高い場合など条件的に押え盛土の採用が得策でない場合以外は，押え盛土を基本にした安全対策を計画するのが経済的である。

① 押え盛土の設計では，まず幅を決める。
② 押え盛土の形状は，幅≦（上部）軟弱層厚，高さ≦限界盛土高が目安である。

(c)　バーチカルドレーン

山側のデータでは，明確なバーチカルドレーンの沈下促進効果が見られないことが多いことから，一般に沈下促進を目的にバーチカルドレーンを設計しない。

しかしバーチカルドレーンは，強度増加促進効果をもっているから，安定対策工法として確実な工法であり，実績も多い。

したがってバーチカルドレーン，特にサンドドレーンは，沈下対策工としてではなく，安定対策工として設計するのが道路公団における一般的な考え方になっている。

> 設計－5　サンドマットの材質は，トラフィカビリティから選定し，透水性は地下排水工で確保せよ

サンドマットは，軟弱地盤の地表面上に排水層として機能させるとともに，盛土や地盤改良の施工に必要な重機のトラフィカビリティを確保する役割をもつ．しかし現場での実測によると，いくら良質な砂を使用しても排水層としての機能は十分に得られない．

したがってサンドマットは，重機のトラフィカビリティが確保できる材料を使用することにして，排水層としての機能は地下排水工を設置することで確保するのが実際的である（写真 7.1）．

この経験則は，次のような経験知・情報・データに基づいている．

① サンドマットの砂の透水性は，施工中に1オーダーも下がることがある．
② 砂単体のサンドマットに長期間過剰間隙水圧が残留する現象が観測されている．
③ サンドマットに地下排水工を設置すると過剰間隙水圧の残留現象は起こらない．
④ 確実に透水性を確保できるのは，地下排水工である．

写真 7.1 地下排水工の例

| 設計－6　建設段階の残留沈下軽減は，盛土立上りから供用までの時間の確保およびプレロードやサーチャージで行え |

建設段階で最も効果のある残留沈下軽減対策は，早期発注によって盛土立上りから供用までの時間を長く確保することである．

またプレロードやサーチャージも効果がある．サーチャージは，計画高さ +2 m とする事例が多い．

プレロードやサーチャージは，載荷時間が短いと残留沈下軽減の効果は少ないから，十分な載荷時間を確保する必要がある．実績からは，6 カ月以上の載荷時間が必要である．

プレロード等の施工工程に余裕のない場合は，載荷時間を確保できないだけではなく，盛土の立上りに無理をして安定を損なうことがある．プレロード施工時に安定を損ねた場合は，予測以上の残留沈下が発生する．

万一，盛土施工中に不安定な兆候が見られた場合は，プレロード高さを低減することや，橋台位置の変更も考えるべきである．

インターチェンジなどの低盛土部では，サーチャージの効果は大きい．インターチェンジ部は，各種ケーブルや排水管などが多く埋設されているほか，供用後のランプ部の交通規制は管理上問題である．したがって残留沈下や不同沈下を極力低減するため，積極的にサーチャージを行うべきである．

| 設計－7　橋台取付盛土部は，プレロードを原則とせよ |

プレロードは，もともと橋台取付部盛土の不同沈下を低減する工法として，土工設計で考えられていたが，橋台移動対策としても橋梁設計に取り込まれている．

(a) 軟弱地盤部の橋台移動とプレロード効果の検討経緯

昭和50年当時，軟弱地盤の橋台が移動することが問題となった。このため原因と考えられる地盤の側方流動圧を，基礎杭の設計に加えるようになった。また，斜杭の使用も制限されたことによって，水平応力に対する直杭の所要本数は著しく増大した（杭を配置するために橋台を3連ボックスにした事例もあった）。

軟弱地盤の橋台移動とプレロードの関係について，試験所で昭和52年に調査した結果を表7.1に示す。

この結果をもとに，プレロードが十分に行われれば（盛土中の安定状態を保ち，完成後載荷時間は6カ月以上を確保），橋の移動はないことが認識された。これに基づいて，橋台移動の判定に使う側方流動F値の算定式において，地盤の圧密強度増加を考慮することになった。

表7.1 橋台移動とプレロードの関係

建設および管理での障害		プレロード あり	プレロード なし	計
ランク	A 障害あり（大）	3	5	8
	B 障害あり（小）	2	2	4
	C 障害なし	26	14	40
合計		31	21	52

ここに，$F = c/\gamma HD$ （$\times 10^{-2}\,\mathrm{m}^{-1}$），$c$：軟弱層の平均粘着力（tf/m^2），$\gamma$：盛土の単位体積重量（tf/m^3），$H$：盛土高（m），$D$：軟弱層の層厚（m）であり，$F$が4以上だと側方移動の恐れがないと判定する。

(b) 橋台部の設計上の留意事項

橋梁の計画・設計においては，橋だけを対象にスパン割を決定しがちである。しかし，橋は道路の一部であり，土工部と一連のものとして軟弱地盤対策を検討することが重要である。そのためには，プレロードが可能なスパン割や，沈下が重大な障害とならないような構造形式を採用すべきである。

F値の算定式には，軟弱層の厚さが重要な要素になっている。根拠となった事例の軟弱層厚さは，大半が20m以下であった。F値計算式の適用にあたっては，地盤の側方流動が観測されないような深い層をどのように評価すべきかについて検討の余地がある。

設計－8　カルバートボックスは，プレロードを施工し，原則杭なしとせよ

道路公団の設計要領では，ボックスは基礎なしの浮き基礎とすると規定してきた。その根拠は，名神時代にプレロードを行って浮き基礎とした箇所とプレロードを行わずに杭基礎を施工した箇所の比較調査結果による。すなわちボックス前後の路面補修実態は，杭基礎に比較して浮き基礎の補修回数が小さく，建設・維持管理を含めた費用を軽減できることが確認されて要領化された（図7.8）。

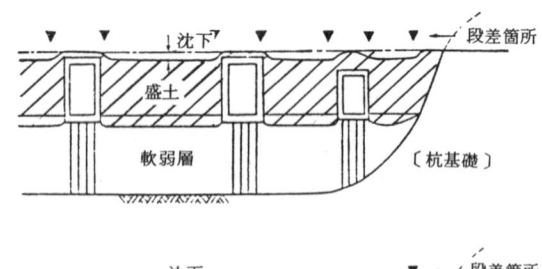

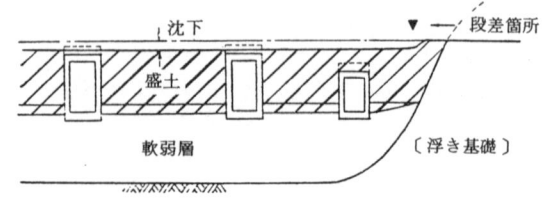

図7.8 ボックス部の杭基礎と浮き基礎の比較

設計－9　カルバートボックスのウイング部の空洞対策を考えよ

　軟弱地盤箇所の道路管理において，ボックスのウイング部横の舗装の陥没や，陥没部から路面排水の流入によってのり面が洗掘されるなどの事例を多く見ることがある。
　路面陥没は，ウイング下に発生した空洞（写真 7.2 参照）に，降雨によって盛土や路盤材が流れ込むことによって発生する。空洞は，断面の大きいボックスのパラレルウイング下に顕著に現れる。浮き基礎としたボックスは，盛土と一体となって沈下するためにウイング下の空洞は発生しないと考えがちであるが，実際には盛土部との不同沈下によって空洞が発生することが多い。その原因としては，次のようなことが考えられる。
　①　プレロードの路肩部の荷重不足による不同沈下
　②　ボックス裏込め部の盛土や路面かさ上げによる沈下
　③　盛土自体の圧縮沈下

　特に，プレロード範囲が軟弱層厚に比較して小さい場合，周辺部の盛土によってボックス近隣にも沈下の影響を及ぼすために，ウイング下の空洞は発生しやすくなる。なお，盛土自体の圧縮沈下は，建設中にその大半が発生し，開通後の沈下としては小さいと考えられる。
　空洞対策として次のことが考えられる。
　①　プレロードの施工形状を盛土形状より大きく取り，ボックス周辺を一体的に締め固めさせ，盛土とウイングとの不同沈下を軽減する。
　②　パラレルウイングを小さくし，ボックス前面に壁を設置する。

　ボックス前面の壁をブロック積とした場合は，不同沈下によって壁面に亀裂を生じる例が多い。ボックス前面に補強土工を施工した事例を写真 7.3 に示す。ウイングは補強土工の土留めに必要な小規模なものとなっている。また補強土工は，フレキシブルな構造であるため施工範囲に不同沈下があっても問題となるような障害とはなりにくい。

写真 7.2　ウイング下の空洞　　　　写真 7.3　補強土の施工例

設計－10　残留沈下対策の基本は，残留沈下軽減，残留沈下による支障軽減，残留沈下による補修が容易な構造の採用とせよ

　道路盛土では，少々の残留沈下が生じても自動車交通に支障はないが，残留沈下が大きいと道路構造にさまざまな支障が生じる。

(a) 暫定舗装

開通後の残留沈下が大きいと予測される場合，開通時だけ計画線形を満足させても一時的であまり意味はなく，補修と合わせて対応を考える必要がある。

沈下に伴って補修を行った場合，舗装厚さは増大し，交通荷重に耐える構造として不経済なものとなる。残留沈下の大きい区間では，開通当初から完成舗装とするのではなく，開通後から完成断面とする期間の交通量に耐え得る舗装構造を算定し，暫定舗装とすることが合理的である。図7.9に暫定舗装の例を示す。

また管理段階の路面補修は，当初の縦断線形を保つのでなく，走行に支障を来さないことを目的に行う。

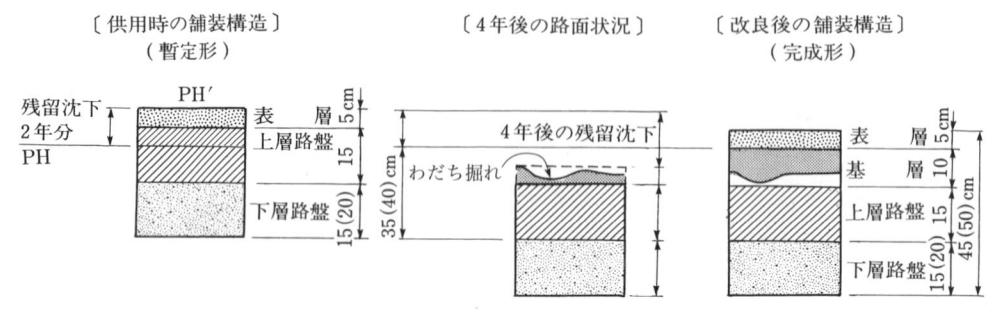

図7.9 暫定舗装の例

(b) 中央分離帯の排水溝

積雪寒冷地では，雪融け時に中央分離帯に残った雪が融けて路面に流れ出て，走行車の水はねによる視界不良や夜間の凍結によるスリップなどの支障が発生する恐れがある。この対策として中央分離帯に排水溝を設置するが，軟弱地盤区間では，図7.10に示すようなオープン形式で補修の容易なものとする。

(c) カルバートボックス

ボックスの沈下対策として，断面余裕・上げ越しを行う。残留沈下の大きなケースでは，舗装高を計画通りとすると，ボックス頂版高さを上げることによって必要土かぶりを確保できない事態も発生する。上げ越しは，ボックスだけでなく路面高も合わせて総合的に考える必要がある。この場合，舗装高を上げ越すことによって土かぶりは確保される。

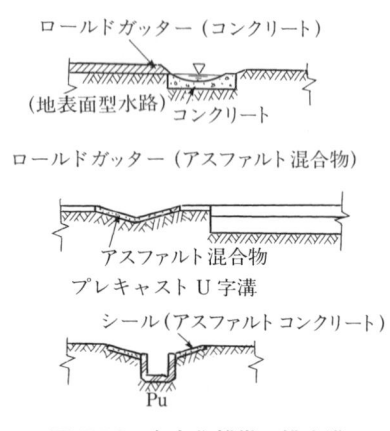

図7.10 中央分離帯の排水溝（積雪寒冷地の場合）

(d) 防護柵

供用後の残留沈下に伴う不同沈下によって，ガードレール等の防護柵は不揃いになったり，路面のパッチングやオーバーレイによる所要高さが不足したりする。このため，あらかじめかさ上げ可能のタイプを検討する（図7.11）。

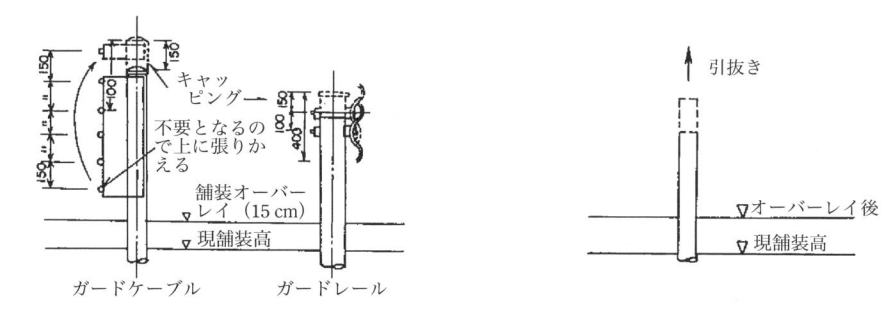

(a) 支柱を継ぎ足す方法（残留沈下が小さいケース）　(b) 支柱を引き抜く方法（残留沈下が大きいケース）

図 7.11　かさ上げ可能なタイプの防護柵

設計－11　不同沈下の予測される箇所では，連続ボックスの採用は避けよ

主要道路や水路を抱き込んだボックスでは，幅が大きく扁平な断面になるため，図 7.12 に示すような連続ボックスを採用することがある。

連続ボックスは，直接基礎とした場合，管理段階において頂版と縦壁の付け根部にクラックの発生することがある。原因は，プレロード後の基礎地盤の不同沈下によって，付け根部に許容以上の応力が加わったためと考えられる。不同沈下の原因には，①基礎地盤の不均質による圧密沈下の差，②ボックス部と盛土部の荷重差による沈下差，③ボックス部の掘削による軟弱層厚の減少による沈下差，④プレロード部と後施工になる隣接盛土部との施工時期のずれによる残留沈下の差，などが考えられる。

したがって不同沈下の予測される箇所では，連続構造のボックスは避けることが望ましい。特に残留沈下の大きい箇所では，単純構造の橋梁など他の構造形式も検討すべきである。

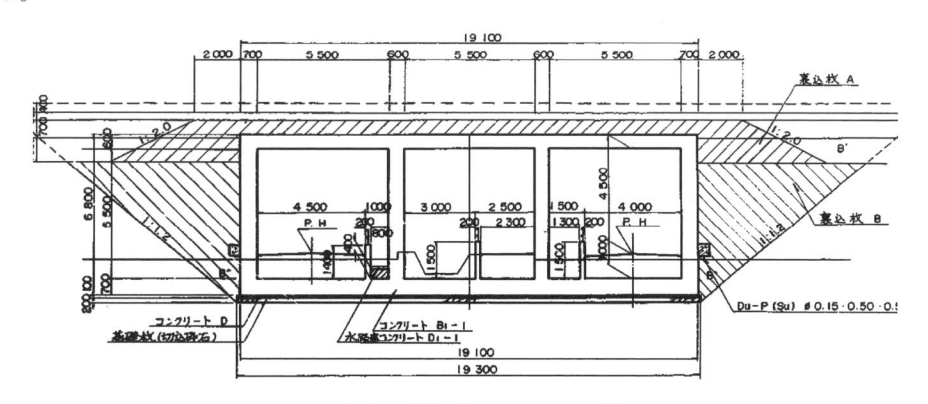

図 7.12　連続ボックスの施工例

7.4　施工の経験則

施工－1　軟弱地盤では，盛土を破壊させずに立ち上げることを最優先させよ

軟弱地盤における盛土施工では，破壊させずに計画高さまで安定的に立ち上げることが最優先課題であり，そのために安定管理には細心の注意を図る必要がある。

盛土破壊を起こすと，復旧対策に多大の時間と金がかかる上，後遺症も残る。その主なものは，①盛土の撤去費用，②押え盛土の用地費，③盛土の費用，④調査費の追加，⑤地盤処理工の増加（当初より大がかりな地盤処理工になる），⑥既施工の処理工が無駄，⑦残留沈下による管理費の増加，⑧工期の延長などである。

軟弱地盤において盛土を安定的に施工するには，観測データに基づいて盛土速度を制御しながら施工する観測工法が原則である。動態観測網を張って，観測データに基づいて安定を確認しながら盛土を立ち上げていくことを遵守するように，すべての施工関係者に周知徹底しなければならない。

過去の破壊例を調べてみると，次のようなそれなりの原因があることがわかる。
① 通常は慎重に盛土を施工していたのに，お盆休みを控えて工事の進捗を図りたいために無理に急速施工して破壊させたというケース。
② 盛土がかなり高くなってくると施工ヤードが狭くなるため，1回の盛土施工厚さ30 cmを守ろうとすると搬入する土量を減らしていかなくてはならないのに，土を搬入する側は同じような土量を持ち込み続けたため，盛土速度が速くなってしまったケース。

盛土速度の制御は，意外な盲点から崩れることがあることに注意する必要がある。

施工-2　原地盤は乾かせ

一般に，軟弱地盤地帯は地下水位が高く，表層部が特に軟弱な場合が多い。このような状態でサンドマットの施工を行った場合には，重機のトラフィカビリティが確保されなかったり，サンドマットの施工による局部的な破壊が発生したりして，工事着手直後からトラブル発生による工事工程の狂いや変更を余儀なくされ，大きな損失を招くことにもなりかねない。特に，地表が超軟弱な場合や容易に変形を起こす泥炭層が分布する場合には，これらのトラブルが発生しやすい。

このようなことを避けるために，現場に乗り込んだ後，直ちに，素掘り排水溝を設け，あらかじめ地下水位を低下させることにより，できるだけ地表面を乾燥させてその強度増加を図る必要がある。このような準備排水工は，簡単に実施でき，かつその効果は非常に有効なものであるから必ず実施することが望ましい。

そういう意味では，水田耕土など表層に存在する固い表土・粘土層・砂層などは，シェル効果によって安定に貢献するから，剥ぎ取らない方がよい。

表土を剥いだり草を刈り取ったりしているケースをよく見かけるが，その必要はないし，サンドマット材が地中に食い込む上，廃棄物が増えるなど百害あって一利なしである。

施工-3　サンドマットの仮置き・敷き均しは，均等に行え

サンドマットは，盛土施工や地盤処理の時の重機のトラフィカビリティ確保と排水処理を目的に施工される。サンドマットは，軟弱地盤の最初の土工であり，注意して施工する必要がある。軟弱地盤の表層が特に軟弱な場合は，サンドマットの敷き均しには超湿地ブルドーザを使う。

(a)　サンドマット施工上の問題

サンドマットの施工によって発生する問題として次のことがある。

① サンドマット敷き均し時の地盤の局部破壊

サンドマット施工時に地盤が局部破壊を起こし，マットの前面が隆起することがある。軟弱層は，局部破壊によって強度低下を起こし，引き続いて行われる盛土の安定を損ねる原因となる。

② サンドマット厚の不均等

サンドマット厚は，できるだけ均等に施工すべきである。しかし，サンドマット施工時の局部破壊によって，仕上がり高さは同じでも図7.13に示すように厚さの違いを生じる。薄い場合は，地盤処理工や盛土工のトラフィカビリティを確保できなくなる。

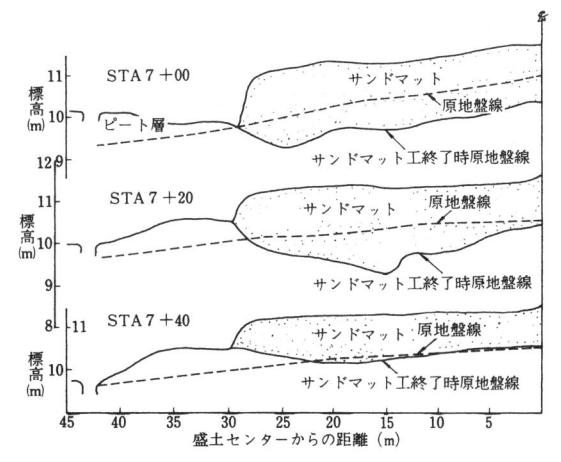

図7.13 サンドマット厚の不均等事例

(b) サンドマットの施工方法

サンドマットの施工にあたっては，次のことに配慮する。

① サンドマット施工に先立ってトレンチを掘る。

泥炭地の表層部は，歩行も困難なほど軟弱なことがある。トレンチを掘ることによって表土部の含水比を低下させて強度増加を図り，敷き均し時の重機のトラフィカビリティを確保する。トレンチだけではトラフィカビリティを確保できない場合は，サンドマット施工前にシートを敷設する。ごく軟弱な場合のサンドマットの搬入方法には，ベルトコンベアで行う方法もある。

② サンドマットは計画的に，かつ地盤破壊を助長しないように施工する。

1日のサンドマット施工ヤードを決め，丁張りをもとに厚さを管理する。局部的に厚い箇所を作らないために，材料のダンプアップは1カ所とせずに分散させる。

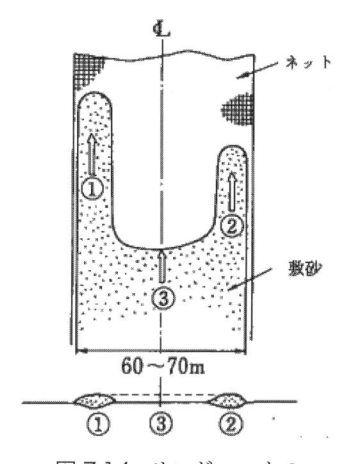

図7.14 サンドマットの敷き均し順序

> 施工-4　盛土材の敷き均しや地盤改良の施工は，盛土敷の外側から内側へ向かって行え

(a) サンドマット

サンドマットの敷き均しは，盛土敷地外への側方流動を助長させないために，盛土敷の外側から内側へ向かって行う必要がある（図7.14）。

また盛土高が低いうちは，盛土の敷き均しも盛土敷の外側から内側へ向かって行う必要がある。

(b) サンドドレーン

サンドドレーンの打設も盛土敷地外への側方流動を助長させないために，盛土敷の外側から内側へ向かって行う必要がある（図7.15）。

(c) 押え盛土

押え盛土を施工するときは，押え盛土部を先行させながら本体盛土を施工する必要がある。

(d) 傾斜基盤での盛土

傾斜基盤での盛土では，山側から谷側へ施工すると過大な側方変形を生じるから，谷側の盛土を先行する必要がある。

また谷側への押え盛土は，安定対策として有効である（図7.16）。

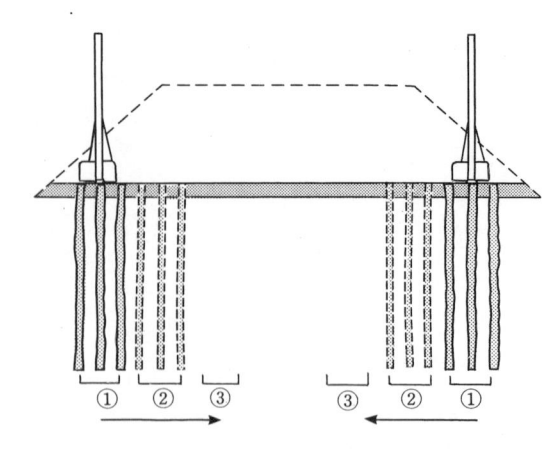

図7.15 サンドドレーンの打設順序

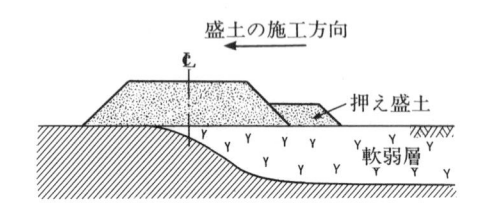

図7.16 傾斜基盤での盛土

| 施工－5 | 1回の盛土の施工厚 30 cm 以下を遵守せよ |

1回の盛土の施工厚を大きくした場合，盛土の安定を損ねることがある。既往の破壊例の多くは，1回に50 cmとか1 m盛土しているケースである。施工の現場では，どうしても工事の進捗を図ろうとして急速施工に傾きがちである。したがって軟弱地盤の盛土での急速な荷重増加が盛土の破壊に結び付くということを念頭に，1回ごとの施工厚さに十分注意する必要がある。

(a) 盛土の施工厚が大きくなる要因

① 土取場に比較して盛土ヤードの狭いケースでは，盛土の施工厚は大きくなりがちである。特にプレロード部に隣接する迂回路部は，盛土施工が他より遅れるため狭い施工ヤードに急速盛土を行って問題となることが多い。

② 一般にのり面の丁張は，計画よりも勾配を急にするが，予測以上に沈下した場合は，のり面が寺勾配となる。そのため，計画形状とするためにのり面付近に急速盛土を行って，安定を損ねることがある。

③ 特に沈下量の大きい泥炭地盤では，仕上げ高だけを考えると施工厚が想定以上の厚さになることがあるから，盛土の施工厚は，施工高だけでなく沈下量を加味する必要がある。

(b) 盛土の施工厚を遵守する手法

盛土の施工厚を適切なものとするためには，施工計画段階から配慮すべきである。特に盛土材を他所から運搬する現場では，プレロード除去した材料を転用することが多く，掘削と盛土の土量配分や工程を入念に計画する必要がある。

盛土の施工厚を遵守する手法として，丁張の他に次のようなヤード管理がある。

① 1日の盛土施工ヤードを決める。
② 施工ヤードを一定の広さの区画（例えば，20 m × 20 m）に区切る。
③ 30 cm の施工厚さとするために1区画に必要なダンプの台数を決める。
④ 区画ごとに均等にダンプアップする。
⑤ 敷き均し転圧を行う。

なお，施工厚さ 30 cm として必要な土運搬量と請負人が保有するダンプ台数が見合うフィールド面積を毎日指定するのがよい。

施工－6　沈下による盛土量の確認は，実態をよく踏まえて行え

地山検測（土取場での掘削量の検測）の場合は，切土量が支払い対象であり，盛土の精算数量は参考値になる。しかし土量変化率の違いは，土質判定の違いではないか，運搬中に他所へ流用されたのではないか，など施工管理上の問題となる。ある現場では，高さ 5 m の盛土に対して沈下量が 2～5 m あった。必要土量が増えたために工事費が増加するとともに，土取場地権者との契約変更などが問題となった。このため盛土形状と沈下土量の再調査を行って土量を確認した。なお盛土検測の場合は，盛土そのものが支払い対象になるため，切土以上に精度の高い数量算出が要求される。

設計要領では，路肩の沈下を盛土中央の 0.8 倍，のり尻部を 0.2 倍としている。沈下板を盛土中央部のみに設置した場合，この比率で沈下土量を求めるケースが多い。しかし，この値は均一な地盤に単純な台形形状の条件で算出されるものであり，側道や不均質な地盤は想定されていない。

ある現場では，地上 1 m 高の側道を工事用道路として利用した区間を掘削して確認した結果，3 m の盛土厚になっていることが判明した。押え盛土なども設計要領以上の沈下を示した。また，路肩の沈下は盛土中央部の 0.61～0.99 倍，のり尻部は 0.11～0.50 倍と設計要領と異なった値を示した事例もある。

沈下の横断分布は，軟弱層厚の分布状況，押え盛土の有無，工事用道路の位置によって必ずしも設計要領に示すように一律ではない。予測精度を上げるためには，軟弱層厚さの分布や側道や工事用道路の有無を考慮した沈下観測を必要とする。沈下板は，図 7.17 に示すように左右の路肩・のり尻や側道に設置し，沈下土量を確認できるようにすることが必要である。

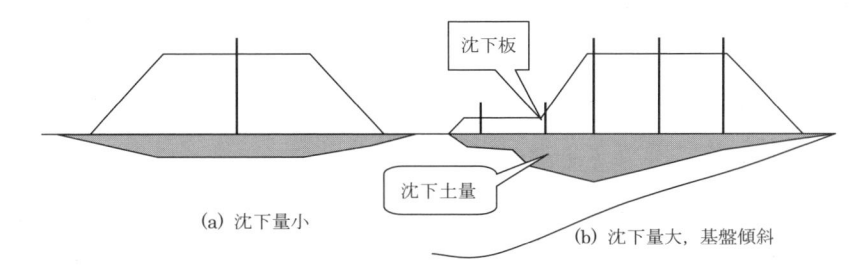

図 7.17　土量を確認するための沈下版の配置例

施工－7　カルバートボックスの縦断方向の上げ越しは一律に行え

カルバートボックスは，プレロードを施工し，原則杭なしとする（設計－8 参照）こと

になっており，盛土荷重による残留沈下に伴って一緒に沈下する。このためボックスの上げ越し（残留沈下量 S_r 相当分）が行われる。

一般に盛土の圧密沈下は，中央部を 1 とすると，路肩は約 0.8，のり尻は約 0.2 となる。このため昭和 45 年版設計要領では，残留沈下も中央部が大きいことを想定し，端部の上げ越し高は中央部より低減させていた。

しかし昭和 52 年に試験所で行った名神高速道路の軟弱地盤部のボックス現況調査では，中央部と路肩部の沈下に有意差がなく，上げ越した形状のまま沈下していることが確認された。また北陸道の事例では，ボックス構築後から中央部よりも両端部が大きく沈下する傾向にあった。

以上の結果，昭和 54 年の設計要領部分改訂では，カルバートボックスの上げ越しは縦断方向に一律に行うことにした。ただしプレロードを行わない場合は，従来通りの考え方（図 7.18 参照）で上げ越すことにしている。

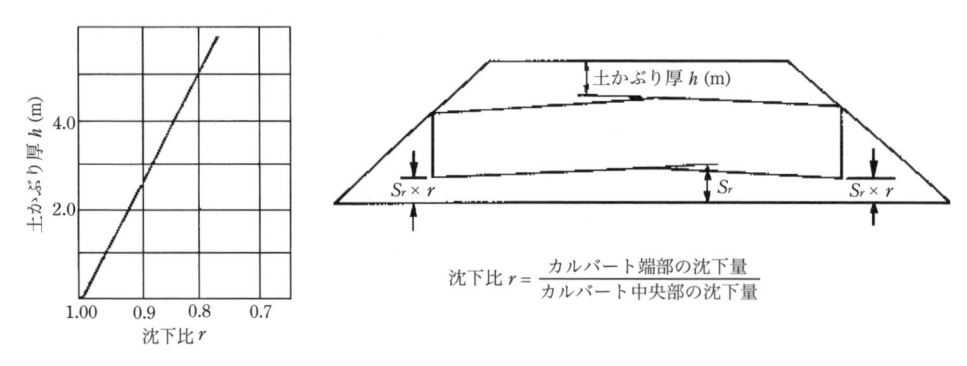

図 7.18 プレロードを行わないボックスの上げ越し

7.5 動態観測の経験則

観測－1　観測機器の種類と設置箇所はよく考えよ

軟弱地盤での盛土の施工に必要な観測は，地表面とせいぜい地下数 m の範囲でよいが，現状の観測技術は，ロケットが宇宙に正確に打ち上げられる時代にもかかわらず，ほんの数 m の地中の応力や変形を測定するのに大変苦労をする。しかも地表面での計測でも，盛土の沈下を測るのにトランシットを使い，側方地盤の変位を測るのに巻尺を使うなど，いまだに人手に頼った原始的な方法であるのが実態である。

しかし方法が原始的だというのは，重機を使った野外施工といった計測のための環境条件が厳しい土工工事には，何かと都合が良いともいえる。土圧計や水圧計には，エレクトロニクスを使ったものも出回っているが，いたずらに感度が良いばかりで，耐久性に問題があったりして，うまくいかないこともある。現場では，地中や水中で何年間も機能し，取り扱いが少々ラフでも耐えられることが要求されるので，ある程度の精度があれば，何よりも苛酷な自然条件の中での使用に耐えられることが大切である。

いろいろな計器を使ってみた経験からいうと，軟弱地盤での計測では，原始的な方法が最も信頼できるようである。例えば，水圧計の場合，電気式のものだと，地中に埋設して

調子がおかしくなると，そこでデータが採れなくなってしまうが，水位計のような原始的な方法のものだと，チューブが破れるといった滅多にないことが起こらない限り，データが採れなくなるようなことはない。しかも原始的な方法のものは，何といっても安上がりなので，同じ費用でデータがたくさん採れるのが長所である。その代わり，計器の保守は大変である。積雪寒冷地では，冬の真最中に数 m の雪を掻き分けて観測したり，盛土面から数 m の高さに林立した水位計が倒れないように，やぐらを組んだり，水位計の水を凍らせないために，不凍液を入れたりもしなければならない。

観測機器の設置箇所には，次のような条件があることが望ましい。
① 供用後も維持管理できる。
② できれば地盤調査データがある。
③ 設計断面の代表地点である。

観測機器の設置箇所については，地盤の特徴をよく考えて選定する必要がある。

例えば，地盤が傾斜している箇所では，盛土施工時の側方変位は，基盤の傾斜方向に顕著に偏るから，傾斜方向を考えて観測計器を配置する。基盤が盛土横断方向に 5 度傾斜した箇所で，谷側の変位が山側の倍であった事例がある。

また基盤のコンターが本線に対して斜めに交差しているケースでは，安定管理図において沈下と変位の関係を整理する場合は，単純に横断方向で考えるのでなく，基盤の傾斜方向で考えるなどの注意が必要である。

観測－2　動態観測は，計器だけに頼らず，足と目を使った現場の監視を行え

動態観測データは，盛土施工中は毎日監督員がチェックする。その理由は，次のとおりである。
① 地盤の状況は，変位速度の増減が重要であり，これらのデータに注意すること。
② 監督員が毎日チェックすることで計器の保守・点検が正確に行える。
③ データだけでなく，盛土全体の状況チェックができる。

現場の監視にあたって留意すべき点は，次のとおりである。
① 側方地盤の盛り上がり，ひび割れ，盛土面のクラック，水路の変形，田圃の漏水などは，盛土が不安定になっている兆候である（写真 7.4）。
② そうした異常そのものに素早く対処するためにも，日常的に現場をこまめに歩いて，変わったことがないか観察することが大切である。

写真 7.4　盛土天端面のテンションクラックの例

③ 人には癖があって，無意識に歩いていると，歩くコースが片寄りがちであるから，盛土現場を歩くときは，盛土の両側を万遍なく歩くようにすることが大切である。

④ 現場の近くの地元の人たちの話を聞くことも大切である。彼らはいつも現場を見ているから，普段と変わったことや気になることを話してくれる。

⑤ こうした観察と計器による計測データが結び付いてはじめて，正確な診断が可能となる。異常事態は，ちょうど計器のあるところで起きるとは限らない。数十 m から数百 m という一般に計器が配置されている間隔を考えれば，計器のないところで起こることの方が多いといってよい。

観測 − 3 ρ（盛土中央部沈下量），δ（盛土のり尻部の水平変位量）および q（盛土荷重）による破壊予測を基本とせよ

破壊予測の原点は，盛土の施工とともに日々観測されるさまざまなデータと現場の状態の観察からいつもとは違う動きを察知することである。

まず動態観測データとして，例えば図 7.19 から地盤が安定な状態にあるのか，不安定な状態にあるのかの判断目安を得ることができる。

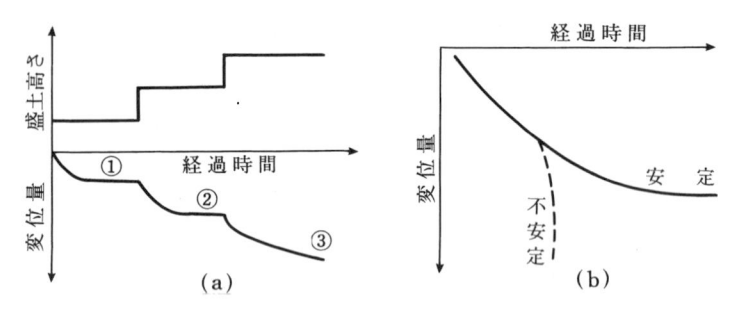

図 7.19 地盤の安定・不安定の判断目安

(a) は，自記式地表面伸縮計のように連続して変位が自記記録できるデータの経時変化である。図中①，②のように，載荷時からその直後には変位が進行するが，比較的短時間でそれが一定値に収束するときは地盤が安定している。しかし図中③に示すように，載荷後もだらだらと変位が続くときには，地盤が不安定な状態である。

一方，(b) は，沈下計や変位杭など連続して自記記録できないデータの場合である。判断の目安は，(a) の場合と同様である。

いずれにしても日々観測されるデータを日々プロットして，その時間的変化に変わった点があるかないかに常に注意を払うことが肝要である。

以上のような日々の観察行動の上に，ρ，δ，q を用いた軟弱地盤上の盛土の破壊予測をきちんと実行する必要がある。予測法はいくつかあるが，各々特徴があるから，特定の方法に偏らず，複数の方法を併用し，軟弱地盤の条件や現場の条件に応じて使い分ける必要がある。その詳細は，第 8 章の **8.2** を参照されたい。

破壊予測に使う ρ，δ，q の観測については，以下のような点に留意する必要がある。

① 計測値の中でも盛土中央部の沈下計の沈下量 ρ と盛土のり尻付近の変位杭の水平変位 δ が重要である。

② その観測は，どちらも基準点（基準となる不動点）からの高さおよび距離の変化を

レベルと巻尺によって人力で測定するが，軟弱地盤の場合，よほど注意しないと不動点であるはずの基準点が動いてしまうことがあるので，定期的に基準点をチェックする必要がある。
③　沈下計は，地表面型と層別型の2種類があり，普通は，所定の位置に固定する先端部分とそれに連結して地上部へ連絡する部分からなる。連結部は棒状のものが普通で，それを裸で地中に埋設すると，盛土や地盤の圧縮によって土との摩擦で押し込まれる現象が起きるので，パイプの中に入れた二重管式のものにする。それでもパイプが曲がったりすると効果がなくなるので，棒状のものをワイヤーにしたものを工夫することもある。
④　破壊予測に使うδは，のり尻付近の変位杭で最も大きい動きを示すものとするが，最大の動きを示す杭は実際には一定しない。道央道での泥炭地盤の事例では，最大の動きを示す杭は，最初はのり尻に一番近い杭であったが，そのうちだんだん外側の杭へ移っていき，最終的にはのり尻から2～6mの位置にある杭になった。

なお実際の破壊予測においては，ρ，δ，qを使った方法を基本とするが，それだけに頼らず，地表面伸縮計，地中変位計，間隙水圧計などのデータの動きにもさまざまな破壊の徴候が現れるから，それらも判断の参考にする必要がある。

観測-4　将来沈下の予測法は，特徴をよく見て使い分けよ

軟弱地盤における高速道路盛土の建設・保全においては，次のような各段階において，精度の高い沈下の将来予測が必要となる。

(a)　土工・舗装段階
①　サーチャージやプレロードの土量，放置期間および除去期間の決定
②　構造物の上げ越し量や断面余裕および盛土のかさ上げ量の決定
③　盛土の幅員余裕の決定
④　周辺地盤および構造物の補修時期の決定

(b)　維持管理段階
⑤　路面の不陸や構造物と盛土の境界部の段差などの補修計画の策定
⑥　周辺地盤および構造物の補修時期の決定

そこで実際には，施工時に得られる沈下の実測値を用いて将来沈下の予測を行い，当初設計をチェックし，必要に応じて施工方針の変更，さらには設計の修正・変更を行う手法が採られている。

実測沈下に基づく将来沈下予測法として一般に用いられている方法は，双曲線法，星埜法，浅岡法，門田法，$\log t$法などがあるが，道路公団では，土工・舗装時の比較的短期の予測には双曲線法を，維持管理段階の比較的長期の予測には$\log t$法を用いている。

沈下予測法の詳細については，第8章の **8.3** を参照されたい。

観測-5　プレロード除去時にはリバウンド量を観測せよ

地盤は荷重を除去するとリバウンド（膨れ上がり）を起こす。例えば，図7.20は橋台部のプレロード取除きに伴って生じたリバウンドの観測例である。取除きは2段階にわたって行われ，取除き6mでは約11cmのリバウンド量が，さらに8日間放置後の約2.8mの取除きでは約8cmのリバウンド量が観測された。

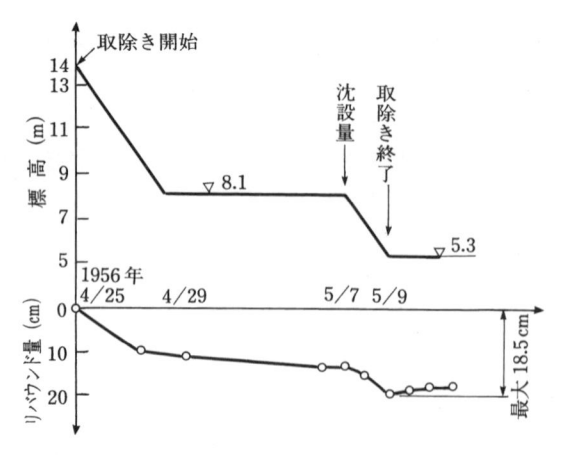

図 7.20　プレロード除去時のリバウンド量の観測例

リバウンド量の観測値は，名神・東名ではほぼ 10 cm 以内，新潟平野の沖積地盤では 5〜15 cm（最大で 40 cm）と報告されている。

リバウンド量の観測は地表面沈下計を用いて行うから，観測に用いる

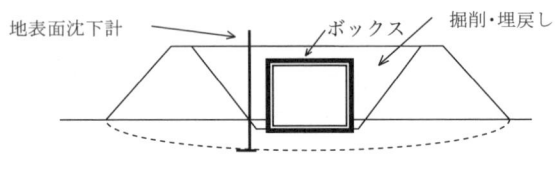

図 7.21　リバウンド量の観測方法

沈下計は，図 7.21 に示すように，プレロードの取除きに邪魔にならない位置に設置しておく必要がある。

なおリバウンド量は，ボックス設置後の裏込めの施工によって沈下してしまうようである。したがってボックスは，リバウンド量だけは必ず上げ越しておく必要がある。

7.6　維持管理の経験則

管理-1　杭支持の構造物の下の空洞をチェックせよ

杭支持のフーチング，料金所施設，カルバートボックス，踏掛版などの下には，残留沈下によって空洞を生じる。図 7.22 では，杭支持のフーチングや踏掛版の下に空洞が生じている様子を示す。

一般に空洞化は徐々に進行するので，交通荷重を常に受けているところでは，突然陥没するという現象よりも，まず舗装面にクラックが発生し，それが亀甲状のクラックに成長し，ポットホールになるという経過をたどることが多い。

一方，交通荷重を直接受けない路肩や中央分離帯の下では，空洞が発達していても気づきにくく，突然陥没することも考えられるし，地震がきっかけで陥没が起こることも考えられる。

橋台フーチング下面にできる空洞は，地下水で満たされている状態にあり，杭の抵抗上不利な条件になるので，重要構造物で沈下の大きいところでは，空洞の存在の有無の確認や基礎杭の設計上のチェックを行い，必要に応じて空洞の充填対策を実施する必要が

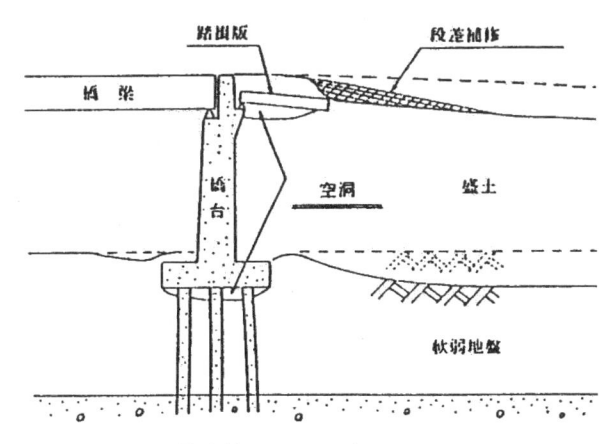

図 7.22 杭支持フーチング周辺に生じる空洞

ある。

| 管理－2　残留沈下による不同沈下対策は，小補修と大補修を組み合わせて行え |

軟弱地盤区間においては，次のような現象が起きる。
① 橋梁部は，杭基礎で支持され沈下しない。
② カルバートボックス部は，相対的に軽いので残留沈下が小さい。
③ 一般盛土部は，相対的に重いので残留沈下が大きい。

したがって各々の境界部に沈下の相対的な差，すなわち段差が徐々に発生し，車の走行性が悪くなる。この段差を補修する目安として，高速道路では，相対的沈下差20～30 mmに達したときに「段差修正」と呼ぶ小補修を行う。これはパッチングあるいはレベリングともいい，道路延長方向の5～10 m区間に補修材を貼り付ける小規模な工事である。

段差修正を何回も積み重ねると，道路全体の縦断線形が悪化してきて，大きく波打つ状態になり，乗り心地が悪くなる。普通，残留沈下量が30 cm以上になってくると，小補修では済まなくなり，大補修が必要となってくる。これを縦断修正と呼び，軟弱地盤区間全体に新たな縦断線形を設定し，全体的にオーバーレイを施工するとともに，必要に応じて防護柵や排水構造物のかさ上げ，路面幅員の確保などを同時に実施する。

残留沈下量の大きさとその進行度合いにもよるが，供用後5年間くらいは，小補修は年に数回から数年に1回程度，大補修は3～5年に1回程度の頻度になる。

| 管理－3　腹付け盛土は，状況に応じて工法を使い分けよ |

軟弱地盤区間で腹付け盛土が計画されるのは，次のようなケースである。
① 暫定的に2車線で供用していた路線を拡幅して4車線にするケース
② 4車線で供用していた路線を6車線に拡幅するケース
③ インターチェンジ，ジャンクション，サービスエリアなどが後から追加されて，加・減速車線が付加されるケース

既設の部分は，建設されてから時間が経過しているため，残留沈下はそれなりに落ち着いてきている。そこに新しく腹付け盛土をすると，既設部分と新設部分との間に相対的な沈下差が生じる。既設の盛土の上は一般車の交通が24時間あるので，腹付け盛土による

沈下などで一般車の交通に支障を与えないような対策を計画する必要がある。
　その方法として図7.23に示すような方法が考えられる。
　①　事前盛土
　　　当初から将来の拡幅が予想されているような場合は，事前に一度盛土をしておき（プレロード），ある程度の沈下をさせておく。
　②　深層混合処理工
　　　新旧の盛土の境界に矢板あるいは深層混合処理工を施工し，縁切りを図る。
　③　発泡材＋軽量盛土，または，④　ボックス＋軽量盛土
　腹付け部分を軽量化（発泡スチロール・エアーミルク等の軽量材盛土，ボックス化）して，残留沈下量を減少させる。

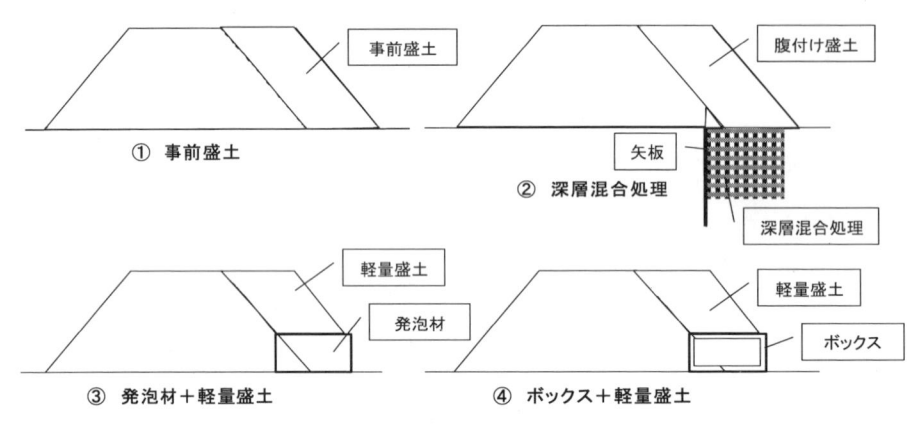

図7.23　腹付け盛土

> 管理－4　カルバートボックスのジョイント部の漏水・土砂漏れ対策として，スパンシールによる止水板の施工が有効である

　軟弱地盤部のボックスは，ジョイントからの漏水が多く，場所によっては背面土砂が流出するケースもある。極寒地では漏水がツララとなり，地元から苦情が出る。
　そこで設計要領では，図7.24 (a)に示すような防水シートを併用した継目を使用するようになっている。しかしこのジョイントには，次の問題がある。
　①　止水性能の不足
　　　側壁や頂版は止水シートの効果に依存している。このため盛土工事での破損やシートの老朽化によって漏水を生じる。
　②　ジョイント部の空隙
　　　ジョイント部の側壁・頂版に，所定の空間を確保し，変形に追随させる構造である。しかし，ジョイント部の変形を助長し土砂が流れ出す要因となる。
　このような問題を改善するため，道央道の岩見沢地区のボックスカルバートでは，図7.24 (b)に示すように止水板にスパンシール（止水板に鉄板入りのブチルゴムを使用したもの）を使用した。約20年経過した時点で，1m程度の沈下があるものも含めて漏水跡が見られていない。本工法の利点は次のとおりである。
　①　ブチルゴムは伸縮性に富み，ジョイントが開いても止水性を損ねない。

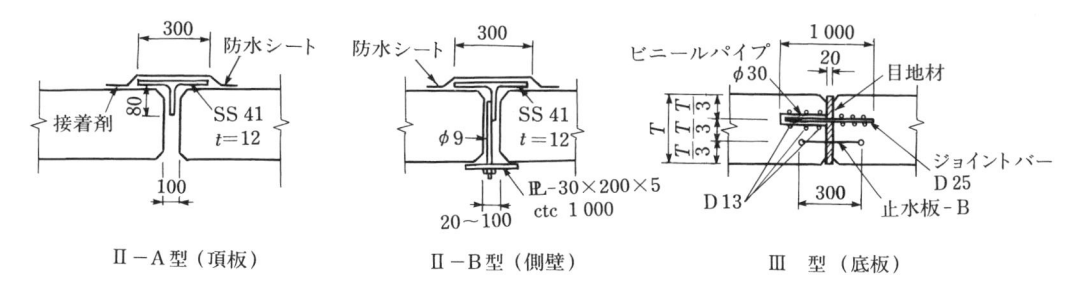

図 7.24 (a) 上げ越しを行う場合の継目（設計要領）

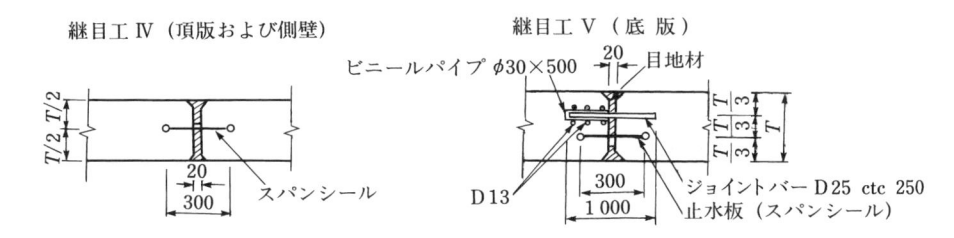

図 7.24 (b) 漏水防止を強化した継目の例

② 鉄板を入れることによって，ゴム性の止水板を使用した場合に見られたコンクリート打設による折れを防止できる。

| 管理－5　周辺地盤の引き込み沈下への対策が必要である |

軟弱地盤に盛土すると，盛土施工中には盛土の周辺地盤（のり尻から数 m〜数十 m の範囲）が押し上げられる現象（盤膨れ，側方流動）が見られるが，時間とともに収まり，やがて盛土の沈下が大きくなるにつれて，それに引き込まれる格好で沈下が始まる（図 7.25）。

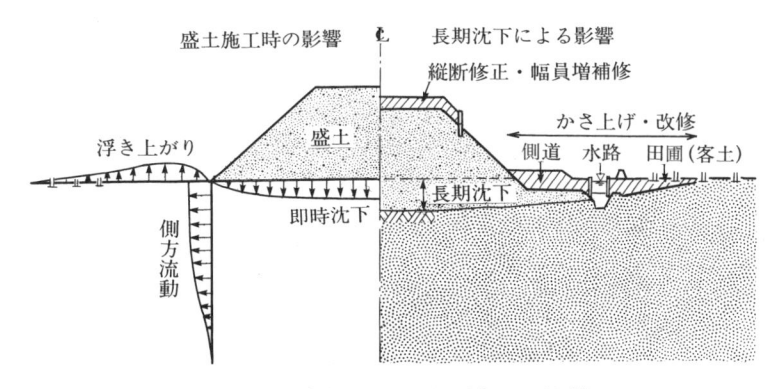

図 7.25　盛土による周辺地盤への影響

こうした周辺地盤の沈下は，盛土直下の沈下に比べれば小さいものであるが，場合によっては道路の供用後も継続することがあり，道路用地外の民地については，その土地利用の用途によっては，補償問題が生じる。例えば，田畑の場合は，用排水路の機能に支障が生じたり，水はけが悪くなって稲の生育が悪くなったりする。家屋等の建築物がある場合は，わずかな不同沈下でも立て付けが悪くなったり，壁にクラックが生じたりする。

このような盛土の周辺地盤の引き込み沈下の範囲は，盛土のり尻からおおよそ軟弱地盤の層厚に相当する範囲であるとの報告もあり，軟弱地盤が深い場合は，相当広範囲に及ぶことを覚悟しなければならない。

引き込み沈下対策は大変難しいが，できるだけ軽減するためには，①のり尻部を地盤改良する，②矢板等によって縁切りする，③軽量盛土にして沈下の減少を図る，④押え盛土や側道を介することで影響を少なくする，などが考えられるが，いずれも相当な費用がかかるため，現地の状況に応じて適切な方法を適用する必要がある。

田畑の場合は，耕土を補給する，被害を補償するなどの事後対策で対処する方が現実的な解決策であることがある。

| 管理－6 | 開通後長期間経過してから荷重軽減した場合，沈下抑制効果はあるが，リバウンドは起こらない |

プレロード除去時に地盤がリバウンド（膨れ上がり）を起こすことは，よく知られている。しかし開通から14年経過した盛土箇所で長期沈下対策として荷重軽減を行った際に，リバウンドが起こらなかった事例がある。

北陸道の上越地区において，開通後の沈下が1mを超える箇所でEPS（発泡スチロール）材による盛土材の置き換えによる荷重軽減を行った。EPS置き換え時および近接ボックスの建設時に観測されたリバウンドを図7.26に示す。ボックス施工時のリバウンドが12.2cmであったのに対して，EPS施工時は0.4cmとほとんど発生しなかった。

事前検討においては，長期沈下は圧密の遅れによるものと考えられ，盛土の軽量化によって地盤のリバウンドが起こるものと予測していた。しかしリバウンドは観測されなかったことから，当地区での開通後14年経過した時点で継続している長期的な沈下は，二次圧密的なものに起因するものであったと推測される。

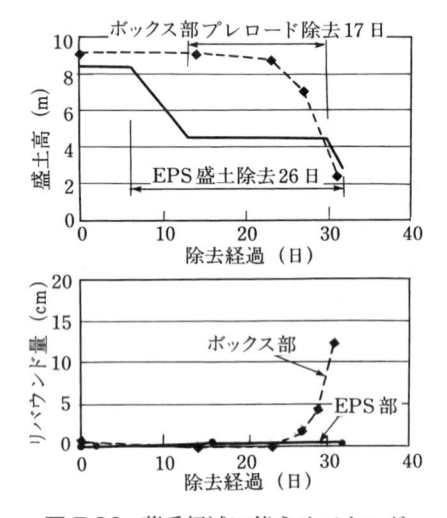

図7.26 荷重軽減に伴うリバウンド

なお，EPS施工後3年間の路面沈下は2.7cmであり，沈下傾向の類似した無施工箇所の同じ期間における沈下量7.2cmと比較すると沈下抑制効果が認められた。

参考文献

本章は，主に次の文献を参考に執筆したほか，編集委員による新たな執筆も加えている。

1) 日本道路公団試験研究所道路研究部土工研究室：「土」の技術のあゆみ，試験研究所技術彙報第3号，平成12年12月
2) 私の技術伝承Ⅰ，土の会技術伝承資料，2008
3) 私の技術伝承Ⅱ，土の会技術伝承資料，2008
4) 私の技術伝承Ⅲ，土の会技術伝承資料，2008
5) 私の技術伝承Ⅳ，土の会技術伝承資料，2008
6) 私の技術伝承Ⅴ，土の会技術伝承資料，2008

第8章 安定と沈下の予測と実際

8.1 安定と沈下の理論予測

8.1.1 円弧すべり面法

(1) 円弧すべり面法

道路公団では，昭和45年版設計要領以来，安定計算は図8.1に示すような単一すべり円弧による全応力法を採用してきた。

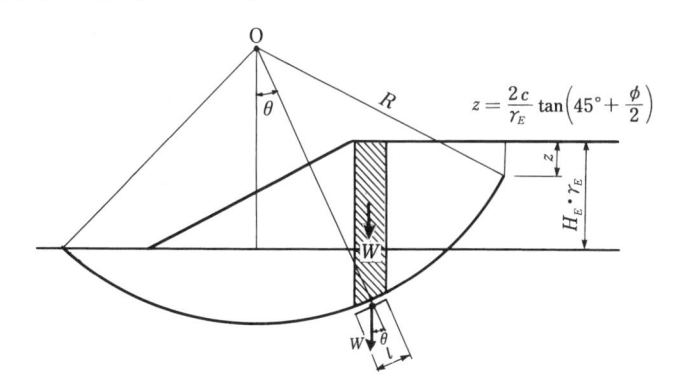

図8.1 単一すべり円弧による安定計算

図8.1において，すべり破壊に対する安全率は，次式によって計算される。

$$F_s = \frac{\sum(c \cdot l + W \cdot \cos\theta \cdot \tan\theta)}{\sum W \cdot \sin\theta} \tag{8.1}$$

ここに，c：盛土および軟弱層の粘着力（t/m²）
　　　　　ただし，軟弱層については概略検討では原地盤の粘着力，詳細検討では地盤の圧密による強度増加を考慮した粘着力を使用する。
　　　l：分割片がすべり面を切る弧の長さ（m）
　　　W：分類片の重量（t）
　　　θ：すべり面における垂直線と各分割片の重心を通る鉛直線とのなす角（度）
　　　ϕ：盛土材および砂層の内部摩擦角（度）

設計計算では，危険と考えられるさまざまなすべり面を仮定し，それぞれについて安全率 F_s を求め，その中の最小安全率 $F_{s\min}$ を盛土のすべり破壊に対する安全率とする。

道路公団ではこの円弧すべり面法を用いて，無数の現場において盛土の安定を検討してきたが，この方法は，地盤を変形なしで極限の破壊に至る剛塑性体という，実際の現象とはかなり違う仮定に基づいている上，①高速道路の軟弱地盤は多くの場合，複雑かつ不均

質な多層地盤であること，②計算ではさまざまな単純化・モデル化を行っていること，③計算の仮定条件と施工条件は必ずしも同じではないこと，その他さまざまな要因が重なって，実際との適合性は良くない。

例えば図 8.2 は，道央道（札幌〜岩見沢）において実測データから推測された実測安全率 F_s と円弧すべり面法で計算された安全率 F_c とを比較したものである。両者がほぼ 1 対 1 に対応していれば，計算値と実測値の適合性は良いといえるが，両者の対応は極めて悪い。他の多くの事例においても，こうした状況は変わらない。

とはいえ，他に信頼できる安定計算法も見いだせず，円弧すべり面法は簡便でわかりやすく方法としても使いやすかったので，長年にわたって使われ続けてきた。その代わり，設計時には一応円弧すべり面法

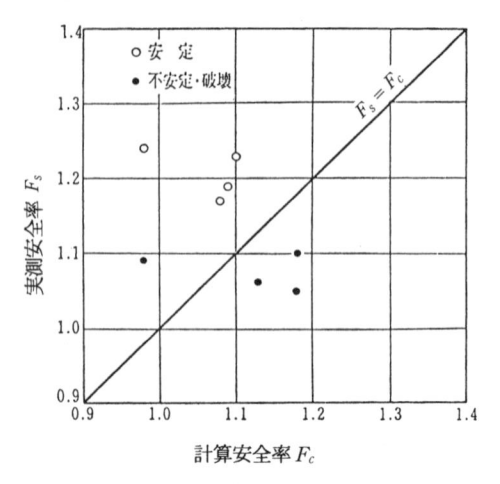

図 8.2 安全率の実測値と計算値の対応

によって安定検討を行うものの，それでよしとせず，実際の施工にあたっては，動態観測に基づいて地盤の安定の様子を見ながら慎重に盛土する観測施工という手法が採られた。

しかし動態観測データから盛土の安定状態を定量的に予測する方法，逆にいえば破壊予測の方法が見いだされず，結局は俗に"だましだまし盛る"といわれるような経験に頼る安定管理を行わざるを得ない状態が長い間続いた。このため破壊事例も少なからず発生した。

昭和 50 年から始まった道央道（札幌〜岩見沢）の岩見沢試験盛土，それに続く昭和 52 年からの江別試験盛土において，定量的な破壊予測方法が確立されたのを契機に，この観測施工は，動態観測データの電算処理システムと合わせて「情報化施工法」へと発展した。

しかし，同じように円弧すべり面法を用いている海側の場合は，状況はかなり違うようである。海側の場合は，乱さない試料の採取を行い，一軸圧縮試験結果の平均値を用いた円弧すべり解析は十分精度が高い解析法であると評価されているという[1]。ただしこの場合，品質の高い乱さない試料の採取が必要である。

(2) 安全率の考え方の変遷

安定計算における安全率は，盛土材や地盤の単純化あるいは力学理論によるモデル化に伴う誤差や，施工や自然の条件に対する仮定に含まれる予知し得ない要因などに対する余裕として，一般に 1.0 以上の値として設定される。

上述したように高速道路の場合は，いくつもの円弧すべり面について F_s を計算し，その最小値（最小安全率）が規定の値を下回らないように設計することになっている。

この安全率規定は，設計や施工の技術レベルや力学理論の向上に対応して，時代とともに変化してきた。その変化を設計要領から見ると，表 8.1 のようである。

「道路土工指針（昭和 31 年 10 月）」には，軟弱地盤の安定は支持力公式によるものとされ，安全率の取り方は，盛土の場合は 1.2〜1.5 とし，構造物の場合には 2〜3 とすると

表8.1 安全率の規定の変遷

昭和39年版設計要領	昭和45年版設計要領	昭和58年版設計要領	平成10年版設計要領
テンションクラックを考えた単一すべり面法によって計算することを原則とする。最小の安全率は1.25とする。	すべり面は原則として単一すべり円とし，計算式は全応力法によることを原則とする。安全率は，施工中，施工後いずれにおいても1.25以上でなければならない。	すべり面は原則として単一すべり円とし，計算式は全応力法によることを原則とする。最小安全率は供用開始時において1.25以上を目標値とする。〈解説〉軟弱地盤上の盛土は，緩速盛土施工と動態観測による十分な安定管理を行うこととし，供用開始時において最小安全率1.25が確保できればよいものとする。ただし盛土立上り時の安全率についても確認しておくものとし，1.1程度を設計の目安としてよい。	円弧すべりに対する常時の安全率は，盛土立上り時において1.1以上を目標値とする。地震時については，道路土工－軟弱地盤対策工指針－による。〈解説〉ただしこの安全率の設定は，軟弱地盤の圧密による強度増加により盛土が安定に向かうこと，および情報化施工による安定管理手法が定着してきたことを前提としている。

示されていたが，「同指針（昭和42年4月）」には，安定計算法として全応力による円弧すべり面法が示され，軟弱地盤における盛土のすべり破壊に対する最小の安全率は1.2以上あることが望ましいとされた。

一方，道路公団では高速道路の重要性を念頭におき，最小の安全率については，当初から一般道路よりやや厳しい1.25を適用した（昭和39年版設計要領）。その後，名神・東名の実績を踏まえた昭和45年版設計要領では，安全率は施工中，施工後いずれにおいても1.25以上でなければならないとされた。

この安全率1.25を確保することは，土が砂質土か先行圧密を受けた粘性土であれば，予想を上回るよほどの条件変化がない限りそれほど難しいことではない。これに対して軟らかい飽和粘土や泥炭からなる軟弱地盤では，安全率1.25を確保するためにはかなりの地盤改良を必要とするケースが少なからずあった。

昭和50年代に入り，道央道（札幌〜岩見沢）における大規模な軟弱地盤における施工経験によって，入念な動態観測に基づく安定管理を行えば，安全率1.0ぎりぎりの状態でも盛土破壊を起こさせることなく施工が可能となる技術が確立された。いわゆる情報化施工の技術である。これを受けて昭和58年版設計要領では，緩速盛土施工と動態観測による十分な安定管理を行うことを前提にして，最小安全率は供用開始時において1.25以上を目標値とした。ただし盛土立上り時は1.1程度を設計の目安としてよいと改定された。

さらに平成10年版設計要領では，常時の安全率は，盛土立上り時において1.1以上を目標値とし，地震時については，「道路土工－軟弱地盤対策工指針－」によるとされた。なお解説において，この安全率規定の変更の前提として，情報化施工が定着してきたことが挙げられている。

以上のような安全率規定の変遷は，土質力学理論や有限要素法などの進歩とは直接的には結び付いていない。つまり安全率規定の変更は，安定計算法が精密になって精度が上がったことが理由ではなく，道路公団の軟弱地盤技術の発展に裏づけられたものである。具体的には，動態観測データに基づいて盛土の破壊予測を行いながら盛土施工を制御する

方法，すなわち観測的施工（情報化施工）が時代とともに確立されていったことと密接に結び付いている．

(3) 計算法についての検討

式 (8.1) を用いて安定計算を行う場合，次のようなことが問題になる．
① 盛土の沈下量を見込むかどうか．
② 盛土の強度定数 c, ϕ や単位体積重量 γ_E の値をどうするか．
③ テンションクラックをどうするか．

まず盛土の沈下量については，通常は無視されることが多いが，沈下量が大きい場合は，盛土荷重を過小に見積もることになるから危険側の設計となる．したがって軽量級の地盤タイプの場合は，沈下量を見込む必要がないが，重量級の地盤タイプの場合は，沈下量を見込んだ計算を行う方がよい．中量級の地盤タイプの場合は，ケースバイケースで判断すればよい[*1]．

盛土の土質定数については，設計段階では土取場がまだ決まっていないことも少なくないという事情もあって，土質が不明のまま安定計算を行うことが多い．しかし通常は盛土材としては，粘性土が幾分混じるにしても砂質系，砂礫系の土が選定されるから，そうした土質を想定して適当な土質定数を採用している．

テンションクラックについては，設計要領では，2.5 m を限度として次式で与えられる深さまで考慮することになっている．

$$z = \frac{2c}{\gamma_E} \cdot \tan\left(45° + \frac{\phi}{2}\right) \tag{8.2}$$

このテンションクラックの考え方にはさまざまあり，港湾関係の設計では，粘性土盛土ではテンションクラックは考慮せず，砂質土盛土の場合は地下水面まで達する鉛直なクラックを考慮することにしている．

盛土の c, ϕ, γ_E やテンションクラックの深さ z をどうするかは，盛土高が低い場合は計算結果にあまり影響しないが，盛土高が高く，また沈下量が大きい場合は，計算結果がかなり変わってくる．

そこでここでは，図 8.3 に示すような重量級の地盤タイプで盛土高 6.5 m の場合（道央道・岩見沢試験盛土の無処理区間を想定）について，次のような 4 通りの条件で計算した結果を比較した例を示す．

① 沈下量は無視し，テンションクラックは，2.5 m を限度に式 (8.2) で考慮する方法
② 沈下量を考慮し，テンションクラックの考え方は①と同じとする方法

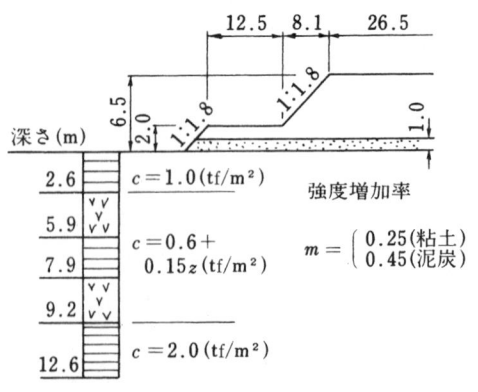

図 8.3 計算例

[*1] 軽量級，中量級，重量級については，表 4.8 を参照．

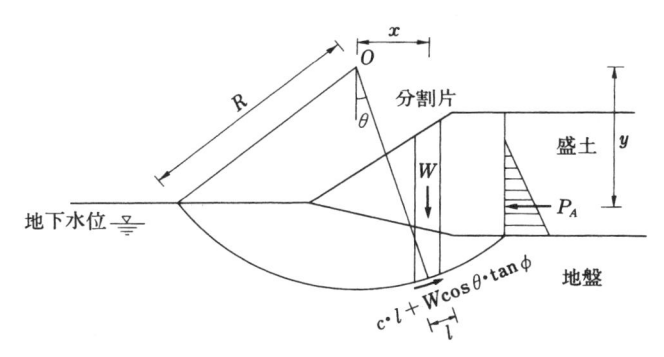

図 8.4 主働土圧を考える場合

③ 沈下量を考慮し，テンションクラックを盛土全高に入れる方法
④ 沈下量，テンションクラックの考え方は③と同じで，クラック面に式 (8.4) の主働土圧を作用させる方法（図 8.4）

なお実際に用いられた盛土材は風化礫岩で，単位体積重量 $\gamma_E = 1.9\,{\rm t/m^3}$，強度定数は室内試験から $c = 1.0\,{\rm t/m^2}$, $\phi = 20°$ と求められたが，c, ϕ の違いが計算結果に与える影響を見るため，計算は，(i) $c = 0$, $\phi = 30°$, (ii) $c = 1.0\,{\rm t/m^2}$, $\phi = 20°$, (iii) $c = 2\,{\rm t/m^2}$, $\phi = 10°$, (iv) $c = 3\,{\rm t/m^2}$, $\phi = 0$ の 4 ケースについて行った。

また計算に見込んだ沈下量は，圧密計算によって求めた 2.2 m という値である。

主働土圧を考える場合の計算法での安全率 F_s は，次式で与えられる。

$$F_s = \frac{\sum (c \cdot l + W \cos\theta \cdot \tan\theta)}{\sum W \sin\theta + P_A \dfrac{y}{R}} \tag{8.3}$$

ここに，P_A：主働土圧の合力，y：主働土圧の作用点と円中心 O の鉛直距離，である。

ただし主働土圧は三角形分布するものとし，その合力を土圧の作用高さの下から 1/3 の位置に水平に作用させるものとする。P_A は，次式で与えられる。

$$P_A = \frac{1}{2}\gamma_E H^2 \tan^2\left(45° - \frac{\phi}{2}\right) - 2cH \tan\left(45° - \frac{\phi}{2}\right) + \frac{2c^2}{\gamma_E} \tag{8.4}$$

計算結果は，次のとおりである。

① $F_s = 1.17 \sim 1.26$，② $F_s = 1.04 \sim 1.12$，③ $F_s = 1.31$，④ $F_s = 1.12 \sim 1.14$

計算法①，②から，この計算例のように盛土高が高く，沈下量も大きい場合は，盛土の c, ϕ の上記の範囲で F_s は 0.08〜0.09 程度変化し，沈下量を見込むかどうかで 0.13〜0.14 程度の差が生じることがわかる。

また計算法③のように，テンションクラックを盛土全高に入れると，F_s は過大になる。これに対して計算法④では，c, ϕ による F_s の変化が小さく，F_s の値も計算法①，②の中間的な値になっている。

ちなみに計算例の岩見沢試験盛土のケースでは，実際には破壊寸前の盛土高 6.7 m まで盛土が行われた。

> **コラム**
>
> 昭和 41 年頃，袋井村松地区の盛土破壊現場において，盛土天端面に発生した幾筋かのテンションクラックに注入されたセメントモルタルの盛土内部での形状を，構造物掘削のために開削された横断面で丹念に観察したところ，クラックはほとんど盛土全高にわたる垂直な形状を呈していたという報告がある．つまり設計時に想定していた盛土中の円弧すべり面という形状は見られなかったという．< Ku >

8.1.2　圧密理論

(1)　沈下時間曲線 [2), 3)]

　高速道路の場合，沈下予測は圧密理論に基づく慣用法を用い，計算に用いる土質定数はばらつきの平均値をとるのが一般的である．以下に例示する計算もこうした方法によっている．

　まず，無処理の軟弱地盤上に盛土をした場合の沈下の時間的変化を見てみよう．

　図 8.5 は東名・厚木地区の土質柱状図である．この地盤に，高さ 8 m の試験盛土をしたときの沈下時間曲線を図 8.6 に示す．計算値は，全層を単一層と考えて，両面排水条件の下で求めたテルツァーギの圧密理論の理論値である．計算値と実測値との乖離は大きく，計算に用いた圧密係数 c_v ($= k/\gamma_w m_v$) の値は 10^{-3} cm²/sec のオーダーであるが，実測値は見かけ上，その 10 倍，つまり 10^{-2} cm²/sec のオーダーの c_v を有するような速い速度を示している．

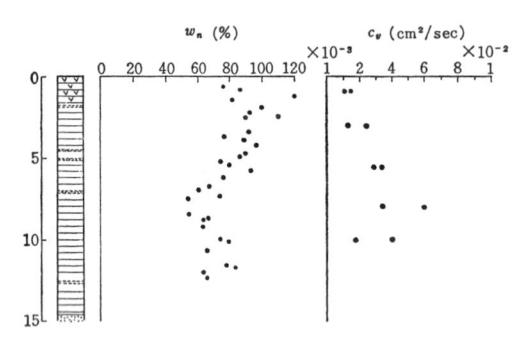

図 8.5　厚木地区土質柱状図

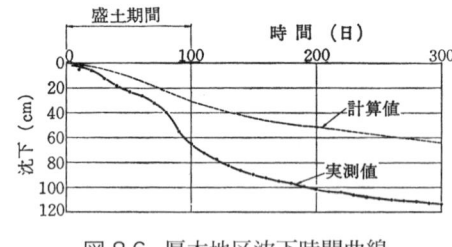

図 8.6　厚木地区沈下時間曲線

　この厚木地区においてフォイルサンプリングを行った結果によると，図 8.5 の土質柱状図に示すように 5 層の 2〜6 cm の薄い砂層を挟んでいる．一方，施工中の地盤内の間隙水圧の測定データから，5 層の砂層のうち 2 層が排水層として機能していることが推定できた．そこでこの 2 層を中間排水層として求めた計算値が図 8.7 である．この計算値は，実測値にかなり良好に適合している．

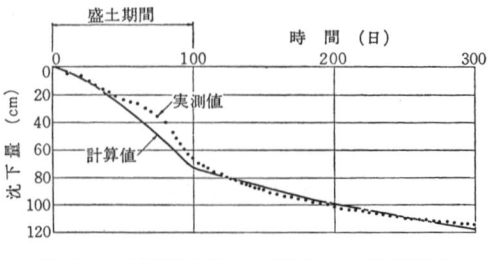

図 8.7　中間排水層を 2 層とした計算値と実測値の比較

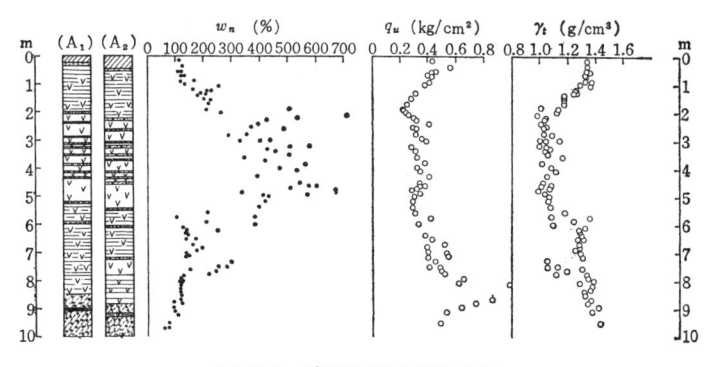

図 8.8 愛甲地区土質柱状図

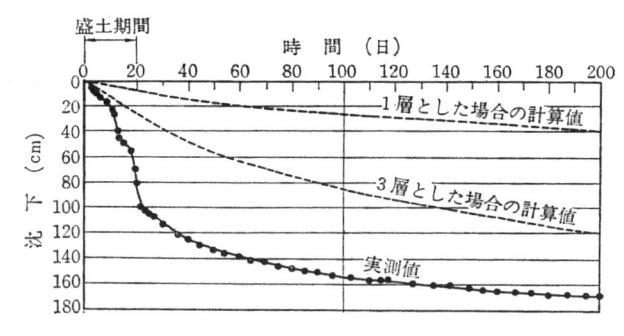

図 8.9 愛甲地区沈下時間曲線

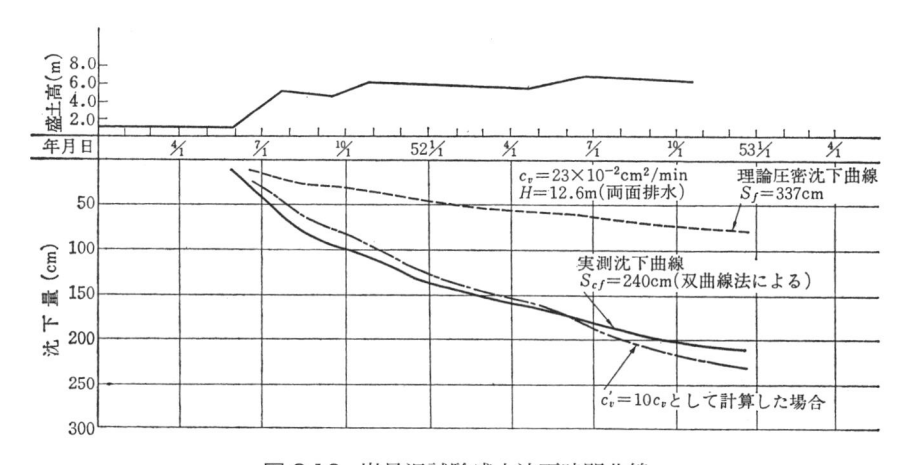

図 8.10 岩見沢試験盛土沈下時間曲線

図 8.8 は，東名・愛甲地区の土質柱状図である。この地盤に，高さ 4.5 m の試験盛土をしたときの沈下時間曲線を図 8.9 に示す。図中の計算値は，全層を 1 層としたケース（中間排水層なし）と 3 層としたケース（中間排水層 2 層）を示している。この場合は，いずれの計算値も実測値との適合性は極めて悪い。

この愛甲地区のような泥炭地盤では，せん断変形の影響で沈下速度が速くなったのではないかとの推定も行われた。

図 8.10 は，道央道・岩見沢地区の試験盛土（高さ 6.5 m）の沈下時間曲線である。計算値と実測値の乖離は非常に大きい。この地盤の土質柱状図は，図 8.11 に示すように排

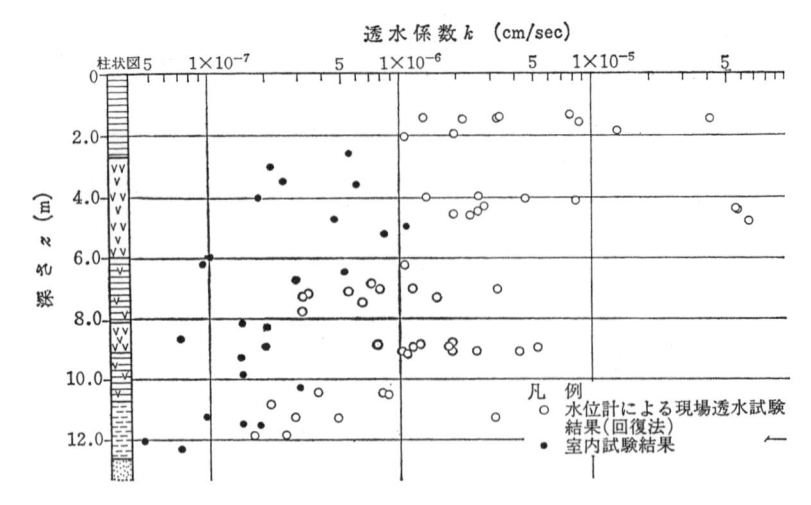

図8.11 室内と現場の透水係数の比較

水層と見なし得るような中間砂層もない。計算値と実測値の乖離をどのように解釈すべきか。

図8.11は，地盤の透水係数の室内試験値と現場計測値を比較したものである。現場の透水係数は，室内試験のそれのほぼ10倍のオーダーであることがわかる。そこでc_vを10倍した計算を行ったところ，図8.10に示したように実測値と良好な適合性が見られた。

以上のような沈下傾向は，この3例にとどまらず高速道路ではほとんどのケースで見られ，「無処理地盤での沈下の実測値は，計算値より速い」というのが経験知となっている。

このため，①薄い砂層を排水層として見込んだり，②原位置透水係数を用いたりして，計算値と実測値を合わせるさまざまな努力がなされてきたが，これという決め手は見いだせていない。結局，自然の軟弱地盤は，圧密試験のような要素試験では評価しきれない大きな透水性をもっており，そうしたマクロな透水性の評価手法の確立が今後の課題である。

(2) 沈下量

次に沈下が収束する値，つまり沈下量について見てみよう。

図8.12は，名神・東名高速道路の各地区で得られた比較的長期の実測データについて，沈下量の計算値と実測値を比較したものである。実測値は計算値の±60%の範囲に大きくばらついている。

こうした沈下量の計算値と実測値の詳細な対応関係を示したのが図8.13である。図は，道央道（札幌〜岩見沢）での沈下量の実測値と圧密理論による計算値を比較している。図から両者の間には大まかな相関は見られるにしても，ばらつきは非常に大きい。

両者の相関を詳細に見るために，図8.13から作成したのが表8.2である。表は，例えば実測値が0〜50 cmの範囲にあった18カ所について，計算値も同じように0〜50 cmの範囲であったのが13カ所，50〜100 cmの範囲であったのが4カ所，そして100〜150 cmの範囲であったのが1カ所であった，ということを表している。

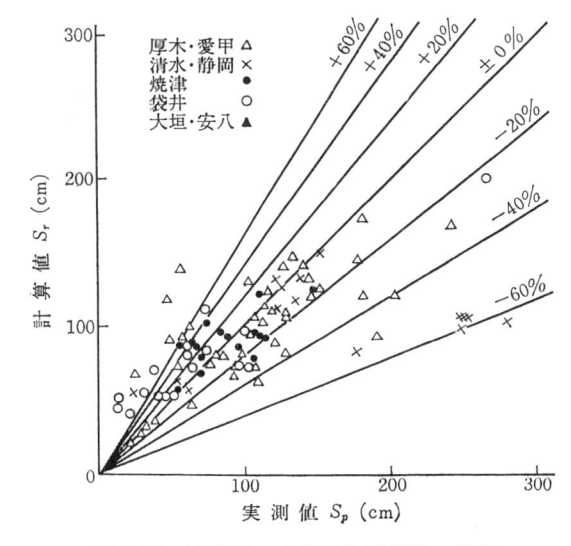

図 8.12 沈下量の実測値と計算値の比較

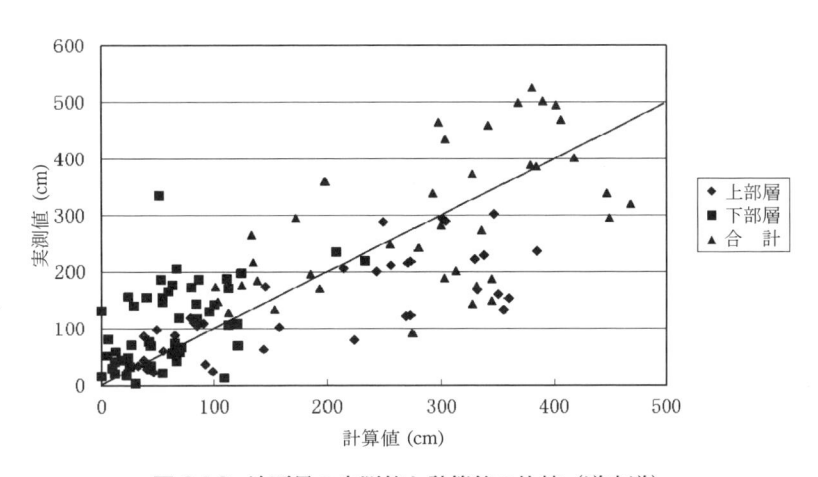

図 8.13 沈下量の実測値と計算値の比較（道央道）

表 8.2 沈下量の実測値と計算値の比較（道央道）

	cm	実測値								
		0〜50	50〜100	100〜150	150〜200	200〜250	250〜300	300〜350	350〜400	400〜
計算値	0〜50	13	9	1	2	0	0	0	0	0
	50〜100	4	7	9	6	1	0	1	0	0
	100〜150	1	2	5	7	1	1	0	0	0
	150〜200	0	0	2	2	0	1	0	1	0
	200〜250	0	1	0	0	4	0	0	0	0
	250〜300	0	1	2	0	5	1	1	0	1
	300〜350	0	0	2	4	3	4	1	1	2
	350〜400	0	0	1	2	1	0	0	2	3
	400〜	0	0	0	0	0	1	2	0	3

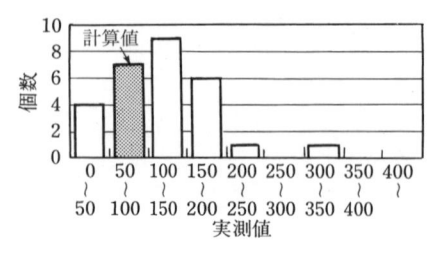

図8.14 計算値（50〜100 cm）に対する実測値の分布

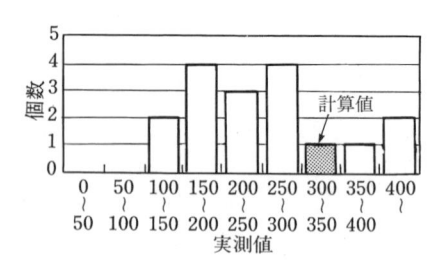

図8.15 計算値（300〜350 cm）に対する実測値の分布

図8.14および図8.15は，表から作成した図である．図8.14では，圧密理論で沈下量が50〜100 cmと計算されていた箇所での実測値は，100〜150 cmの値を示すものが最も多く，300〜350 cmの値を示したものもある．また図8.15からは，計算では300〜350 cmと予測されていたのに，大部分の箇所では100〜300 cmの値が実測されていることがわかる．

結局，計算値に対して実測値は幅をもっている，逆にいえば，実測値に対して計算値は幅をもっているのが通常の姿である．つまり圧密理論では，ある幅をもってしか沈下予測ができない．その要因としては，圧密理論という単純なモデルで予測すること，大きなばらつきをもつ土質定数の平均値を使うことなど，さまざまのものが考えられる．

8.1.3　構成モデルを用いた数値解析

常磐道の神田地区における試験盛土について，構成モデルを用いた数値解析が行われている[4]．この試験盛土は，試験盛土A（無処理）および試験盛土B（サンドドレーン：打設ピッチ2.0 m，打設長20 m，ドレーン径40 cm）の2カ所で行われた．

土質性状は，図8.16のようである．ちなみに下部粘土層の透水係数は，10^{-7} cm/secのオーダーである．

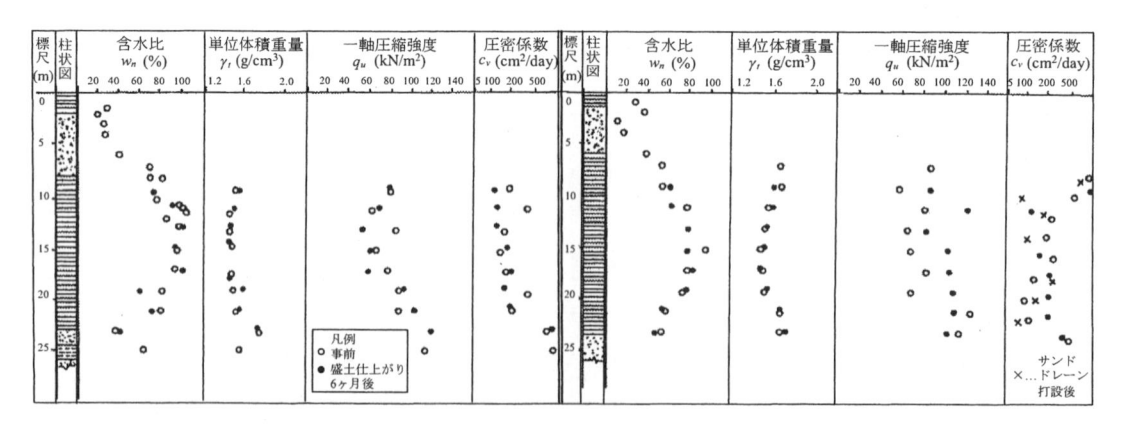

図8.16　神田試験盛土の土質性状

構成モデルとして広く普及している関口・太田モデルを取り込んだ弾塑性有効応力 FEM 解析手法を用いて，盛土中央部の沈下解析を行った結果を実測値とともに示したのが，図 8.17 および図 8.18 である。

　まず図 8.17 からは，短期の沈下量，過剰間隙水圧の挙動については，傾向はともかく実測値と計算値の一致度はいまひとつであることがわかる。

　一方，供用後の長期沈下について，上記と同じ解析手法を使って解析した結果を示した図 8.18 によれば，サンドドレーン打設部，無対策部とも実用的にはかなりの精度で供用開始後の長期沈下挙動を再現できている。ただし，サンドドレーン打設部は，試験盛土 B の箇所であるが，無対策部は試験盛土 A とは別の箇所である。

　なお図 8.19 は，試験盛土 A (無処理) 地点の下部粘土層中央部での過剰間隙水圧の計算値を示したものである。図中には，平成 11 (1999) 年と平成 14 (2001) 年の 2 回，同一の間隙水圧計で測定した過剰間隙水圧がプロットされている。計算値は，2 つの実測値の間を通っており，水圧が完全に消散するまでには，まだかなりの時間を要することが推測される。したがってこの間，沈下も継続することになる。

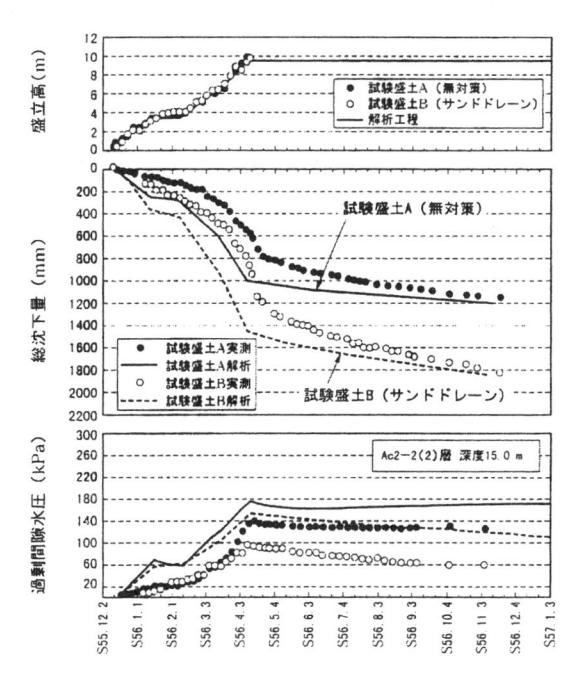

図 8.17　短期沈下および間隙水圧の解析値と実測値の比較 (神田)

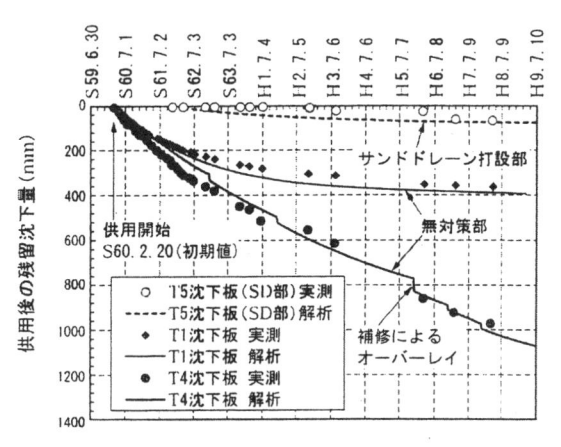

図 8.18　長期沈下の実測値と計算値の比較 (神田)

　ところで構成モデルについて，最近，注目すべきモデルが提案されている。浅岡モデル (正式には SYS カムクレイモデル) と呼ばれるもので，カムクレイモデルに異方性・過圧密・骨格構造を付加したものである。このモデルは砂，粘土を問わず，あらゆる地盤に適用できるものとして構築されているが，特にわれわれ現場の技術者にとっては長年の悩みの種であった非常に大きな長期沈下現象を，自然の粘土地盤が保持している骨格構造の遅れ破壊として解明してくれている点で画期的なものである。

　図 8.20 は，浅岡モデルによる神田試験盛土 A (無処理) の長期沈下の解析結果である[5])。時間を log 目盛にした一番下の図からわかるように，盛土初期については計算値と

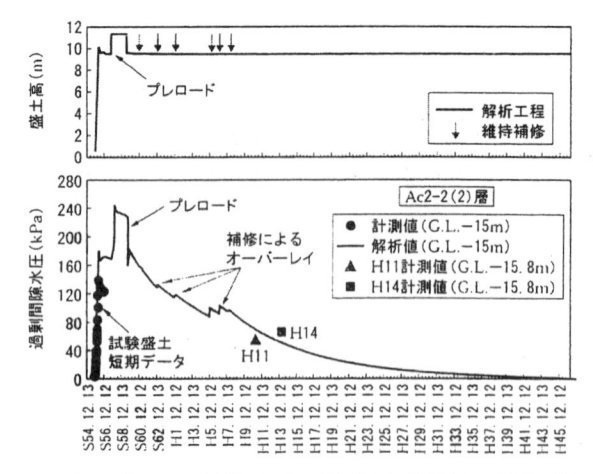

図 8.19 供用後の過剰間隙水圧の実測値と計算値の比較（神田）

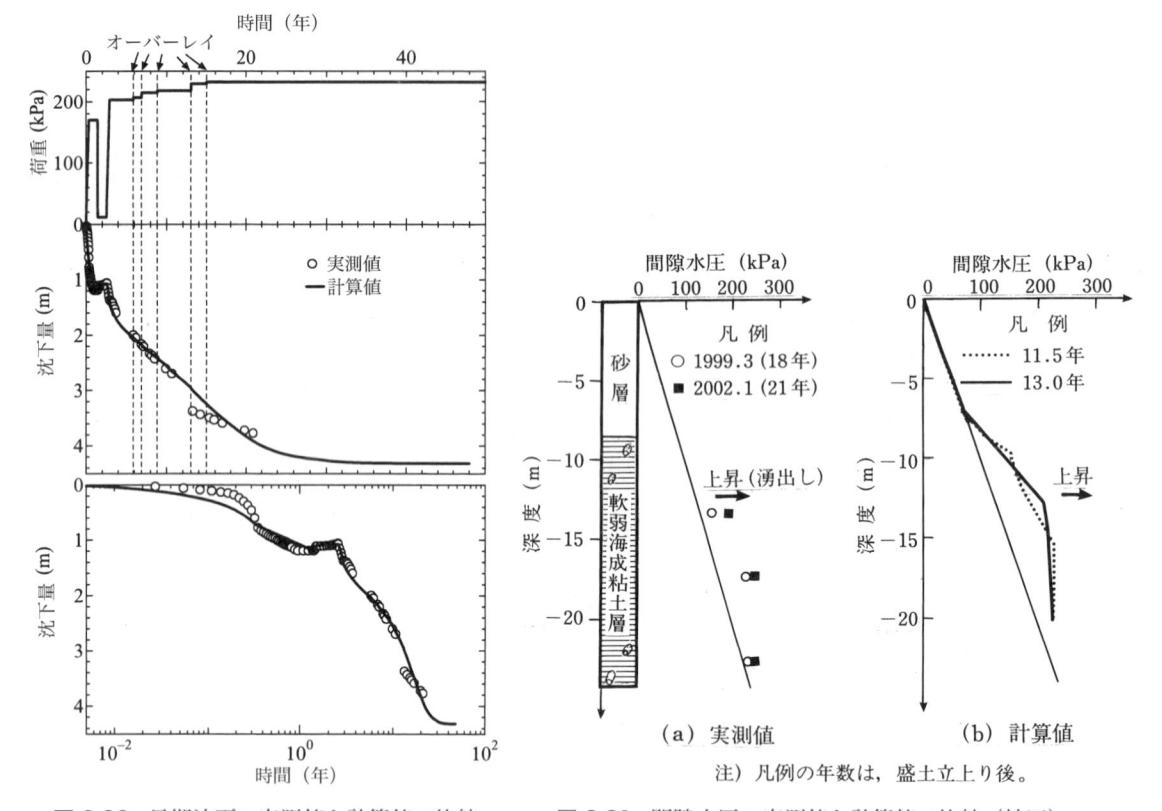

図 8.20 長期沈下の実測値と計算値の比較（神田）

図 8.21 間隙水圧の実測値と計算値の比較（神田）

注）凡例の年数は，盛土立上り後。

実測値の適合性はよくないが，その後は長期にわたって適合性はかなりよい。また試験盛土後にいったん盛土を取り除き再度盛土した過程もうまく再現できている。

一方，図 8.21 は，盛土中央部における地盤内の間隙水圧分布の解析結果を示している。実測値で注目すべきは，1999 年 3 月より 2002 年 1 月の方が間隙水圧の上昇が見られる点である。これは地盤の骨格構造遅れ破壊に伴う現象であり，計算値は，実測値の計測時点

とは違っているが，この現象をうまく再現している点が興味深い。この点については，図 8.19 の場合は表現できていないのと対照的である。

以上は，いわゆる山側のケースである。山側より予測と実際の適合性が良いという印象の強い海側のケースを見てみよう。例えば，関西国際空港人工島の沈下予測のケースを取り上げよう[6), 7)]。同人工島（I 期）は，水深約 19.5 m 以下にある海底地盤の上に造成されている。地盤は，沖積層（厚さ約 18 m），浅部洪積層（厚さ約 140 m）および深部洪積層（厚さ約 200 m）からなっている。海底には 1.5 m の厚さの敷砂が，沖積層にはサンドドレーン（ϕ400 mm，2.5 m ピッチ）がそれぞれ施工された。

事前の沈下予測では，沖積層と浅部洪積層が沈下の対象層とされ，それ以深の深部洪積層の沈下は無視し得ると判断された。沈下予測にあたっては，浅部洪積層に含まれる 10 層の砂層の排水性の評価のほか，荷重の不確実性や地層の違いも含めて 26 ケースの計算が行われた。計算方法は，通常の圧縮曲線（e-$\log p$ 曲線）を用いる方法，体積圧縮係数 m_v を用いる方法，および非線形一次元圧密理論に基づく有限要素法の 3 種類によっている。

図 8.22 は，人工島（I 期）の総沈下量の計測点 17 カ所と深部洪積層の沈下計測点 1 カ所のデータから推定した，沖積層と浅部洪積層の合計の沈下量の推移と，幅をもった事前予測の沈下曲線を示している。図からわかるように，深部洪積層の沈下がなかったとすれば，実測沈下は事前予測の幅の上限近くで推移している。

なお図 8.22 の事前予測の沈下量のうち，沖積層の沈下量は 4.9〜6.4 m であるという。

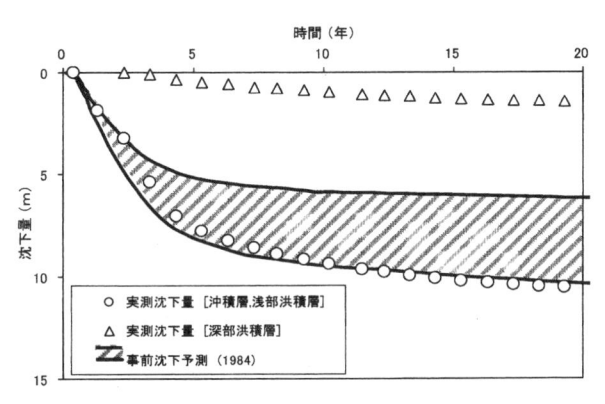

図 8.22 沈下の事前予測値と実測値の比較

実測沈下データが得られた段階で事前予測の検証・見直しが行われた。図 8.23 は，総沈下の計測点 17 カ所の実測値を平均した沈下量と，実線で示した見直し予測曲線（17 カ所での予測曲線の平均）を比較したものである。この予測曲線では，深部洪積層と砂層の圧縮を合わせて 50 cm の沈下を見込んでいる。両者はよく適合している。

また図中には，これより後に行ったより精密な計算で得られた予測曲線（DB モデル 1996）が点線で示されている。この予測曲線は，まさにピッタリと合っている。

以上のような人工島（I 期）の沈下予測の検討結果を踏まえて，人工島（II 期）では，新たに開発した解析手法（新力学モデル）を用いた事前予測を行い，実測値とよく合う結果を得ている。

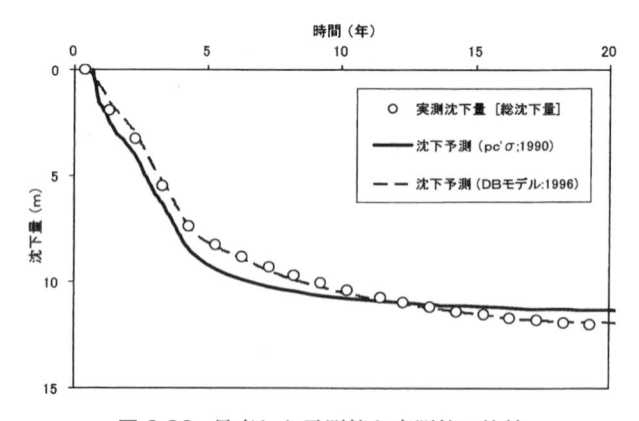

図 8.23 見直した予測値と実測値の比較

表 8.3 関西空港（I 期・II 期）で用いられた沈下予測法の変遷

予測法		事前予測	調査工区データに基づく見直し予測	データベース(DB)モデル	新力学モデル
	開発時期	'83	'89	'96	'06
浅部洪積層	粘土の圧縮性	弾塑性モデル ($p'_c\sigma$, p'_c)	弾塑性モデル ($p'_c\sigma$)	弾塑性モデル（最終間隙比固定、DBによる細層化）	弾・粘塑性モデル（曲線 e–$\log p$、時間効果）
	砂層の排水性	完全排水層（2～6層、3ケース）	完全排水層（10層、1ケース）	不完全排水層（沈下と排水の連動解析）	不完全排水層（沈下と排水の連動解析）
深部洪積層		無視し得ると判断	0.5 m 見込む	古典的二次圧密	弾・粘塑性モデル

表 8.3 は，関西空港（I 期・II 期）で用いられた沈下予測法の変遷である．予測法は時代とともに精密なものに発展しており，上述したように実測値との適合性も向上していることがわかる．

しかしこの適合性の向上は，理論の精緻化，つまり力学モデルの見直しのみによるものではないことは容易にわかる．何よりも，それ以前の予測法の実測値との照合による見直しによって，地質・土質モデル，計算の境界条件や土質定数などの見直し，特に洪積層の評価の見直しが適合性の向上に大きく影響していると推測できる．

したがって土質力学の最先端の解析法であると思われる新力学モデルを用いたとしても，洪積層の評価（砂層の排水性や沈下対象層の特定）やその他の計算条件が不確かな人工島（I 期）の事前予測段階で，果たして図 8.22 を上回る沈下予測の精度が得られたかどうかは，はなはだ疑問である．

以上のことから教訓とすべきことは，次の点である．

① 海側において最高の技術水準をもって行われた関西国際空港のケースにおいてすら，事前予測と実測データの適合性は，現状の最新の力学モデルをもってしても，それだけではまだ実用的に十分といえるレベルにはない．

② しかし，いったん人工島（I 期）の実測値が得られれば，それによる修正を行うことによって人工島（II 期）では，実測値とよく合う解析値を得ることができる．つまり事後であれば，短期間の沈下はともかく，長期間にわたる沈下の傾向はかなり良い精度で再現できるようになっている．

以上のような最近の解析事例から，最新の構成モデルの実用化の方向として，試験盛土あるいは先行（パイロット）盛土など何らかの手段によってあらかじめ実測データを得ておいて，逆解析によってパラメータを修正し，以降の盛土施工による長期沈下の予測に活用することが考えられる。すなわち構成モデルに基づく数値解析を活用した観測的設計施工法である。

8.2 破壊予測法

8.2.1 破壊予測の原理

軟弱地盤における盛土の破壊予測については，1970年代以降，実測データに基づく経験的な予測法や理論的な予測法が次々に提案され，情報化施工の発展に大きく貢献した。それらの多くは，盛土の沈下量，軟弱層の側方変形量，盛土荷重といった指標を用いるものであるが，それらは次のような考え方に基づいている。

「盛土が破壊するか，しないか」は，盛土荷重と地盤支持力のバランスで決まるわけであるから，これらを直接予測できれば一番良いが，それは理論的にも計測技術的にも極めて困難である。そこで沈下や変形の計測が容易で精度も比較的良いこともあって，現場の実務においては，それらの計測データに基づく間接的な破壊予測が行われることが多い。

この場合の破壊予測は，マクロな地盤の破壊が図8.24に示すような軟弱層全体の沈下土量 V_ρ と側方変形土量 V_δ との間に密接な関係があるとの認識に基づく。すなわち，圧密が卓越して地盤が安定しているときは，V_ρ が大きく増加し V_δ はほとんど変化しないか若干増加する程度なのに対して，せん断が卓越して地盤が不安定になり破壊へ近づくときは，V_δ の増加が相対的に V_ρ の増加より上回るようになるので，盛土施工中にこの両者の変化を追跡していくことによって，破壊予測が可能になるというものである。

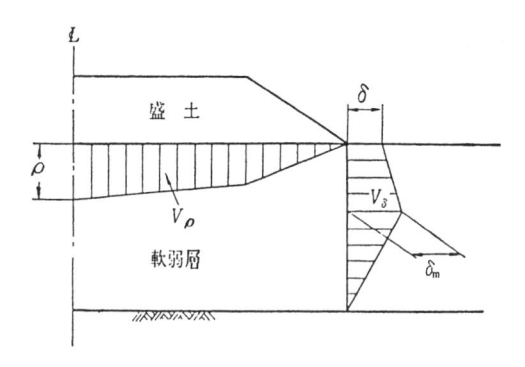

図8.24 沈下土量と側方変形土量

実際の破壊予測においては，V_ρ と V_δ に対応する指標としてそれぞれ盛土中央部の沈下量 ρ と盛土のり尻部の地表面の水平変位量 δ を用いることが多い。ただし地盤のタイプによっては，地表面の δ と V_δ の対応関係が悪くて δ を破壊予測の指標として使いにくいか，あるいは使えないケースがあることに注意する必要がある。

図8.25は，地盤の土層構成のタイプとその側方変形のパターンを模式的に示したものである[8]。

図からわかるように，土層構成のタイプによって地中の側方変形のパターンに特徴が見られる。このことから側方変形の指標として計測される水平変位量と側方変形土量の対応関係は，側方変形のパターンによって当然変わってくると推測できる。

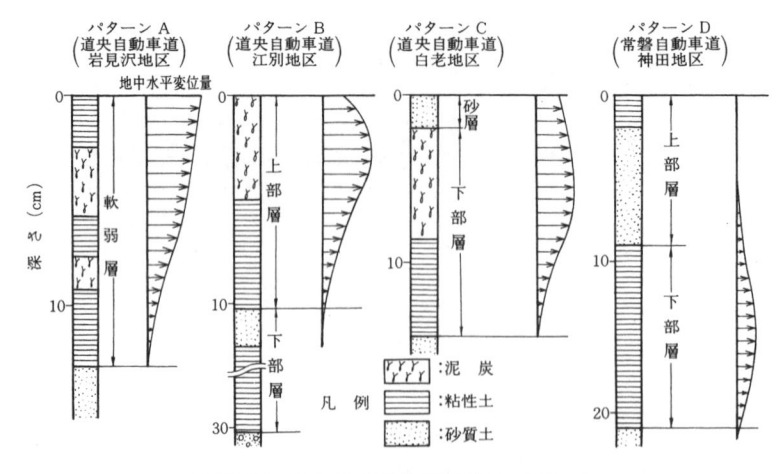

図 8.25 地中の側方変形分布のパターン

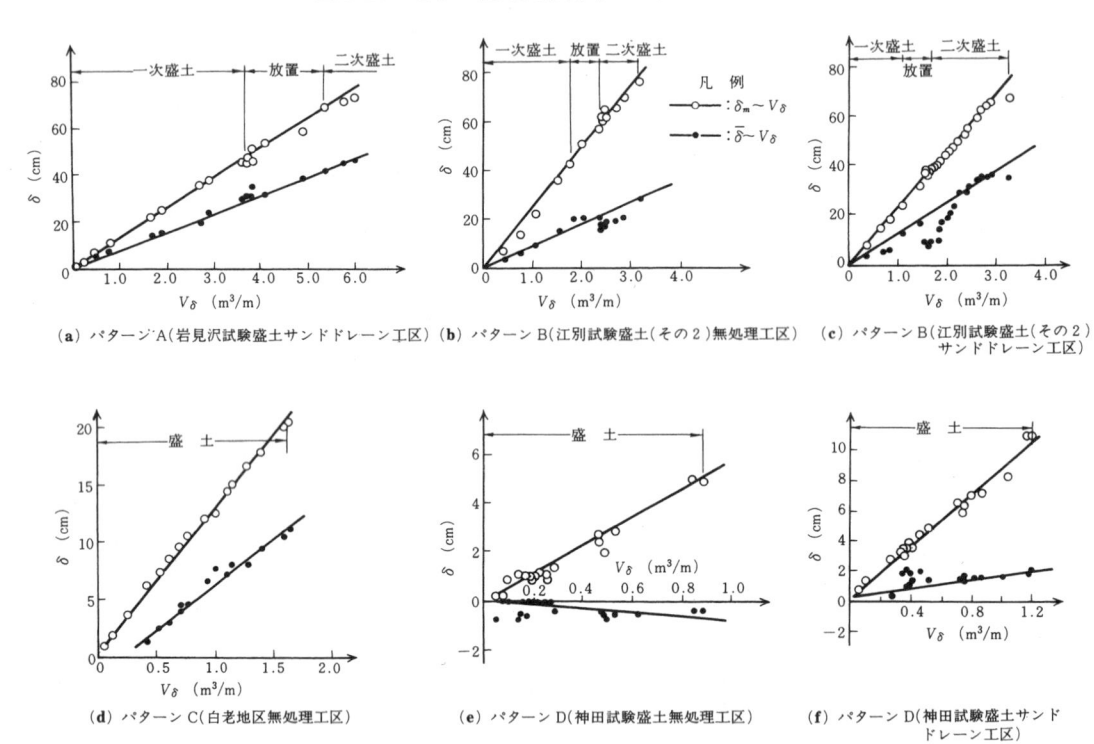

図 8.26 側方変形土量と地表面の水平変位量の関係

(a) パターンA(岩見沢試験盛土サンドドレーン工区) (b) パターンB(江別試験盛土(その2)無処理工区) (c) パターンB(江別試験盛土(その2)サンドドレーン工区)

(d) パターンC(白老地区無処理工区) (e) パターンD(神田試験盛土無処理工区) (f) パターンD(神田試験盛土サンドドレーン工区)

図 8.26 は，側方変形土量 V_δ と地表面の水平変位量の最大値 δ および盛土のり尻部の地中水平変位量の最大値 δ_m の関係を示している。ここに地表面の水平変位量の最大値 δ は，多くの場合，盛土のり尻部から 2〜6 m の位置に現れる。

なお柴田らは，盛土基礎地盤内で側方変位が最大となるのは，概ね盛土のり面の中点の下方に位置することを指摘している[9]。したがって，盛土のり尻部で計測された δ_m が地盤内の最大値ということではない。

図 8.26 から，パターンAを除いて V_δ と δ_m の相関は良いが，V_δ と δ の相関は悪い。特にパターンDの (e) のケースでは，δ は盛土側へ引き込まれる方向（図ではマイナスの

値）に生じており，地中の側方変形の傾向を全く反映していない。

以上のことから側方変形特性を最もよく反映している指標は，δ_m であることがわかる。

8.2.2 破壊予測法[10]

軟弱地盤上の盛土の破壊予測あるいは安定管理の方法については，従来からいろいろな試みがなされてきたが，それらを地盤の挙動との関係で整理すると表 8.4 のようになる。

すでに述べたように，概念的にいえば，盛土荷重によって地盤内に生じる現象は，圧密とせん断が複合したものであり，圧密がせん断より卓越していれば地盤は安定状態になり，逆にせん断が圧密より卓越していれば地盤は不安定状態になる。つまり側方変形が盛土の安定に大きく関わっており，盛土荷重による軟弱地盤の挙動に現れる破壊の兆候として，変形の面では側方変形量にその兆候を見いだしやすい。

一般に盛土荷重による軟弱地盤の破壊あるいは不安定状態を示す定性的な兆候として，次のようなことが挙げられている。

① 盛土の天端面やのり面にヘアークラックが発生する。
② 盛土中央部の沈下が急激に増加する。
③ 盛土のり尻付近の地盤の水平変位が盛土の外側方向へ急増する。
④ 盛土のり尻付近の地盤の鉛直変位が上方へ急増する。
⑤ 盛土施工を中止しても③，④の傾向が継続し，地盤内の間隙水圧も上昇し続ける。

表 8.4 地盤の挙動と安定管理方法

		地盤の挙動の機構		破壊の傾向	安定管理方法	
		圧密	せん断		定性的指標	定量的指標
変形	現象	・体積圧縮が生じる 沈下量 S_c 側方変位量 δ_{cH}（水平方向） δ_{cV}（鉛直方向）	・形状変化が生じる 沈下量 S_f 側方変位量 δ_{fH}（水平方向） δ_{fV}（鉛直方向）	・圧密変形に比べてせん断変形が卓越するとき	・S，δ_H，δ_V の挙動 ・ヘアークラックの発生 など	・S–δ_H 管理図 ・$\Delta\delta_H/\Delta t$–t 管理図 ・S–δ_H/S 管理図 ・$\Delta q_E/\delta_H$–q_E 管理図 など
	測定値	沈下量（盛土中央部） 水平変位量（盛土のり尻部） 鉛直変位量（　〃　）	$S (= S_c + S_f)$ $\delta_H (= \delta_{cH} + \delta_{fH})$ $\delta_V (= \delta_{cV} + \delta_{fV})$	・δ_H が盛土の外側へ増加する ・δ_V が上方へ増加する		
強度	現象	・強度増加あり	・強度増加なし，または低下	・地盤の強度（支持力）以上の盛土荷重が載荷されるとき	・Δu の挙動 ・盛土速度 ・盛土安定上必要な現場管理事項など	・Δu–q_E 管理図 ・安定計算 ・チェックボーリング など
	測定値	一軸圧縮強度 q_u，コーン強度 q_c など 盛土荷重 $q_E (= \gamma_E \cdot H_E)$ 〔γ_E，H_E：盛土単体重量，盛土高〕 過剰間隙水圧 Δu		・q_u，q_c などの増加がないか，低下する ・Δu が急増する		

このような傾向を踏まえて，盛土中央部の地表面沈下量 ρ，盛土のり尻付近の地表面の最大水平変位量 δ，盛土荷重 q（あるいは盛土高 H）などの指標を用いた定量的な破壊予測法がいくつか提案されている．ここでは，それらのうちの代表的な方法について取り上げる．

なお以下で取り上げる江別試験盛土のケースでは，ρ として軟弱層の上部層の沈下量をとっていることに注意されたい（つまり江別試験盛土の ρ–δ 関係は，後述する図 8.39 や図 8.40 の ρ_u–δ 関係である）．

(1) 富永・橋本法（ρ–δ 法）

図 8.27 は，富永・橋本法による管理図，すなわち ρ–δ 関係の例である．図の ρ–δ 関係を細かく見ると，段階載荷に対応して折れ線状に変化しており，その勾配 $\Delta\delta/\Delta\rho$ は荷重の増加とともにだんだん大きくなっている．図中に示したように，こうした勾配の変化点の前の勾配を α_1，後の勾配を α_2 として，いろいろな事例について α_2/α_1 と α_1 の関係および α_2 と α_1 の関係を示したのが図 8.28 である．

図において黒丸は，その勾配の変化（すなわち載荷）によって不安定状態（クラック発生など）あるいは破壊を生じたことを，白丸はそうで

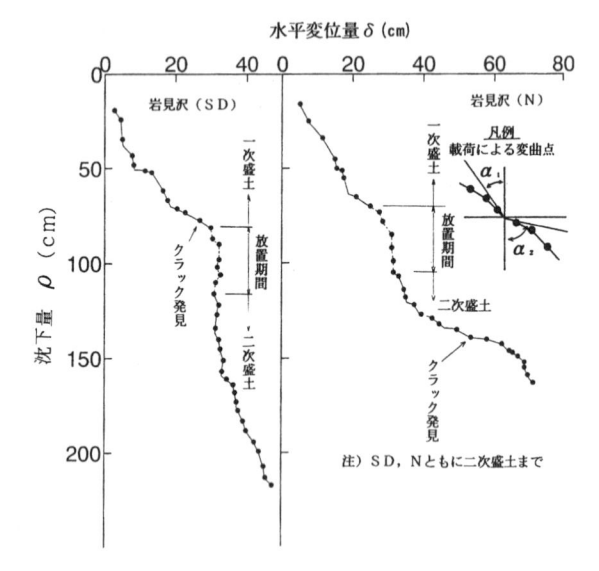

図 8.27　富永・橋本法による管理図

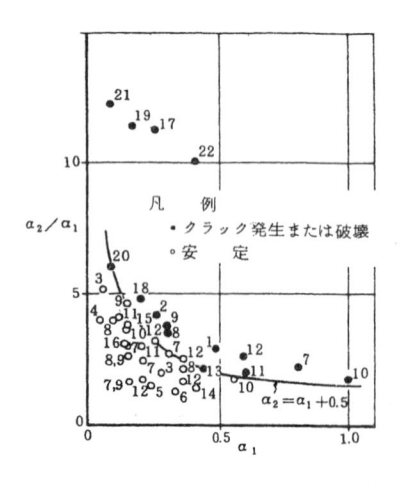

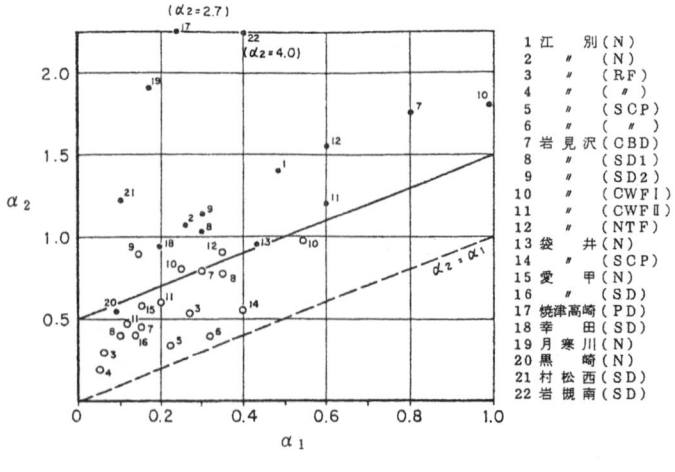

図 8.28　α_1 と α_2 の関係

(a) α_2/α_1 ～ α_1 の関係

(b) α_1 ～ α_2 の関係

ないことをそれぞれ意味している．図からわかるように，黒丸と白丸は2つの領域に分けられる．その境界は，$\alpha_2 = \alpha_1 + 0.5$ あるいは $\alpha_2 \geqq 0.7$ である．

この管理図のポイントは，「勾配 $\Delta\delta/\Delta\rho$ がある限界値を超えると不安定状態になる」という点にある．

(2) 栗原・高橋法（$\Delta\delta/\Delta t$ 法）

図 8.29 は，栗原・高橋法による管理図，すなわち水平変位速度 $\Delta\delta/\Delta t$ の経時変化の例を示す．江別の初期の部分で $\Delta\delta/\Delta t$ が大きく変動しているが，これは江別のような表層に泥炭層が存在するケースにおいて，盛土がサンドマット（敷砂）くらいの低い段階でよく見られる現象で，局部載荷やダンプトラックなどの重機の走行による局所的な側方変形によるものである．

ある程度盛土が立ち上がった段階で地盤が落ち着いてくると，載荷直後に $\Delta\delta/\Delta t$ はピーク値を示して，以後漸減するというのが一般的なパターンとなる．そして図からわかるように $\Delta\delta/\Delta t$ がある程度の大きさを超えるようになると，不安定状態（クラック発生など）になる．

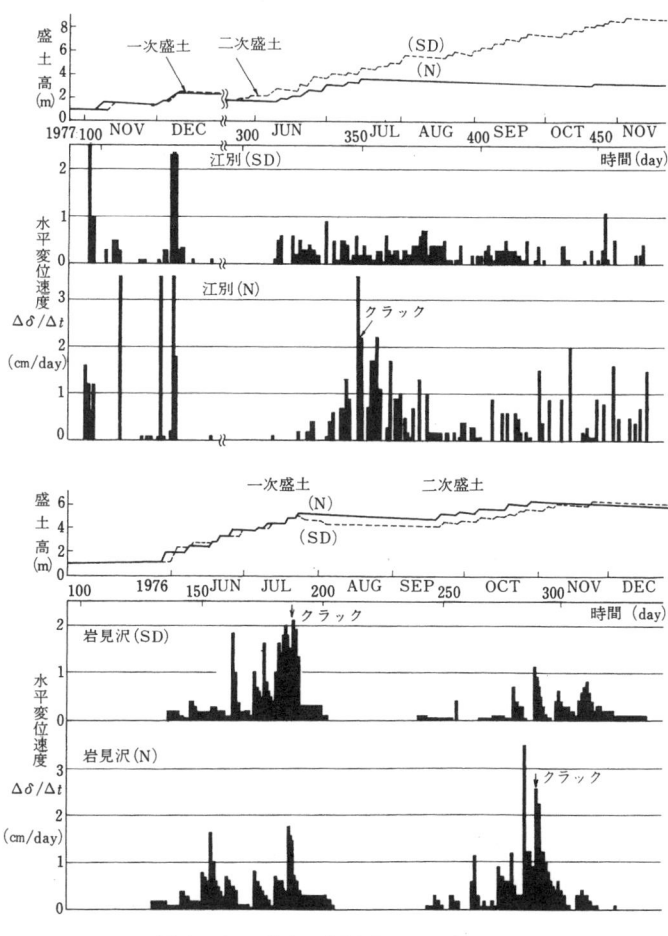

図 8.29　栗原・高橋法による管理図

そこで他の事例も含めて，不安定状態が生じた $\Delta\delta/\Delta t$ のピーク値をプロットしたのが図 8.30 である（図中の番号は図 8.28 と同じ）。ここに横軸の B/D_f の B は盛土の敷き幅の 1/2 であり，D_f は推定すべり深さである。図から $\Delta\delta/\Delta t \geqq$ 2 cm/day が破壊基準になることがわかる。この基準値は B/D_f には関係しないようである。

なおここで示した $\Delta\delta/\Delta t \geqq 2$ cm/day という基準値は，道央道（札幌〜岩見沢）の岩見沢地区と江別地区の地盤タイプから得られたものである。それらの地盤の側方変形は，図 8.25 のパターン A，B である。したがって側方変形がパターン C，D を示すような地盤には，この基準値が使えないことは明らかである。

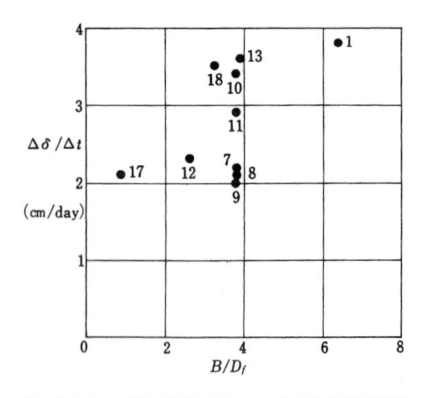

図 8.30 不安定状態での水平変位速度

この管理図のポイントは，「安定状態では，$\Delta\delta/\Delta t$ がいったん増大した後，漸減して 0 へ向かって収束する傾向を示すが，その立上りの $\Delta\delta/\Delta t$ がある限界値を超えるようになると不安定状態になり，$\Delta\delta/\Delta t$ も収束しにくくなる」という点にある。

繰り返すことになるが，$\Delta\delta/\Delta t \geqq 2$ cm/day という基準値は，あくまでも道央道（札幌〜岩見沢）の軟弱地盤での経験値であって，どこへでも通用する普遍的なものではないことにくれぐれも注意する必要がある。したがって実際の基準値は，該当する軟弱地盤において独自に見いだす必要がある。

(3) 松尾・川村法（ρ–δ/ρ 法）

図 8.31 に ρ–δ/ρ 関係を示す。ここに $P_j/P_f = 1.0$ の線は破壊基準線であり，0.9，0.8 の線はそれぞれ破壊荷重の 90%，80% の状態を表す。多くの事例によれば，破壊あるいは不安定状態が生じるのは，ρ–δ/ρ 関係が次のような場合である。

① 盛土初期に大きく右へ動く場合
② $P_j/P_f = 0.8$〜0.9（$F_s = 1.25$〜1.1）付近から破壊基準線へ向かって右へ動き出す場合

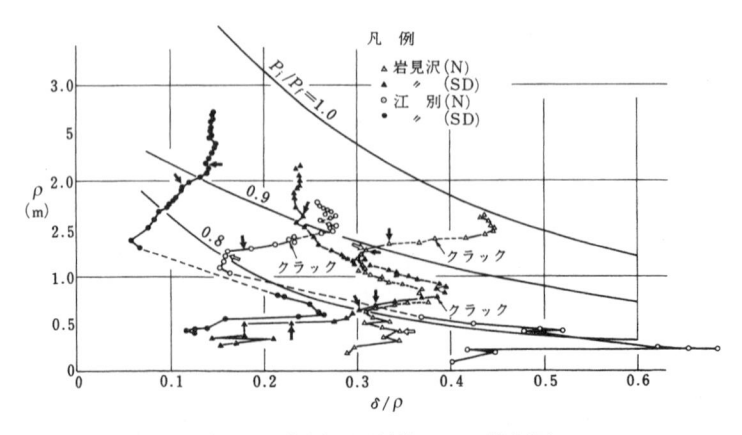

図 8.31 松尾・川村法による管理図

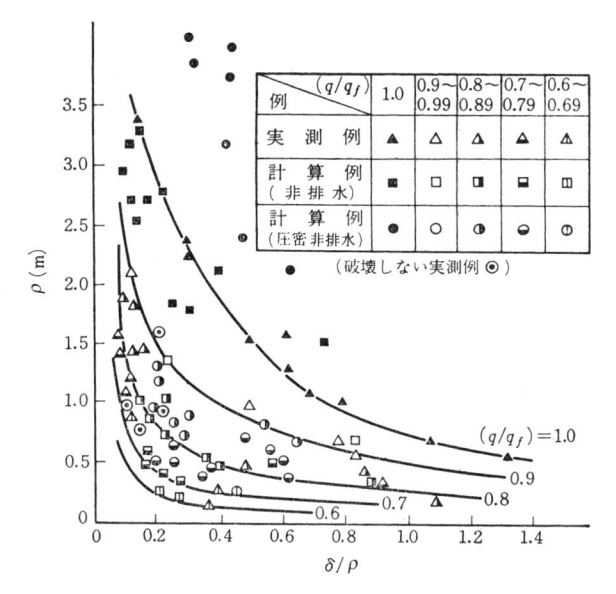

図 8.32 松尾・川村法による管理図（オリジナル）

この ρ–δ/ρ 関係は，盛土施工全体を通じて地盤が破壊状態に対して相対的にどのような状態に達しているか，あるいは任意の時点において安定・不安定のどちらへ向かう傾向にあるのか，などを判断するのに有用である。

この管理図のポイントは，「ρ–δ/ρ 関係が破壊基準線へ向かって近づいていく傾向は，不安定状態に近づいていることであり，破壊基準線付近にきたときは破壊に近い状態になっている」という点である。

ただし注意すべき点は，図 8.32 に示すように，もともとこの破壊基準線なるものは，限られたいくつかの実測例や計算例のばらついたプロットに対して経験的に引いた線であり，この線の位置そのものには厳密な意味はないということである。また他の線も同様である。したがってこれらの線は，あくまでも目安と考えるべきで，破壊基準線を絶対視して安定管理を行っていると失敗することがあるので，注意が必要である。

(4) 柴田・関口法（$\Delta q/\Delta\delta$–q 法）

図 8.33 に，盛土を一定の速度で施工しているときの柴田・関口法による管理図，すなわち $\Delta q/\Delta\delta$–H 関係を示す。ここに H は盛土高であり，盛土荷重 $q = \gamma_E H$（γ_E：盛土の単位体積重量）である。この施工において，盛土荷重 Δq を載荷して Δt 時間後の水平変位量を $\Delta\delta$ とするとき，$\Delta q/\Delta\delta$ は側方変形係数と呼ばれる。

図から，盛土高 H が小さい間は $\Delta q/\Delta\delta$ 値は大きいが，H が大きくなるにつれて $\Delta q/\Delta\delta$ 値は減少してくることがわかる。図中で線が何本もあるのは，段階的な盛土施工が何回も中断して放置期間が挟まっていることを反映している。

それぞれの線の減少傾向を外挿して横軸と交差する点の H 値は，そのまま載荷を継続したら破壊を生じるであろう盛土高，つまり破壊荷重である。

なお，図示したような $\Delta q/\Delta\delta$ 値の明確な右下がりの減少傾向は，段階的な盛土施工が一定の速度で行われるときに見られるもので，非常にゆっくりした盛土施工のときや地盤

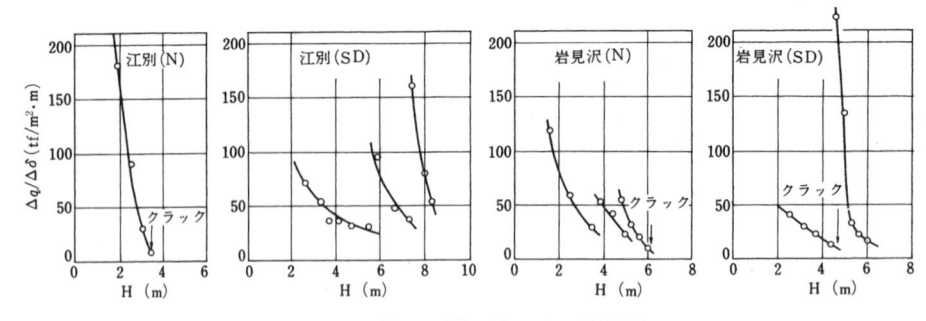

図 8.33 柴田・関口法による管理図

が非常に安定であるときには，減少傾向もゆるやかなものとなり，破壊荷重の推定は難しくなる。

図 8.34 は，盛土の天端面にクラックが発生するなどの不安定な状態になったときの $\Delta q/\Delta \delta$ 値を B/D_f に対してプロットしたものである。ここに，図中の番号は図 8.28 と，B/D_f は図 8.30 とそれぞれ同じである。図より $\Delta q/\Delta \delta \leqq 15\,\text{tf/m}^2\cdot\text{m}$ になると，不安定状態になることが推測される。

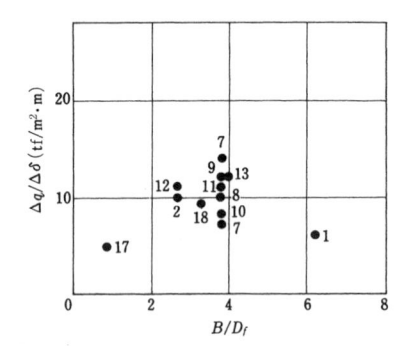

図 8.34 不安定状態での側方変形係数

この管理図のポイントは，「一定の速度で段階的に盛土が施工されているとき，$\Delta q/\Delta \delta$ は漸減していく傾向をもち，破壊荷重に近づくにつれて 0 へ収束していく」という点にある。

したがって，一定の速度で段階的に盛土が施工されるときでないと，この方法は使えないことに留意する必要がある。

(5) 各予測法の限界値の関係 [11]

各予測法の現場への適用にあたっては，方法ごとに得られている地盤の破壊の判断基準となる限界値が重要な指標になるが，すでに述べたようにここに示した限界値（例えば $\Delta \delta/\Delta t \geqq 2\,\text{cm/day}$ や $\Delta q/\Delta \delta \leqq 15\,\text{tf/m}^2\cdot\text{m}$）は高速道路の施工例から得られたものであり，どのような現場条件のケースにでも適用できるものと鵜呑みにしてはならない。松尾・川村法の $P_j/P_f = 1.0$ の線として示されている破壊基準線も，多くの破壊事例から推定されたものであって，実際はある幅をもったものであることを忘れてはならない。

ところで各予測法は，形は違っていても基本になっている量は ρ, δ, q（あるいは H）の 3 つで共通しているから，各予測法から得られる限界値は，相互に関連していることが推測される。

柴田・関口法では，一定の漸増載荷条件下で，ある荷重状態 q に達した場合，そのまま載荷を継続していたと想定した場合の破壊荷重 q_f が予測できるから，その時点での安全率 F_s が q_f/q で求められる。

図 8.35 は，道央道（札幌〜岩見沢）の実測値から，そのようにして求めた安全率 F_s とそのときの盛土高 H との関係を示す。図中の黒丸は，その盛土高で不安定状態あるいは

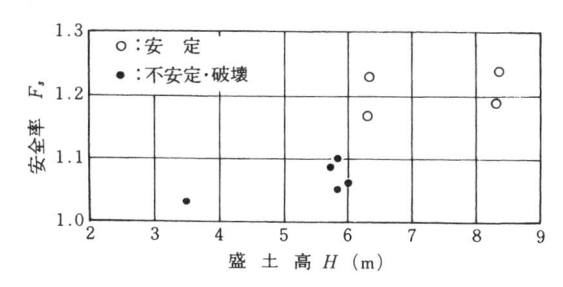

図 8.35 安全率と盛土高関係

破壊に近い状態に達したと判断されたケースであり，白丸は安定状態であったケースである．図から，安全率 F_s が 1.1 を下回ると不安定状態になることがわかる．

一方，松尾・川村法において不安定状態が認められるのは，多くの場合 $P_j/P_f = 0.8 \sim 0.9$ であり，これは安全率でいえば $F_s = 1.25 \sim 1.1$ である．

さらに図 8.36 は，図 8.35 と同じデータを $\Delta q/\Delta \delta$–F_s 関係として示したものである．不安定状態になる $F_s \leqq 1.1$ には，$\Delta q/\Delta \delta \leqq 10\,\mathrm{tf/m^2 \cdot m}$ が対応している．

なお図 8.35 のデータについて，その盛土高での水平変位量 δ（時間とともに変化するが，ここではそれを矢印の幅で示しており，その右端の点はピーク値である）と安全率 F_s の関係を表すと，図 8.37 のようである．$F_s \leqq 1.1$ には，$\delta \geqq 60\,\mathrm{cm}$ が対応していることがわかる．

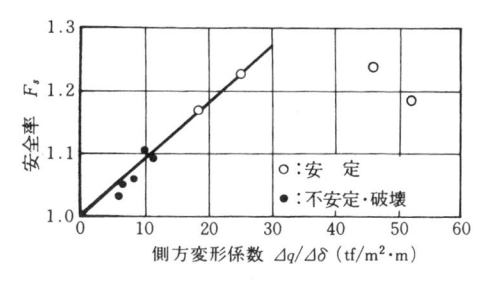

図 8.36 安全率と側方変形

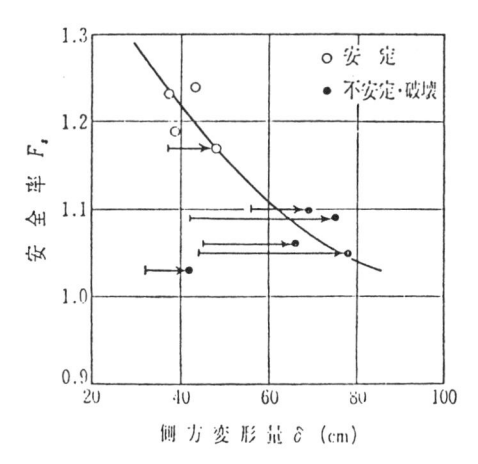

図 8.37 安全率と側方変形量

8.2.3 破壊予測を実施する場合の留意点

(1) 破壊予測法の適用上の留意点 [12]

提案されている破壊予測法にはそれぞれ一長一短があるので，実際に使う場合には，それらを併用してその現場に適した方法を見いだすとよい．各予測法には，実際に使うにあたって留意すべき点がいくつかある．

一般に，各種の破壊予測法で用いられる ρ と δ は，盛土中央部の地表面沈下量と盛土のり尻付近の地表面の最大水平変位量であるが，図 8.26 で示したように地盤によっては，それらが必ずしも地盤の変形特性を反映した指標となっているわけではない．

この点に関連した破壊予測法の適用上の留意点について，江別試験盛土（その 2）の無処理工区を例に取り上げて，以下に示そう．

この工区は，1978年7月15日に盛土高3.5mまで施工したところ破壊を生じた。軟弱層は，図8.38に示すように深さ10〜13mの中間砂層を挟んで，上部層と下部層に分けられる。このような明確な中間砂層がある地盤では，盛土の安定に関わるのは上部層であることが経験的に知られている。

図8.39は，この工区の二次盛土についての富永・橋本法による管理図，すなわち ρ-δ 関係であるが，ρ として総沈下量 ρ および上部層のみの沈下量 ρ_u，δ として盛土のり尻付近の地表面の最大水平変位量 δ お

標尺(m)	土区層分	柱状図	土質名	自然含水比 w_n (%)	単位体積重量 γ_t (t/m³)	一軸圧縮強度 q_u (kgf/cm²)
5	泥炭層		泥炭	350〜1000	1.0〜1.1	0.05〜0.2
10	上粘土部層		粘土	50〜200	1.4〜1.8	0.1〜0.6
15	中間層		砂 シルト粘質土	30〜50	1.8〜2.0	0.4〜1.0
20						
25	下部粘土層		シルト質粘土	30〜50	1.7〜1.9	0.6〜1.5
30			砂礫			

図8.38 江別試験盛土（その2）の土質柱状図

よび盛土のり尻部の地中の最大水平変位量 δ_m をとって，ρ-δ，ρ_u-δ，ρ_u-δ_m の3つの関係として示している。破壊の兆候であるクラックを発見した時点（7月16日）の前後のグラフの折れ点が最も明瞭に現れているのは，ρ_u-δ_m 関係である。

また図8.40は，同じデータを一次盛土も含めた全工程について，3つの ρ-δ/ρ 関係として示した松尾・川村法による管理図である。やはり ρ_u-δ_m/ρ_u 関係がクラック発見の時点の位置と破壊基準線の関係から見て，最も良い指標になると考えられる。

以上のことは，江別試験盛土のような地盤では，盛土の安定に関わる上部層の変形量を指標として用いるのがよいことを示唆していると考えられる。

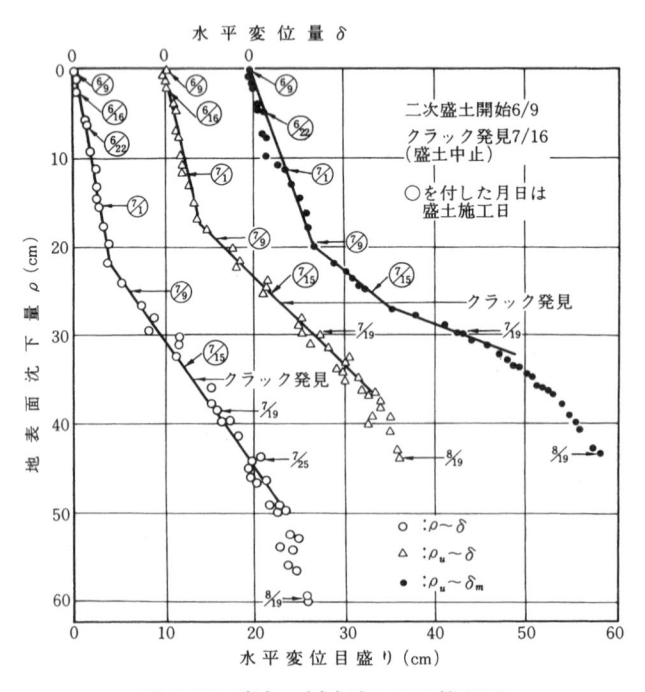

図8.39 富永・橋本法による管理図

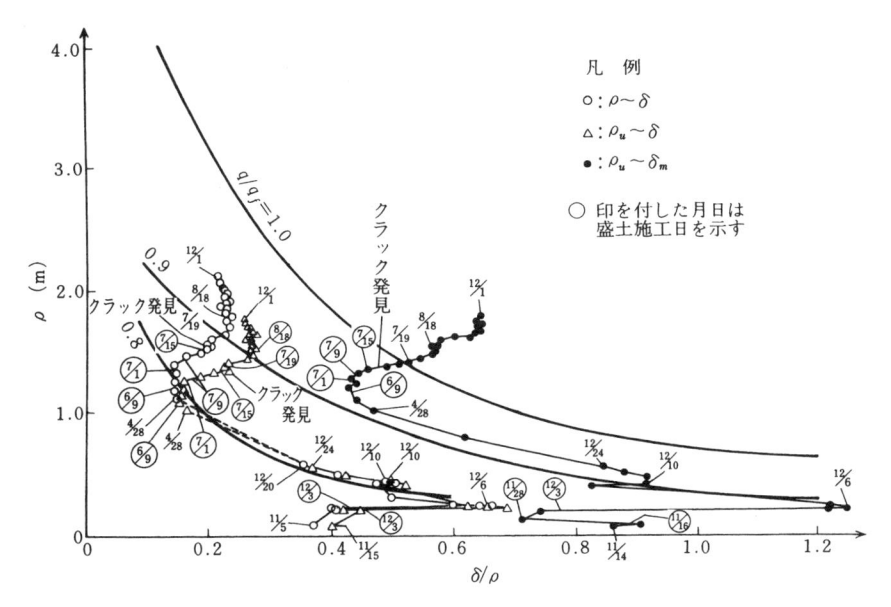

図 8.40 松尾・川村法による管理図

表 8.5 破壊予測法の留意点

予測法	留意点
$\rho-\delta$ 法	$\rho-\delta$ 関係の勾配の変化を見るため，何点かの計測値が得られないと判定できない。
$\Delta\delta-\Delta t$ 法	日々の δ の増分を見ればよいのでわかりやすいが，盛土初期には変動が大きく使いにくい。
$\rho-\delta/\rho$ 法	破壊基準線への接近状態が目に見える形で示されるのでわかりやすいが，破壊基準線が厳密なものではないことを理解しておかないと失敗する。
$\Delta q/\Delta\delta-q$ 法	破壊荷重の推定ができるが，盛土載荷が一定速度で行われている状態でないと使えない。
すべての方法	上記いずれの方法を用いる場合でも，次の点を遵守しなければならない。 ① 地中に最大水平変位量が現れる地盤タイプの場合は，変位杭の δ の代わりに地中変位計の最大水平変位量 δ_m を用いる必要がある。 ② また，常に地表面伸縮計によって地盤の水平変位の経時変化を看視することで，すべりの兆候を見逃さないようにする必要がある。

いずれにしても盛土の安定管理にあたっては，適用するケースの盛土条件や地盤条件に応じて，そのケースの地盤の変形特性を最も的確に表す指標を見極めて，活用するようにすることが肝要である。

各予測法の留意点をまとめると，表 8.5 のようになる。

(2) 不安定状態での地表面伸縮計の併用

上述してきた破壊予測法では，のり尻付近の変位杭で測定した不動点からの水平変位量を活用するが，それは変位杭の測量結果を整理した上でないとわからず，1回/日の観測では時間的な変化は捉えにくい。

これに対して地表面伸縮計は，計測地点間の相対的な水平変位量を自動的にグラフ化するものであり，時間的な変化を常時把握できる。

したがって変位杭による上述した破壊予測法は，破壊へ向かう全体として傾向を管理するのに活用し，破壊が心配され，盛土継続の是非を判断すべき場合には，地表面伸縮計を

有効に活用する必要がある。地表面伸縮計は，変位量そのものよりも変位の継続傾向に注目して破壊を予測するのに有効である。

変位の継続傾向は，破壊に至る段階で一般に次のように変化する。
① 安定期：盛土施工中の変位がない。または変位があっても施工を止めればそれ以上増加しない。
② 要注意期：盛土施工中の変位は，施工を止めても継続するが，短期に収束する傾向にある。
③ 不安定期：盛土施工中の変位は，施工を止めても継続し，収束するまでの期間が延びる傾向にある。
④ 破壊危険期：盛土施工後の変位が継続し，収束する傾向が見られない。盛土を行わなくてもダンプトラックなどが近くを走行するだけで変位が増える。
⑤ 破壊期：変位は収束することなく拡大し，盛土上面にクラックを発生し崩壊に至る。

盛土を急速に施工した場合，②から④の段階に至るには数日を要するから，変位の収束状況を注意深く観察することによって，次回の盛土施工の可否を判断することが重要である。また④の段階に入っても盛土の一部を撤去すれば，③の段階に戻って破壊に至らない。

プレロード迂回路部における盛土の急速施工時の地表面伸縮計記録の例を図8.41に示す。11月23日に盛土を3m施工した際の水平変位は8mmであった。2日間の施工休止後，11月26日に盛土を1m施工した際の水平変位は7.5mmであった（計器故障により時間変化の記録は欠如）。さらに3日間休止後，11月30日に盛土を1m施工した際の水平変位は，3時間で8mmに達し，さらに増加する傾向にあった。このため当日行った盛土を急きょ撤去した。撤去後も変位は継続傾向にあったが，収束傾向にあり崩壊には至らなかった。23日の地表面伸縮計の記録は，盛土終了後も変位が続く傾向にあり，26日は盛土高が23日の1/3であるにもかかわらず同程度の変位が発生していた。このことから考えると，すでに不安定期もしくは破壊危険期にあり，30日の盛土は避けるべきであった

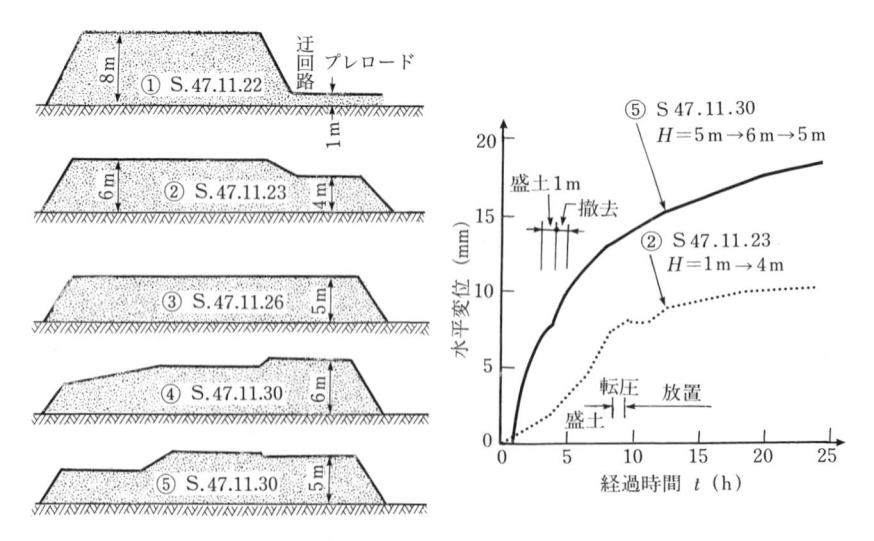

図8.41 地表面伸縮計による変位観測事例

と判断される。

8.2.4 まとめ

ここでの検討結果をまとめると，次のようである。

① 盛土中央部の沈下量 ρ，盛土荷重 q および盛土のり尻部の側方変形量 δ を用いて，盛土の破壊予測が可能である。ここに δ は，地表および地中を通して最大の値を用いる。

② ρ–δ 法では「$\Delta\delta/\Delta\rho$ が一定の大きさ以上になる」，ρ–δ/ρ 法では「$P_j/P_f = 0.8 \sim 0.9$ 付近から破壊基準線へ向かって接近する」，$\Delta q/\Delta\delta$–q 法では「$\Delta q/\Delta\delta$ が一定の大きさを下回る」がそれぞれ破壊が近い限界状態に達したことを表す。

③ 盛土が不安定状態になるのは，$\Delta q/\Delta\delta$–q 法で推定される破壊荷重に対する実測安全率が 1.1 のときであり，それには $\Delta q/\Delta\delta \fallingdotseq 10\,\mathrm{tf/m^2 \cdot m}$，$\delta \fallingdotseq 60\,\mathrm{cm}$ が対応する。

④ 地盤が中間砂層を挟む上部粘土層と下部粘土層からなる場合は，上部層の ρ と δ を破壊予測の指標に用いるのがよい。

⑤ 上記の方法と合わせて，必ず地表面伸縮計の経時変化を看視して，すべり破壊の兆候を見逃さないようにする必要がある。

8.3 沈下予測法 [13),14)]

8.3.1 沈下予測法

実測沈下に基づく将来沈下予測法として一般に用いられている方法は，大きく分けて圧密理論に基づく方法と近似曲線に基づく方法の 2 つがある。

① 圧密理論に基づく方法

沈下が圧密理論に従って生じると考えて，理論曲線へのフィッティングを行う方法である。曲線定規法，門田法，$\sqrt{t}$ 法，浅岡法などがある。

② 近似曲線に基づく方法

実測の沈下時間曲線との相関から最も再現性のある近似曲線を用いる方法で，双曲線法，星埜法，$\log t$ 法などがある。

実際の沈下時間曲線は，盛土立上げ後 600 日くらいまでは，圧密理論による沈下時間曲線的な傾向（一次圧密）をもっているが，それ以降になると，いわゆる二次圧密と言われる，時間の対数に対して直線的な傾向へ変化する。

圧密理論に基づく方法は，一次圧密部分へフィッティングさせる方法であり，当然ながら二次圧密の長期的な沈下には合わない。

一方，近似曲線に基づく方法は，実測沈下時間曲線へフィッティングさせようとする方法であり，理論的根拠はない。

ここでは，双曲線法，星埜法および浅岡法を取り上げて，それらの予測精度と適用性について軟弱地盤上の高速道路盛土の実測データを用いて検討してみよう。

8.3.2 検討の方法

(1) 検討に用いたデータ

予測精度の検討に用いたデータは，次のような条件を満足する地点の地表面沈下計データである（表 8.6）。

① 盛土立上りから 6 カ月以上観測されていること。
② 盛土中央部のデータであること。
③ 沈下性状に影響を与えるサーチャージなどが施工されていないこと。
④ 計測地点付近で土質調査が行われていること。

表 8.6 に示した地点のデータは，地盤性状も多種多様であり，実測沈下量の大きさも名神・大垣安八の約 30 cm から道央道・米里の約 470 cm まで幅広い。

表 8.6 検討に用いたデータ

路線名	工事名	地点数	路線名	工事名	地点数
名 神	大垣安八	7		米 里	1
東 名	焼 津	4		江別 IC	1
中央道	諏 訪	1		野 幌	3
長崎道	武 雄	4		江別太西	1
北陸道	潟 東 南	1	道央道	江別太東	10
	刈 羽	2		豊 幌	2
	曾 地	4		栗 沢 西	3
	柏 崎	1		岩見沢西	1
道央道	江別 TF	3		岩見沢中	3
	岩見沢 TF	4		岩見沢東	5
	札 幌	4	合 計		65

(2) 精度の評価方法

図 8.42 は，沈下の模式図である。ここでは，予測法の精度の検討を次のような方法で行った。

① 盛土立上り後 90，180，360 日間を観測期間とみなし，その間の実測データに基づいて将来沈下を予測する。
② 予測する時点は盛土立上り後 180，360，540，720，1 080 日とし，予測沈下量と実測沈下量を比較して予測精度を評価する。
③ 精度の評価には，式 (8.5) および式 (8.6) に示す誤差量および予測率を用いる。

図 8.42 沈下の模式図

$$\Delta S = S_m - S_p \tag{8.5}$$

$$K_t = \{(S_p - S_o)/(S_m - S_o)\} \times 100 \tag{8.6}$$

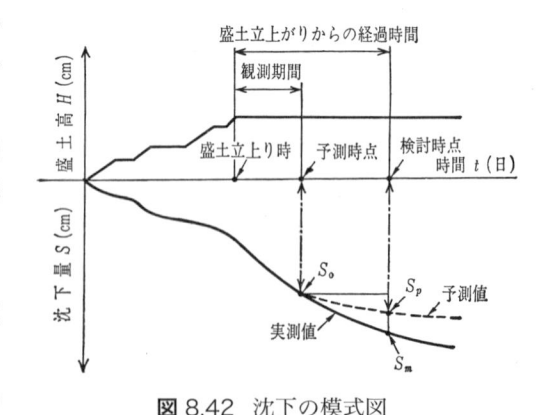

ここに，ΔS：誤差量（cm）
K_t：予測率（%）
S_m：検討時点における実測沈下量（cm）
S_p：検討時点における予測沈下量（cm）
S_o：予測時点における実測沈下量（cm）

これらの式からわかるように，誤差量が 0 に近いほど，予測率が 100% に近いほど精度が良いと評価することになる．なお誤差量が負になる，あるいは予測率が 100% を超えるということは，予測沈下量が実測沈下量を上回っていることを示す．

(3) 予測にあたっての留意点

予測は，直線回帰を行い最小二乗法により予測式を決定した．また予測法の適用にあたって，次のような取り扱いをした．

① 浅岡法：時間を離散化する際の Δt のとり方により違いが生じるが，ここでは $\Delta t = 30$ 日とした．
② 星埜法：盛土の実際の載荷過程は複雑であるが，星埜法の場合，仮想瞬間載荷の開始点の t'_o, S'_o を仮定する必要がある．ここでは，盛土立上りまでの時間を T，そのときの沈下量を S とすると，$t'_o = 7T/8$, $S'_o = 3S/4$ を基本とし，不適当な場合にはトライアル計算を行って決定した．

8.3.3　各予測法の精度の比較

(1) 解析結果の全体的な傾向

図 8.43〜図 8.45 は，観測期間 360 日の場合の各予測法の誤差量を検討時点（盛土立上りからの経過日数）ごとに示したものである．ここには示さないが，観測期間 90 日および 180 日の場合の結果もほぼ同様な傾向を示している．

これらの図からわかるように，検討結果は各検討時点で大きくばらついており，定量的な予測精度の判定が難しい．そこで誤差量および予測率を平均値 μ と標準偏差 σ を用いて表すことにする．そうすれば $\mu \pm \sigma$ の範囲内に全データの 70% が含まれることになり，この値の大きさで平均値に対するばらつきの程度が判断できる．

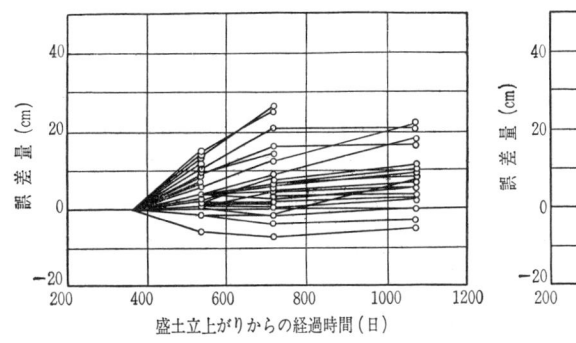

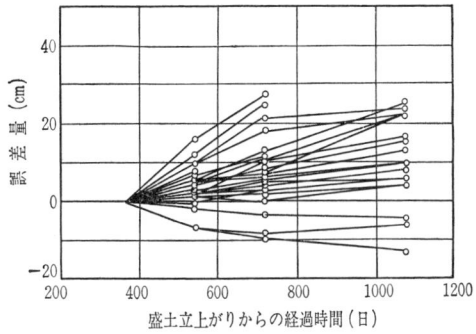

図 8.43　双曲線法における誤差量の経時変化（観測期間 360 日）

図 8.44　浅岡法における誤差量の経時変化（観測期間 360 日）

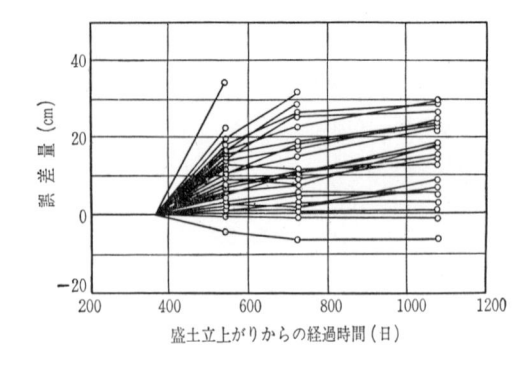

図 8.45 星埜法における誤差量の経時変化（観測期間 360 日）

(2) 観測期間に対する精度

図 8.46 は，観測期間による誤差量および予測率の変化を各手法別に，盛土立上り後 540 日，720 日，1080 日の時点のもので比較したものである。

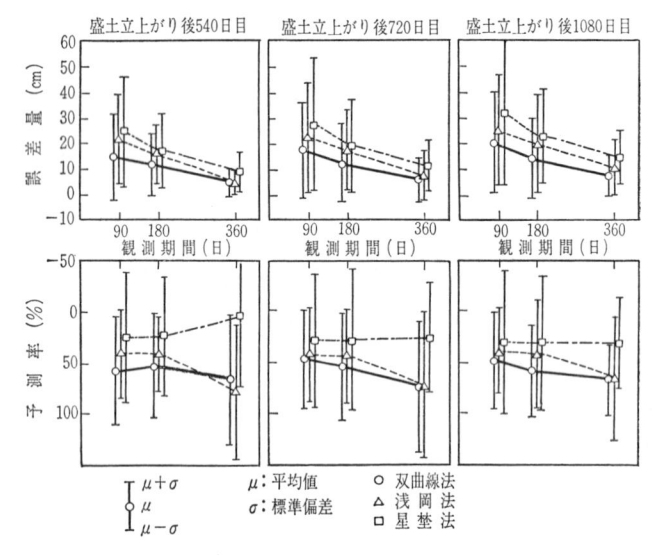

図 8.46 観測期間による精度の比較

図から以下のことがいえる。

① 予測法に関係なく，予測に用いるデータの観測期間の長さが予測精度に大きく影響する。観測期間が長くなるほど誤差量は小さく，予測率は 100％ に近くなり，予測精度が向上する。

② 各予測法の比較では，双曲線法の予測精度が最もよく，次いで浅岡法，星埜法の順となっている。

③ 観測期間の長さおよび予測法にかかわらず，誤差量は正の値，予測率は 100％ 未満の場合がほとんどであり，実際の沈下量より小さく予測することが多い。

④ 誤差量のばらつきは，予測法間で大きな差はみられない。これに対して予測率のばらつきは，星埜法が他の 2 つの方法に比べて若干大きい。

⑤ 各予測法とも，誤差量のばらつきは観測期間が長くなると小さくなるが，予測率は観測期間および検討時点にかかわらずほぼ一定である。

（3） 検討時点に対する精度

図8.47～図8.49は，誤差量および予測率の検討時点による違いを観測期間ごとに示したものである。前節で示したように，各予測法間でばらつきにさほど差がないことから，図には平均値のみを示してある。

観測期間が長くなると予測精度がよくなることはすでに述べたが，それはこれらの図からもわかる。

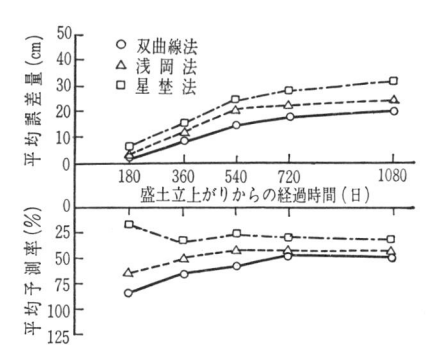

図8.47 誤差量および予測率の経時変化
（観測期間90日）

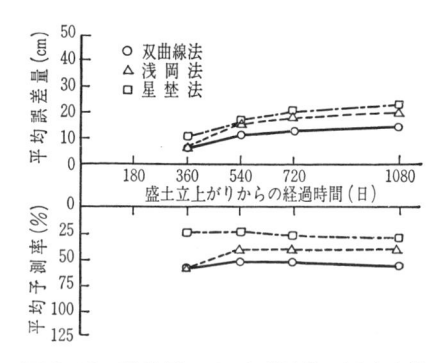

図8.48 誤差量および予測率の経時変化
（観測期間180日）

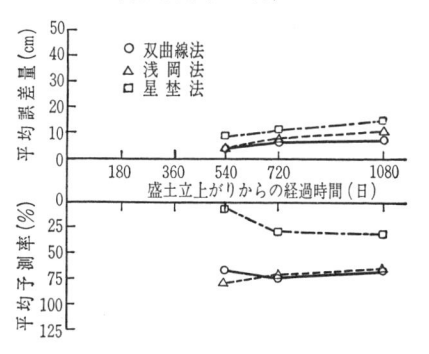

図8.49 誤差量および予測率の経時変化
（観測期間360日）

これらの図から以下のことがいえる。

① 各予測法とも，誤差量は遠い時点の予測をしようとするほど大きくなる。これに対して予測率は，検討時点にかかわらずほぼ一定の値を示している。

② 予測精度は，双曲線法が最もよく，次いで浅岡法，星埜法の順である。

③ 検討時点に対する平均誤差量の増加傾向は，観測期間にかかわらず各予測法とも盛土立上り後720日と1080日の間の変化は小さい。

図8.50は，観測期間180日，360日における，予測時から360日後（すなわち観測期間180日の場合は盛土立上りから540日目，観測期間360日の場合は720日目）の誤差量および予測率を比較したものである。

図からわかるように，予測時から同一期間経過した場合でも，観測期間が長いほど予測精度が良い。また双曲線法の精度が良い傾向も変わりない。

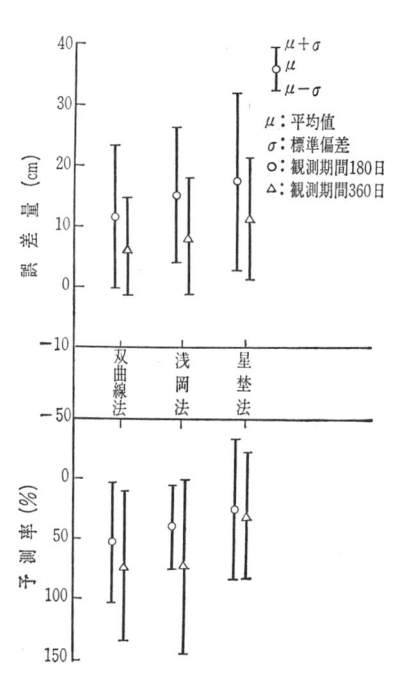

図8.50 予測から360日後の精度の比較

一方,予測値のばらつきを見ると,誤差量は予測法にかかわらず観測期間が長くなれば小さくなるが,予測率は逆に大きくなる傾向が見られ,特に浅岡法でその傾向が著しい。

(4) 地盤タイプと予測精度

沈下傾向が地盤タイプによって一定のパターンをもつことは,第4章の**4.4.2**において述べた。ここでは検討対象地点の地盤タイプを図8.51の条件で分類した。地盤タイプの模式図を図8.52に示す。

図8.53は,観測期間90〜360日のデータに各予測法を適用し,盛土立上り後540〜1080日の沈下量を予測したときの各地盤タイプ別の誤差量を示している。

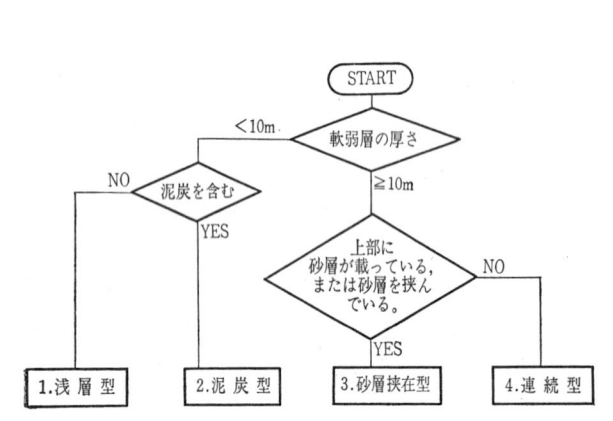

図8.51 地盤タイプの分類

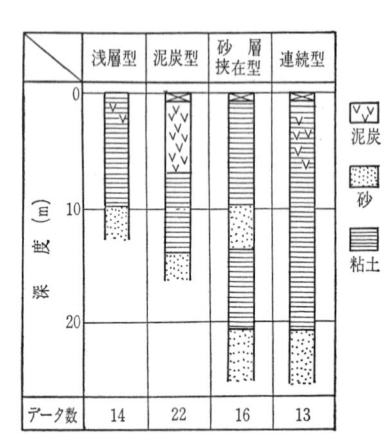

図8.52 地盤タイプの模式図

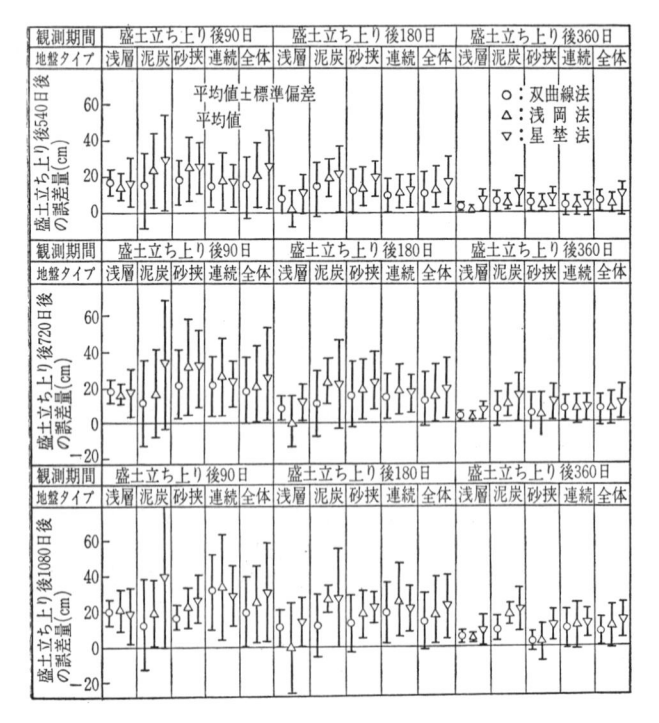

図8.53 地盤タイプ別の誤差量

全体的な傾向として，どの地盤タイプにおいても双曲線法の誤差量が小さい。また地盤タイプ別では，浅層型の誤差量がどの予測法においても小さく，泥炭型は平均誤差量が小さい場合でもばらつきが大きくなる傾向にある。

しかし地盤タイプによって固有の傾向があるとか，ある地盤タイプにはある予測法が適するとかいった特徴は見られない。

8.3.4 双曲線法の精度と適用性

前節までの検討から，3つの予測法の中では，双曲線法の精度が最も良いことがわかった。そこで，ここでは双曲線法の精度と適用性について，さらに検討してみよう。

図 8.54 は，観測期間による誤差量および予測率の変化を盛土立上り後 540 日，720 日，1080 日の時点で比較したものである。

この図から，観測期間を長くとれば平均誤差量は小さくなり，誤差量から見た予測精度はかなり向上する。しかし平均予測率で見ると，観測期間を長くとっても予測精度の向上にさほど寄与しない。具体的には，観測期間を 90 日から 360 日にしたとき，平均誤差量は約 3 分の 1 になるが，平均予測率は観測期間 90 日での約 50% が 70% 程度になるにすぎない。

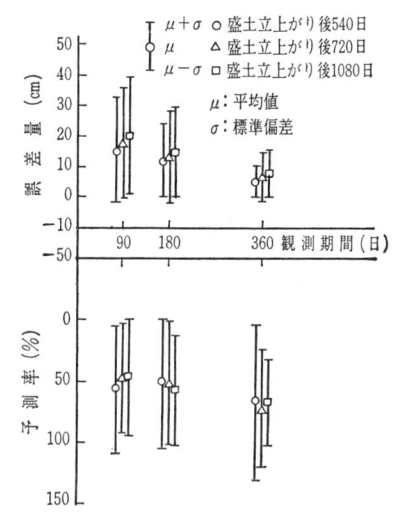

図 8.54 双曲線法の観測期間による精度の変化

また検討時点の違いによる平均予測率の傾向の違いは見られない。

予測率の定義式 (8.6) に，検討結果による平均予測率 50〜70% を代入すると，次式が得られる。

$$S'_m = S_o + (1.5 \sim 2.0) \times (S'_p - S_o) \tag{8.7}$$

ここに，S'_m：将来見込んでおくべき沈下量（cm）
S_o：予測時点における実測沈下量（cm）
S'_p：双曲線法による予測沈下量（cm）

すなわち，盛土立上りから 3 年程度先までの沈下量を予測する場合には，双曲線法による予測沈下量の予測時点における実測沈下量からの増分 $(S'_p - S_o)$ の 1.5〜2.0 倍の沈下量を見込んでおくのがよい。

8.3.5 まとめ

ここでの検討結果をまとめると，次のとおりである。
① 実測値に基づいて，一般的な沈下予測法，すなわち双曲線法，浅岡法，星埜法を比較すると，双曲線法による予測精度が最も良かった。
② 各予測法とも，予測沈下量は実際の沈下量より小さい場合がほとんどである。

③ 予測に用いるデータの観測期間が長いほど，誤差量から見た予測精度は向上する。しかし予測率で評価すると，さほど精度が向上するとはいえない。

④ 各予測法とも，誤差量は遠い時点の予測をしようとするほど大きくなる。これに対して，予測率は，検討時点にかかわらずほぼ一定の値を示している。

⑤ 盛土立上りから3年程度先までの予測に双曲線法を使う場合，いつの時点の予測を行うにかかわらず，予測沈下量の予測時点における実測沈下量からの増分 $(S'_p - S_o)$ の 1.5〜2.0 倍の沈下量を見込んでおくのがよい。

以上は，高速道路の事例についての検討結果であるが，諏訪ら[15]が実測沈下に基づく沈下予測法の適用についてのいくつかの報告例をレビューしたところによると，①二次圧密的な沈下挙動を示す場合には，双曲線法と星埜法が良い結果を与えると報告している例，②予測精度が高いのは，星埜法であったと報告している例など，さまざまであったとしている。

こうしたことから，いかなるケースに対しても最良の予測法というものはなく，それぞれに一長一短があり，沈下の傾向や予測法の特徴をよく考慮して使い分けることが肝要である。

8.4 サンドドレーンの沈下促進効果

8.4.1 海山論争

地盤改良工法としてのサンドドレーン工法を代表とするバーチカルドレーン工法は，土質力学が地盤技術をリードした典型例である。すなわちこの工法は，テルツァーギの圧密理論を基礎に考案されたものである。

日本では戦後の高度経済成長期を通じて，臨海部の埋立地や高速道路や鉄道の軟弱地盤の改良工法として大々的に採用されたが，現場における実績が増えるにつれて，この工法に対する問題点が浮かび上がってきた。

旧土質工学会誌「土と基礎」の 1972 年 8 月号において，バーチカルドレーン工法の効果についての最初の学術論争が行われた。いわゆる「バーチカルドレーンは有効か無効か」をめぐる論争，俗にいう海山論争である。その沈下促進効果について，旧建設省・旧日本道路公団・旧国鉄など陸上の軟弱地盤での施工経験をもつ，いわゆる山側の技術者たちが無効論を唱えたのに対して，旧運輸省など海底の軟弱地盤での施工経験をもつ，いわゆる海側の技術者たちは有効論を対置し，両者の間で激しい議論が戦わされたが，明確な結論を得るまでには至らなかった。

しかしバーチカルドレーンは，「地盤の強度増加促進に効果が認められること」や「二次圧密に対しては効果がないこと」など，ほぼ意見が一致した点もいくつかあった。

この議論を通じて，バーチカルドレーンの沈下促進効果を考える上での問題点がいくつか浮き彫りにされた。それらは，次のとおりである。

① 沈下促進効果に関して，バーチカルドレーンの効く地盤と効かない地盤があるようである。山側では，泥炭層や有機質土層のようにもともと透水性の大きい土層からな

る地盤や薄い砂層を挟む成層地盤のように全体として透水性が大きい地盤が多く，そのような地盤では，バーチカルドレーンを打設するまでもなく沈下速度が計算値よりかなり速く，バーチカルドレーンを打設した場合の沈下速度との有意差がはっきりしないことが多いのではないか，との疑いがある。

② 山側の帯状盛土のような部分載荷条件と海側の埋立て盛土のような全面載荷条件では，地盤の変形性状がかなり違う。すなわち前者は一次元圧密条件を満足しないから，沈下として圧密沈下だけでなくせん断変形も考慮する必要があるのに対して，後者は一次元圧密条件に近いためせん断変形の影響は小さい。

③ その他，理論的に整備すべき点が残されていること，土質定数の決定方法に問題があること，ドレーン材の性質や造成に関する問題点（ドレーンの連続性と断面不整，ドレーン周辺の汚染，ドレーン内での水頭損失など）が多いことも共通して指摘された。

④ 以上のような問題点を踏まえて，バーチカルドレーンの効果の判定は，バーチカルドレーンを打設していない地盤（無処理地盤）と打設した地盤（処理地盤）の実測値の比較試験によって行われるべきである。

こうした議論の一方で，山側は山側なりの設計・施工の技術基準を整備し，海側は海側なりの技術基準を整備して，バーチカルドレーン工法，特にサンドドレーン工法の実績を着々と増やしていった。すなわち山側では，理論が予測するほどの沈下促進効果は認められないが，地盤の強度増加促進効果ははっきりしているので，安定対策工法としてサンドドレーン工法が採用された。一方，海側では，全面的な有効論の立場からサンドドレーン工法が採用された。

この間，施工技術の面では，メカトロニクスの導入，原地盤のかく乱を低減する工法の開発などが進む一方，理論面では，多層地盤の圧密理論，非弾性理論などの研究や有限要素法などの数値解析法の開発が進められた。また現場では現場計測が精力的に行われ，膨大な実測データが蓄積された。

1982年10月号から1983年2月号にかけての「土と基礎」誌上で，再度，バーチカルドレーンの効果についての議論が海側と山側の最新データに基づいて行われ，「泥炭層・有機質土層・薄い砂層などを含む山側の地盤では，沈下促進効果が現れにくい」という地盤の問題が大きいことなどいくつかの点が再認識された。

また荷重条件の問題に関して，海側でも護岸堤防のような帯状盛土のケースで，沈下促進効果がはっきり現れないことがあることが指摘された。この点に関して，後述するように高速道路盛土の事例のデータの分析から，盛土荷重によって生じる変形には圧密変形とせん断変形が含まれており，その相対的比率は，地盤のタイプによって，またサンドドレーンの有無によって異なることが指摘された。このことは，高速道路盛土のような荷重条件（帯状荷重で，かつ破壊荷重に近い）の事例についてのサンドドレーン効果を論じる場合，テルツァーギ理論のような弾性論を適用することができないことを意味している。

しかし10年前の論点がすべて解消されたわけではなかった。

1990年代に入ると，実際例についての弾塑性モデルによる非線形解析が盛んに行われるようになり，海側と山側の実測データに見られた盛土荷重によるバーチカルドレーン打設地盤の沈下・変形・間隙水圧などの挙動の違いは，結局，地盤の透水性・荷重強度・載

荷速度・形状寸法・初期条件・境界条件などの違いによるものであって，海や山に特有なものではないこと，さらに沈下促進効果という点についていえば，原地盤の透水性の大きさによってバーチカルドレーンが効く地盤と効かない地盤があることなどが理論的に説明できることがわかってきた．

以上のような議論の経緯を踏まえて，以下に高速道路の実測データに基づいてサンドドレーンの効果について考察してみよう[16]．

8.4.2 検討事例

ここで取り上げる3つの事例は，1975年から1981年にかけて施工された試験盛土工事で，サンドドレーン打設区間（SD区間）と無処理区間（N区間）を設けて両者の比較ができるようになっている．

いずれもサンドドレーンは，マンドレルによる打ち込みによって造成されており，直径は40 cmである．

なお以下でいう計算値は，特に断らない限りSD区間の場合はバロンの理論，N区間の場合はテルツァーギの理論によるものである．

(1) 岩見沢試験盛土

地盤は図8.55に示すように粘土と泥炭の互層地盤で，SD区間とN区間は第6層のシルト層の厚さが違う他は土性の差はない．またこの地盤は，軟弱層全体を通して薄い砂層などを挟在していない．

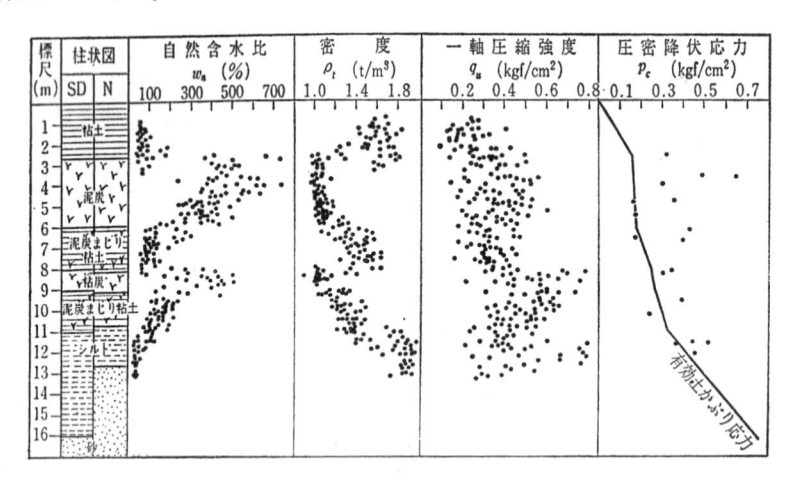

図8.55 土性図（岩見沢）

SD区間では，盛土敷き幅のほぼ全幅にサンドドレーンを2m間隔の正三角形配置で深さ13mまで打設している．盛土横断図は図8.56のとおりである．

図8.57に，盛土開始から2300日程度までの盛土中央部の沈下時間曲線を示す．SD区間とN

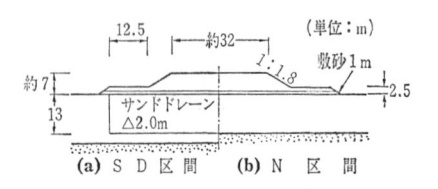

図8.56 盛土横断図（岩見沢）

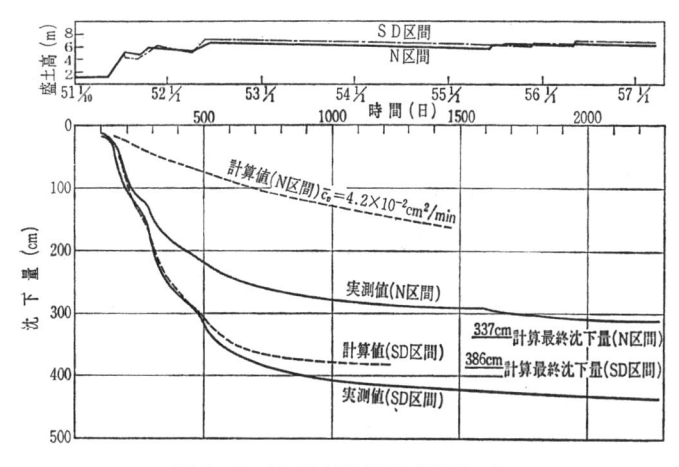

図 8.57 沈下時間曲線（岩見沢）

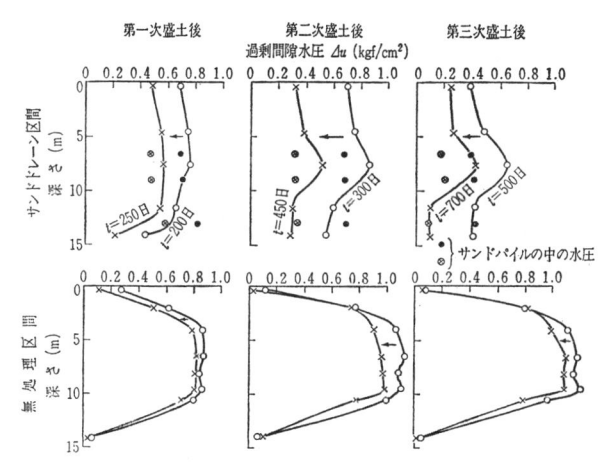

図 8.58 放置期間中の過剰間隙水圧の消散（岩見沢）

区間では沈下量に大きな差が見られるが，この先この差が縮まるか否かは不明である。また実測値と計算値の関係を見ると，SD 区間では両者は比較的よく合っているのに対して，N 区間では実測値の方が計算値よりかなり速い。

一方，図 8.58 に示した盛土中央部の地盤内の過剰間隙水圧 Δu の時間的変化からわかるように，N 区間に比べて SD 区間の Δu の消散は著しく速い。なおこの事例では，サンドドレーンおよびサンドマットの中に間隙水圧計を設置しており，図 8.59 に示すように，SD 区間において盛土施工中にサンドマットやサンドドレーンの中に相当量の Δu が長期間残留しているのが観測された[17]。サンドマットとサンドドレーンに使用した砂は河川産の良質砂であったが，室内試験では 10^{-3} cm/sec のオーダーの透水係数が原位置試験では 10^{-4} cm/sec のオーダーに低下しているのが確認された。サンドマットやサンドドレーンのウェルレジスタンスによって，こうした大きな Δu の残留現象が生じたと推測される。

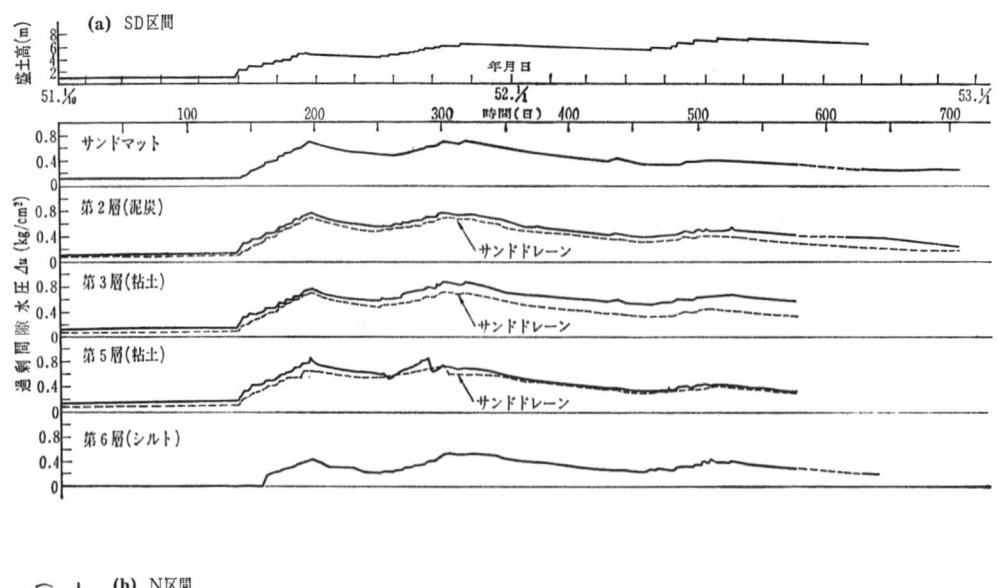

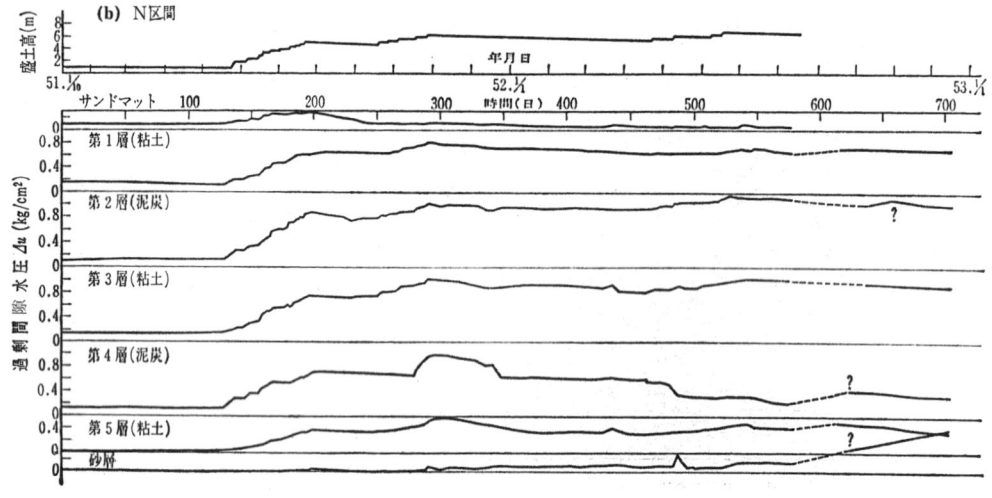

図 8.59 過剰間隙水圧の時間的変化（岩見沢）

(2) 江別試験盛土（その1）

地盤は図 8.60 に示すように，泥炭と粘土の二層からなる上部層の下位に中間砂層を介して厚い下部粘土層が堆積している。

サンドドレーンは，1.8m 間隔の正三角形配置で上部層に，すなわち中間砂層までの深さ 10m まで打設された。したがって以下の沈下データは，上部層のものであることに注意されたい。盛土横断図は図 8.61 のとおりである。

図 8.62 に，盛土開始から 1700 日程度までの盛土中央部の沈下時間曲線を示す。SD 区間とN区間の実測値にはほとんど有意差がない。実測値と計算値の対応は，SD 区間，N 区間ともに良くないが，特に SD 区間において実測値が計算値よりかなり遅いのが目立つ。

過剰間隙水圧 Δu の時間的変化は，図 8.63 に示すように SD 区間と N 区間で明らかな差があり，サンドドレーンによる Δu の消散促進効果は明らかに認められる。

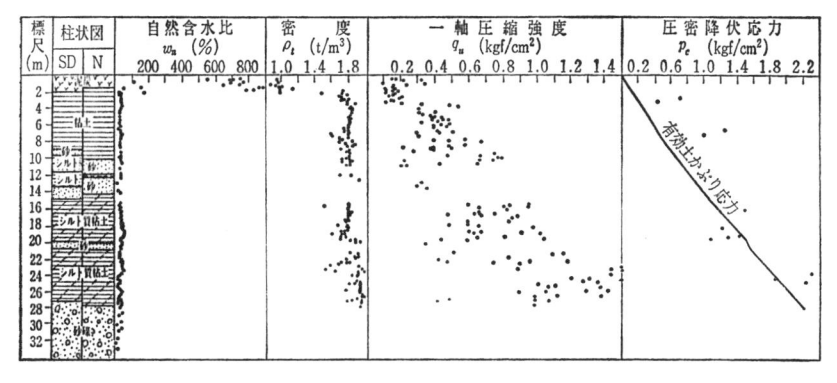

図 8.60 土性図（江別）

図 8.61 盛土横断図（江別）

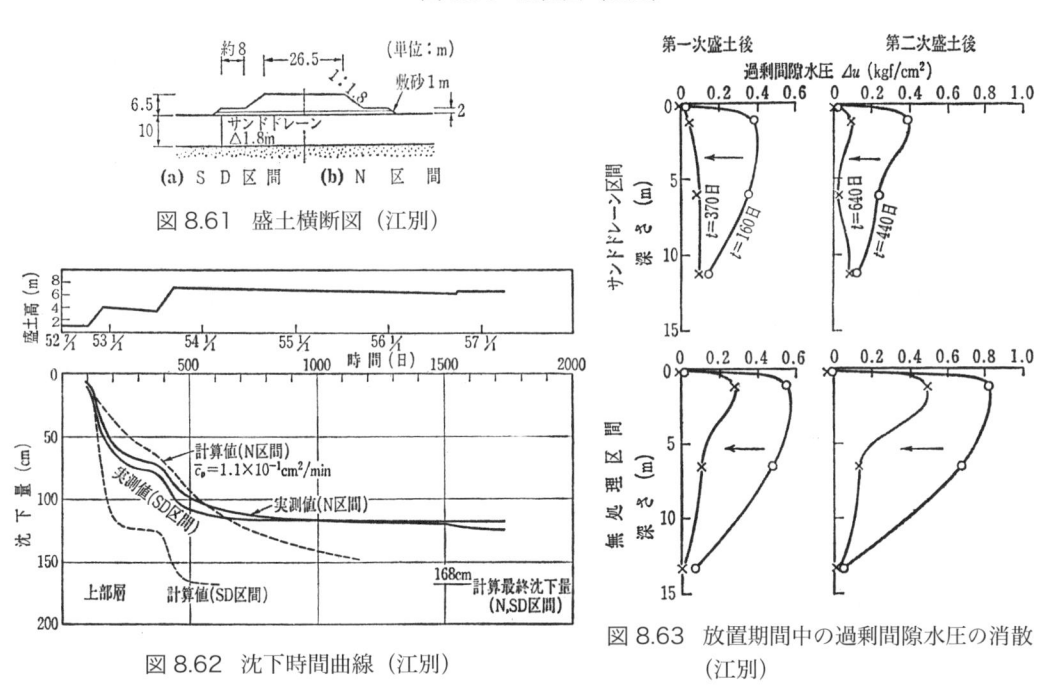

図 8.62 沈下時間曲線（江別）

図 8.63 放置期間中の過剰間隙水圧の消散（江別）

(3) 神田試験盛土

地盤は図 8.64 に示すように，上部層が薄い粘土層（約 2 m）で，その下位に厚さ 4～6 m の中間砂層があり，さらに下部層は厚い海成粘土層となっている。サンドドレーンは，2 m 間隔の正三角形配置で深さ 20 m まで打設された。以下で取り上げる沈下データは，下部粘土層の深さ 10 m から 20 m までのものである。盛土横断図は，図 8.65 のようである。

図 8.66 は，盛土開始から 330 日程度までの盛土中央部の沈下時間曲線であるが，SD 区間と N 区間の下部粘土層の沈下性状には大きな差がある。曲線の形状もいわゆる圧密曲線の形状とはかなり違っており，他の事例と比べても特異な挙動といえる。N 区間の実測値と計算値の対応は比較的良い。

一方，過剰間隙水圧 Δu の時間的変化は，図 8.67 に示すように SD 区間と N 区間で明らかな差があり，これは他の事例と同じ傾向である。

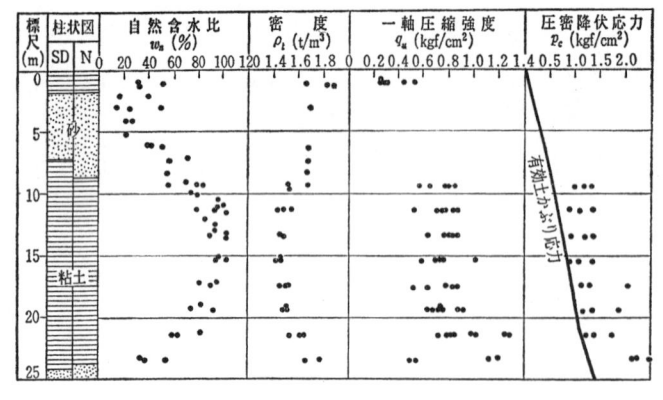

図 8.64 土性図（神田）

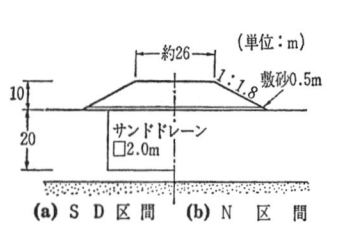

図 8.65 盛土横断図

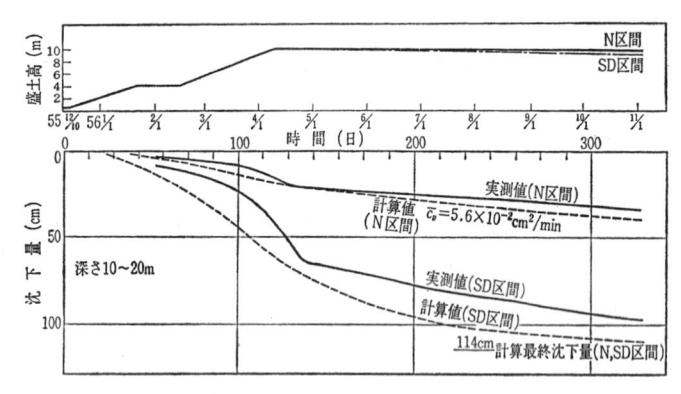

図 8.66 沈下時間曲線

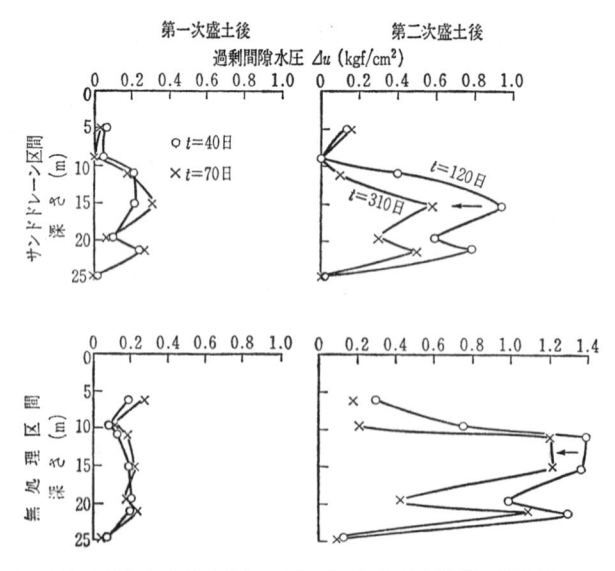

図 8.67 放置期間中の過剰間隙水圧の消散（神田）

8.4.3 沈下についての検討

3つの事例の沈下傾向を見ると，江別の事例は，サンドドレーンの有無にかかわらず沈下傾向に有意差が見られないケースであり，従来の高速道路の事例の大半と同じである。

一方，岩見沢と神田の事例は，サンドドレーンの有無によって沈下傾向に有意差が見られるケースである。この岩見沢と神田の事例で将来 SD 区間と N 区間が同じような最終沈下量に収束するようなことがあれば，サンドドレーンの沈下促進効果があった好事例となろう。

しかし一方で，サンドドレーンの打設によって地盤が乱される結果，SD 区間の土性が変化して沈下量が大きくなるのではないかという議論もあり，この2つの事例でSD区間と N 区間の沈下時間曲線が現在までの傾向のまま別々の最終沈下量に収束するようなことがあれば，それを裏づける有力なデータとなろう。

ここでは以上の点について実測値に基づいて検討してみるが，サンドドレーンの有無によって沈下量に差があるかどうかという点と，沈下速度に差があるかどうかという点に分けて検討してみよう。

(1) 沈下量について

まず最終沈下量についてであるが，双曲線法による最終沈下量の推定値 ρ_f を SD 区間と N 区間で比較したのが図 8.68 である。図には3つの事例の他，ほぼ同じ条件で施工されていて SD 区間と N 区間の比較が可能な事例のデータも含めてプロットしている。

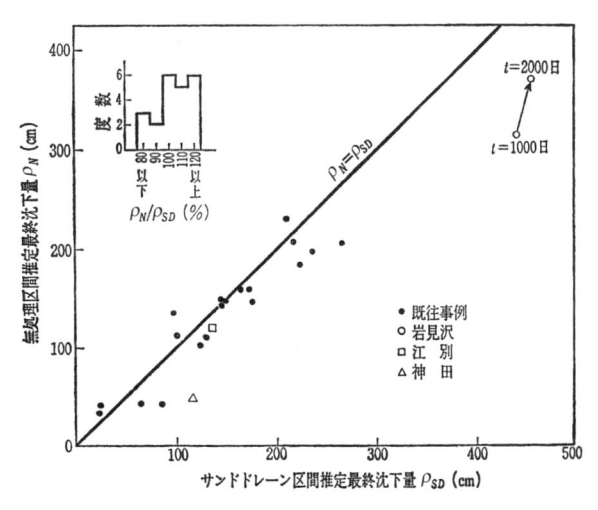

図 8.68　N 区間と SD 区間の最終沈下量の比較

全体として見ると，SD 区間の方が N 区間より若干 ρ_f が大きい傾向がうかがえる。図中の岩見沢の事例は，盛土開始後1000日までのデータで推定した ρ_f と 2000 日までのデータで推定した ρ_f を2つプロットしてあるが，時間とともに SD 区間と N 区間の ρ_f が接近する傾向がうかがえる。岩見沢の事例では，盛土荷重の違い（盛土完了時点の 1977

年 6 月での盛土厚は，SD 区間で 10.6 m, N 区間で 8.9 m) や軟弱層厚の違い（SD 区間で 16 m, N 区間で 12.5 m）を考えると，SD 区間と N 区間の沈下量の差はもう少し小さいと考えられる。神田の事例では，SD 区間と N 区間の ρ_f の差は大きいが，観測時間が短いためはっきりしたことはいえない。

(2) 沈下速度について

高速道路の多くの事例によれば，沈下速度は，N 区間の場合には実測値は計算値よりずっと速いのに対して，SD 区間の場合には実測値と計算値は比較的よく一致する傾向がある。その結果，SD 区間と N 区間の沈下速度の実測値同士は，計算値同士ほどの大きな差を生じない。

では SD 区間と N 区間の沈下速度の実測値同士は，どの程度の差になっているのであろうか。図 8.69 は，実測の沈下時間曲線から求めた SD 区間と N 区間の 50% あるいは 80% 圧密時間 t_{SD}, t_N の比 t_N/t_{SD} を，地盤の平均圧密係数 $\bar{c}_v$ に対してプロットしたものである。

ここに t_{SD}, t_N は，瞬間載荷条件で求めた計算圧密曲線を漸増載荷条件のものに変換する手法を逆に使って，漸増載荷条件に近いケースの実測沈下曲線を瞬間載荷条件下の仮想曲線に変換し，それに曲線定規をフィッティングして求めた。

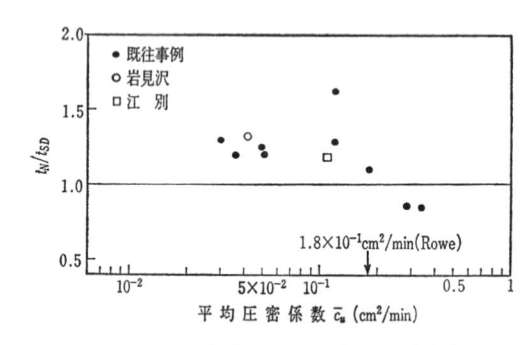

図 8.69 サンドドレーンが実測沈下速度に及ぼす影響

また平均圧密係数 $\bar{c}_v$ は，地盤の各層の中心深さにおける有効荷重 $p_0 + \Delta p/2$（p_0：有効土かぶり応力，Δp：盛土荷重による鉛直応力）に対する各層の圧密係数を換算層厚法によって単一地盤（層厚は実際の地盤と同じ）の圧密係数に換算したものである。なお神田の事例は，沈下時間曲線が特異な形状をしているため曲線定規のフィッティングができなかった。

図 8.69 から，地盤の c_v が小さい場合はサンドドレーンによる沈下促進効果が見られるが，地盤の c_v が大きくなると効果が見られなくなる傾向がある。しかし図に示したデータの範囲では，沈下速度は高々 1.5 倍程度速くなるだけで，とても計算値が示すほどの差はない。

図 8.69 で興味深いことは，ロウ (Rowe) [18] が多くの事例の分析から得た「$c_v \geqq 1.8 \times 10^{-1}$ cm²/min の地盤ではサンドドレーンの沈下促進効果は認められない」という指摘を裏づけていることである。

8.4.4 沈下量と間隙水圧の関係についての検討

3 つの事例からわかるように，沈下傾向のいかんにかかわらずサンドドレーンによる間隙水圧消散促進効果は明らかであるから，沈下量と間隙水圧の時間的変化の傾向には，一義的な対応関係はない。この点を岩見沢の事例について，もう少し詳しく検討してみよう。

表 8.7 は，テルツァーギおよびバロンの圧密理論を用いて沈下量および間隙水圧の時間的変化を計算する場合，計算値を実測値に合わせるためには標準圧密試験から求められた圧密係数 c_v をどの程度修正する必要があるかを示したものである。

表 8.7 計算値を実測値に合わせるために必要な c_v の修正（岩見沢）

区間 項目	N 区間	SD 区間
沈　　下	$15c_v$	$\frac{2}{3}c_v$
間隙水圧	c_v	$\frac{1}{3}c_v$

ここに沈下計算で用いた最終沈下量は，双曲線法によって実測値から推定した値を用いており，間隙水圧計算での初期過剰間隙水圧は，弾性理論によって計算した鉛直応力と等しい値を用いている。

表 8.7 が示している問題点は，テルツァーギやバロンの理論を用いる限り，圧密係数をそれぞれのケースごとに修正しなければ，計算値と実測値を一致させることができないという事実である。これは明らかに圧密理論の適用性の限界を示している。

ところで表 8.7 からもわかるように，多くの事例において，N 区間の沈下量の時間的変化は，実測値の方が計算値よりかなり速く進行するが，その原因の 1 つとして，原位置での地盤の透水性は室内試験での小さな供試体で測定されるそれより大きいことが挙げられている。

表 8.8 は，岩見沢の N 区間における各土層の室内および原位置での透水係数の測定値を示している[19]。ここに，室内の透水係数は，対応する土層の中心深さの鉛直応力に対する値である。それによれば，室内と原位置の透水係数は，後者の方が 1 オーダー程度大きいこと，また盛土載荷によってともに 1 オーダー程度減少していることがわかる。

このことから，透水係数と体積圧縮係数から求められる圧密係数の原位置の値は，室内試験の値より 1 オーダー程度大きい，つまり 10 倍程度大きいと考えられ，沈下速度の実測値が計算値よりかなり速いという傾向をうまく説明できる。

しかし原位置での透水係数がこのように大きいのであれば，間隙水圧の消散速度も同様に速いはずであるが，実測値は表 8.7 に示したように室内試験での圧密係数を用いた計算値とほぼ同じである。ただし，ここで留意すべきことは，岩見沢の場合，図 8.59 に示し

表 8.8 室内および原位置における透水係数（岩見沢）

	室内透水係数 (cm/sec)		原位置透水係数 (cm/sec)	
	盛土開始前	第三次盛土直前 (52.4)	盛土開始前	第三次盛土後 1 年 (53.7)
第 1 層（粘土）	—	—	$6.4 \times 10^{-7} \sim 1.4 \times 10^{-5}$	$3.1 \times 10^{-7} \sim 4.2 \times 10^{-7}$
第 2 層（泥炭）	$1.0 \times 10^{-7} \sim 1.1 \times 10^{-6}$	$5.3 \times 10^{-8} \sim 1.5 \times 10^{-7}$	$1.4 \times 10^{-6} \sim 8.2 \times 10^{-6}$	$4.1 \times 10^{-7} \sim 8.1 \times 10^{-7}$
第 3 層（泥炭混じり粘土）	$9.3 \times 10^{-8} \sim 5.2 \times 10^{-7}$	$2.5 \times 10^{-8} \sim 5.0 \times 10^{-8}$	$3.1 \times 10^{-7} \sim 3.2 \times 10^{-6}$	$1.3 \times 10^{-7} \sim 6.4 \times 10^{-7}$
第 4 層（泥炭）	$7.0 \times 10^{-8} \sim 2.0 \times 10^{-7}$	—	$7.8 \times 10^{-7} \sim 5.2 \times 10^{-6}$	$3.2 \times 10^{-7} \sim 4.3 \times 10^{-7}$
第 5 層（泥炭混じり粘土）	$1.5 \times 10^{-7} \sim 3.0 \times 10^{-7}$	$2.5 \times 10^{-8} \sim 5.0 \times 10^{-8}$	$3.7 \times 10^{-7} \sim 8.5 \times 10^{-7}$	$4.4 \times 10^{-8} \sim 5.5 \times 10^{-8}$
第 6 層（シルト）	$4.5 \times 10^{-8} \sim 1.8 \times 10^{-7}$	—	$1.7 \times 10^{-7} \sim 4.7 \times 10^{-7}$	—

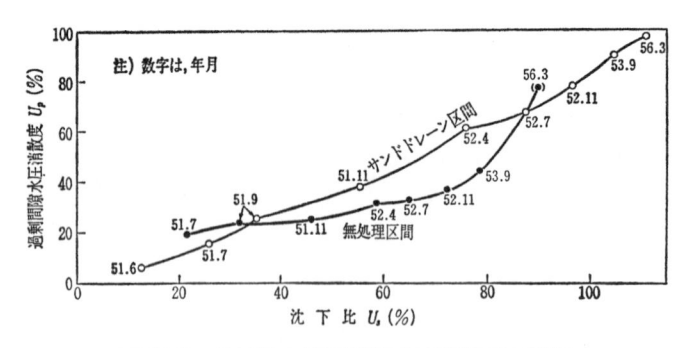

図 8.70 沈下比と過剰間隙水圧消散度の関係

たように，サンドマットやサンドドレーンのウェルレジスタンスによって間隙水圧の消散が遅延させられていることである。

さらに図 8.70 は，実測値から求めた沈下量と間隙水圧の関係である。ここに沈下比 U_s は，e–$\log p$ 曲線を用いて求めた最終沈下量に対する実測沈下量の比であり，過剰間隙水圧消散度 U_p は，Δu の初期値を Δp に等しいとしてアイソクローンから求めた全層の平均値である。また SD 区間の U_p は，サンドドレーン間の中央部の値である。

図から，沈下の進み方に比べて間隙水圧の消散が遅れていること，SD 区間と N 区間で沈下と間隙水圧の関係が異なっていることなどがわかる。

8.4.5 側方変形についての検討

これまでの検討からわかるように，サンドドレーンの沈下促進効果についての検討は，沈下量と間隙水圧のデータだけからでは不十分である。そこでここでは，サンドドレーンの有無による側方変形の挙動の違いについて検討してみよう。

図 8.71 は，3 つの事例について，盛土のり尻部の地中変位計のデータなどから求めた側方変形土量 V_δ と地表面型沈下計のデータなどから求めた沈下土量 V_ρ の比，すなわち土量比率 V_δ/V_ρ の時間的変化を示したものである。

岩見沢の場合の土量比率は，一次盛土時は SD 区間の方が大きいが，二次盛土時にはそれが逆転して N 区間の方が大きくなっている。江別（その 1）の場合は，一次盛土時と二

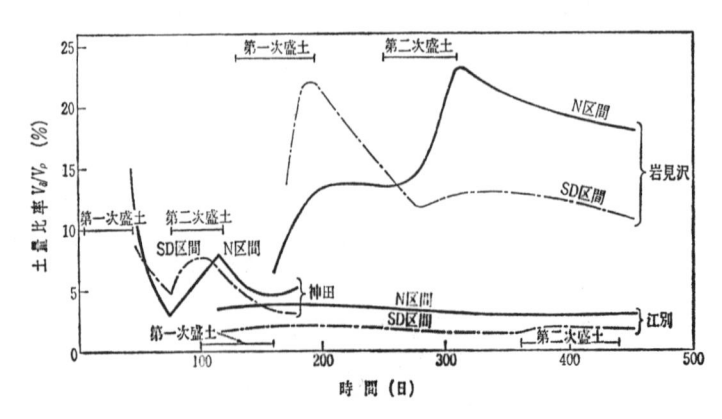

図 8.71 土量比率の時間的変化

次盛土時を通してN区間の方が土量比率は大きい．さらに神田の場合は，沈下が進行し始める二次盛土時にSD区間の土量比率がN区間より若干大きくなっている．

また土量比率は，全体を通して岩見沢が最も大きく，神田がその次で，江別（その1）が最も小さい．つまり江別（その1）のケースは，せん断変形の発生の割合が非常に少ない（土量比率で数%）．

これらのことから，側方変形挙動はサンドドレーンの有無や地盤のタイプによってかなり違うことがわかる．

8.4.6　海側のデータとの比較

ところで図8.72は，海岸の埋立地の護岸工事で観測された沈下データを弾・粘塑性モデルで解析した結果を示している[20]．この事例では，深さ14mの均質な軟弱粘性土層（自然含水比60〜100%）上に帯状の護岸が施工され，砂杭の有無による比較試験が行われた．砂杭は直径50cm，打設間隔1.7mである．

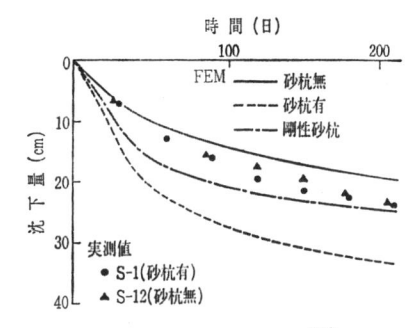

まず実測値を見ると，砂杭の有無にかかわらず沈下の時間的変化にはほとんど差がない．このように海側でも護岸のような部分載荷条件の

図8.72　沈下時間曲線（小林[20]による）

ケースでは，山側に多く見られる江別（その1）の事例と同じような現象が生じることは興味深い．

図8.72において，砂杭無と砂杭有の計算値は差があり，実測値の傾向とは一致していない．図中には，実際の砂杭が締め固めたものであったことを踏まえ，砂杭に剛性をもたせたケースの計算値もプロットしてある．この場合は，砂杭無のケースとの差はかなり小さくなっている．

この解析で非常に興味深いのは，図8.73および図8.74である．

図8.73は間隙水圧分布の計算値であるが，岩見沢や江別（その1）の実測値と同じように，砂杭による間隙水圧消散効果がはっきり現れている．

さらに図8.74は，盛土のり肩付近の地中の水平変位の計算値であるが，砂杭の有無によって側方変形挙動に明らかな差がある結果になっている．

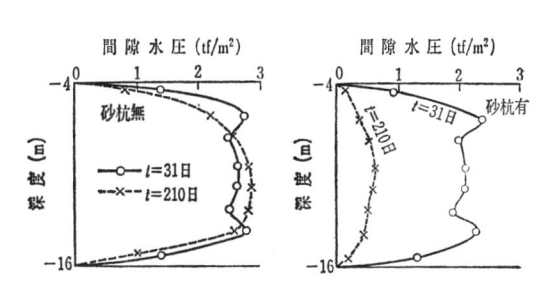

図8.73　間隙水圧の消散（小林[20]による） 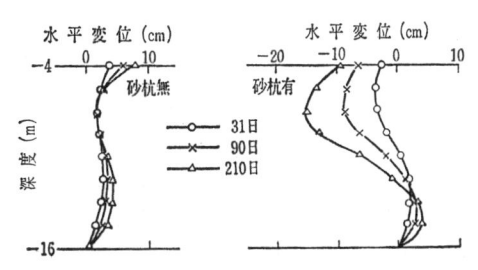　　図8.74　盛土のり肩部の地中の水平変位（小林[20]による）

この事例では，間隙水圧と側方変形の実測値が示されていないが，別の臨海部の埋立てにおける護岸工事の事例（地盤は，厚さ 19〜22 m，自然含水比 65〜92% の海成シルト層）で，バーチカルドレーン打設地盤とみなせる低置換率のサンドコンパクションパイル (SCP) 打設地盤と無処理 (N) 地盤における地表面沈下曲線にはほとんど差がみられない（図 8.75）のに，地中の変形や過剰間隙水圧の挙動は全く違うというケースを森脇ら[21]が報告している。

彼らは，こうした実測結果を踏まえて，弾・粘塑性構成式を用いた FEM 解析によって「バーチカルドレーン打設地盤と無処理地盤で，地盤内部の間隙水圧や側方変形などは異なっていても，地表面沈下挙動は同じように進行することがあり得る」ことを示している。

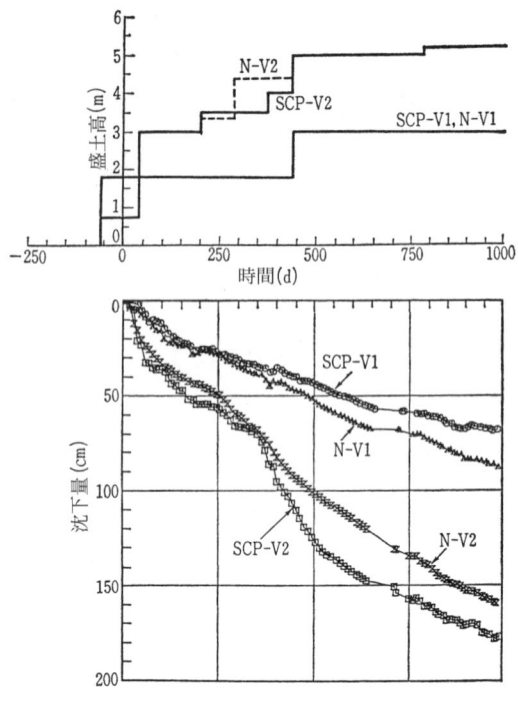

図 8.75 SCP 打設地盤と N 地盤の地表面沈下の実測値の比較（森脇ら[21]による）

以上のことから，一時，山側の典型例として報告されていた「サンドドレーンの有無にかかわらず沈下曲線に差が見られない」ケースが，海側でも帯状荷重条件と見なせる護岸工事において見られること，そしてそれらのケースでは，間隙水圧や側方変形の挙動はサンドドレーンの有無によって異なることが明らかになった。

8.4.7 長期沈下データによる検討

これまでの検討は，江別・岩見沢の事例では盛土開始から 2000 日前後，神田の事例では 300 日強までのデータによるものであった。こうした時間の範囲の検討では，沈下は十分収束した状態にはなっていないため，サンドドレーンの沈下促進効果については，もうひとつ明確な判断を下すまでには至らず，もっと長期のデータに基づいた検討が必要と考えられた。

幸いにも道央道（札幌〜岩見沢）と常磐道神田地区では，供用後も 20 年以上にわたって沈下追跡調査が行われている。果たして無処理区間とサンドドレーン区間の沈下挙動は，どうなったのであろうか。

まず図 8.76 は，岩見沢試験盛土，江別試験盛土（その 1）および江別試験盛土（その 2）の盛土中央部の供用後 5 年の沈下データである[22]。図には SD 区間，N 区間の他，N+SD 区間（押え盛土の下にのみサンドドレーンを打設した区間），SCP 区間（サンドコンパクションパイルを打設した区間）のデータも示してある。また図中に示した ρ_f は双曲線法によって推定した最終沈下量である。

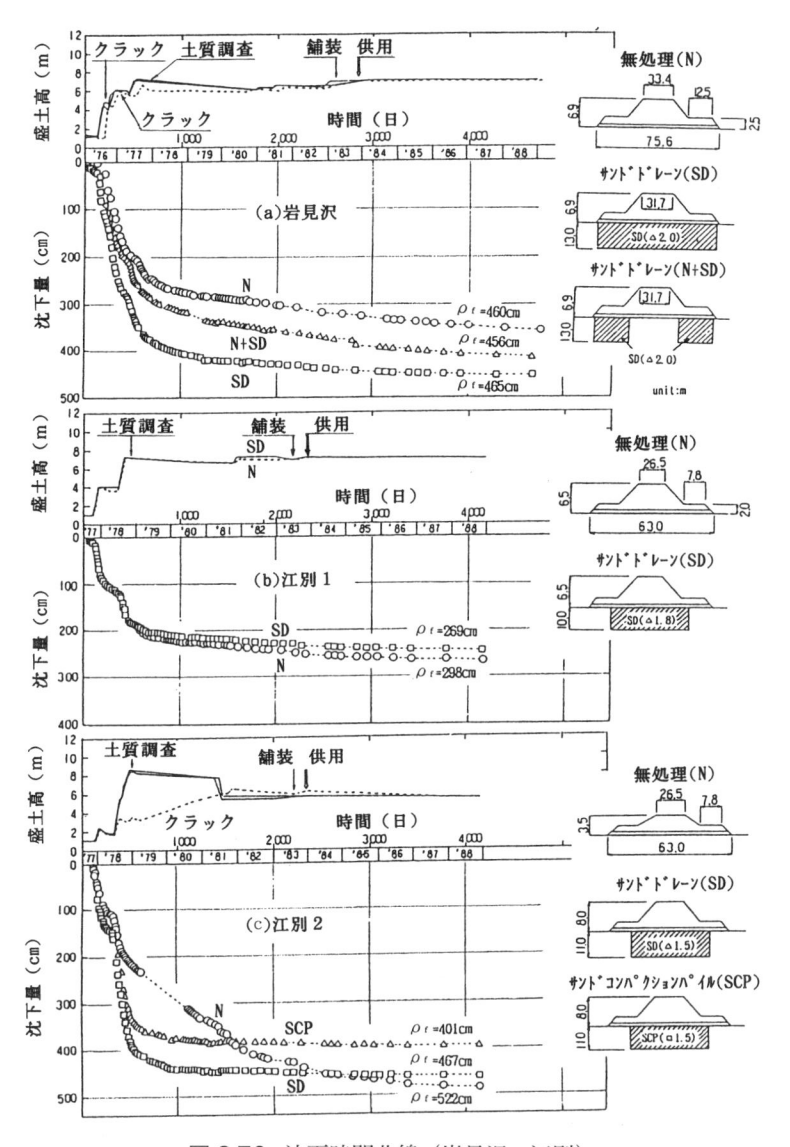

図 8.76 沈下時間曲線（岩見沢・江別）

　岩見沢の場合，これまでの沈下量は N 区間，N+SD 区間，SD 区間の順に大きく，しかも各区間の ρ_f は同じような値であり，サンドドレーンの沈下促進効果が現れているように見える。

　江別（その 1）の場合は，これまでの沈下量は N 区間の方が SD 区間より大きく，ρ_f も N 区間の方が SD 区間より大きい値になっており，サンドドレーンの沈下促進効果ははっきりしない。

　江別（その 2）の場合は，SD 区間と SCP 区間の沈下は最終沈下量にかなり近いところまできている。一方，N 区間は盛土高 3.5 m で破壊したため，図 8.76 からもわかるように，その後非常にゆっくりした速度で盛土しており，SD 区間や SCP 区間とは荷重履歴が異なっているため，沈下傾向も異なっている。また破壊の影響で N 区間の ρ_f は他の区間より大きくなっている。

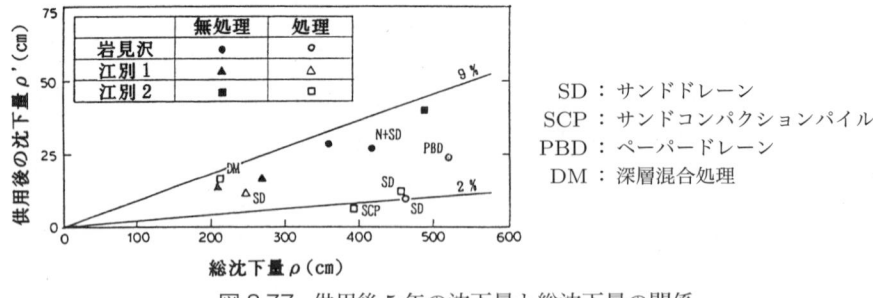

図 8.77 供用後 5 年の沈下量と総沈下量の関係

SD：サンドドレーン
SCP：サンドコンパクションパイル
PBD：ペーパードレーン
DM：深層混合処理

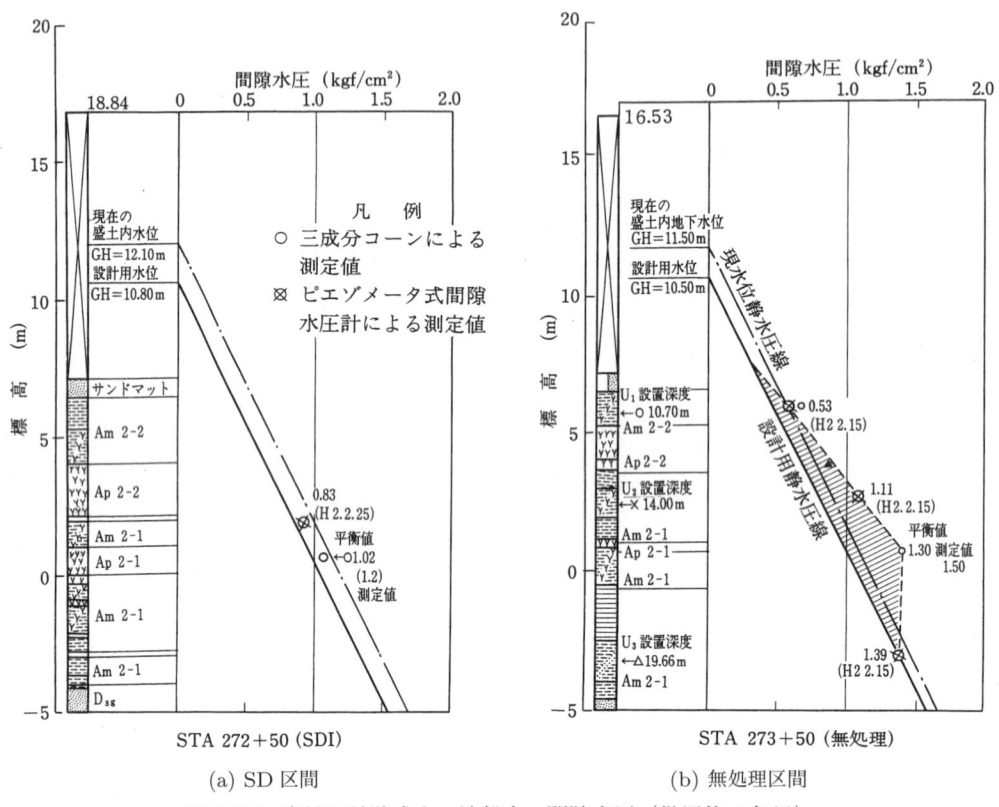

図 8.78 岩見沢試験盛土の地盤中の間隙水圧（供用後 6 年目）

(a) SD 区間　　(b) 無処理区間

このような沈下傾向を別の視点から整理したのが図 8.77 である．図は，盛土開始から 1988 年末現在までの全沈下量 ρ と供用後 1988 年末現在までの 5 年間の沈下量 ρ' の関係を示している．岩見沢と江別（その 2）の場合，供用後 5 年間の沈下量 ρ' は，明らかに SD 区間や SCP 区間のグループの方が N 区間のグループ（N+SD 区間は盛土中央部が無処理のため N 区間のグループに含める）より小さく，最終沈下量がほぼ同じ（岩見沢のケース）か，N 区間の方が大きい（江別（その 2）のケース）ことを考え合わせると，サンドドレーンの沈下促進効果が現れているといえる．しかし江別（その 1）の場合，ρ' は N 区間と SD 区間でほとんど差がなく，沈下促進効果は認められない．

また図 8.78 は，供用後 6 年目の岩見沢試験盛土の地盤中の間隙水圧の実測値である．SD 区間では，過剰間隙水圧は消散してしまっているのに対して，無処理区間では，まだ

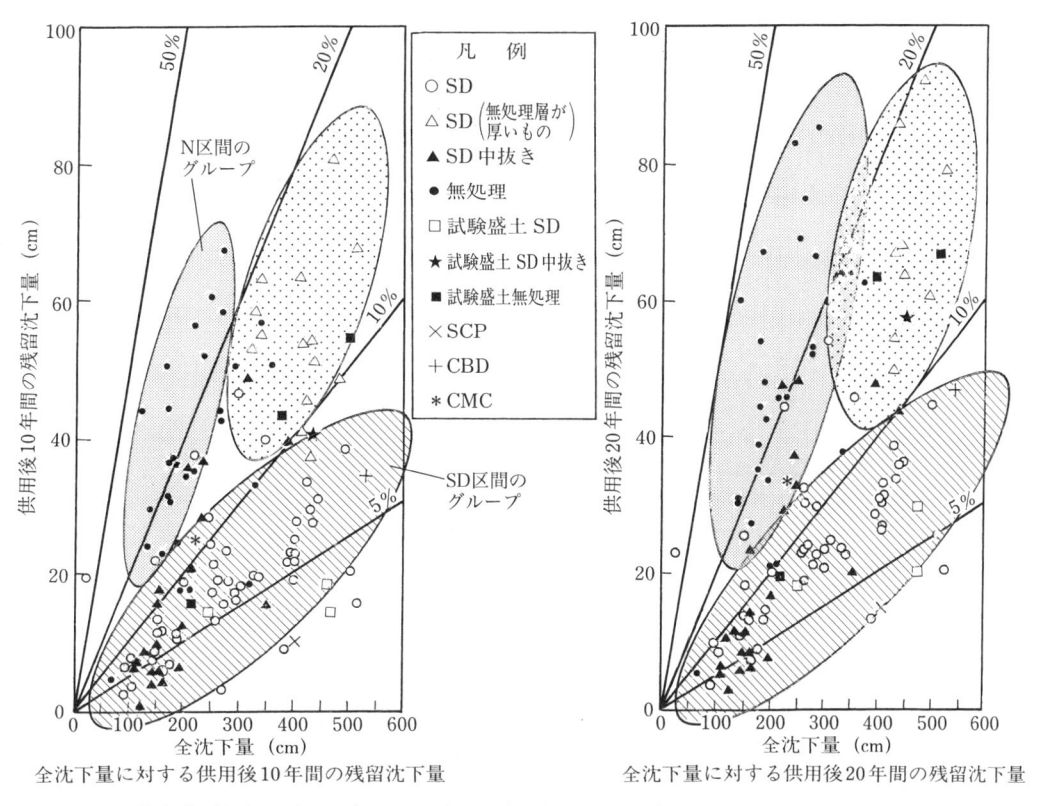

図 8.79　道央道（札幌〜岩見沢）の供用後 10 年間および 20 年間の残留沈下量と全沈下量の関係

かなりの過剰間隙水圧が残留しており，SD 区間に比べて圧密が遅れていることがわかる。
　なお江別試験盛土では，いずれの区間でも過剰間隙水圧は残留していないことが確認されている。
　さらに図 8.79 は，道央道（札幌〜岩見沢）の供用後 10 年間および 20 年間の残留沈下量と全沈下量の関係を示している。図中のプロットのうち，白印は SD 区間を，黒印は N 区間をそれぞれ表している。ただし SD は上下部層のある箇所では，上部層にしか打設していないことに留意する必要がある。
　そうした点に留意しつつ全体として見ると，図 8.79 から SD 区間のグループ（図中の斜線の範囲）の方が N 区間のグループ（図中の細かい網の範囲）より残留沈下量が小さい傾向が読み取れる。また図中の粗い網の範囲は，上部層が SD で無処理の下部層が厚いケースを示しており，上記の 2 つの範囲の中間に位置していることがわかる。
　図から，サンドドレーンの沈下促進効果を読み取ることができる。しかしその効果は，バーチカルドレーンに関するバロンの解から予測されるほど大きくはなく，またばらつきも大きい。
　ちなみに図 8.80 は，岩見沢試験盛土の最新のデータ（2003 年 10 月）による N（無処理）区間と SD（サンドドレーン）区間の沈下時間曲線である。
　一方，図 8.81 は，神田試験盛土の約 20 年にわたる沈下時間曲線である。
　神田地区では，昭和 55（1980）年 12 月から翌昭和 56（1981）年 11 月まで約 1 年間沈下観測され，そこでいったん試験が終了しているが，昭和 61（1986）年 7 月から沈下観測

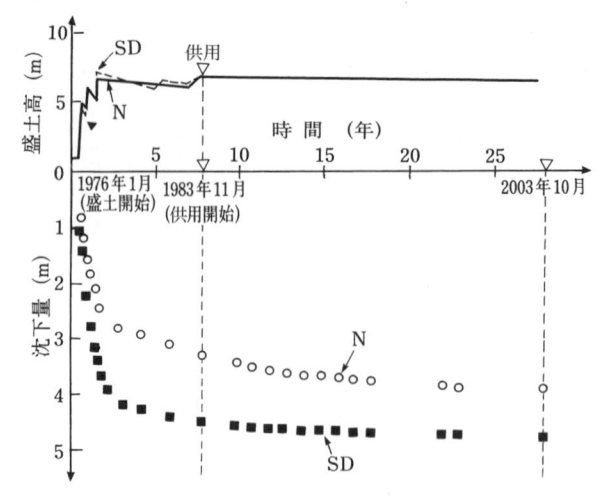

図 8.80　岩見沢試験盛土の沈下時間曲線（2003 年 10 月現在）

図 8.81　神田試験盛土の沈下時間曲線

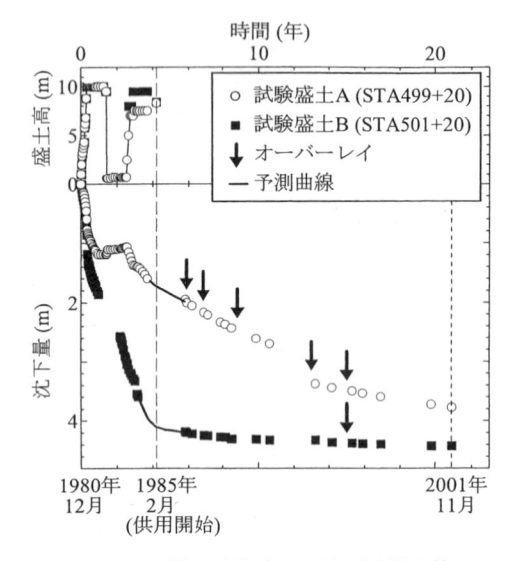

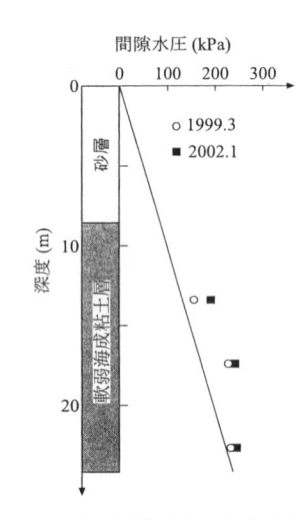

図 8.82　神田試験盛土の無処理区間の地盤中の間隙水圧の実測値

が再開されている．この間，試験盛土 A（無処理区間）は，プレロード箇所にあたっており，試験終了後に浚渫砂による盛土材（単位体積重量 $1.7\,\mathrm{t/m^3}$）を除去し，トンネルずり（$2.0\,\mathrm{t/m^3}$）で再盛土した経緯がある．

図から，試験盛土 A（無処理区間）では，長期間にわたって沈下がだらだらと進行しているのに対して，試験盛土 B（サンドドレーン区間）では，供用後比較的早い時期に沈下が収束傾向を示しており，両者の沈下傾向には大きな違いが生じていることがわかる．

また図 8.82 は，供用後 14 年目（1999 年 3 月）と 17 年目（2002 年 1 月）の無処理区間の地盤中の間隙水圧の実測値である．粘土層内に過剰間隙水圧がまだ残留していることが確認できる．

8.4.8 まとめ

前節までの考察で明らかになった実測結果をまとめると，次のとおりである。
① サンドドレーンの有無によって，沈下促進効果がある場合とない場合がある。
② 地盤の圧密係数が小さい場合は，沈下促進効果が見られるが，大きい場合は，効果が見られない傾向にある。
③ 盛土荷重によって地盤は，圧密変形とせん断変形が同時に生じるが，その比率はサンドドレーンの有無や地盤タイプの違いによって異なる。
④ サンドドレーンの有無によって，地盤内の間隙水圧挙動には大きな差がある。
⑤ サンドドレーンによって地盤内の間隙水圧の消散速度が促進され，地盤強度の増加も促進される。
⑥ 多くの現場において，サンドマットのウェルレジスタンスによって間隙水圧の消散が遅延する現象が起きている可能性が大きい。
⑦ 以上のような実測結果は，テルツァーギやバロンの圧密理論だけでは説明できない。

こうした実測結果を明快に説明しているのは，浅岡ら[23)]である。彼らは，土骨格が線形弾性体ではなく弾塑性体であることを巧みに利用して，サンドドレーンの沈下促進効果について理論的な説明を行っている。すなわち荷重径路，載荷速度を指定し，荷重の大きさと透水係数を種々変えて軟弱地盤上の盛土載荷の弾塑性圧密計算を実施し，図 8.83 に示すような結論を得ている。

ここに ρ_0/ρ_f は，盛土立上り時の盛土中央部直下の沈下 ρ_0 と圧密終了時の沈下 ρ_f との比率（沈下比）であって，これが 1 に近いほど残留沈下は少なく，圧密が早く進行していることを示す。また F_s は，載荷重 q と地盤の非排水支持力 q_f との比率である。

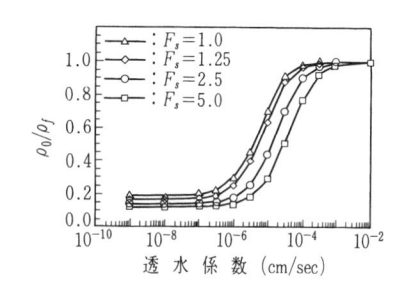

図 8.83 載荷重の大きさを変えた時の沈下比～透水係数関係（浅岡ら[23)]による）

図 8.83 から次のことがいえる。
① 沈下比 ρ_0/ρ_f は，透水係数がほぼ 10^{-7}～10^{-4} cm/sec の間で急変し，このレンジをはずすと，透水係数がいくら変化しても ρ_0/ρ_f には変化が起こらない。
② $F_s = 1.0$ や 1.25 の大荷重のときは，10^{-7}～10^{-5} cm/sec のより小さいレンジで ρ_0/ρ_f の変化が起こるが，$F_s = 2.5$ や 5.0 の小荷重のときは，10^{-5}～10^{-4} cm/sec のより大きいレンジでしか ρ_0/ρ_f の変化は起こらない。

また浅岡らは，次のような結論も得ている。
③ サンドドレーンを打設することは，地盤の透水係数を大きくすることと等価である。

以上のことは，「サンドドレーンが沈下促進に効く地盤もあれば，効かない地盤もあり，また効く荷重の大きさもあれば，効かない荷重の大きさもある」ということを教えている。

例えば，図 8.83 に模式的に示したように，透水係数が 10^{-7} cm/sec の粘土地盤にサンドドレーンを打設して全体の透水係数を 10^{-5} cm/sec あたりに改善しても，大荷重をかけるのでなければ ρ_0/ρ_f の値は大して上昇しない，つまりサンドドレーンはあまり効か

ない．逆に 10^{-5}〜10^{-4} cm/sec のような，粘土地盤というよりは砂混じりシルト地盤では，小荷重のときには，透水係数の改善により ρ_0/ρ_f の値は大いに上昇するから，サンドドレーンは有効である．

ここで留意すべき点は，浅岡らが言及しているように，上記にいう透水係数は地盤全体としての透水係数（mass permeability）であるという点である．例えば，透水係数の大きい泥炭層をもつ地盤でありながら，江別のように泥炭層（地表面に露出）と粘土層の二層地盤ではドレーン効果が見られないが，岩見沢のように泥炭層が粘土層に挟まれている地盤ではドレーン効果が見られるのは，岩見沢のような地盤はマスとしての透水係数が小さいためと考えられる．

さて浅岡らが行った計算は，計算が簡単に進むように便宜上の仮定をたくさん設けてあるが，彼らは，図 8.84 に示した「定性的理解」が計算を超えて有効に利用できることを，実際の事例についての解析を通じて示している．

実際，前節までに述べたように，サンドドレーンの沈下促進効果の現れ方の違いは，それぞれの地盤・荷重・施工方法などの条件の違いによるものであり，基本的には浅岡らが示した図 8.84 によって説明ができるように考えられる．

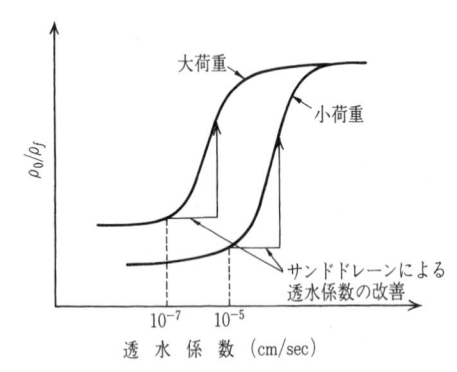

図 8.84 サンドドレーンが沈下促進に効くケースと効かないケース（浅岡ら[23]による）

参考文献

1) 小林正樹：講座「海洋・海岸工学と土質」，土と基礎，Vol.35, No.1, pp.67-72, 1987
2) 持永龍一郎：第 7 章　圧密試験，土質調査試験結果の解釈と適用例，土質基礎工学ライブラリー 4，土質工学会，pp.239-276, 1968
3) 持永龍一郎：第 7 章　圧密試験，土質調査試験結果の解釈と適用例（第 1 回改訂版），土質基礎工学ライブラリー 4，土質工学会，pp.273-324, 1979
4) 竜田尚希・稲垣太浩・三嶋信雄・藤山哲雄・石黒健・太田秀樹：軟弱地盤上の道路盛土の供用後長期変形挙動予測と性能設計への応用，土木学会論文集，No.743/III-64, pp.173-187, 2003
5) Noda, T., Asaoka, A., Nakano, M., Yamada, E. and Tashiro, M.: Progressive consolidation settlement of naturally deposited clayey soil under embankment loading, Soils and Foundations, 45 (5), pp.39-51, 2005
6) 中瀬明男：関西国際空港の沈下問題，土木学会論文集，No.454/III-20, pp.1-9, 1992
7) 鈴木慎也ほか：講座「関西国際空港の建設と地盤工学的諸問題 6. 地盤挙動の予測」，地盤工学会誌，Vol.56, No.8, pp.78-85, 2008
8) 栗原則夫・磯田知広・遠藤茂：軟弱地盤上の盛土の破壊予測に関する考察，土質工学における確率・統計の応用に関するシンポジウム発表論文集，土質工学会，pp.123-128, 1982
9) 柴田徹・関口秀雄：軟弱地盤の側方流動，土木学会論文集，No.382/III-7, pp.1-14, 1987
10) 栗原則夫・高橋朋和：盛土基礎地盤の破壊予測に関する考察，第 14 回土質工学研究発表会講演集，pp.801-804, 1979
11) 栗原則夫・高橋朋和：泥炭性地盤における盛土の安定と沈下の実態，土と基礎，Vol.32,

No.3, pp.53-58, 1984
12) 栗原則夫：軟弱地盤上の道路盛土工事における計測，地質と調査，Vol.1, pp.35-39, 1984
13) 若槻良行・永田孝夫・和泉聡：現場計測による軟弱地盤上の盛土沈下予測法の精度，日本道路公団試験所報告，Vol.25, pp.27-37, 1988
14) 世良至・殿垣内正人・川井田実：実測値に基づく軟弱地盤の沈下予測法の精度と適用性，土と基礎，Vol.41, No.2, pp.11-16, 1993
15) 諏訪靖二・大竹勉：実務のための圧密沈下予測とその対策技術 3. 実測沈下に基づく沈下予測方法，土と基礎，Vol.54, No.11, pp.87-94, 2006
16) 栗原則夫：深い地盤改良の実際と問題点を考える 2. バーチカルドレーン工法の実際と問題点（2）－高速道路盛土の事例－，土と基礎，Vol.30, No.11, pp.81-87, 1982
17) 持永龍一郎・栗原則夫：岩見沢試験盛土における軟弱地盤の挙動の測定結果，土と基礎，Vol.26, No.7, pp.11-17, 1978
18) Rowe, P.W. : The influence of geological features of clay deposits on the design and performance of sand drains, Supplement to the Proc. I.C.E., pp.1-72, 1968
19) 栗原則夫・安藤裕・日下部史明：サンドドレーン工法における砂の透水性について，第14回土質工学研究発表会講演集，pp.309-312, 1979
20) 小林正樹：地盤の安定・沈下解析における有限要素法の適用に関する研究，東京工業大学学位論文，1990
21) 森脇武夫・住岡宣博・吉国洋：構成式からみたバーチカルドレーン工法の有効性，土と基礎，Vol.38, No.7, pp.39-44, 1990
22) Kurihara, N., Isoda, T., Ohta, H. and Sekiguchi, H. : Settlement performance of the central Hokkaido expressway built on peat, Proc. of the International Workshop on Advances in Understanding and Modeling the Mechanical Behaviour of Peat, Delft, Netherlands, pp.361-367, 1993
23) Asaoka, A., Nakano, M., Fernando, G.S.K. and Nozu, M. : Mass permeability concept and macro element method in the analysis of treated ground with sand drains, 地盤工学会論文報告集，Vol.35, No.3, pp.43-53, 1995

第9章　今後の課題と展望

9.1　今後の課題

第1章の **1.7** において，道路公団における軟弱地盤技術の到達点について，次のように総括した。

> 道路公団では，長年の試行錯誤の結果，軟弱地盤対策工として，安定対策工と沈下対策工を別々に設計・施工する技術体系を確立した。その設計思想は，「建設時の対策工法は盛土の安定対策として決定し，盛土はできるだけ先行させて放置時間を確保して沈下を促進させておき，供用後の残留沈下は補修で対応する」という考え方であり，その設計・施工法は，「動態観測に基づいて施工から設計へフィードバックする」観測工法を基本とし，それによってトータルとしてのライフサイクルコストが最適化するというものである。
>
> それは，次のような経験に基づいている。
> ① 軟弱地盤においては，安定的に盛土が施工できることが先決問題であり，そのための安定対策工の設計・施工技術はほぼ確立されている。
> ② 沈下対策工については，残留沈下を制御する技術を確立するには至っていない。しかし残留沈下に起因するさまざまな支障は，維持管理段階での補修によって対処すれば，基本的に高速道路の機能に特段の影響を及ぼすことはない。
>
> したがって建設段階に実施すべき主要な軟弱地盤対策工は，盛土による地盤のすべり破壊を防止するための安定対策工であり，沈下対策工については，盛土立上りから供用開始までの時間をできるだけ長く確保することなどによる沈下促進策と，残留沈下によって維持管理段階に発生するさまざまな支障の軽減や補修の容易化のための諸施策である。

そして今後の課題と展望として，次のように述べた。

> なお今後に残された課題として，深層に厚い粘土層をもつ地盤や極めて軟弱で層厚の厚い泥炭性地盤といった特異な軟弱地盤の長期沈下対策を挙げておきたい。
>
> 沈下追跡調査によれば，これらの地盤では残留沈下が1mを超えるケースがある。
>
> 従来この種の軟弱地盤に対しては，維持管理段階での大きな残留沈下による多大な補修を覚悟の上で盛土構造を採用するか，あるいは稀にではあるが，そうした事態を避ける方が得策と判断されるときに高架構造を採用するかの二者択一的な対応をしてきた。
>
> しかし現在，20年以上に及ぶ沈下追跡調査結果によって長期沈下とそれに伴う補修の実態が明らかになりつつあり，従来のさまざまな軟弱地盤対策工の再評価と近年

の土質力学理論の成果の活用によって，沈下対策工の設計についての新しい選択肢が可能ではないかと考えられる。

そこでこの章では，沈下対策工の設計の新たな展開について，次の2つの視点から若干の考察を加えてみたい。

① 長期沈下と補修の実態に基づく沈下対策工の課題は何か。
② それを踏まえた新たな観測的設計施工法の課題は何か。

9.2 長期沈下と補修の実態に基づく沈下対策工の課題

20年以上に及ぶ沈下追跡調査によって明らかになった長期沈下とそれに伴う補修の実態から，沈下対策工として有効と考えられるのは，次のようなことである。

i) 盛土立上り後の時間確保
ii) 先行圧密と盛土の軽量化
iii) 深層部の粘土層の沈下促進あるいは軽減

i) については，盛土立上り後数年間の沈下が非常に大きい実態から見て，残留沈下量を確実に低減できる方法である。そのためには，大きな長期沈下が推測される地区については，他に先駆けて工事発注を行って盛土立上りから供用までの時間をできるだけ確保すればよい。こうした工事発注形態を実現するためには，そうすることがライフサイクルコスト上非常に経済的であり，実際上も有効・確実な方法であることを工事関係者に十分説得して理解を得ることが重要である。

また ii) については，プレロードやサーチャージなどによって十分先行圧密させた後に荷重軽減する方法に相当する。従来，プレロードなどを実効あるものにするため，経験上プレロード高を計画高 +2 m，載荷時間を6カ月以上とるように設計要領などで示してきた。しかし，載荷時間，載荷前後の荷重軽減率，載荷重と地盤の過圧密状態との関係などについては，必ずしも十分解明されていない。

さらに iii) については，従来，長期沈下対策として重要な項目であると認識され，さまざまな検討がなされてきたが，理論的裏づけも実際的かつ経済的な対策も見いだせず，結果として特段の対策がなされないままになっていた。

表9.1は，大きな残留沈下が発生した地区の代表例の概要である。これらのケースのうち，特に残留沈下量（表では，供用後最新確認時までの実際の沈下量）が1mを超えるような非常に大きい長島，上越，神田，伊勢などの地区は，第4章の4.5.3で述べた通常の沈下対策工では対処し切れない「特別な沈下対策工の検討が必要なケース」に相当する。

なお岩見沢地区は，表では供用後最新確認時までの実際の沈下量が63.1 cmとなっているが，注記にあるように他地区並みの工程で供用していれば1mを大きく超えていた可能性がある。

表からわかることは，岩見沢地区の地盤タイプIIc以外は，すべて地盤タイプIIIつまり下部粘土層をもっているケースであるということである。そしてこれらのケースでは，下部粘土層が無処理のままである。なお焼津高崎地区および上越地区では，盛土施工時に不安定な状態になっている。

表9.1 残留沈下の大きな地区の代表例

地区		東名 焼津高崎	東名阪道 長島	道央道 岩見沢	常磐道 谷和原	北陸道 上越	常磐道 神田	伊勢道 伊勢
		STA884+00	STA403+20	試験盛土 STA273+50	STA61+70 20.88KP	五貫野 359.7KP	落見川橋 STA498+80	伊勢IC 151.94KP
地盤 状況	地盤タイプ	IIIb	IIIa	IIc	IIIa	IIId	IIIa	IIIa
	軟弱地盤層厚	22 m	40 m	13 m	24.5 m	60 m	20 m	27 m
盛土 高	立上り時	8.1 m	7.7 m	6.7 m	9.3 m	7.1 m	8.7 m	7.6 m
	計画高	7.2 m	6.2 m	6.5 m	7.3 m	7.0 m	8.5 m	8.1 m
工事 期間	施工開始	1966.11	1973.3	1975.7	1978.3	1980.10	1983.5	1990
	供用開始	1969.2	1975.10	1983.11	1981.4	1983.11	1985.2	1993.3
	盛土立上りから供用まで	8ヵ月	9ヵ月	6年4ヵ月 注)	1年4ヵ月	1年	1年1ヵ月	10ヵ月
実際 の沈 下量	供用開始時	307.0 cm	189.3 cm	331 cm	212.3 cm	190 cm	154.7 cm	178.8 cm
	供用後5年間	45.5 cm	68.4 cm	27.7 cm	40.5 cm	104 cm	69.7 cm	82.2 cm
	供用後最新確認時まで（最新確認年月）	91.0 cm (1990.10)	122.4 cm (1995.9)	63.1 cm (2003.10)	50.5 cm (1993.11)	157 cm (2001.3)	188.3 cm (2001.11)	109.4 cm (2003.10)
	地盤対策工	CBD	無処理	無処理	無処理	無処理	無処理	無処理

注）盛土立上りから供用までの期間が他の地区より非常に長いことに注意されたい。このため供用後の沈下量がかなり小さくなっていると推測される。ちなみに他地区並みに盛土立上りから1年程度で供用していたと仮定すると，実測データからその後の5年4ヵ月で約60 cm沈下していることが読み取れるから，供用開始後の沈下量は表中の数値より約60 cm大きくなっていた可能性がある。

したがって，今後長期沈下対策を抜本的に検討するためには，特に従来十分な検討が行われてこなかった地盤タイプIIIの下部粘土層の土性や沈下特性について調べ，その沈下促進あるいは軽減対策をどのようにするべきかを明らかにすることが大きな課題となる。

また岩見沢地区のような地盤タイプIIcについても同様の検討が必要である。

9.3 観測的設計施工法の課題

テルツァーギが提唱した観測工法（Observational Method）は，簡単にいえば「施工中の観測結果によって設計を修正するような方法」というものである。

道路公団の軟弱地盤技術の歴史をたどると，まさに観測工法が設計施工法の根幹であったことがわかる。公団における観測工法の展開は，次のように大きく2つの段階を経て現在に至っている。

① 試験盛土に基づく観測工法の段階

道路公団では，名神・東名当初から設計要領に基づいて土質力学を基本にした設計を行ったが，本設計に入る前にまず実物大の試験盛土を行い，その観測結果に基づいて本設計をアレンジするという方法をとってきた。これは，土質力学を基本にした設計という初めての取り組みであることから，まず実際にやってみて様子を見るという極めてオーソドックスなやり方であったが，試験盛土によって得られた観測結果を本設計のやり方へ反映させるという点で，観測工法の原初的なかたちと見ることができる。

② 情報化施工の段階

　昭和50年代に施工された道央道（札幌〜岩見沢）の盛土工事において，観測工法がもつ本来の趣旨を生かした設計施工法が大規模かつ本格的に実施された。これは，i) 盛土荷重による軟弱地盤の破壊予測の実用的な方法が開発されたこと，およびii) 大型コンピュータによる情報処理システムが導入されたこと，によって実現したものである。この設計施工法は，いわゆる「情報化施工」と呼ばれているものであるが，主として盛土の安定対策に関するもので，沈下対策に関しては極めて不十分なものである。

　以上のような道路公団が開発してきた観測工法に基づく設計施工法の特徴は，極めて経験的な方法であるという点にある。これは，安定にしても沈下にしても土質力学による予測の精度が良くない状況が長い間続いたことが関係している。

　したがって，i) 極めて経験的であること，およびii) 沈下，特に長期沈下対策については極めて不十分であること，という道路公団時代以来の現状の設計施工法を改善するためには，土質力学が本来果たすべき役割を果たすようにしなければならない。

　すでに述べたように，近年土質力学において構成モデルと数値計算法の進歩により，事後であれば，短期沈下はともかく，長期沈下の傾向については計算値と実測値の整合性がかなり良くなっている。つまりいったん実測値が得られれば，それに基づく修正計算により実測値とよく合う計算が可能となっている。

　実際のところ，長年にわたって現場の技術者の頭を悩ませてきたのは長期沈下対策であって，建設時にかかわる短期沈下対策については，現状の技術による実態に即した対応で特段の問題はない。

　そこで土質力学の最新の成果を導入することによって，現状の設計施工法を長期沈下対策の設計に関して新たな段階に進化させることができると考えられる。同時にそのことは，安定対策の設計に関しても従来の方法を改善することにつながるであろう。

　具体的には，試験盛土あるいは先行（パイロット）盛土などの手段によってあらかじめ実測データを得ておいて，事後解析によってパラメータを設定し，以降の本格的な盛土工事における長期沈下対策の設計に活用することが考えられる。すなわち構成モデルを活用した観測的設計施工法である。

9.4 新たな設計の枠組み

構成モデルを活用した設計施工法は，おおよそ次のようになろう。
① 地盤タイプで区分した区間ごとに，本書で提案している総合的軟弱地盤像に基づく軟弱地盤対策工レベルを基本に概略設計を行う。
② 重量級の地盤レベルの区間，あるいは特別な沈下対策工の検討が必要と考えられる区間（地盤タイプIIc, III）では，代表的箇所で試験盛土あるいはパイロット盛土を先行させ，安定および沈下の予測にかかわる実測データを取得し，構成モデルを用いた逆解析によって実測データに合うように計算を修正する。
③ 修正した計算に基づいて本工事の詳細設計を行い，施工へ移る。

④ さらに施工段階における動態観測によって設計や施工法の修正・変更を行う。

そのために今後必要な検討課題を挙げると，次のようになろう。

① 構成モデルに必要な土質パラメータを求めるために必要な土質調査法あるいは土質試験法の整備

② より実用的な計算法の開発

以上要するに，慣用的な計算法に代えて構成モデルによる実用的な計算法を導入した観測的設計施工法のニューバージョンを考えようということであり，あくまでも「観測工法に基づく設計施工」という軟弱地盤技術の基本は変わらない。

この設計施工法の「設計の枠組み」を図示すると，図9.1のようになるであろう。図

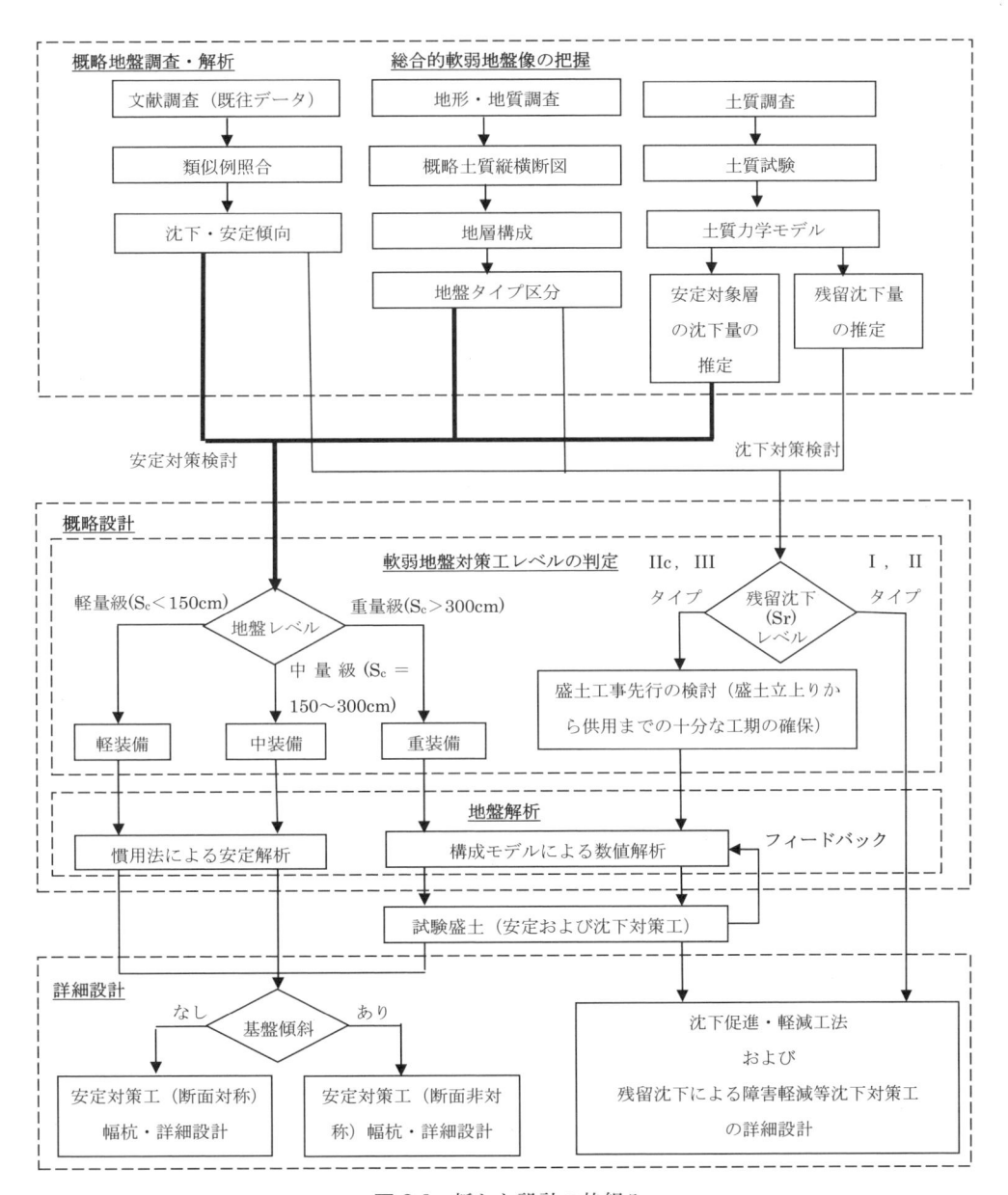

図9.1 新たな設計の枠組み

は，道路公団の軟弱地盤技術の到達点である「安定対策工を中心にした軟弱地盤対策工の設計のフロー」（第4章の図4.37を参照）に，「構成モデルによる数値解析の新たなフロー」を付加したものである。

図において，沈下対策工の設計の新たなフローでは，安定対策工の設計において「重装備レベルが必要と判断されるケース」で試験盛土を検討するようになっているのと同じように，「大きな残留沈下量が長期間継続すると予測されるケース」，すなわち「特別な沈下対策工の検討が必要なケース」では，試験盛土を検討するようになっている。

そしてこのケースで検討すべき課題は，主として地盤タイプIIIの下部粘土層の沈下促進工法，つまりバーチカルドレーン工法の検討である。

なおタイプIIcの地盤で特別な沈下対策工の検討が必要となるケースでは，おそらく同時に安定対策工でも重装備レベルのものが必要となるケースであって，いずれにしても試験盛土の検討が避けられない。

いずれにしても図に示した新たな設計の枠組みのポイントは，i) 概略設計によって安定対策工の重装備レベルの検討が必要なケースと特別な沈下対策工の検討が必要なケースを抽出し，それらのケースでは，試験盛土を検討し，ii) 試験盛土を実施する場合は，試験盛土の観測結果を構成モデルによる方法を用いて安定および沈下解析を行い，その解析結果を活用して幅杭・詳細設計を行おう，というものである。

こうした特別なケース以外は，従来の設計施工法，つまり道路公団が開発した設計施工法で対応すればよい。

あとがき

　高速道路の軟弱地盤技術は，名神高速道路以来の半世紀に及ぶ豊富な経験の蓄積によって大きな発展を遂げた。その技術を一言で表現するとすれば，「総合的軟弱地盤像に裏づけられた観測的設計施工法」ということができるであろう。その意味するところは，次のようである。

　元来，設計施工という行為は，想定されるさまざまな条件の下で，その対象物を常に制御可能な状態において行う必要がある。そのためには，設計においては，対象物を構成する材料などのすべての性質を知っておく必要があるし，施工においては，出来上がっていく対象物の挙動を把握しておく必要がある。

　しかし軟弱地盤技術は，複雑な自然地盤を対象にしているため，そのすべての性質を事前に知った上で設計することは実際上不可能である。したがって設計においてすべての仕様を確定してから施工へ移ることができず，施工しながら設計を確定していくことが避けられない。言い方を変えれば，「施工しながら設計する」ことに適した技術ともいえる。

　そのため施工においては「観測する」ことが極めて重要なファクターとなる。すなわち，施工中に地盤の挙動を観測しながら，地盤内で起こっている事象を推測し，その事象に対応した設計の修正・変更を加えていく。それが「観測的設計施工法」といわれるゆえんである。

　しかし「施工しながら設計する」とはいえ，設計においては，複雑な自然地盤のすべてについて可能なかぎり設計に有効なかたちで知っておく必要がある。それについて道路公団が試行錯誤の末に得た結論は，総合的軟弱地盤像の把握という方法である。

　すなわち既存の限られた資料や数少ないボーリング情報から，その正確な地盤像を把握するためには，軟弱地盤を土木地質学的，土質力学的かつ経験的に把握するという総合的な方法が不可欠である。それによって把握した総合的軟弱地盤像の裏づけがあってこそ，より的確な観測的設計施工が可能になるのである。

　この高速道路の軟弱地盤技術は，実務上の見地からすれば，i) 建設技術としては，どのようなタイプの軟弱地盤にも対応できる水準にまで達している一方，ii) 維持管理技術としては，供用後の長期沈下に対するライフサイクルコストの考え方に基づく設計技術と補修技術が整備されているものの，長期沈下の予測技術が未熟なため対症療法のレベルに止まっている。

　こうした技術的到達点に立って，今後をどのように展望することができるかという点について若干触れておきたい。

　近年，建設の話題としては，軟弱地盤における既設盛土と新設盛土の近接施工や極めて層厚の厚い泥炭性地盤における盛土施工など特殊なケースにおいて，従来の慣用法による地盤解析が適用しにくいこともあって，コンピュータによる土の力学特性の非線形性や複

雑な境界条件を取り入れた数値解析が行われるようになってきている。

　また高速道路が建設の時代から維持管理の時代に移行していることを反映して，供用後の残留沈下対策が注目されるようになっている。さらに性能設計が時代の流れとなりつつある。こうした課題に対応する必要性からも，構成モデルを用いた数値解析を取り入れた技術体系を構築する動きも活発化しつつある。

　構成モデルを用いた数値解析は，実測値に基づいた逆解析を行うことによって，慣用法よりはかなりの精度向上が期待できるレベルに達しているようである。したがって慣用法に変えて構成モデルを用いた数値解析を観測的設計施工法に組み込むことによって，より精度の良い設計・施工が実現する可能性がある。

　しかし構成モデルを用いた数値解析を適用したからといって，さまざまな方法で特定した地層区分や土質パラメータの妥当性が担保されていなければ，慣用式や経験式よりも常に優れた結果が得られるとは限らない。「木を見て森を見ない」という諺がある。軟弱地盤技術にあっては，絶えず大局的な見地に立ち，既往の類似地盤における計測データや経験則と対比して相対的かつ総合的に見る心構えが重要であり，コンピュータによる数値解析結果だけに頼るブラックボックス的なやり方は慎むべきである。

　なお本書を通読して気がつかれた方も少なくないと思うが，動的問題については全く記述されていない。これは高速道路において，盛土本体が地震による損傷を受けたことはあるものの，軟弱地盤にまで損傷が及ぶことがなかったため，軟弱地盤の地震対策といったものは特に必要とされなかったからである。しかし今年，平成23（2011）年3月に起きたマグニチュード9といった巨大地震を想定したとき，今後とも従来どおり無対策でよいとはいい切れない。さまざまなケースについて盛土と軟弱地盤を一体とした耐震検討を行ってみる必要があると思われる。

　さて本書では，「現場における豊富な経験的知識に基づいて熟練技術者がどのように発想しているのか」という視点から「軟弱地盤上に盛土を建設・維持管理するための設計・施工の方法」を体系的に示すことを目論んだ。

　しかし本書の執筆にかかってすぐに，それがいかに無謀な試みであったかを痛感することとなった。熟練技術者の経験的知識は，一定の普遍性はもつものの，属人的な色彩の強い側面ももっており，それを体系的に整理して記述しようとすれば，何らかの特定の切り口によって独断的にまとめざるを得ない。

　結局，悪戦苦闘の結果，「総合的軟弱地盤像」とテルツァーギ，ペック以来の「観測工法 (observational method)」という2つの切り口によってまとめることにした。しかも，従来の「調査→設計→施工」の流れに沿って記述するのではなく，設計（総合）と土質力学計算（分析）は本質的に異なる仕事であることを明確にするために，「設計過程と分析過程を区別」した流れとして記述している。こうした記述の仕方については，違和感をもたれた方も多いのではないかと思う。

　長い歴史をもつ高速道路の軟弱地盤技術をこのような切り口でまとめてしまったことに対する大方のご批判は甘んじて受けたいと思っている。ただ結果的には，それによって軟弱地盤技術の問題点や今後の新たな課題・展望が見えてきたのではないか，というのが正直な思いである。

それはともかく，本書に盛り込まれた数々の経験的知識は，われわれがこれからの若い技術者へ自信をもって引き継ぐことのできるノウハウであるということだけは，自信をもって申し上げられる。

　本書の作成にあたっては，土の会の会員諸氏がこれまでに公表された論文や報告をできるだけ引用し，参考文献としてその出典を記すことを心がけた。ただし第7章に採録した経験則は，多くの会員が土の会の技術伝承資料に投稿されたものを集約したものであるため，いちいち出典を記してはいない。ここに付記してお断りしておきたい。

　最後に，本書の出版にあたっては，鹿島出版会の橋口聖一氏には大変お世話になった。ここに厚く謝意を表する次第である。

　　平成23（2011）年12月

「土の会」技術伝承出版編集委員会
委員長　栗原　則夫

編集委員（2011年12月現在）

栗原 則夫　　西日本高速道路エンジニアリング関西株式会社 顧問, 博士（工学）
竹嶋 正勝　　元・クエストエンジニア株式会社 工務部長, 技術士（建設）
石井 恒久　　株式会社サンライズ 代表取締役社長, 技術士（建設）
佐藤 修治　　基礎地盤コンサルタンツ株式会社 技師長, 技術士（建設）

土の会
URL：http://tsuchinokai.jp
E-mail：info@tsucinokai.jp

高速道路の軟弱地盤技術
観測的設計施工法

2012年2月10日　発行

編著者　「土の会」技術伝承出版編集委員会
発行者　鹿　島　光　一

発行所　**鹿　島　出　版　会**
104-0028 東京都中央区八重洲2丁目5番14号
Tel. 03(6202)5200　振替 00160-2-180883
無断転載を禁じます。
落丁・乱丁本はお取替えいたします。

装幀：伊藤滋章　　DTP：恵文社　　印刷：壮光舎印刷　　製本：牧製本
©tsuchinokai, 2012
ISBN978-4-306-02436-6 C3052　Printed in Japan

本書の内容に関するご意見・ご感想は下記までお寄せください。
URL: http://www.kajima-publishing.co.jp
E-mail: info@kajima-publishing.co.jp